KB169881

호모 사피엔스와 과학적 사고의 역사 :

돌도끼에서 양자혁명까지

호모 사피엔스와
과학적 사고의 역사 :
돌도끼에서 양자혁명까지

레오나르드 믈로디노프

조현욱 옮김

까치

THE UPRIGHT THINKERS: The Human Journey from Living
in Trees to Understanding the Cosmos

by Leonard Mlodinow

역자 조현욱(趙顯旭)
1957년 부산에서 태어나 서울대학교 정치학과를 졸업했다. 「중앙일보」에
서 1985-2009년 재직하며 국제부장, 문화부장, 논설위원을 지낸 뒤 2011-
2013년 "조현욱의 과학 산책" 칼럼을 연재했다. 현재 "과학과 소통" 대표로
서 「중앙선데이」에 "조현욱의 빅 히스토리"를 연재 중이다. 옮긴 책으로
「사피엔스」, 「이성적 낙관주의자」, 「최종 이론은 없다 : 거꾸로 보는 현대
물리학」 등이 있다.

호모 사피엔스와 과학적 사고의 역사 : 돌도끼에서 양자혁명까지

저자 / 레오나르드 플로디노프

역자 / 조현욱

발행처 / 까치글방

발행인 / 박후영

주소 / 서울시 용산구 서빙고로 67, 파크타워 103동 1003호

전화 / 02 · 735 · 8998, 736 · 7768

팩시밀리 / 02 · 723 · 4591

홈페이지 / www.kachibooks.co.kr

전자우편 / kachisa@unitel.co.kr

등록번호 / 1-528

등록일 / 1977. 8. 5

초판 1쇄 발행일 / 2017. 7. 10
    2쇄 발행일 / 2017. 9. 15

값 / 뒤표지에 쓰여 있음

ISBN 978-89-7291-639-0 03400

이 도서의 국립중앙도서관 출판시도서목록(CIP)은 서지정보유통지원시스템 홈페이지(http://seoji.
nl.go.kr)와 국가자료공동목록시스템(http://www.nl.go.kr/kolisnet)에서 이용하실 수 있습니다. (CIP
제어번호 : CIP2017015603)

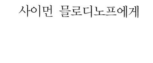

사이먼 믈로디노프에게

차례

제1부 : 과학적 사고의 선구자들

1. 우리의 알고 싶어하는 욕구   11

굶어 죽어가는 남자의 지식에 대한 갈망……발견을 향한 인간의 여정

2. 호기심   20

도마뱀은 질문을 하지 않는다. 호모 하빌리스에서 호모 사피엔스 사피엔스로……아기는 묻고 침팬지는 묻지 않는 것

3. 문화   39

인류의 첫 사원……지식, 아이디어, 가치는 입소문이 난다……인간과 유인원의 문화

4. 문명   60

사바나로부터 도시로……이웃의 매력과 두통이 어떻게 우리를 쓰기와 산술이라는 새로운 기술로 이끌었는가……법칙의 발명(시냇물에 토하지 말라)에서 행성(궤도에서 벗어나지 말라)까지

5. 이성   89

흉년과 분노한 신들……세상을 보는 새로운 틀……변화의 미스터리와 상식의 독재……아리스토텔레스, 1인 위키피디아

제2부 : 과학

6. 이성에 이르는 새로운 길   121

선조를 믿지 말고 자신의 눈을 믿어라……거세된 수퇘지와 보편적인 운동법칙……요령 없는 교수 갈릴레오

7. 기계적 우주   161

석양의 무법자, 아이작 뉴턴……뉴턴을 연금술에서 벗어나 과학 역사상 가장 위대한 저술을 하게 만든 내기……뉴턴식 사고의 힘

8. 사물은 무엇으로 구성되어 있나 209

방부처리에서 연금술로……연소와 호흡의 유사성…라부아지에 단두대에 서다……멘델레예프와 주기율 표

9. 살아 있는 세계 256

세포와 생명의 다양성……생쥐를 만드는 방법과 현미경 혁명……비극과 질병 그리고 다윈의 비밀 연구

제3부 : 인간의 감각을 넘어서

10. 인간 경험의 한계 299

물 한 방울 속에 있는 수십억 × 수십억 개의 작은 우주……뉴턴적 세계관 속의 균열……볼 수 없는 실체를 인정하기……플랑크와 아인슈타인이 발명한 양자

11. 눈에 보이지 않는 영역 341

어느 몽상가의 통찰……창백하고 겸손한 젊은이의 미친 아이디어……초기의 양자법칙 "사기에 가까운 끔찍한 헛소리"

12. 양자혁명 363

하이젠베르크의 새로운 물리학……양자 우주의 기괴한 실체……우리에게 힘을 주면서도 겸손하게 만드는 새로운 과학의 유산

에필로그 403

연속으로서의 인간 지식의 진전……비판적이고 혁신적인 생각의 중요성……우리가 있는 지점과 가고 있는 방향

감사의 말 411

주 413

역자 후기 433

인명 색인 437

제1부

과학적 사고의 선구자들

사람이 경험할 수 있는 가장 아름답고도 깊은 감정은 신비감이다. 이것은 종교의 근본 원리이자 예술과 과학의 모든 진지한 노력의 근본 원리이기도 하다. 신비감을 전혀 경험해보지 못한 사람은 죽은 사람이거나 장님이다. 적어도 나에게는 그렇게 보인다.

　　　　　—알베르트 아인슈타인, 「나의 신조(*My Credo*)」, 1932년

1

우리의 알고 싶어하는 욕구

아버지는 독일 부헨발트의 유대인 강제 수용소 시절의 이야기를 가끔 나에게 들려주었다. 당시 쇠약해진 동료 수감자가 있었는데 그 사람은 수학을 전공했다고 한다. 당신은 어떤 사람이 어떤 단어를 들을 때 무엇을 떠올리는가를 보면 그 사람에 대해서 뭔가를 알 수 있다. "파이(pi)"라는 단어를 예를 들면, 수학자에게 그것은 원주율이다. 중학교 2학년 때 중퇴한 아버지라면 무엇이라고 했을까. 무엇이라고 했을까. 밀가루 반죽 위에 사과를 잔뜩 올려서 구운 음식이라고 말했을 것이다. 어느 날, 이 수학자는 아버지에게 수학 수수께끼를 냈다. 아버지는 며칠간 이 문제를 생각했지만 해결책을 떠올리지 못했다. 다시 만났을 때 캐물어보았지만 그는 답을 가르쳐주지 않겠다고 버텼다. 아버지 스스로 문제를 풀어야 한다는 것이었다. 얼마 후에 아버지가 다시 말을 걸었지만 그는 한사코 입을 다물었다. 마치 금덩이가 묻혀 있는 비밀 장소이기라도 한 듯한 태도였다. 아버지는 호기심을 억누르려고 애썼지만 그럴 수 없었다. 죽음과 악취에 둘러싸인 상황에서 아버지는 그 문제의 해답을 찾는 일에 집착하게 되었다. 결국 또다른 수감자가 아버지에게 거래를 제안했는데, 빵 한 덩어리를 주면 그 문제의 해답을 알려주겠다는 것이었다. 당시 아버지의 체중이 얼마였는지는 모르지만, 미군이 와서 해방시켜주었을 때 38.5킬로그램이었다고 한다. 그럼에도 불구하고 아버지의 알고자 하는 욕망은 충분히 강력했다. 아버지는 문제의 답과 빵을 교환했다.

이야기를 들었을 당시에 10대 후반이었던 나는 아버지로부터 에피소드를 듣고 엄청난 영향을 받았다. 아버지는 가족을 모두 잃은 데다 재산은 몰수당했으며 몸은 굶주리고 쇠약했으며 두들겨 맞기까지 했다. 나치는 아버지에게서 감지할 수 있는 모든 것을 빼앗아갔다. 그러나 생각하고 추론하고 알고자 하는 아버지의 욕구는 살아남았다. 아버지는 수용소에 갇혔지만 마음만은 자유로이 떠돌아다닐 수 있었고 실제로도 그렇게 했다. 그때 나는 지식을 향한 탐구열은 우리의 모든 욕망 중에서 가장 인간적인 것이라는 것을 깨달았다. 나는 또한 깨달았다. 세상을 이해하려는 나 자신의 열정을 움직인 것은 아버지를 움직였던 그것과 동일한 본능이라는 것을.

내가 대학에 진학해서 과학을 전공한 이후 아버지는 내가 배우는 내용에 대해서 종종 물어보곤 했다. 그러나 기술적인 부분에 대한 질문이라기보다는 그 이론들이 어디에서 왔는지, 그것들이 아름답다고 내가 느낀 이유가 무엇인지, 그것들이 우리 인류에게 무엇을 말해주는지에 대해서 물었다. 그로부터 수십 년이 지난 후, 이런 질문들에 최종적으로 대답하기 위해서 나는 이 책을 썼다.

* * *

인류가 몸을 곧추세우고 두 발로 직립보행을 하게 된 것은 불과 수백만 년 전이다. 근육과 골격이 그에 맞게 변화했다. 두 발로 걷게 되어 손이 자유로워지면서 우리 주변의 물체를 탐색하고 조작하기가 쉬워졌다. 몸을 세우니 더 멀리까지 보고 탐색할 수 있게 되었다. 자세를 곧추세우게 되면서 우리의 마음도 다른 동물들의 수준보다 높아졌다. 눈에 보이는 것만이 아니라 생각을 통해서도 세계를 탐구할 수 있게 되었다. 우리는 곧선사람이지만 무엇보다도 우리는 생각하는 존재이다.

인류가 고귀한 것은 알고자 하는 욕구를 가지고 있기 때문이다. 하나의 종(種)으로서 우리가 독특한 점은 수천 년에 걸친 노력 끝에 자연이라는 수수께끼를 푸는 데에 성공했다는 점이다. 고대인에게 들소 고기를 데울 수 있는 전자레인지를 보여주면 어떤 반응을 보일까. 아마도 그는 콩알만 한 수많은 신들이 매우 작은 모닥불을 피워서 고기를 데우고 나서 전자레인지 문을 여는 순간 기적적으로 사라져버렸다는 이론을 세울 것이다. 그러나 우주의 모든 것들을 단순하고 위배할 수 없는 추상적인 몇 개의 법칙으로 설명할 수 있다는 진실 역시 이에 못지않게 기적적이다. 실제로 전자레인지의 작동에서부터 우리 주변에 있는 자연의 경이로움에 이르기까지 우리는 모두 설명할 수 있다.

자연계에 대한 우리의 이해는 점점 넓어져왔다. 밀물과 썰물은 여신(女神)의 지배를 받는다고 생각했던 데에서 출발하여 이제는 달의 중력이 끌어당기는 힘의 결과라는 것을 깨닫게 되었다. 별에 대해서도 마찬가지이다. 과거에는 하늘에 떠 있는 신이라고 생각했지만 이제는 그런 생각에서 졸업했다. 핵융합이 이루어지는 용광로에서 우리에게 광자를 보내는 것이라고 알게 되었다. 오늘날 우리는 몇백만 킬로미터 떨어진 태양의 내부에서 일어나는 일을 이해하고 있다. 우리 자신의 수십억 분의 1 크기에 불과한 원자의 구조에 대해서도 알고 있다. 우리가 자연의 많은 현상을 해독할 수 있게 된 것은 단순히 경이 이상의 것이다. 이것은 흥미롭고 장대한 이야기이기도 하다.

몇 해 전에 나는 텔레비전 시리즈 「스타 트렉: 넥스트 제너레이션(Star Trek: The Next Generation)」의 한 시즌을 집필한 적이 있다. 스토리 구성을 위한 첫 회의장은 작가와 프로듀서들로 가득 차 있었다. 멋진 아이디어가 떠오른 나는 사람들을 설득하려고 했다. 그 에피소드는 태양풍(태양으로부터 쏟아지는, 전기를 띤 입자의 흐름/옮긴이)에 관한 실질적 천문학 지식이 포함되어 있었기 때문이다. 모든 사람의 눈이 신참 물리학자인 나에게 집중되었다. 회의장 한 가운데에 앉은 나는 열정적으로 아이디어의 세부사항과 그 배경이 되는 과학적인 사실을 설명했다. 1분 이내에 이야기를 끝낸 나는 자부심과 만족감을 가지고 내 상사를 쳐다보았다. 중년의 프로듀서인 그는 한때 뉴욕 시 경찰청에서 살인 사건 담당 형사로도 일했다고 한다. 그는 잠시 나를 노려보았는데 이상하게도 그의 표정을 나는 읽을 수가 없었다. 그는 강력한 어조로 말했다. "닥쳐, 이 먹물새끼야."

당황스런 마음을 추스린 나는 그가 무엇을 원하는지를 분명하게 깨달았다. 그들이 나를 고용한 것은 스토리를 만들어내는 능력 때문이지 별의 물리학에 대한 보충수업을 듣기 위해서가 아니었다. 나는 요점을 잘 받아들였고 그 이후 지금까지 글을 쓰는 지침으로 삼고 있다(그의 의견 중에서 기억할 만한 것이 하나 더 있다. 곧 잘릴 것 같다는 느낌이 오거든 생활비 지출을 줄여라).

과학은 그것을 좋아하지 않는 사람에게는 대단히 지루한 것일 수 있다. 그러나 우리가 무엇을 아는지, 그리고 어떻게 그것을 알게 되었는지에 대한 이야기는 전혀 지루하지 않다. 지극히 흥미진진하다. 여기에는 스타트렉 에피소드나 최초의 달 여행에 못지않게 주목할 만한 발견의 에피소드가 가득하다. 등장인물의 성격은 미술이나 음악, 문학에 나오는 사람들만큼이나 열정적이고 변덕이 심하다. 이들은 지칠 줄 모르는 호기심을 가진 탐구자들이기도 하다. 이들 덕분에 우리는 아프리카의 사바나로부터 지금 우리가 살고 있는 현대 사회로 이행할 수 있었다.

어떻게 우리는 이런 일을 할 수 있게 되었을까? 과거에 우리는 몸을 곧추세우고 두 발로 걷는 법을 겨우 배워서 맨손으로 열매를 따거나 뿌리를 캐먹으면서 살던 종이었지만, 이제는 비행기를 띄우고 지구 반대편까지 메시지를 실시간으로 보내며 우주 초기의 환경을 어마어마한 규모의 실험실에서 재현한다. 이것이 바로 내가 하려는 이야기이다. 이것을 알아야 인간으로서 우리가 선조로부터 물려받은 유산을 이해할 수 있게 된다.

세상은 평평하다(서로 차이가 없다)는 것이 오늘날의 상식이다. 그러나 국가 간의 거리와 차이가 사라지는 반면, 오늘과 내일 사이의 차이는 점점 커져가고 있다. 기원전 4000년경 최초의 도시들이 건설되었을 당시에 먼 거리를 가장 빨리 여행하는 방법은 낙타를 타는 것이었다. 평균 시속은 몇 킬로미터에 불과했다.[1] 그로부터 1,000-2,000년 후에 마차가 발명되면서 최고 시속이 32킬로미터로 높아졌다. 이 기록은 19세기 말 증기 기관차가 등장하여 시속 160킬로미터를 기록하면서 비로소 경신되었다. 인간이 시속 16킬로미터로 달리던 시절로부터 200만 년이 걸린 것이다. 하지만 이 속도가 다시 10배가 되는 데에는 50년밖에 걸리지 않았다. 비행기가 등장해서 시속 1,600킬로미터로 날아다닌 것이다. 그리고 1980년대에 우주왕복선은 시속 2만7,000킬로미터의 속도를 달성했다.

다른 분야의 기술도 이와 비슷한 가속적인 발전을 보여준다. 예컨대 통신을 보자. 19세기까지만 해도 로이터 뉴스 서비스는 도시와 도시 사이에 증권 시세를 전하기 위해서 서신 전달용 비둘기를 이용했다.[2] 19세기 중반이 되자 전신이 널리 사용되기 시작했다. 20세기에는 전화가 나타났다. 유선 전화가 보급 비율 75퍼센트를 돌파하는 데에 걸린 세월은 81년이었다. 휴대전화는 28년, 스마트폰은 13년이 걸렸다. 최근에는 전자 메일과 문자 메시지가 통신 수단으로서의 전화통화가 누리던 위치를 거의 차지했다. 전화는 통화 수단이 아니라 주머니 속 컴퓨터로서의 역할이 점점 커지고 있다.

경제학자 케네스 볼딩의 말을 들어보자. "오늘날의 세계와 내가 태어났던 시절의 세계 사이에 존재하는 차이는 율리우스 카이사르의 세계와 내가 태어났던 세계와의 차이만큼이나 크다."[3] 볼딩은 1910년에 태어나 1993년에 사망했다. 그가 목격한 것을 포함해서 그 이후에 일어난 많은 변화들은 과학과 과학이 낳은 기술의 산물이다. 이 같은 변화는 그 어느 때보다 오늘날 인간의 삶의 큰 부분을 차지하고 있다. 업무에서, 그리고 사회에서 우리가 이룩하는 성공은 기술 혁신을 소화해내고 스스로 이를 창조하는 능력에 근거를 두고 있으며 이와 같은 추세는 점점 강화되고 있다. 왜냐하면 오늘날에는 심지어 과학이나 기술 분야에 종사하지 않는 사람들조차 혁신을 통해서 도전을 돌파하지 않으면 경쟁력을 유지할 수 없게 되었기 때문이다.

오늘날 우리가 어디쯤에 와 있는지를 조망하고 어디로 향하고 있는지를 이해하려면 우리가 어디서 왔는지에 대해서 알 필요가 있다. 인간의 지성사에서 가장 큰 승리는 쓰기, 수학, 자연철학, 과학, 이 네 가지로 요약할 수 있다. 이것들은 서로 간에 아무 관계가 없는 것처럼 각각 개별적으로 제시되는 것이 보통이지만 이런 접근법으로는 나무만 볼 뿐 숲 전체를 조망할 수는 없다. 이는 인간 지식의 통일성을 무시하는 결과를 가져온다. 예를 들면, 현대 과학은 갈릴레오나 뉴턴 같은 "고립된 천재들"의 업적 덕분에 주로 발전된 것처럼 묘사되기도 한다. 그러나 발전된 현대 과학은 사회적, 문화적 진공 상태에서부터 불쑥 생겨난 것이 아니다. 그 뿌리는 고대 그리스인들이 발명한 지식에 대한 접근법에 있다. 과학은 종교가 제기한 큰 질문들로부터 자라났으며 예술에 대한 새로운 접근법과 함께 발전했고, 연금술의 지식에 도움을 받았다. 사회 여러 분야의 진보가 없었다면 과학의 발전은 불가능했다. 유럽의 큰 대학교들이 대대적으로 커나간 것이나 우편 제도가 발전하여 가까운 도시와 국가를 연결하게 된 것이 그런 진보의 예이다. 이와 유사하게 고대 그리스의 철학적 발전 역시 그보다 앞선 메소포타미아와 이집트 사람들의 놀라운 지적 발명에 그 기원을 두고 있다.

역사는 이 같은 영향과 연결들로 이루어져 있기 때문에 인간이 우주를 이해하게 된 경위를 서로 외떨어진 삽화들로써는 제대로 설명할 수 없다. 그 경위에 대한 설명은 일관된 하나의 서사를 형성한다. 최고의 소설이 그렇듯이 통일된 전체이면서 각 부분이 수없이 많은 연결점을 가지고 있는 서사이다. 그 이야기는 인간성의 여명으로부터 시작한다. 앞으로 나는 발견의 긴 여정을 선별적으로 안내하는 가이드 역할을 할 것이다.

이 여행에서 우리는 현대적 인간 정신의 발달로부터 시작해서 핵심적인 시대와 전환점을 자세히 검토할 것이다. 인간 정신이 도약해서 세계를 보는 새로운 방식을 발명해낸 전환점 말이다. 이 과정에서 나는 독특한 개성과 사고방식 덕분에 과학적 혁신에 중요한 역할을 한 매혹적인 인물들도 조명할 것이다. 이 드라마는 3부로 구성된다. 제1부에서 나는 수백만 년에 걸친 인간 두뇌의 진화와 인간의 "왜?"라고 묻는 성향을 추적한다. 우리는 왜라는 질문 덕분에 선사 시대에 종교적 탐구를 하게 되었으며 결국에는 쓰기와 수학을 발전시키고 법칙이라는 개념에 이르게 되었다. 이 모두는 과학에 꼭 필요한 도구이다. 궁극적으로 이 왜라는 질문들이 철학의 발명을 이끌었다. 철학이란 물질세계가 이성과 운율에 따라 움직이며 이를 원칙적으로는 인간이 이해할 수 있다는 통찰을 말한다.

다음 단계의 여정에서는 자연과학의 탄생을 살펴본다. 그것은 세상을 다른 시각으로 보는 재능을 가졌던 혁명가들의 이야기이다. 또한 인내와 투지, 걸출함과 용기를 가지고 몇 년이나 몇십 년에 걸쳐 분투를 계속해온 이야기이기도 하다. 자신의 아이디어를 발전시키는 데에 이처럼 오랜 시간이 걸린 예는 적지 않다. 갈릴레오, 뉴턴, 라부아지에, 다윈 같은 선구자들은 자신들이 살던 시대의 기성 독트린과 오랜 기간 강력하게 맞섰다. 이 선구자들의 이야기는 필연적으로 개인적 투쟁으로 점철되어 있으며 심지어 목숨까지 걸어야 하는 경우도 있었다.

마지막으로 다른 좋은 이야기들처럼 우리의 여정도 예상 밖의 전환점을 맞이한다. 영웅들이 스스로의 여정이 마지막에 가까웠다고 생각할 만한 근거가 있을, 바로 그 시점에 일어나는 반전 말이다. 자연의 모든 법칙을 해독했다고 인류가 믿게 된 그 순간 아인슈타인, 보어, 하이젠베르크 같은 사상가가 나타난 것이다. 이들은 존재의 새로운 영역, 보이지 않는 세계를 발견했다. 이곳에서는 자연법칙이 새로 쓰여야 했다. 이 "다른" 세상은 비현실적인 법칙을 따르며 직접 파악하기에는 너무 작은 척도에서 움직인다. 양자 물리학의 법칙이 지배하는 원자의 극미의 세계이야기이다. 오늘날 우리 사회가 가속적으로 겪고 있는 막대한 변화는 이 법칙들을 기반으로 하고 있다. 양자를 이해한 덕분에 현대생활에 혁신을 일으킨 대부분의 신기술들이 발명될 수 있었다. 컴퓨터, 휴대전화, 텔레비전, 레이저, 인터넷, 의료 영상촬영, 유전자 지도 작성이 그런 예들이다.

이 책의 제1부는 수백만 년의 시간을 다루고 있지만 제2부는 수백 년, 제3부는 수십 년을 다루고 있다. 이는 인간 지식이 기하급수적으로 축적된다는 점을 반영하는 구성이기도 하지만 이상한 세계로 새로 여행하게 된 탓이기도 하다.

* * *

인간이 발견을 해온 여정은 여러 시대에 걸쳐 있지만 세상을 이해하기 위해서 탐구하는 주제들은 결코 달라진 적이 없다. 인간의 본성에서 우러나는 것이기 때문이다. 그중 혁신과 발견을 특히 중시하는 분야의 사람들에게 잘 알려진 사실이 하나 있다. 새로운 세계를 상상하거나 새로운 생각을 품는 일이 어렵다는 점이다. 이미 알려진 세계나 아이디어와 조금이라도 다른 것을 생각해내기는 정말 어렵다.

가장 위대하고 창의적인 과학소설 작가 중 한 사람으로 꼽히는 아이작 아시모프가 1950년대에 쓴 『파운데이션(Foundation)』 3부작은 수천 년 후의 미래를 무대로 한다. 이 책에서 남자들은 매일 사무실로 출퇴근하며 여자들은 집에 머문다. 먼 미래에 대한 이 같은 상상은 불과 수십 년 만에 이미 과거의 것이 되었다. 이 이야기를 꺼내는 이유는 인간의 생각이 가진 거의 보편적인 한계를 보여주기 때문이다. 우리의 창조성은 관습적인 사고방식이라는 틀에 얽매여 있다. 관습적인 사고방식의 토대에 있는 믿음은 우리가 떨쳐낼 수 없을 뿐만 아니라 의문을 품으려는 생각조차 하기 어렵다는 속성을 가지고 있다.

변화는 상상하기도 어렵고 받아들이기도 어렵다. 이것은 이 책에서 되풀이되는 또 하나의 주제이다. 우리 인간은 변화에 압도당할 수 있다. 변화는 우리의 마음에 압박을 가하고, 우리를 편안한 영역 밖으로 끌고 나가고, 정신적 습관을 산산이 부서뜨린다. 그것은 우리를 혼란시키고 방향감각을 잃게 한다. 또한 예전의 사고방식을 포기할 것을 요구한다. 우리가 포기하는 것은 스스로 선택해서가 아니고 어쩔 수 없어서이다. 게다가 과학의 진보 때문에 발생하는 변화는 수많은 사람들이 신봉하는 신념 체계를 종종 뒤집는다. 이때 이들의 경력과 생계가 위협받을 가능성도 적지 않다. 그렇기 때문에 과학의 새로운 아이디어는 저항, 분노, 조롱의 대상이 되는 일이 많다.

과학은 현대 기술의 영혼이자 현대 문명의 뿌리이다. 오늘날 수많은 정치적, 종교적, 윤리적 이슈에 근거를 제공하며 그 바탕을 이루는 아이디어는 점점 더 빠른 속도로 사회를 변화시키는 중이다. 과학은 인간의 사고 패턴이 형성되는 데에 핵심적 역할을 한다. 하지만 인간의 사고 패턴도 역으로 과학이론의 형성에 핵심적 역할을 해왔다. 과학은 아인슈타인이 말했듯이 "인간이 활동하는 다른 모든 분야와 마찬가지로 주관적이고 심리적인 영향을 크게 받기" 때문이다.[4] 바로 이런 정신으로 과학의 발전 과정을 서술하려는 노력의 산물이 이 책이다. 과학이란 지적인 사업일 뿐만 아니라 문화적으로 결정되는 사업이기도 하다. 또한 과학의 아이디어를 제대로 이해하려면 그것을 주조한 개인적, 심리적, 역사적, 사회적 상황을 검토해야 한다. 이런 시각으로 바라보면 과학 자체를 더 잘 이해할 수 있게 될 뿐만 아니라 창의성과 혁신, 그리고 보다 넓게는 인간 조건의 본질에 대해서도 더 잘 알게 된다.

2

호기심

과학의 뿌리를 이해하려면 인간이라는 종 자체의 뿌리를 되돌아볼 필요가 있다. 인간은 자신과 세계를 이해하려는 욕망과 능력을 함께 가진 유일한 존재이다. 그것이 우리를 다른 동물보다 돋보이게 만드는 가장 큰 재능이다. 그 덕분에 생쥐와 기니피그가 우리를 연구하는 것이 아니라 우리가 그것들을 연구한다. 알고 숙고하고 창조하고 싶어하는 인간의 욕구는 수백만 년 동안 실제로 실현되어왔으며 그 덕분에 우리는 생존을 위한 도구, 우리를 위한 유일무이한 생태적 지위를 만들어낼 도구를 가질 수 있게 되었다. 우리는 물리적인 힘이 아니라 지적인 힘을 사용해서 주위 환경을 필요에 맞게 바꿀 수 있었으며 환경이 우리를 바꾸거나 패배시키지 못하게 했다. 우리의 신체가 가진 힘과 민첩성은 수백만 년에 걸쳐 힘든 도전을 받았지만, 우리는 정신적 창의력으로 이를 극복하고 승리를 거두어왔다.

내 아들 니콜라이는 어렸을 때 작은 도마뱀을 잡아 애완용으로 키우곤 했다. 남부 캘리포니아에 거주하면 가능한 일이다. 이 도마뱀의 행태는 특이했다. 사람이 접근하면 처음에는 얼어붙는다. 그러다가 손을 뻗어 잡으려고 하면 그제야 달아난다. 그래서 우리는 방법을 생각했다. 커다란 상자를 가져와서 도마뱀이 도망가기 전에 덮어씌운 뒤 상자 아래쪽에 판지를 밀어넣어서 공간을 밀폐하는 것이다. 만일 나였다면 그런 상황이 닥쳤을 때 그렇게 행동하지 않을 것이다. 인적이 끊긴 어두운 거리를 걷다가 뭔가 의심스러운 일이 벌어지는 것을 목격하면 얼어붙을 것이 아니라 잽싸게 길 건너편으로 피할 것이다. 두 마리의 거대한 포식자가 나를 뚫어져라 쳐다보며 커다란 상자를 들고 다가온다면 최악의 상황을 가정하고 곧바로 도망치는 것이 적절한 행동일 것이다. 그러나 도마뱀은 자신이 처한 상황을 의문시하지 않는다. 오직 본능에 따라서 행동한다. 니콜라이와 상자를 만나기 전의 수천만 년 동안 본능은 좋은 역할을 했을 것이 틀림없지만, 여기에서는 도움이 되지 못했다.

인간은 신체 표본으로서는 최상이 아닐지 몰라도 본능에 이성을 제공할 능력을 가지고 있고—우리의 목적을 위해서는 가장 중요한—주변 환경에 대해서 질문을 제기할 수 있다. 이것은 과학적 사고의 전제 조건이며 우리 종의 핵심 특징이다. 우리의 모험이 시작되는 지점도 여기이다. 인간의 두뇌와 독특한 재능의 발달이 이야기의 출발점이다.

우리는 스스로를 "인간(human)" 종이라고 부른다. 그러나 인간이란 우리—호모 사피엔스 사피엔스(*Homo sapiens sapiens* : 슬기슬기사람)—를 지칭하는 단어가 아니다. 호모 속(Homo 屬) 전체를 가리키는 용어이다. 그 안에는 호모 하빌리스(*Homo habilis* : 손쓴사람), 호모 에렉투스(*Homo erectus* : 곧선사람)가 포함되지만 이 친척들은 모두 오래 전에 멸종했다. 진화란 패자를 하나씩 제거해나가는 일종의 토너먼트이다. 여기서 다른 호모 종은 모두 부적절한 것으로 판명되었다. 정신의 도움을 받은 덕분에, 오직 우리 종만이 생존을 위한 도전을 모두 이겨냈다(지금까지는 그랬다).

아주 머지않은 과거에 이란의 대통령이던 남자가 유대인은 원숭이와 돼지의 후손이라고 말했다는 보도가 나온 적이 있었다. 어느 종교에서든지 근본주의자가 진화에 대한 믿음을 고백하는 것을 보면 나는 기운이 난다. 비판하기가 꺼려지는 것이다. 그러나 사실 유대인을 포함한 모든 인류는 원숭이와 돼지의 후손이 아니다. 우리는 유인원과 들쥐, 혹은 적

화가가 그린 프로퉁굴라툼 도니의 개념도.

어도 들쥐 비슷한 동물의 후손이다.[1] 과학 문헌에 나오는 그 동물의 이름은 프로퉁굴라툼 도니(*Protungulatum donnae*)이다. 유인원을 비롯한 우리와 같은 모든 포유류의 선조이다. 털이 부숭부숭한 꼬리를 가진 귀여운 동물로서 무게는 220그램을 넘지 못했을 것으로 추정된다.

과학자들의 믿음에 따르면 이 작은 동물들은 약 6,600만 년 전에 자신들의 서식지 주위를 종종거리며 돌아다녔다. 그러다 지름 10킬로미터의 소행성이 지구와 충돌한 직후, 파국적 충돌로 생성된 파편과 먼지가 대기권으로 올라가 오랫동안 햇빛을 차단했다. 그리고 먼지가 내려앉은 뒤에 지구의 온도를 치솟게 하기에 충분한 양의 온실가스를 발생시켰다. 암흑 다음에 고온이 찾아오는 이중고 때문에 지구상의 동식물 중 75퍼센트가 멸종했다. 그러나 우리에게는 이것이 행운이었다. 그 덕분에 알이 아니라 새끼를 낳는 포유동물이 살아남아 번성할 수 있는 생태적 지위가 생겨났기 때문이다(알을 낳는 포유류도 있다. 오리너구리, 바늘두더지 등의 단공류[單孔類]가 그렇다/옮긴이). 우리의 조상이 공룡을 비롯한 굶주린 포식자들에게 잡아먹히지 않을 수 있었던 것이다. 그 이후 수천만 년이 흐르는 동안 수많은 종이 등장하고 멸종해갔다. 그 과정에서 프로퉁굴라툼(Protungulatum) 계통도에 속한 동물의 한 줄기가 유인원과 원숭이의 조상으로 진화했다. 이 조상은 더욱 분화해서 우리의 가장 가까운 친척인 침팬지, 보노보, 그리고 이 책을 읽는 당신을 포함한 인류로 변신했다.

오늘날 대부분의 사람들은 우리의 조상에게 꼬리가 달렸었으며 곤충을 잡아먹었다는 사실을 편안하게 받아들인다. 나는 여기서 한 걸음 더 나아간다. 우리의 가계에 대해서 그리고 우리 종이 생존하고 문화를 발전시켜온 과정에 대해서 나는 매혹과 흥분을 느낀다. 우리의 고대 조상이 들쥐와 유인원이었다는 점은 우리의 본성과 관련한 가장 멋진 사실 가운데 하나이다. 이 놀라운 행성에서는 들쥐에게 6,600만 년을 더하면 그 들쥐를 연구하고 이를 통해 스스로의 뿌리를 발견해내는 과학자가 만들어진다. 이 과정에서 우리는 문화와 역사, 종교와 과학을 발전시켰다. 선조들이 나뭇가지로 만들던 집을 대신해 콘크리트와 금속으로 된 고층 건물을 세웠다.

이 같은 지적 발전의 속도는 점점 더 빨라져왔다. 모든 인간의 선조가 되는 유인원을 자연이 만들어내는 데에는 약 6,000만 년이 걸렸다. 그 나머지 육체적 진화에는 불과 몇백만 년밖에 걸리지 않았다. 문화가 진화하는 데에는 고작 1만 년이면 충분했다. 심리학자 줄리언 제인스의 표현을 빌리면 마치 "모든 생명은 특정 지점까지 진화했는데, 우리는 그 지점에서 직각으로 방향을 틀어 다른 방향으로 폭발적으로 발전했다"는 것과 같다.[2]

동물의 뇌가 처음 진화한 것은 가장 원시적인 이유에서였다. 바로 동작을 좀더 잘 하기 위해서이다. 몸을 움직여서 먹이와 쉴 곳을 찾고 적으로부터 도망치는 능력은 동물의 가장 기본적 특징 중의 하나이다. 선충이나 지렁이, 연체동물에 이르기까지 진화의 역사를 되돌아보면 알 수 있는 사실이 있다. 뇌와 비슷한 첫 기관의 기능은 근육을 올바른 순서로 흥분시킴으로써 동작을 제어하는 데에 있었다는 점이다. 그러나 주위 환경을 인식할 능력이 없다면 행동은 별 도움이 되지 않는다. 그리고 심지어 단순한 동물도 주위에 무엇이 있는지 감지할 수단을 가지고 있다. 예컨대 특정 화학물질이나 빛의 광자에 반응하는 세포가 있고 이것이 동작을 제어하는 신경기관에 전기 자극을 보내는 식이다. 프로퉁굴라툼 속의 대표 종인 도니가 처음 등장했을 즈음 이 화학물질들과 광자에 민감한 세포들은 후각 및 시각 세포로 진화했고, 근육의 움직임을 통제하는 신경 다발은 뇌가 되었다.

우리 조상들의 뇌가 어떻게 기능적 구성요소로 조직화되었는지에 대해서 정확히 아는 사람은 아무도 없다. 그러나 심지어 현대 인류의 뇌에서도 절반을 훨씬 넘는 뉴런들이 동작 제어와 오감 인식에 전적으로 사용된다. 우리를 다른 "하등" 동물과 구분 짓는 뇌 영역은 크기도 상대적으로 작고, 등장 시기는 최근이다.

인간 비슷한 최초의 동물이 지구 위를 돌아다닌 지는 불과 300만-400만 년밖에 되지 않았다.[3] 1974년의 지독히 더운 어느 날, 버클리 인간기원연구소의 도널드 조핸슨이라는 인류학자가 작은 팔 뼈 한 조각을 우연히 발견하면서 그 사실이 확인되었다. 북부 에티오피아의 외딴 곳, 건조한 산골짜기의 불에 그을린 지형에서 발견되었다. 조핸슨과 학생 한 명은 곧바로 더 많은 뼈들을 파냈다. 넓적다리뼈, 갈비뼈, 척추, 심지어 턱뼈 일부도 발굴했다. 그것들을 전체적으로 보면 어느 여성의 골격의 절반에 해당하는 것이었다. 여성의 골반에 두개골은 작고 다리는 짧았으며 팔은 길었다. 고교 무도회에 초청하고 싶은 모습은 아니었지만 320만 년 전의 이 여성은 우리의 과거와 연결된 전환 시기의 종으로 여겨진다. 어쩌면 우리 호모 속 전체가 그 종으로부터 진화한 조상일지도 모른다.

조핸슨은 이 새로운 종에게 오스트랄로피테쿠스 아파렌시스(*Australopithecus afarensis*)라는 이름을 붙였는데, 유골이 발견된 에티오피아의 "아파르 지역의 남쪽 유인원"이라는 뜻이다. 또한 뼈에는 루시라는 이름을 붙였다. 그의 팀이 뼈의 발견을 축하하고 있을 때 라디오에서 흘러나온 노래가 비틀즈의 「루시 인 더 스카이 위드 다이아몬즈(Lucy in the Sky with Diamonds)」라는 노래였기 때문이다. 미술작가 앤디 워홀은 "모든 사람은 15분 동안 명성을 누린다"고 말한 적이 있는데, 이 여성은 몇백만 년이 지난 후에 마침내 자신의 명성을 가지게 되었다. 좀더 정확히 말하면 그녀의 절반이 그랬으며, 나머지 뼈는 어디서도 찾을 수 없었다.

절반 정도 남은 골격으로 인류학자가 찾아낼 수 있는 것은 놀라울 정도로 많았다. 루시는 치아가 크고 턱이 음식을 부수는 데 적합한 형태를 가졌다. 치아로 볼 때, 그녀는 채식을 했다. 질긴 뿌리와 씨앗, 그리고 외피가 단단한 과일을 먹었을 것이다.[4] 골격 구조를 보면, 배는 거대하게 컸던 것으로 보인다. 생존을 위해서 많은 양의 채식을 해야 했고 이를 소화시키려면 창자가 매우 길어야 했을 것이다. 가장 중요한 부분은 척추와 무릎의 구조로, 이것은 그녀가 어느 정도 서서 보행했다는 것을 암시한다. 그리고 2011년 조핸슨과 그의 동료들이 그 근처에서 아파렌시스 종의 발 뼈 하나를 발견했는데, 그 구조는 인간과 비슷했다. 발바닥의 오목한 부분이 나뭇가지를 잡기에 적당한 것이 아니라 걷기에 알맞은 형태였다.[5] 루시가 속한 종은 과거에는 나무에서 살았지만 이제는 땅 위에서 사는 방향으로 진화했다. 숲과 초원이라는 복합적 생태계에서 식량을 구할 수 있게 된 것이다. 땅에 기원을 둔 새로운 식량, 즉 단백질이 풍부한 뿌리와 구근을 활용할 수도 있게 되었다. 이런 생활방식이 호모 속 전체를 낳았다고 많은 사람들이 믿고 있다.

한번 생각해보자. 당신이 어떤 집에 살고 있는데 옆집에는 어머니가, 그 옆집에는 외할머니가 사는 식으로 계속 이어져 있다고 하자. 우리

인류의 계보는 실제로는 그렇게 단선적이지는 않지만 편의상 상상해보자. 이제 당신은 그 거리에서 과거 방향으로 차를 운전하면서 계속 조상의 조상을 향해서 가고 있다. 그러면 약 6,400킬로미터를 운전하면 루시의 집에 닿게 될 것이다. 신장 109센티미터, 몸무게 29킬로그램의 털이 많은 이 "여성"은 당신의 친척이라기보다 침팬지에 가까워 보인다.[6] 거기까지 가는 길의 중간쯤까지 오면 당신은 루시로부터 10만 세대 이후의 조상들을 지나친 것이다. 그 조상은 골격이나 심리 모두가 호모 속으로 분류될 수 있을 정도로 오늘날의 사람들과 충분히 비슷한 최초의 종이다.[7] 200만 년이 된 그 종에게 과학자들은 호모 하빌리스, 즉 "손쓴사람"이라는 의미의 이름을 붙였다.

호모 하빌리스가 광대한 아프리카의 초원에서 살던 시기는 기후 변화 때문에 숲이 후퇴하던 시기였다. 풀이 무성한 이 초원은 살기 좋은 환경이 아니었다. 엄청난 숫자의 무시무시한 포식자들이 살고 있었다. 덜 위험한 포식자들은 호모 하빌리스와 저녁 식사감을 놓고 경쟁했고, 그보다 위험한 포식자들은 하빌리스 자체를 잡아먹으려고 했다. 손쓴사람이 살아남는 데에는 지적 능력이 한몫했다. 작은 자몽만 한, 과거에 비해서는 커다란 두뇌를 가지게 된 덕분이었다. 그 뇌의 무게를 과일에 비교하면, 그것은 칸탈루프 멜론보다는 작았지만 루시의 오렌지 크기의 뇌에 비하면 부피가 두 배에 이르렀다.*

각기 다른 종을 비교할 때 우리가 경험을 통해서 알게 된 사실이 있다. 신체 크기에 대비한 뇌의 평균 무게와 지적인 능력 사이에 개략적인 상관관계가 존재한다는 점이다. 그래서 우리는 뇌의 크기를 근거로 하여 손쓴사람이 루시가 속한 종에 비해서 지적으로 발전했다는 결론을 내릴 수 있다. 운 좋게도 우리는 인간과 여타 영장류의 뇌의 크기와 형태를

---

* 손쓴사람의 뇌 크기는 우리의 절반 수준이었다. 과일보다 정확성을 중시하는 사람들을 위해서 덧붙인다.

측정할 수 있다. 그 영장류들이 멸종한 지 오래되었을지라도 이것이 가능한 이유는 뇌는 두개골에 딱 맞게 들어가기 때문이다. 즉 우리가 영장류의 두개골을 발견하면 그 속에 들어 있던 뇌의 주형(鑄型)을 손에 넣은 것과 같다.

여기에서 밝혀두고 싶은 사실이 있다. 내가 지능 검사를 하지 말고 머리 둘레를 재자는 식으로 생각하는 사람은 아니라는 점이다. 그러면 뇌의 크기를 비교하면 지능을 측정할 수 있다고 과학자들이 말하는 것이 어떤 의미일까. 각기 다른 종 사이에서 뇌의 평균 크기를 비교하는 상황을 가정하는 것이다. 동일한 종 내에서 뇌의 크기는 개인차가 상당하지만 뇌의 크기와 지능은 직접 관련이 있지는 않다.[8] 예컨대 현대인의 뇌는 약 1.36킬로그램이지만 영국 시인 바이런 경의 것은 2.27킬로그램이었고, 프랑스의 작가이자 노벨상 수상자인 아나톨 프랑스의 뇌는 900그램을 약간 넘었다. 아인슈타인의 뇌는 1.22킬로그램 정도였다. 그리고 1907년 41세로 사망한 다니엘 라이온스라는 남자의 경우에는 체중이나 지능이 정상이었는데, 부검에서 뇌 무게를 달아보니 680그램밖에 되지 않았다. 이 이야기에는 교훈이 있다. 동일한 종 내에서는 뇌의 크기보다는 구조—뉴런과 뉴런 그룹 사이의 연결의 성질—가 훨씬 더 중요하다는 사실 말이다.

루시의 뇌는 침팬지보다 약간 컸을 뿐이었다. 더욱 중요한 사실은 두개골의 형태로 볼 때 뇌의 용량이 주로 늘어난 곳은 감각을 처리하는 부위였다는 점이다. 추상적인 추론과 언어 능력이 자리잡고 있는 전두엽, 두정엽, 측두엽은 상대적으로 발달하지 못했다. 루시는 호모 속을 향해서 한발 내디뎠지만 거기까지는 다다르지는 못했다. 이를 바꾼 것은 손쓴사람이다.

루시와 마찬가지로 손쓴사람은 직립 보행을 한 덕분에 자유로워진 두 손으로 물건을 운반할 수 있었다. 루시와 다른 점은 그가 새로운 자유를

호모 하빌리스

이용해서 환경을 상대로 실험을 했다는 데에 있다.[9] 그래서 약 200만 년 전 호모 하빌리스의 아인슈타인이나 퀴리 부인이 인류 최초의 기념비적인 발견을 하는 일이 일어났다. 어쩌면 서로를 알지 못했던 여러 명의 고대 천재들이 독립적으로 한 작업이었을지도 모른다. 그 발견이란 하나의 돌로 다른 돌을 비스듬히 내려치면 날카로운 날을 가진 돌조각이 떼어진다는 것이다. 돌로 다른 돌을 내려치는 법을 배운다는 것은 사회문화적 혁명의 시작처럼 들리지는 않는다. 돌조각을 만드는 것은 전등이나 인터넷, 초코칩 쿠키의 발명에 비하면 밀리는 것이 사실이다. 그러나 이것은 인류의 자각을 향한 최초의 발걸음이었다. 우리는 자각한 것이다. 삶을 향상시키기 위해서 자연을 배우고 자연을 변형할 수 있다는 것을, 그리고 뇌를 활용해서 신체의 능력을 보완하거나 때때로 넘어서는 힘을 스스로에게 부여할 수 있다는 것을 말이다.

도구라고는 구경해본 적도 없는 존재가 손에 쥘 수 있는 커다란 인공이빨로 무엇을 자르거나 잘게 썰 수 있게 되었다. 이는 삶을 바꾸는 발명이었으며 실제로 인간이 사는 방식을 완전히 바꾸는 데에 도움을 주었다. 루시가 속한 종은 채식을 했지만 손쓴사람은 돌칼을 이용해서 식단에 고기를 추가했다.[10] 호모 하빌리스의 치아의 닳은 정도를 현미경으로 조사하고 그들의 유골 근처에서 발견된 뼈의 썰어낸 자국을 살펴본 연구에 따르면 그렇다.

채식을 하는 루시의 종은 계절에 따라 식량 부족에 시달려야 했다. 호모 하빌리스는 육식 덕분에 이런 결핍의 시기를 넘길 수 있었다. 그리고 고기를 먹는 사람은 채식하는 사람보다 적게 먹어도 괜찮았다. 고기에는 채소보다 영양소가 더 농축되어 있기 때문이다. 한편 브로콜리라면 그것을 쫓아가서 머리를 자를 필요는 없지만, 먹이가 되는 동물들은 손에 넣기가 쉽지 않다. 치명적인 무기를 가지지 못했다면 말이다. 손쓴사람은 이런 무기가 없었다. 그래서 그들은 검치호랑이 같은 포식자가 먹고 남긴 사체에서 대부분의 고기를 얻었다. 검치호랑이는 강력한 앞발과 기다란 칼과 같은 이빨을 이용해서 먹이를 잡았고, 대개 그 사냥감은 한 번에 다 먹을 수 없을 정도로 컸다. 그러나 손쓴사람은 다른 종과 경쟁을 해야 했기 때문에 남이 남긴 고기를 먹는 것도 쉽지 않을 수 있었다. 그러므로 다음번에 당신이 단골 식당에 들어가기 위해서 30분간 초조하게 기다려야 할 경우에 기억해두시라. 우리의 조상들은 떠돌아다니는 사나운 하이에나 무리들과 싸워야 고기를 얻을 수 있었다는 사실을 말이다.

식량을 구하려고 애쓰는 과정에서 손쓴사람은 날카로운 돌을 써서 뼈에 붙은 살을 더 빠르고 쉽게 떼어낼 수 있었을 것이다.[11] 그 덕분에 그런 도구에 해당하는 것을 가지고 태어난 동물들과 동등하게 경쟁이 가능했을 것이라고 추측된다. 그 도구들은 등장한 후로 엄청난 인기를 끌었고 그후 200만 년 가까운 기간 동안 인간이 가장 선호하는 도구가 되었다. 사실, 호모 하빌리스에게 손쓴사람이라는 뜻의 이름이 붙은 것은 화석 주변에서 석기를 만들기 위한 돌조각들이 흩어져 있었기 때문이다. 1960

년대 초반 이 화석을 발견한 루이스 리키와 그의 동료들이 화석종에게 이런 이름을 부여한 이유이다. 돌칼은 이 유적지에서 너무나 많이 발견되기 때문에 실수로 밟지 않도록 발걸음을 조심해야 할 정도이다.

* * *

물론 날카로운 돌조각과 간 이식 수술 사이에는 커다란 차이가 있다. 그러나 도구 사용에서 드러났듯이 호모 하빌리스의 마음은 이미 현존하는 영장류 친척 누구와도 그 능력을 비교할 수 없는, 새로운 경지로 나아갔다. 예컨대 영장류 연구자들이 수년에 걸쳐 훈련시켰음에도 불구하고 보노보는 하빌리스가 사용하던 단순한 석기를 능숙하게 사용하지 못했다.[12] 최근의 뇌 영상 연구가 시사하는 바에 따르면 도구를 설계하고 계획하고 사용하는 능력은 우리의 좌뇌에서 특화된 "도구 사용" 네트워크가 진화하고 발달한 덕분에 생겨났다.[13] 슬프게도 이 네트워크에 손상을 입는 사례가 드물게 있어서 그런 사람들은 보노보보다 나은 행동을 보여주지 못한다.[14] 도구를 인식할 수는 있지만 칫솔이나 빗 같은 단순한 도구조차 어떻게 사용해야 하는지를 생각해내지 못하는 것이다. 내가 아침 커피를 마시기 전에 그러하듯이 말이다.

인지력이 향상된 것은 사실이지만 200만 년보다 더 오래된 이 인간 종, 호모 하빌리스는 현대 인류의 그림자에 불과하다. 여전히 뇌와 신체가 작고 팔이 길며 얼굴은 동물원 사육사나 좋아할 모습을 가지고 있다. 그러나 하빌리스가 등장한 이후 여타의 호모 종들이 출현하는 데에는 지질학적인 시간 척도로 볼 때 그리 오랜 시간이 걸리지 않았다. 이 가운데 가장 중요한 종은 우리의 직계 조상이라고 대부분의 전문가들이 동의하는 호모 에렉투스 즉 "곧선사람"이다.[15] 이들의 유골을 보면 손쓴사람보다 현생인류와 훨씬 더 비슷하다는 점을 알 수 있다. 더 곧바로 서서 걸었을 뿐만 아니라 덩치와 키도 더 커서 거의 152센티미터에 이르렀다. 팔다리가 더 길었고 두개골도 훨씬 더 컸다. 그 덕분에 전두엽, 측두엽,

두정엽은 더욱 확대될 수 있었다.

두개골이 더욱 커진 것은 출산 과정에 큰 영향을 끼쳤다. 자동차 제조 업자들이라면 모델을 새로 설계할 때 혼다 구(舊) 모델의 배기관을 통해서 신(新) 모델을 어떻게 밀어낼 것인가를 고민할 필요가 없다. 그러나 자연에서는 이런 문제가 실제로 존재한다. 곧선사람의 경우 머리를 재설계한 탓에 몇 가지 쟁점이 생기게 되었다. 머리와 뇌가 큰 아기를 낳으려면 여성의 덩치가 과거보다 더 커져야 했다. 그 결과 손쓴사람 여성의 체구는 남성의 60퍼센트에 불과했지만 곧선사람은 이 비율이 평균 85퍼센트에 이르렀다.

새로운 뇌는 비용을 치를 만한 가치가 있었다. 곧선사람은 인류의 진화에서 또다른 급격하고도 장대한 변화의 당사자였다. 세상과 마주서서 그 도전에 조상과는 다른 방식으로 응전했다. 특히 이들은 상상력과 기획력을 발휘하여 복잡한 석기와 목기를 창조했다. **다른 도구들**을 사용해서 주먹도끼, 칼, 큰 식칼을 정교하게 가공했다. 오늘날 우리는 두뇌 덕분에 과학과 기술, 예술과 문학을 창조하는 능력을 가지게 되었다고 믿는다. 하지만 두뇌의 능력 중 우리 종에게 가장 중요한 역할을 했던 것은 복잡한 도구를 상상하는 능력이었다. 그 덕분에 우리에게 경쟁력이 생겼고, 이는 생존에 큰 도움이 되었다.

진보한 도구를 가지게 된 곧선사람은 포식자가 먹다 남은 고기만을 먹는 것이 아니라 직접 사냥을 할 수 있게 되었다. 고기를 더 풍부하게 먹을 수 있게 된 것이다. 인류의 진화사에서 이것은 거대한 약진이었다. 단백질을 더 많이 소비할 수 있게 되면서 과거와 달리 식물성 식품을 잔뜩 먹지 않고도 살 수 있게 된 것이다. 곧선사람은 또한 물질을 마찰하면 열이 난다는 사실을 알았으며, 열이 불을 일으킨다는 사실을 발견한 최초의 종으로 추정된다. 불을 획득한 곧선사람은 다른 동물에게는 불가능한 일을 할 수 있게 되었다. 생명을 유지하기에는 기후가 너무 추운 지역에서도 따뜻하게 지낼 수 있게 된 것이다.

　나의 사냥은 정육코너에서 이루어지고 도구 사용에 관한 나의 아이디어는 목수를 부른다는 것이 고작이다. 하지만 내가 실질적인 일을 해결하는 데에 능한 족속의 후손이라고 생각하면 어쩐지 위로가 된다. 설사 그 조상이 튀어나온 이마에 나무막대기를 쏠아서 구멍을 낼 수 있는 이빨을 가지고 있었다 하더라도 말이다. 더욱 중요한 것은 정신의 이런 새로운 능력 덕분에 호모 에렉투스가 아프리카를 벗어나 유럽과 아시아로 퍼져나갈 수 있었다는 점이다. 100만 년이 훨씬 넘는 오랜 기간 동안 하나의 종으로서 존속할 수 있었다는 점도 마찬가지이다.

* * *

우리는 지능이 발달한 덕분에 복잡한 사냥 도구와 고기 해체 도구를 만들 수 있게 되었다. 또한 그 덕분에 새롭고도 급박한 필요가 생겨났다. 대초원에서 몸집이 크고 동작이 빠른 동물을 추격해서 한곳에 몰아넣으려면 사냥꾼의 팀이 필요하기 때문이다. 인류가 올스타 농구팀이나 축구팀을 만들기 이전부터 이미 호모 속은 그와 비슷한 진화적 압력을 받았다. 서로 긴밀히 협력하는 무리를 이루어서 영양과 가젤을 사냥하기 위해서는 그에 걸맞은 고도의 사회지능과 기획 능력이 있어야 하기 때문이다. 곧선사람의 새로운 생활양식 때문에 소통과 기획을 가장 잘 할 수 있는 개체가 생존과 번식에 유리해졌다. 여기에서도 우리는 현대 인류의 본성이 아프리카의 대초원에 뿌리를 두고 있음을 확인할 수 있다.

　곧선사람 치세의 끝 무렵 어느 시기, 아마도 50만 년 전쯤 곧선사람은 새로운 형태, 호모 사피엔스(Homo sapiens)로 진화했다. 뇌의 능력이 더욱 더 커진 덕분이다. 이같이 초기의 혹은 "고대의" 호모 사피엔스는 여전히 현생인류라고 볼 수 없는 존재였다. 신체가 더욱 건장해졌으며 두개골은 과거보다 더 크고 두께가 두꺼웠지만, 뇌는 오늘날의 우리만큼 커다랗지 않았다. 해부학적으로 볼 때 현생인류는 호모 사피엔스의 아종

(亞種)으로 분류되며, 기원전 20만 년쯤에 초기의 호모 사피엔스에서부터 출현했다.

인류는 하마터면 살아남지 못할 뻔한 존재였다. 최근 유전 인류학자들이 DNA를 분석했는데, 그 결과가 시사하는 바는 놀랍다. 약 14만 년 전 아마도 기후변화와 관련되었을 어떤 치명적인 사건이 일어나서 현생인류의 대부분이 사망했다는 것이다. 모두가 아프리카에 거주하던 이시기에 현생인류 전체의 숫자는 불과 수백 명 단위까지 곤두박질쳤다. 오늘날 우리가 말하는 멸종 위기의 종이 된 것이다. 마운틴고릴라나 흰긴수염고래처럼 말이다. 아이작 뉴턴이나 알베르트 아인슈타인을 포함해서 당신이 이름이라도 들어본 모든 사람, 그리고 오늘날 지상에 살고 있는 수십억 명 모두는 그 시기에 살아남은 수백 명의 후손이다.[16]

이런 아슬아슬한 위기가 시사하는 바는 뇌가 더 큰 새로운 아종이 장기적인 성공을 거둘 만큼 충분히 똑똑하지는 못했다는 점이다. 그러나 당시 우리는 또다른 변화를 겪었고 그 덕분에 우리는 놀라운 정신력을 새로 가질 수 있었다. 그 원인은 우리 신체나 심지어 뇌의 해부학적 구성에 변화가 일어난 데에 있는 것 같지 않다. 그것이 아니라 우리 뇌의 작동 방식이 달라진 것 같다. 아무튼 이 일은 일어났고 그 덕분에 우리 종은 과학자, 예술가, 신학자, 그리고 보다 일반적으로는 우리와 같은 방식으로 생각하는 사람이 생기게 되었다.

이 최후의 정신적 탈바꿈에 대해서 인류학자들은 "현대적 인간 행태"의 발달이라고 부른다. 여기서 "현대적 행태"라는 말은 쇼핑이나, 스포츠 경기를 보면서 알코올 음료를 벌컥벌컥 마시는 것을 의미하지 않는다. 복잡한 상징적 사고를 하는 행위, 결국에는 현대의 인간 문화를 일으킨 종류의 정신적 활동을 말한다. 이런 탈바꿈이 언제 일어났느냐에 대해서는 일부 논란이 있지만 일반적으로 동의하는 시기는 기원전 4만 년경이다.[17]

오늘날 우리는 우리가 속한 아종을 호모 사피엔스 사피엔스 즉 "슬기 슬기사람(Wise, Wise Man)이라고 부른다(자기 손으로 자신의 이름을 붙일 수 있을 때 하는 행태를 반영하는 이름이다). 그러나 우리의 커다란 두뇌를 낳을 수 있게 한 이 모든 변화는 상당한 희생을 필요로 했다. 에너지 소비라는 관점에서 보면 현대인의 두뇌는 심장에 이어 두 번째로 비싼 장기이다.[18]

운영비용이 엄청나게 많이 필요한 뇌보다는 강력한 근육을 장착하는 편이 경제적이었을 수도 있다. 같은 무게의 근육이 소비하는 에너지는 뇌의 10분의 1밖에 되지 않기 때문이다. 그러나 자연선택은 우리 종을 체력이 가장 튼튼한 종으로 만드는 쪽으로 작용하지 않았다.[19] 우리는 특별히 힘이 세지도 민첩하지도 못하다. 우리와 가장 가까운 친척인 침팬지와 보노보는 육체적 능력으로 자신의 생태학적 지위를 획득했다. 힘은 91킬로그램 이상을 잡아당길 수 있을 정도로 강하며 치아는 날카롭고도 튼튼해서 단단한 견과류를 깨트려 먹을 수 있을 수 있다. 이에 비하면 나는 팝콘을 씹기도 힘이 든다.

인류는 근육이 빈약한 대신 특대형의 두개골이 있기 때문에 음식에서 얻는 에너지를 비효율적으로 사용하게 된다. 뇌의 무게는 체중의 2퍼센트에 불과하지만 뇌는 전체 칼로리 섭취량의 20퍼센트 가량을 소모한다. 다른 동물들은 정글이나 대초원의 혹독함 속에서 생존하는 데에 능숙한 반면 우리는 카페에 앉아서 커피를 홀짝거리는 데에 더 잘 적응된 것 같다. 그러나 이처럼 앉아 있는 것을 과소평가해서는 안 된다. 우리는 그러는 동안 생각하고 의문을 품기 때문이다.

1918년 독일의 심리학자 볼프강 쾰러가 출판한 『유인원의 사고방식 (The Mentality of Apes)』은 이 분야의 고전이다. 그는 프러시아 과학 아카데미 소속으로 카나리 제도의 테네리페 섬 전초기지의 책임자를 지냈다. 이 책은 당시 그가 침팬지를 대상으로 실험한 결과를 설명하고 있다.

그는 침팬지가 문제를 해결하는 방식을 알고 싶었다. 예컨대 침팬지는 손닿지 않는 곳에 둔 음식을 어떤 방식으로 손에 넣을까. 그의 실험결과는 우리가 다른 영장류들과 공유하는 정신적 능력에 대해서 많은 것을 알려준다. 하지만 자신의 육체적 열세를 보완하는 인간의 재능에 대해서도 이 책은 많은 것을 드러내준다. 침팬지의 행태를 인간의 것과 비교해보면 그렇다.

쾰러의 실험 중 가장 눈길을 끄는 것이 있다. 그는 바나나 한 개를 천장에 매달아두었다. 그리고 침팬지가 상자를 쌓은 뒤 그 위로 올라가 바나나를 손에 넣는 방식을 학습할 수 있다는 사실을 확인했다. 그러나 침팬지는 그와 관련된 힘이 어떻게 작용하는지를 전혀 모르는 것 같았다. 예컨대 가끔씩 상자를 모서리로 세워서 쌓으려고 시도하는가 하면 쌓인 상자들이 넘어지도록 바닥에 돌을 놓아두어도 이를 치울 생각을 하지 못했다.[20]

이 실험의 최신 버전에서는 침팬지와 3-5세의 인간 아기로 하여금 보상을 얻기 위해서 L자 모양의 블록을 쌓는 것을 배우게 한다. 그 다음에 원래의 블록을 무게 중심이 어긋난 가짜 블록으로 몰래 바꿨다. 겹쳐쌓으면 무너져 내리게 설계된 것이다. 침팬지들은 시행착오를 거듭하며 보상을 얻기 위해서 한동안 노력을 계속했지만 실패의 연속이었다. 침팬지는 멈춰서서 무게 중심이 어긋난 블록을 살펴보지 않았다. 인간의 아기 역시 과제 수행에 실패했다(실제로 불가능한 과제였다). 그러나 아기는 단순히 포기하지 않았다. 문제가 무엇인지 알기 위해서 블록을 자세히 살펴보았다.[21] 우리 인간들은 어릴 때부터 답을 찾는다. 우리가 처한 상황을 이론적으로 이해하려는 시도를 한다. 우리는 "왜?"라고 묻는다.

어린아이들과 함께 지내본 사람이라면 누구나 아는 사실이 있다. 아이들은 왜라는 질문을 사랑한다는 점이다. 1920년대 심리학자 프랭크 로리머는 이를 공식화했다. 그는 네 살배기 남자 아이를 4일간 관찰하면서 그 아이가 하는 왜라는 물음을 모두 기록했다.[22] "물뿌리개는 왜 손잡이가 두개지요?" "눈썹은 왜 있지요?" 등등의 총 40가지 질문이었다. 내가 좋아하는 질문은 "엄마는 왜 수염이 없어요?"이다. 세계 모든 곳에서 인간의 아기는 아주 이른 시기부터 질문을 한다. 아직 옹알이를 하고 문법에 맞는 말을 하지 못하는 데에도 말이다. 질문을 제기하는 행위는 우리 종에게 너무나 중요하기 때문에 인류가 사용하는 언어들에는 보편적인 지표가 있다. 모든 언어는 성조가 있는 것과 없는 것을 막론하고 질문을 할 때, 뒷부분의 억양이 비슷하게 높아진다.[23] 일부 종교에서는 의문 제기를 불안의 최고 형태라고 본다. 과학과 산업분야에서 제대로 된 질문을 제기하는 능력은 개인이 가질 수 있는 최고의 재능일 것이다. 한편 훈련받은 침팬지와 보노보는 자신을 훈련시키는 사람과 초보적인 기호를 사용해서 소통하며 대답까지 하는 것이 가능하다. 그러나 스스로 질문을 하는 법은 없다. 육체적으로는 강인하지만 생각하는 존재는 아닌 것이다.

* * *

우리 인류는 주위 환경을 이해하려는 본능뿐만 아니라 물리법칙이 어떻게 작동하는지를 이해하는 직감도 타고난 것으로 보인다. 혹은 적어도 매우 어린 시기에 이런 직감을 습득한다. 모든 사건은 다른 사건이 원인이 되어 발생한다는 것을 우리는 천성적으로 이해하는 것 같다. 수천수만 년이 흘러간 뒤에 아이작 뉴턴이 마침내 밝혀낸 그 법칙에 대한 초보적인 직관을 우리는 가지고 있는 듯하다.

미국 일리노이 대학교의 유아인지연구소에서는 아기의 물리적 직관을 30년째 연구하고 있다. 엄마와 아기를 작은 무대나 탁자에 앉혀놓은 뒤 무대에서 벌어지는 사건에 아기가 어떻게 반응하는지를 관찰하는 실험을 한다. 눈앞의 과학적 질문은 이것이다. 물질세계에 대해서 아기들은 무엇을 알고 있으며 그것을 언제 알게 되었나? 과학자들이 발견한 사실은 다음과 같다. 물리학이 어떻게 작동하는지에 대한 모종의 느낌을 보유하는 것은 인간이라는 존재의 핵심적 측면으로 보인다. 심지어 유아기에도 그러하다는 것이다.

6개월 된 아기들을 대상으로 수행한 일련의 연구들을 살펴보자.[24] 실험실은 경사로와 평평한 길이 이어져 있는 구조였다. 경사로 맨 위에는 길쭉한 원통이, 경사로가 끝나는 곳에는 장난감 벌레가 놓여 있다. 원통을 위에 놓으면 아래쪽으로 굴러가고, 그 모습을 아이들은 흥분해서 지켜본다. 원통이 벌레에 부딪치자 벌레는 수평 트랙의 절반 정도까지 밀려나왔다. 밀려난 거리는 60센티미터 정도였다. 그 다음 실험에서 벌어진 일은 **연구자들**을 흥분하게 만들었다. 이번에는 경사로 위에 놓은 원통의 크기를 다르게 했다. 아기들은 원통 크기에 비례해서 벌레 장난감이 밀려나는 거리를 예측할 것인가?

내가 이 실험 이야기를 전해 들었을 때 먼저 떠오른 질문은 이것이었다. 아기가 **무엇을** 예측하는지 외부에서 어떻게 알 수 있는가? 개인적으로 나는 내 아이들의 생각을 이해하는 데에 어려움을 겪는다. 내 아이들은 10대 한 명, 20대 한 명이기 때문에 모두가 말을 할 수 있음에도 그렇다. 아이들이 어려서 웃거나 찡그리거나 침을 흘리는 것밖에는 할 수 없었을 때, 내가 그 아이들의 생각에 대해서 무슨 통찰력을 가지고 있었나? 사실, 아기의 곁에 오래 있으면 얼굴 표정을 근거로 그 아기가 무슨 생각을 하고 있는지 추측할 수 있다. 문제는 당신의 직관이 과학적으로 타당한지 확인하기가 어렵다는 점이다. 예컨대 아기의 얼굴에 말린 자두 같은 잔주름이 쪼글쪼글 생긴다고 치자. 그 원인은 배에 가스가 차서 복통이 생긴 탓인가, 아니면 라디오에서 방금 주식 시장이 500포인트 떨어졌다는 방송이 나온 탓에 아기가 실망한 탓인가. 내 얼굴 표정은 진실이 어느 쪽이든 똑같을 것임을 나는 알고 있다. 그런데 아기들의 경우 우리가 판단할 근거는 표정이나 눈길밖에 없다. 그러나 아기가 무엇을 예측하고 있는지를 밝히는 문제에 대해서라면 심리학자들은 이를 위한 애플리케이션을 가지고 있다. 아기에게 일련의 사건을 연속적으로 보여주고 그 장면을 아기가 얼마나 오래 응시하는지를 측정하는 것이다. 아기의 예측과 다르게 사건이 전개되면 아기는 이 장면을 응시한다. 사건이 놀라우면 놀라울수록 쳐다보는 시간은 길어진다.

　두 번째 경사로 실험을 위해서 심리학자들은 아기들을 반씩 나누어 두 집단으로 만들었다. 한 집단에게는 전보다 큰 원통이 구르는 것을, 다른 집단에게는 더 작은 원통이 구르는 것을 각각 보여줬다. 여기서 연구자들은 속임수를 썼다. 두 경우 **모두** 원통에 부딪친 장난감 벌레가 평평한 트랙의 **더욱 먼** 곳까지 밀려가게 만든 것이다. 처음보다 커다란 원통이 부딪치는 것을 본 아기들은 여기에 예외적인 반응을 보이지 않았다. 그러나 더 **작은** 원통에 부딪친 장난감 벌레가 더 멀리 밀려가는 것을 본 아기들은 오랫동안 벌레를 응시했다. 마치 무엇이 어떻게 된 일인지 알고 싶어서 고심하는 듯한 인상을 주었다.

　강하게 충돌하는 편이 약하게 충돌하는 것보다 벌레를 멀리 보낸다는 사실을 안다고 해서 아이작 뉴턴 급의 인사가 될 수 있는 것은 아니다. 그러나 이 실험이 보여주는 사실이 있다. 인간은 물리 세계에 대한 모종의 이해력을 원래부터 장착하고 있는 것으로 보인다는 점이다. 우리는 우리에게 장착된 호기심을 보완해주는 정교한 직관적인 느낌을 가지고 있으며 이 느낌은 다른 종에 비해서 인간에게서 훨씬 더 많이 발달해 있는 것 같다. 수백만 년에 걸쳐서 우리 종은 진화하며 앞으로 나아갔다. 좀더 강력한 두뇌를 얻어가며, 개인으로서 우리가 세상에 대해서 배울 수 있는 것을 배우려고 분투하면서 말이다. 현생인류의 마음은 자연을 이해하는 방향으로 발달해왔지만 충분하지는 않았다. 따라서 다음 장에서는 인류가 어떻게 해서 주변 환경에 관한 질문을 던지기 시작하고 그 질문에 답하기 위해서 지적으로 뭉치기 시작했는지를 이야기할 것이다. 이것은 인류 문화가 발달한 과정에 대한 이야기이다.

3
문화

매일 아침 거울을 보는 사람들은 대부분의 동물들이 거의 보지 못하는 것을 본다. 바로 자기 자신이다. 우리는 거울 속의 자신의 모습을 보고 미소를 짓거나 키스를 날리기도 한다. 얼굴에 생긴 여드름을 화장으로 가리기도 하고 단정하게 보이려고 면도를 하기도 한다. 동물의 시각에서 보면 거울 속 이미지에 대해서 일으키는 이런 반응들은 이상한 것이다. 인간은 진화 과정의 어느 단계에서 자의식을 가지게 되면서 이렇게 되었다. 이보다 더욱 중요한 것은 우리가 다음과 같은 사실을 잘 이해하게 되었다는 점이다. 거울 속에 보이는 얼굴에 앞으로 주름살이 생기고 엉뚱한 곳에서 털이 돋아나기도 하며 나며 결국에는 그 얼굴은 존재하지 않게 된다. 다시 말해서 우리는 언젠가 죽어야 한다는 사실을 안다.

　우리의 뇌는 우리의 마음을 작동시키는 하드웨어이다. 뇌는 상징을 통해서 생각하며 의문을 제기하고 추론하는 능력을 갖추고 있다. 우리가 이런 뇌를 개발한 것은 생존하기 위해서이다. 그러나 일단 하드웨어를 가지게 되면 다양한 용도로 사용할 수 있다. 호모 사피엔스 사피엔스의 상상력은 점점 확대되어갔고 이에 따라서 우리가 모두 죽는다는 자각은 뇌로 하여금 다음과 같은 실존적인 질문을 제기하게 만들었다. "우주를 관장하는 존재는 누구인가?" 이 질문 자체가 과학적이지는 않지만 "원자란 무엇인가"라는 질문에 이르는 길은 이런 물음에서부터 시작되었다. 좀더 개인적인 물음도 여기에 기여한 것은 물론이다. 예컨대 "나는 누구인가?", "주변 환경을 나에게 맞게 바꿀 수 있을까?"가 그렇다. 동물의 수준을 뛰어넘는 이런 질문을 할 수 있게 된 순간, 우리는 하나의 종으로서 큰 진보의 걸음을 내딛었다. 그리하여 우리 종의 등록 상표는 생각과 질문이 되었다.

인간의 사고 과정은 이런 문제를 생각할 수 있도록 달라져갔다. 이 같은 변화는 수만 년 동안 진행되어왔을 것이다. 그 출발점은 아마도 약 4만 년 전 우리가 현대적 행태로 간주하는 특징들이 나타나기 시작했을 때부터였을 것이다. 이 같은 변화가 정점에 이른 것은 약 1만 2,000년 전, 마지막 빙하기의 끝 무렵이었다. 과학자들은 그 이전의 200만 년을 구석기 시대(Paleolithic Era)로, 그 이후의 7,000-8,000년을 신석기 시대(Neolithic Era)라고 부른다. 이 단어들은 그리스어에 뿌리를 두고 있다. palaio는 "옛", neo는 "새", lithos는 "돌"을 의미한다. 두 시대는 모두 돌을 도구로 사용한다는 공통점을 가진다. 구석기 시대에서 신석기 시대로 바뀌면서 광범위한 변화가 일어났다. 우리는 이를 "신석기 혁명(Neolithic revolution)"이라고 부르지만, 그것은 돌로 된 도구에 대한 이야기가 아니다. 그보다는 우리가 생각하는 방식, 우리가 묻는 질문, 우리가 중요하다고 생각하는 생존의 문제들이 달라진 것을 의미한다.

***

구석기 시대 사람들은 자주 이주하며 나의 10대 자녀들처럼 먹을 것을 따라다녔다. 여자는 식물, 씨, 알을 채집하고 남자는 대개 사냥을 하거나 죽어 있는 동물의 고기를 먹었다. 이 유랑민들은 계절마다—때로는 심지어 날마다—이동을 했고, 소유물은 거의 없었으며 자연이 제공하는 먹을거리들의 흐름을 쫓았다. 자연이 주는 어려움을 견디며 언제나 자연의 자비에 기대며 사는 수밖에 없었다. 그럼에도 불구하고, 땅은 풍부했지만 2.6제곱킬로미터당 한 명밖에 부양하지 못했다.[1] 따라서 구석기 시대대부분의 시간 동안 사람들은 통상 100명 이내의 소집단 유랑민으로서 살았다. "신석기 혁명"이라는 용어는 생활양식의 커다란 변화를 서술하기 위해서 1920년대에 만들어졌다. 이때부터 사람들은 10-20가구 정도의 조그만 마을에 정착해서 살면서 식량을 채집하는 것이 아니라 생산하기 시작했다.

이와 함께 환경에 단순히 반응하는 대신에 환경을 적극적으로 만들려는 움직임이 나타났다. 마을에 사는 사람들은 이제 자연이 제공해주는 것에 단순히 의지해서 살지 않았다. 그 자체로는 가치가 없는 원자재를 수집해서 그것들을 가치 있는 물건으로 재창조했다. 예컨대 그들은 나무와 흙벽돌, 돌을 이용해 집을 짓고, 자연적으로 생산되는 구리로 도구를 만들고, 잔가지들을 이용해서 바구니를 엮고, 아마 등의 식물과 동물에서 얻은 섬유를 꼬아서 실을 만들고 이 실로 천을 짜서 옷을 만들어 입었다.[2] 이 옷은 동물가죽으로 만들었던 이전의 옷보다 더 가볍고 공기가 잘 통하고 세탁하기도 쉬웠다. 또한 점토로 항아리와 물주전자를 빚고 구워서 이것을 요리와 식품 보관에 썼다.

액면 그대로 평가할 때, 진흙 주전자와 같은 물건을 발명하는 것은 그다지 심오하게 보이지 않는다. 물을 바지 주머니에 넣어서 운반하기 어렵다는 깨달음과 비교했을 때 말이다. 그리고 사실 최근까지도 많은 고고학자들은 신석기 혁명에 대해서 더 편안하게 살기 위한 적응에 불과하다고 생각을 했다. 1만-1만2,000년 전, 지난 빙하기 말에 일어난 기후 변화 탓에 많은 대형동물이 멸종하고 다른 대형동물들의 이동 패턴이 달라졌으며 이 때문에 인류의 식량 공급이 어려워졌다고 학자들은 추정해왔다. 또한 인구가 너무 늘어나면서 수렵채집으로는 감당할 수 없는 수준에 이르렀다고 추측하는 학자들도 일부 있었다. 이 견해에 따르면 정착생활과 복잡한 도구 및 기구의 발명은 이 같은 상황에 대한 반응이었다.

그런데 이 이론에는 문제가 있었다. 그중 하나는 영양 부족과 질병은 뼈와 치아에 흔적을 남긴다는 점이다. 하지만 신석기 혁명 이전 시기의 유골에 대한 연구결과 이런 흔적이 없다는 사실이 1980년대에 밝혀졌다. 이는 이 시기의 사람들이 영양 부족으로 괴로움을 당하지 않았다는 것을 의미한다. 사실 고생물학적 증거들을 살펴보면 초기의 농부들은 척추 손상이 많았으며 치아 상태도 더 나빴고 빈혈과 비타민 결핍도 더 심했다. 그리고 더 일찍 죽었다.[3] 이들보다 앞선 시기의 수렵채집인들에 비해서 그랬다. 더구나 농경이 시작된 것은 광범위한 기후 파국의 결과로서가 아니라 점진적인 과정을 통해서인 것으로 보인다. 게다가 초기 정착지 중에는 동물을 가축화하고 식물을 작물화한 흔적이 전혀 나타나지 않는 곳도 많았다.

우리는 인류의 원래 수렵채집 생활이 생존을 위한 힘든 투쟁이었다고 생각하는 경향이 있다. 리얼리티 쇼에서 보듯이, 굶주린 참가자들이 정글에 살면서 어쩔 수 없이 날개달린 곤충이나 박쥐 배설물을 먹는 상황을 떠올리는 것이다. 이 채집자들이 대형 상점에서 도구와 씨를 구해서 순무를 경작했다면 살기가 더 편하지 않았을까? 반드시 그런 것은 아니라는 사실이 드러났다. 오스트레일리아와 아프리카의 오염되지 않은 오지에서 외부와의 접촉 없이 1960년대까지 살았던 소수의 수렵채집인에 대한 연구결과를 보면, 수천 년 전의 이 유랑 사회들은 "물질적인 풍요"[4]를 누렸을지도 모른다.

유랑민의 전형적인 생활양식은 한곳에 일시적으로 머물면서 야영지에서 쉽게 도달할 수 있는 거리에 있는 식량 자원이 고갈될 때까지 지내는 것이다. 자원이 고갈되면 수렵채집인들은 이동한다. 모든 소유물을 가지고 다녀야 했기 때문에 그들은 큰 물건보다는 작은 물건을 더 가치 있게 여겼고 물질로 된 재화가 많지 않아도 만족해했다. 일반적으로 소유나 소유권의 개념이 거의 없었다. 이들을 처음 연구하기 시작한 19세기 서구 인류학자들은 이런 이유 때문에 이들이 가난과 결핍 속에서 힘들게 살았다고 생각했다. 그러나 대체로 유랑민들은 식량을 위해서, 보다 일반적으로는 생존을 위해서 힘들게 투쟁하는 삶을 살지는 않았다. 사실 아프리카의 산족(부시맨)에 대한 연구결과를 보면, 그들의 식량채집 활동은 제2차 세계대전 이전 유럽의 농부들보다 더욱 효과적인 것으로 나타났다. 그리고 이들이 일하는 시간은 하루 평균 2-4시간에 불과했다. 19세기에서 20세기 중반의 수렵채집 집단에 대한 보다 폭넓은 연구에 따르면 그렇다.[5] 연간 강수량이 152-254밀리미터에 불과한 아프리카의 도베 지역에서도 식량 자원은 "다양하고 풍부했다." 이에 비해서 초기의 농부들은 뼈가 부서져라 일해야 했다. 밭의 바위와 돌을 옮기고 덤불을 제거하고 가장 초보적인 도구를 사용해서 단단한 흙을 부숴야 했다.

이런 점을 고려하면 인간이 정착생활을 시작한 이유에 대한 과거의 이론들은 일의 전말을 알려주지 못하는 것으로 보인다. 무엇보다도 신석기 혁명은 실질적인 고려에 의해서 촉발된 것이 아니었다고 오늘날 많은 학자들은 믿고 있다. 인간의 정신능력이 성장하면서 촉발된 정신적, 문화적 혁명이었다는 것이다. 이런 관점을 지지하는 유적지가 있으니 그곳은 현대의 고고학적 발견 중에서 가장 놀라운 곳으로 꼽히는 곳이다. 이에 따르면 자연에 대한 인간의 새로운 접근법은 정착생활 이후에 나타난 것이 아니라 그 전에 이미 출현했다. 괴베클리 테페라고 불리는 거대한 건축물이 이를 증거한다.[6] 터키어로 "배불뚝이 언덕"이라는 뜻인데, 이는 발굴되기 전의 모습이 그렇게 보였기 때문이다.

* * *

괴베클리 테페는 터키 남동부 오늘날의 우르파 지방에 있는 언덕 꼭대기에 자리잡고 있다. 지금으로부터 1만1,500년 전에 지어진 이 거대한 건축물은 기자의 대피라미드보다 7,000년이 앞선다. 신석기인들의 초인적인 노력에 의해서가 아니라 유랑하는 삶의 방식을 아직 포기하지 않았던 수렵채집인들에 의해서 세워졌다. 그러나 가장 놀라운 것은 이것이 건축된 이유이다. 구약성서보다 1만 년 앞서는 이곳은 종교의 성소였던 것으로 보인다.

이곳의 기둥들은 여러 개의 원 모양으로 둥글게 둘러서 있는데 가장 큰 원의 지름은 20미터이다. 각각의 원 중앙에는 T자형의 기둥 두 개가 있는데, 그 형상은 직사각형의 머리와 길고 폭이 좁은 몸통이 달린 사람과 비슷하게 생겼다. 이중 가장 큰 것의 높이는 5.5미터이다. 이것을 건축하려면 무게 16톤에 이르는 돌을 비롯한 여러 거석들을 운반해와야 했다. 이 일은 금속 도구나 바퀴를 발명하기 전에, 짐을 실을 수 있는 동물들이 가축화되기도 전에 이루어졌다. 더구나 후대의 종교적 건물과 달리 괴베클리 테페는 사람들이 도시에 살기 이전에 세워졌다. 도시는 대규모의 잘 조직된 노동력을 공급받을 수 있는 원천이다. 내셔널 지오그래픽 방송은 이를 다음과 같이 표현했다. "수렵채집인이 괴베클리 테페를 건설했다는 사실을 알게 된 것은 어떤 사람이 지하실에서 조각칼로 보잉 747 항공기를 만들었다는 사실을 발견한 것이나 마찬가지이다."

이 건축물이 발견된 것은 우연이었다. 주인공은 1960년대에 이 지역을 조사하던 시카고 대학교와 이스탄불 대학교의 인류학자들이었다. 그들은 조각난 석회암 판들이 흙을 뚫고 약간 드러나 있는 것을 보았지만 버려진 옛 비잔틴 제국의 묘지의 잔해라며 무시했다. 인류학 공동체에서는 따분한 잔해라며 커다란 하품을 해댔다. 그로부터 30년이 흘렀다. 그러던 1994년에 그 지역의 한 농부가 하던 쟁기질에 커다란 돌덩이가 걸렸다. 엄청나게 큰 돌기둥이 묻혀 있다가 그 꼭대기가 모습을 드러낸 것이다. 마침 시카고 대학교의 보고서를 읽은 고고학자 클라우스 슈미트가 그 지역에서 일하고 있었다. 그는 한 번 가서 현장을 보기로 했다. "그것을 처음 목격한 지 1분도 지나지 않아서 나는 깨달았다. 내게는 두 가지 선택지가 있었다. 현장을 떠나서 아무에게도 말하지 않거나 남

44

은 생 전체를 거기서 일하며 보내는 것이다."[7] 그는 후자를 택했고 2014년에 사망할 때까지 그 현장에서 일했다.

괴베클리 테페가 건축된 것은 문자가 발명되기 이전이었다. 따라서 주변에는 종교 문서가 여기저기 흩어져 있지 않았다. 이런 문서를 해독할 수 있다면 그곳에서 어떤 의식이 행해졌는지를 밝힐 수도 있었을 텐데 말이다. 이곳이 예배 장소라는 결론이 내려진 것은 그 이후 시대의 종교 유적지 및 예배 행태와 비교한 결과이다. 예컨대 괴베클리 테페의 기둥에는 다양한 동물들이 새겨져 있다. 그러나 그것들은 여타 구석기 시대의 동물 그림과는 다른 것이었다. 이곳을 세운 사람들이 먹고 연명하던 사냥감과는 닮지 않은 것이다. 그렇다고 해서 사냥이나 일상적 활동과 관련된 상징도 아니었다. 거기에 조각된 것은 사자, 뱀, 멧돼지, 전갈, 살쾡이 등 인간에게 위협적인 존재들이었다(그러나 위협적이지 않은 동물인 유럽 들소, 새, 가젤, 거미, 곤충 등도 함께 조각되어 있다. 발견자인 슈미트는 이곳을 석기 시대 동물원이라고 불렀다/옮긴이). 그것들은 상징적인, 혹은 신화 속의 존재로 생각된다. 나중에 숭배의 대상이 된 그런 유형의 동물들 말이다.

괴베클리 테페는 아무것도 없는 허허벌판에 세워져 있기 때문에 이곳을 방문하려는 고대인들에게는 커다란 헌신이 필요했을 것이다. 사실 이곳에 누군가가 거주했다는 증거를 아무도 발견하지 못했다. 우물도 집도, 화덕도 없었다. 고고학자들이 발견한 것은 수천 마리 분의 가젤과 유럽 들소의 뼈였다. 멀리 떨어진 곳에서 사냥해 식량으로서 괴베클리 테페로 옮겨진 것으로 추정된다. 이곳을 방문하려면 성지 참배를 위한 긴 여행 같은 것을 해야 했다. 유랑하는 수렵채집인들이 멀리는 96킬로미터 떨어진 곳에서부터 찾아왔다는 증거가 있다.

괴베클리 테페는 "사회문화적 변화가 먼저 일어나고 농업은 나중에 발생했다는 것을 보여준다"고 스탠포드 대학교의 고고학자인 이언 호더

괴베클리 테페 유적지

가 말했다. 다시 말해서 집단을 기반으로 하는 종교 의식이 인류를 한곳에 정착해서 살기 시작하게 만든 중요한 이유였다는 것이다.[8] 종교 중심지들이 떠돌아다니는 수렵채집인들을 가까운 세력권으로 끌어들였고 결국 공통의 종교와 의미 체계가 기반이 되어서 마을이 건설되었다는 이야기이다. 괴베클리 테페가 건설된 것은 검치고양이*가 아직 아시아 대륙에서 돌아다니던 시기였다. 그리고 호모 속에 속한 우리의 마지막 친척이었던 호모 플로레시엔시스(Homo floresiensis)가 멸종한 지 몇 세기밖에 지나지 않은 때였다. 키가 90센티미터에 불과한 호빗족과 같은 사람들 말이다. 그럼에도 불구하고 괴베클리 테페를 건설한 고대인들은 삶에 대해서 실질적인 질문을 제기하는 것을 졸업하고 영적인 질문을 하기 시작한 것으로 보인다. 호더는 말한다. "우리는 괴베클리 테페가 복잡한 신석기 사회의 진정한 기원이라는 주장을 훌륭하게 펼칠 수 있다."[9]

　다른 동물들도 먹을 것을 구하기 위해서 단순한 문제들을 해결하고,

---

* 칼 같은 송곳니를 가진 고양잇과 동물을 말한다.

단순한 도구들을 사용하는 경우가 있다. 그러나 아주 초보적인 형태로도 인간 이외의 동물에게서는 결코 관찰되지 않은 활동이 하나 있다. 그것은 스스로의 존재를 이해하려는 노력이다. 괴베클리 테페를 건설한 후기 구석기와 초기 신석기 시대 사람들은 단순한 생존 문제를 뛰어넘어서 자신과 그 주변에 대한 "필수적이지는 않은(nonessential)" 진실 쪽으로 관심의 초점을 옮겼다. 이것은 인간 지성사에서 가장 의미 있는 발걸음 중의 하나이다. 만일 괴베클리 테페가 인간 최초의 교회라면, 혹은 적어도 우리에게 알려진 최초의 것이라면, 종교사에서 신성한 자리를 차지할 자격이 있다. 또한 과학사에서도 그러하다. 우리의 실존적 의식이 도약했다는 사실을 반영하는 것이기 때문이다. 괴베클리 테페는 인간이 우주에 대한 거대한 질문에 답하기 위해서 커다란 노력을 기울이기 시작한 시대를 반영한다.

* * *

실존적 질문을 제기할 수 있는 인류가 진화하는 데에는 수백만 년이 걸렸다. 하지만 일단 이것이 이루어지자, 우리 종이 문화를 진화시키는 데에는 매우 짧은 시간밖에 걸리지 않았다. 문화는 우리가 살고 생각하는 방식을 개조한다. 신석기 시대 사람들은 작은 마을을 이루고 정착한 뒤 등골이 휘게 일했다. 그 덕분에 식량 생산이 늘어나자 마을이 커져갔다. 인구 밀도는 2.6제곱킬로미터당 한 명에서 100명으로 급증했다.[10]

　신석기에 새로 출현한 초대형 마을 중에서 가장 인상적인 것은 터키 중부의 평원에 기원전 7500년쯤에 건설된 차탈회유크이다.[11] 괴베클리 테페에서 서쪽으로 수백 킬로미터밖에 떨어지지 않은 곳이다. 이곳에 남아 있는 동식물을 분석하여 학자들은 그 주민의 행태를 추정할 수 있었다. 야생의 소, 돼지, 말을 사냥하고 야생의 덩이줄기, 구근, 볏과 식물, 도토리, 피스타치오를 채집했지만 농경이나 목축은 거의 하지 않았다. 거주지에서 발견된 도구와 기구를 보면 이보다 더욱 놀라운 사실을

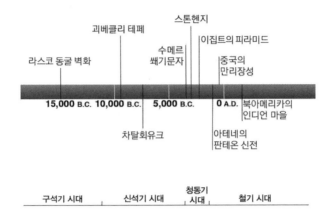

집작할 수 있다. 이들이 각자 집을 유지하고 살았으며 스스로의 예술품을 만들었다는 점이다. 노동의 분업은 전혀 없었던 것으로 보인다. 만약 방랑민들에 의해서 만들어진 작은 정착촌이었다면, 이것은 이상한 일이 아닐 수 있다. 그러나 차탈회유크는 많게는 8,000명, 대략 2,000가구의 고향이 되는 곳이다. 이 사람들 모두가 어느 고고학자의 표현에 따르면 다들 여기저기를 옮겨다니며 "각자 자신들의 일을 했다."

이런 이유로 고고학자들은 차탈회유크를 비롯해서 이와 유사한 신석기 시대의 마을들을 도시는커녕 심지어 소도시로도 인정하지 않는다. 이런 것들이 등장하려면 수천 년이 지나야 했다. 마을과 도시의 차이는 단지 규모 문제가 아니라, 전적으로 집단 내의 사회적 관계에 달려 있는 것이다.[12] 이 관계의 핵심은 어떤 방식으로 생산과 분배가 이루어지느냐에 있다. 도시는 모두가 필요로 하는 다양한 재화와 서비스가 분배되는 본부이다. 그 덕분에 도시에 사는 개인과 가족은 모든 일을 손수 해야 하는 부담에서 벗어날 수 있으며, 일부 사람들은 전문화된 활동에 종사할 수 있다. 예컨대 도시가 주변 농촌지역에서 생산된 잉여 농산물이 시민들에게 분배되는 중심지가 되면 어떤 일이 벌어질까? 그렇지 않았다면 채집이나 농업에 집중했어야 할 사람들이 전문직에 종사할 수 있게 되고, 장인(匠人)이나 사제가 될 수 있는 것이다. 그러나 차탈회유크에서 발견되는 인공물이 시사하는 바는 이와 다르다. 각 가족들은 서로 간에 거의 독립적으로 실질적인 삶을 영위했던 것 같다. 바로 이웃집에 살았음에도 말이다.

각각의 대가족이 자급자족을 한다는 것은 이런 뜻이다. 고기를 정육점에서 구할 수 없고, 하수관을 배관공이 고쳐주지 않으며, 물이 들어가서 고장난 아이폰을 가까운 애플 스토어에 가지고 변기에 빠뜨린 적이 없는 척하면서 교체 받을 수 없게 되는 것이다. 만일 그렇다면 한 동네에 붙어살면서 마을을 만드는 수고를 해야 할 까닭이 어디 있을까? 차탈회유크의 정착민들을 결속하고 단합시킨 것은 신석기인들을 괴베클리 테페로 끌어들인 것과 동일한 접착제인 것으로 보인다. 바로 동일한 문화와 공통의 정신적 믿음이다.

인간은 반드시 죽는다는 사색은 새롭게 등장하는 이 문화들의 한 특징이 되었다. 예컨대 차탈회유크에서는 죽음과 죽어감에 관한 새로운 문화의 증거가 발견되었다. 떠돌며 살던 옛 사람들과는 철저하게 다른 종류의 것이다. 유랑민들은 높은 언덕을 넘어가고 거친 강을 건너며 먼 거리를 이동해야 했기 때문에 병자나 노약자를 함께 데리고 다닐 여유가 없었다. 그러므로 이동 중인 부족들은 무리를 따라다닐 수 없는 노인을 뒤에 남겨두는 것이 보통이었다. 차탈회유크를 비롯한 중동의 잊혀진 도시에 살던 사람들은 이와 정반대로 하는 것이 관습이었다. 대가족으로 함께 살던 사람들은 삶에서나 죽음에서나 모두 신체적으로 친밀하게 지내는 경우가 많았다.[13] 차탈회유크에서는 죽은 사람을 자신의 집 바닥에 묻었다. 유아는 방으로 들어가는 문지방 아래에 매장되는 일이 가끔씩 있었다. 한 커다란 건물의 아래에서만 발굴팀이 70명분의 사체를 찾아낸 적도 있었다. 어떤 경우에는 매장한 지 1년 후에 주민들이 의식에 사용하기 위해서 무덤을 열어 고인의 머리를 칼로 절단하기도 했다.[14]

차탈회유크의 주민들은 죽음의 필연성을 걱정했던 것과 동시에 인간은 우월하다는 새로운 감정을 가지고 있었다. 대부분의 수렵채집 사회에서 동물은 높은 수준의 존중을 받았다. 마치 사냥감과 사냥꾼이 파트너라는 식의 인식이었다. 사냥꾼은 먹잇감을 통제하려 하지 않고, 사냥꾼에게 목숨을 내놓는 동물들과 일종의 우정을 맺었다. 그러나 차탈회유크의 벽화를 보면 사람들이 황소나 멧돼지, 곰을 괴롭히고 화를 돋우고 있다. 과거와 달리 사람들은 동물의 파트너가 아니라 지배자로 묘사된다.[15] 잔가지를 이용해서 바구니를 짜는 것과 비슷하게 동물을 이용의 수단이자 대상으로 여기는 것이다.

이런 새로운 태도는 결국 동물의 가축화로 이어지게 된다.[16] 그로부터 2,000년이 지나는 동안 양과 염소가 길들여졌고 소와 돼지가 그 뒤를 따랐다. 처음에는 선택적 사냥이 이루어졌다. 야생 동물 무리에서 나이와 암수의 균형을 맞추기 위해서였다. 그리고 나서 이들 무리를 자연의 포식자로부터 보호하려고 노력했다. 시간이 흐르면서 인류는 해당 동물의 삶의 모든 측면을 책임지게 되었다. 가축화된 동물은 스스로를 보호해야 할 필요가 없어지자 새로운 육체적 속성을 진화시키기 시작했다. 사람에게 길드는 행태를 보이고 뇌가 작아지고 지능이 낮아진 것은 물론이다. 식물도 인류의 통제하에 놓이면서 채취인이 아닌 재배자의 관심사가 되었다. 밀, 보리, 렌틸콩, 콩이 대표적인 예이다.

농경을 발명하고 동물을 가축으로 길들이자 그 효율성을 극대화하기 위해서 지식수준이 급격히 높아지기 시작했다. 인류는 이제 자연의 규칙과 질서를 배우고 활용할 동기를 가지게 되었다. 동물이 어떻게 새끼를 낳는지, 식물의 생장에는 무엇이 도움이 되는지를 아는 것이 유용해졌다. 이것은 나중에 과학으로 발전할 것의 시초가 되었다. 물론 종교적이거나 마술적인 아이디어가 경험적 관찰이나 이론과 뒤섞이거나 이보다 우위에 서기도 했다. 당시에는 과학적 방법론도 없었고 논리적 추론의 장점을 제대로 알지도 못했기 때문이다. 당시의 목적은 오늘날의 순수과학보다 더욱 실용적인 데에 있었다. 인간의 힘으로 자연의 작동방식을 변화시키는 것이 목적이었다.

신석기의 정착지가 대규모로 확대되면서 인류가 자연에 대해서 제기하는 새로운 질문에 대답을 하는 새로운 방식이 나타났다. 지식에 대한 탐구는 이제 더 이상 개인이나 소집단만의 일이 아니게 되었다. 이제는 엄청난 수의 사람들이 지식에 기여할 수 있게 되었다. 이 인간들은 이제 식량을 사냥하고 채집하는 일을 대체로 포기한 대신 아이디어와 지식을 사냥하고 모으는 일에 힘을 합쳤다.

* * *

대학원생 시절 내가 박사학위 논문 주제로 택한 문제는 해가 없는 양자 방정식의 근사해(近似解)를 구하는 새로운 방법을 개발하는 것이었다. 그 방정식은 중성자별 바깥의 강력한 자기장 속에서 수소 원자의 행동을 기술하는 것이었다. 중성자별은 우주에 존재하는 별 중에 가장 작고 밀도가 높은 것이다. 내가 왜 이 문제를 선택했는지는 전혀 모르겠다. 나의 논문 조언자 역시 그 이유를 몰랐던 데다 금세 이 문제에 흥미를 잃었다. 나는 근사해 계산 기법을 새롭게 개발하느라 꼬박 1년을 보냈다. 다양한 방법들을 하나하나 검토했지만 기존 방식보다 나은 것은 하나도 없었다. 내가 학위를 받는 데에는 전혀 도움이 되지 않았다는 말이다. 어느 날 나는 내 연구실에서 홀 건너편에 자리한 곳에서 일하는 박사후 과정 연구자와 대화를 나누게 되었다. 그는 쿼크(quark)라고 불리는 기본 입자의 행동을 이해하는 새로운 접근법을 개발하느라 애쓰고 있었다. 쿼크는 세 가지"색"을 지닌다("색"이라는 단어가 쿼크에 적용되었을 때는 일상생활에서 지니는 의미와는 전혀 관련이 없다). 아이디어의 내용은 세 가지 색이 아니라 무한한 종류의 색이 있는 세상을 (수학적으로) 상상하는 것이었다. 쿼크는 내가 하는 작업과는 아무런 관련이 없었다. 그러나 그에 관한 이야기를 하는 동안 새로운 아이디어가 생각났다. 우리가 3차원 세계에 살고 있는 것이 아니라 무한한 차원을 지닌 세계에 살고 있다고 상상함으로써 내 문제를 해결했다고 하면 어떻게 될까?

이것은 엉뚱한 아이디어라고 느껴질 수 있고, 사실 엉뚱하다. 그러나 수학적으로 이리저리 길을 찾아나가면서 우리는 기묘한 사실을 발견했다. 현실 세계에서는 내 문제가 풀리지 않지만, 문제를 무한 차원에서 다시 서술하면 풀릴 수가 있다는 점이다. 일단 해를 얻자 내가 졸업하기 위해서 해야 할 일은 "하나로" 집약되었다. 우리가 실제로 살고 있는 3차원 세계에 맞도록 이 해를 수정하는 방법을 찾아내는 일이었다.

이 방법에는 강력한 힘이 있는 것으로 확인되었다. 이제는 내가 봉투 뒷면에다 계산을 해서 얻은 해가 다른 사람들이 사용하는 복잡한 컴퓨터 계산에서 얻는 것보다 더 정확했다. 1년 동안 소득 없는 노력을 한 끝에 나는 박사학위 논문이 될 것의 대부분을 불과 몇 주일 만에 해치울 수 있었다. 주제는 "대규모 n 차원 확장"에 관한 것이었다. 그리고 이듬해에 그 박사후 연구원과 나는 이 아이디어를 다른 상황이나 다른 원자에 적용하는 일련의 논문들을 발표했다.[17] 결국 노벨상을 수상한 화학자 더들리 허슈바크가 「피직스 투데이(*Physics Today*)」라는 멋진 이름의 저널에서 우리의 새 기법에 대해서 읽게 되었다. 그는 이 기법을 "차원 조정 (dimensional scaling)"[18]이라고 이름을 다시 짓고 자신의 분야에 적용하기 시작했다. 그로부터 10년이 지나기 전에 이 주제만을 다루는 학술회의까지 생기게 되었다. 내가 이 이야기를 꺼낸 이유는 따로 있다. 누군가가 좋지 않은 문제를 붙들고 1년 동안 막다른 골목에서 고생한 다음에도 흥미로운 발견을 이룩하고 떠날 수 있다는 것을 보여주기 위함이 아니다. 그보다는 지식과 혁신을 향한 인간의 투쟁은 고립된 개인의 투쟁의 연속이 아니라 협력의 모험이라는 점을 보여주기 위함이다. 이 모험이 성공하기 위해서는 사람들이 다른 많은 사람들과 상호작용이 가능한 정착지에 거주할 필요가 있다.

다른 많은 사람들의 예는 과거에서나 현재에서나 쉽게 찾을 수 있다. 고립된 천재가 세계에 대한 우리의 이해에 혁명을 일으킨다거나 기술 영역에서 놀라운 발명이라는 업적을 세운다는 신화는 풍부하게 존재한다. 그러나 이런 신화는 예외 없이 허구이다. 예컨대 제임스 와트를 보면, 그는 마력이라는 개념을 발전시켰으며 와트라는 전력의 단위에 이름을 제공한 사람이다. 그는 증기 기관의 아이디어를 갑자기 떠올렸다고 전해진다. 찻주전자에서 증기가 올라오는 것을 보고 있다가 영감을 얻었다는 것이다. 그러나 실제로 와트가 자신의 장치를 만든 그 아이디어는 기존에 있는 증기 기관을 수리하다가 생긴 것이다.[19] 그 당시는 초기버전의 증기 기관이 이미 50년간 사용된 이후였다.

아이작 뉴턴의 경우도 이와 유사하다. 잔디밭에 혼자 앉아 있다가 사과가 떨어지는 것을 보고 물리학을 발명한 것이 아니다. 그는 행성의 궤도에 관해서 다른 사람들이 쌓아놓은 정보를 여러 해 동안 모았다. 만일 천문학자 에드먼드 핼리(그의 이름을 딴 혜성으로 유명하다)가 우연히 그를 방문해서 당시 그가 흥미를 가지고 있던 수학적 이슈에 관한 질문을 던지지 않았더라면 어떻게 되었을까. 그 방문이 없었다면 뉴턴은 『프린키피아(*Principia*)』를 결코 쓰지 않았을 것이다. 유명한 운동법칙이 담겨져 있는 이 책은 오늘날에도 뉴턴이 숭배를 받는 이유이다. 아인슈타인 역시 마찬가지이다. 만일 그가 휘어진 공간의 속성을 서술하는 오래된 수학이론을 추적하지 않았다면, 상대성이론을 완성하지 못했을 것이다. 여기에는 수학자 친구인 마르셀 그로스만의 도움이 결정적이었다. 이 위대한 사상가들 중 진공 상태에서 위대한 업적을 이룩할 수 있었을 사람은 아무도 없다. 이들 역시 다른 사람, 인류의 기존 지식에 의존했으며 자신들이 깊숙하게 소속되어 있는 문화에 의해서 만들어지고 성장한 것이다. 그리고 앞선 사람들의 작업을 기반으로 하는 것은 과학과 기술 분야만이 아니다. 예술가들도 마찬가지이다. 시인 T. S. 엘리엇은 심지어 이렇게까지 말했다. "미숙한 시인은 모방한다. 성숙한 시인은 훔친다. 좋은 시인은 이를 뭔가 더 좋은 것, 혹은 적어도 뭔가 다른 것으로 만든다."[20]

"문화"는 당신이 주변에 사는 사람들로부터 획득하는 행태와 지식, 아이디어와 가치라고 정의된다. 장소에 따라서 달라지는 것은 물론이다. 우리 현대 인류는 우리가 자라난 문화에 맞게 행동한다. 지식의 많은 부분을 문화를 통해서 얻는다. 다른 어떤 종보다 우리에게 이것은 특히 진실이다. 사실 최근 연구가 시사하는 바에 따르면 인간은 다른 인간을 가르치도록 진화적으로 적응했다.[21]

다른 종이라고 문화가 없다는 말은 아니다. 그들에게도 있다. 예컨대 각기 다른 침팬지 집단을 연구하는 학자들이 알아낸 사실을 보자.[22] 이에 따르면, 하나의 침팬지 집단을 관찰하면 침팬지들이 벌이는 행태의 목록만으로도 출신지역을 알아낼 수 있다. 마치 세계 여러 지역의 사람들이 어떤 사람을 보고 미국인이라고 쉽게 식별할 수 있는 것과 마찬가지이다. 해외여행을 가서 밀크셰이크와 치즈버거가 나오는 식당을 찾는 사람은 미국인이다. 과학자들은 침팬지 집단에 따라서 각기 다른 38개의 전통을 식별해냈다. 키발레, 우간다, 곰베, 나이지리아, 마할레, 탄자니아의 침팬지들은 폭우가 오면 나뭇가지를 질질 끌고 땅바닥을 치면서 뛰어다닌다. 코트디부아르의 타이 숲, 기니의 부소에 사는 침팬지들은 나무조각 위에 쿨라 넛 열매를 올려놓고 납작한 돌로 쳐서 깬다. 다른 집단에서는 의료용 식물의 사용법이 문화적으로 전승된다는 보고가 있었다. 이 모든 경우에 있어서 문화적 행동은 본능적인 것도, 각 세대마다 새로 발견된 것도 아니었다. 어린아이들이 엄마의 행동을 모방하면서 학습이 이루어졌다.

동물들 사이에서 지식이 문화적으로 전수된다는 사실이 발견되고 그 내용이 문헌으로 가장 상세하게 보고된 사례가 있다.[23] 일본 열도에 속한 작은 섬인 고지마에 사는 마카크 원숭이의 경우이다. 1950년대 초반 그곳의 사육사들은 먹이 고구마를 날마다 해변에 던져주었다. 원숭이들은 고구마를 먹기 전에 모래를 털어버리려고 애를 썼다. 그러다가 1953년 어느 날 아이모라는 이름의 18개월 된 암원숭이가 고구마를 물에 넣어 씻는다는 아이디어를 냈다. 그러자 모래가 제거될 뿐만 아니라 짠맛이 배면서 고구마가 더 맛있어졌다. 얼마 지나지 않아서 아이모의 놀이 친구들이 이를 따라 하기 시작했다. 엄마들이 천천히 이를 따라 했고, 수컷들이 그 뒤를 이었다. 노년층의 한 커플은 끝내 이 대열에 동참하지 않았다. 이 원숭이들은 서로를 가르치는 것이 아니었다. 쳐다보고 모방하고 있었다. 이로부터 몇 년 지나지 않아서 이 공동체의 거의 전부가 고구마를 씻어 먹는 습관을 가지게 되었다. 이에 한술 더 떠서 그때까지 물을 기피하던 마카크 원숭이들은 이제 물속에서 놀기 시작했다. 이런 행태는 대를 이어 전해졌고 수십 년간 계속되었다. 인간의 해변 공동체와 마찬가지로 이 원숭이들은 각기 다른 저마다의 문화를 발전시켰다. 그 이후 과학자들은 많은 종에서 문화의 증거를 발견했다. 범고래, 까마귀, 다른 영장류들이 그런 예이다.[24]

우리가 독특한 점은 과거의 지식과 혁신을 기반으로 삼을 수 있는 유일한 동물이라는 데에 있다. 어느 날 어떤 사람이 둥근 것은 구른다는 사실에 주목해서 바퀴를 발명했다. 결국 우리는 수레, 수차, 도르레, 그리고 룰렛을 가지게 되었다. 한편 아이모는 그 이전의 침팬지 지식을 기반으로 한 것이 아니며, 다른 침팬지들이 아이모의 것을 기반으로 하지도 않았다. 우리 인간은 서로 이야기하고 서로를 가르치며 옛 아이디어를 개선하려 애쓰며 통찰과 영감을 교환한다. 동물은 그렇지 않다. 고고학자 크리스토퍼 헨실우드는 말한다. "침팬지는 다른 침팬지에게 흰개미를 잡는 법을 보여줄 수 있다. 그러나 방법을 개선하지는 못한다.

'이제는 다른 도구를 사용해서 잡아보자'고 말하지 않는다. 똑같은 행동을 되풀이할 뿐이다."[25]

문화가 그 이전의 문화를 기반으로 삼아서 (상대적으로 손실이 적게) 발전하는 과정을 인류학자들은 "문화의 깔쭉톱니식 축적(cultural ratcheting)"[26]이라고 부른다. 문화의 깔쭉톱니 효과는 인간의 문화와 다른 동물의 그것을 구분짓는 핵심적 차이이다. 그것은 새로 정착생활을 시작한 사회들에서 발생했다. 고도의 지식이 자라는 데에는 필요한 영양분이 있는데 그것은 자신과 비슷하게 생각하는 사람들 사이에 있고 싶다는 욕망, 그런 사람들과 함께 문제를 숙고하고 싶어하는 욕망이다.

고고학자들은 문화의 혁신을 바이러스에 흔히 비교한다.[27] 아이디어와 지식이 번성하려면 바이러스와 마찬가지로 모종의 조건—이 경우에는 사회적 조건—을 필요로 한다. 이런 조건은 규모가 크고 서로가 잘 연결된 인구집단에서 충족된다. 이때 한 사회의 개인들은 서로를 감염시킬 수 있으며 문화가 퍼져나가고 진화할 수 있다. 쓸모 있는 아이디어, 편리함을 제공하는 발상은 살아남아서 다음 세대의 아이디어를 낳는다.

혁신을 해야 성공할 수 있는 오늘날의 회사들은 이런 사실을 잘 알고 있다. 실제로 구글은 그에 관한 과학을 만들었다. 회사 내부의 카페테리아에 길고 좁은 탁자를 놓아 사람들이 함께 앉을 수밖에 없도록 유도하고, 주문한 음식을 받기 위해서는 시간이 3-4분 정도 걸리도록 설계한 것이다. 그 시간은 화가 난 사원들이 컵라면으로 끼니를 때우지 않을 정도이면서 서로 우연히 마주쳐서 대화를 나누기에는 충분한 것이다. 혹은 벨 연구소의 사례를 보자.[28] 이곳은 1930년대에서 1970년대까지 세계에서 가장 혁신적인 기관이었다. 트랜지스터와 레이저를 비롯해 현대의 디지털 세상을 가능케 한 핵심적 발명을 숱하게 해낸 곳이다. 이곳에서는 협동 연구를 극히 중요시해서 사람들이 우연히 마주칠 확률을 최대화하는 방향으로 건물을 설계했다. 이곳의 연구원 한 명의 업무에는 매년 여름에 유럽으로 가서 과학 아이디어에 관해서 현지와 미국 사이의 지식중개자 역할을 하는 것도 포함되어 있었다. 벨 연구소가 인식하고 있었던 사실은, 보다 폭넓은 지적인 집단 속으로 여행을 한 사람이 새로운 혁신을 일으킬 가능성이 높다는 점이다. 진화 유전학자 마크 토머스의 표현대로, 새로운 아이디어를 생각해내야 하는 경우 "문제는 당신이 얼마나 똑똑한가가 아니다. 얼마나 잘 연결되어 있느냐이다."[29] 상호연결성은 문화에서 깔쭉톱니 효과를 일으키는 핵심 메커니즘이며 신석기 혁명이 가져다 준 선물 중의 하나이다.

* * *

아버지의 76회 생일이 며칠 지난 어느 날 저녁, 우리는 식사 후에 산책을 함께 했다. 다음날 아버지는 병원에 가서 수술을 받을 예정이었다. 그는 여러 해째 투병 중이었다. 경계성 당뇨, 뇌졸중, 심근경색, 그리고 그의 관점에서 최악이었던 만성 역류성식도염 때문이었다. 식사할 때 자신이 좋아하는 음식은 사실상 아무것도 먹을 수가 없었다. 그날 밤 지팡이를 짚고 천천히 걷다가 아버지는 고개를 들어 하늘을 쳐다보았다. 그리고는 말했다. 저 별들을 다시는 보지 못하게 될지도 모른다는 사실을 받아들이기 힘들다며, 그리고 죽음이 가까웠을지도 모른다는 사실을 직면하면서 자신의 마음속에 있던 생각들을 나에게 풀어놓기 시작했다.

여기 지구에서 우리는 불안하고 혼란스런 세상에 살고 있다고 아버지는 말했다. 그는 젊은 시절 홀로코스트를 겪었으며 이제 나이 들어서는 대동맥이 위험한 수준으로 부풀어 오른 상태이다. 그에게 언제나 천계는 지상과는 전혀 다른 법칙을 따르는 우주였고 태양과 행성들이 오래된 궤도를 고요히 돌고 있는 불멸의 완벽한 영역이었다. 이것은 우리가 여러 해 동안 이야기해온 주제 중의 하나였다. 물리학에서 내가 가장 최근에 벌였던 모험에 대해서 설명할 때마다 떠오르곤 하는 논점이기도 했다. 아버지는 나에게 물어보곤 했다. 인간을 구성하는 원자들이 따르는 법칙과 나머지 우주—생명이 없으며 죽어 있는—의 원자들이 따르는 법칙이 동일하다는 것을 내가 정말로 믿느냐고 말이다. 내가 아무리 여러 차례 정말로 진심으로 믿는다고 말을 해도 아버지는 납득하지 않았다.

아버지가 곧 죽을 수 있다는 가능성을 염두에 두고 있던 나는 생각했다. 아버지는 지금 비인격적인 자연법칙을 신봉할 마음이 과거 어느 때보다 적을 것이다. 그보다는 이런 시기의 사람들이 너무나 흔히 그렇듯이 인간을 사랑하는 신의 존재를 믿고 싶어질 것이다. 아버지가 신을 언급한 일은 거의 없었다. 비록 전통적인 신을 믿으며 성장한 분이고 지금도 믿고 싶어하는 분이지만 그랬다. 자신이 목격한 공포 때문에 신앙을 어려운 문제로 여겼다. 그러나 그날 밤 별들을 응시하는 아버지를 보며 나는 생각했다. 신에 의지해서 위안을 얻으려 하는 것도 당연하다고. 하지만 그는 나에게 놀라운 말을 했다. 물리법칙에 대해서 내가 한 말이 옳기를 희망한다는 것이다. 인간의 조건은 혼란스럽지만 자신이 완벽하고 낭만적인 별과 동일한 물질로 구성되어 있을 가능성이 있다고 생각하면 마음의 위안이 된다는 것이다.

우리 인간은 적어도 신석기 혁명 이래로 그런 문제들을 계속 생각해오고 있지만 아직 해답을 찾지는 못했다. 그러나 일단 그런 실존적 질문에 눈을 뜨게 된 것은 분명하다. 지식을 향하는 인간의 길에 있는 다음 이정표는 이런 문제에 답을 얻는 데에 도움이 되는 정신적 도구의 개발일 터이다.

최초의 도구들은 그리 대단하게 보이지 않는다. 미적분학도, 과학적 방법 같은 것도 아니다. 이것들은 생각을 교환하는 핵심적인 도구로서 너무나 오랫동안 우리와 함께 해왔다. 그 탓에 우리는 그것들이 언제나 우리의 정신적 구조의 일부가 아니였던 것이라는 사실을 잊기 쉽다. 그러나 진보가 일어나려면 식량을 구하는 것이 아니라 아이디어를 좇는 전문직업이 생겨야 한다. 쓰기가 발명되어서 지식이 보존, 교환될 수 있어야 한다. 장차 과학의 언어가 될 수학이 발명되어야 한다. 그리고 마지막으로 법이라는 개념이 발명되어야 한다. 그러기 위해서는 시간이 필요하기 마련이다. 이 같은 발전이 17세기의 이른바 과학혁명처럼 그 전개 과정에서 대규모의 큰 변화를 일으킨 것이 사실이다. 하지만 위대한 사상을 품은 영웅적인 개인들 덕분에 일어난 것은 아니다. 그것은 최초의 진정한 도시들에서 생활하는 데에 따른 부산물로서 점진적으로 생겨났다.

4
문명

아이작 뉴턴이 했던 유명한 한마디가 있다. "만일 내가 더 먼 곳까지 보았다면 그것은 거인들의 어깨 위에 서 있었던 덕분이다." 그는 1676년 로버트 후크에게 보내는 편지에서 이 표현을 썼는데, 이것은 자신의 업적이 후크와 르네 데카르트의 작업을 기반으로 했다는 점을 강조한 것이다(나중에 후크는 뉴턴의 철천지원수가 되었다). 뉴턴이 자기 이전 사람들의 아이디어에서 도움을 얻었다는 것은 의심할 여지가 없는 사실이다. 앞에서의 유명한 경구도 그런 사례에 포함된다. 그 출전(出典)은 1621년 비카르 로버트 버턴이 쓴 표현이다. "거인의 어깨 위에 서 있는 난쟁이는 거인 자신보다 더욱 멀리 볼 수 있다."[1] 그리고 1651년 시인 조지 허버트는 "거인의 어깨 위에 있는 난쟁이는 둘 중에서 더 멀리까지 보는 쪽에 해당한다"라고 썼다. 1659년 퓨리턴 윌리엄 힉스는 "거인의 어깨 위에 있는 소인(pygmy)은 거인 그 자신보다도 더 멀리 볼 수 있다"라고 썼다. 17세기에 거대한 야수 같은 자에 올라탄 난쟁이나 소인은 지식의 추구라는 이미지를 대표했다.

뉴턴을 비롯한 인물들이 언급한 거인은 발언자의 바로 앞 시대나 비교적 가까운 시대에 속해 있었다. 한편 우리는 우리보다 수천수만 년을 앞선 세대가 했던 역할은 잊는 경향이 있다. 오늘날 우리는 스스로를 앞선 존재라고 생각하고 싶어하지만, 우리가 이 지점에 도달하게 된 것은 오로지 신석기 마을이 최초의 진정한 도시로 진화할 때 일어났던 심원한 혁신들 덕분이다. 이 고대 문명들이 발전시킨 추상적 지식과 정신적 기술은 우주에 대한 우리의 아이디어를 형성하는 데에 그리고 이 아이디어들을 탐구하는 우리의 능력에 결정적 영향을 미쳤다.

* * *

최초의 도시들은 하루아침에 생겨나지 않았다. 유랑민들이 갑자기 한자리에 모이기로 결정한 뒤 정신을 차려보니 스티로폼과 셀로판으로 감싼 닭다리를 수렵채집하고 있다는 식은 아니었다는 말이다. 마을이 도시로 변화하는 과정은 점진적이고 자연스러웠다. 변화는 정착 농업이 일단 자리잡은 후에 수백수천 년에 걸쳐서 일어났다. 이렇게 서서히 진화가 일어났기 때문에 정확히 어느 때에 마을이 도시로 재분류되어야 하느냐에 관해서는 해석의 여지가 남는다. 어쨌든 최초의 도시로 흔히 불리는 곳들은 기원전 4000년경 중동에서 등장했다.[2]

이런 도시 중 가장 유명하고 도시화 추세에서 가장 강한 힘을 발휘한 곳은 오늘날의 이라크 남동부, 바스라 시 인근에 있던 우루크였다.[3] 중동은 가장 먼저 도시화가 진행된 지역이었지만 살기 좋은 곳은 아니었다. 최초의 정착민들은 물을 찾아서 왔다. 그 지역의 대부분은 사막이었기 때문에 이는 잘못된 판단으로 비칠 수도 있다. 하지만 기후가 좋지 않은 대신, 지형이 좋았다. 그 지역의 중앙에는 움푹 파인 지형이 길게 이어져 있었다. 여기에 티그리스, 유프라테스 강과 그 지류들이 흘러서 비옥한 평야를 만들었다. 이 평야의 이름은 메소포타미아, 고대 그리스어로 "강 사이"라는 뜻이다. 이 최초의 정착지에는 단지 마을만이 있었을 뿐이었으며 그 크기는 두 강의 경계에 의해서 제한받았다. 그러다가 기원전 7000년으로부터 얼마간 지난 후에 농업 공동체들은 운하와 저수지를 파서 강물이 미치는 범위를 확장했다. 이에 따라서 식량 생산이 증가하면서 마침내 도시화가 가능하게 되었다.

관개(灌漑) 작업을 하는 것은 쉬운 일이 아니다. 독자는 도랑을 파려

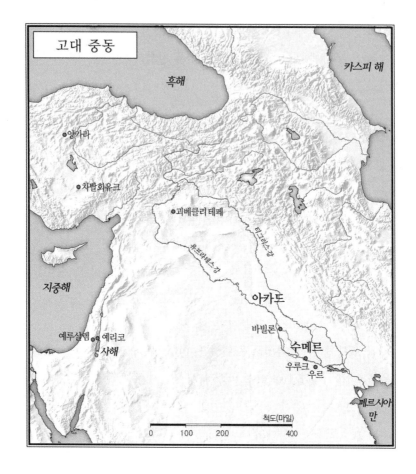

고대 중동

카스피 해

흑해

앙카라

차탈회유크

고베클리 테페

유프라테스 강

티그리스 강

아카드

지중해

바빌론

수메르

예루살렘 예리코

사해

우루크

우르

페르시아 만

척도(마일)

0   100   200   400

는 시도를 해보았는지 모르겠지만 나는 잔디 스프링클러용 파이프를 묻기 위해서 해본 적이 있다. 첫 단계는 쉬웠다. 삽을 구매하는 일이었다. 어려움은 그 다음에 시작되었다. 나는 이 도구를 높이 쳐들었다가 땅바닥에 권위 있게 내리꽂았다. 삽은 부르르 떨더니 단단한 땅에서 튕겨져 나왔다. 결국 나는 더 높은 당국에 의존해서 일을 마칠 수 있었다. 동력 굴착기를 가진 사람을 부르는 것이었다. 오늘날 도시에서는 온갖 종류의 땅파기 공사가 이루어진다. 길을 가다가 멈춰서 이를 보고 감탄하는 사람은 거의 없다. 그러나 고대 중동의 관개 수로는 10킬로미터가 넘게 이어지며 폭이 넓은 곳은 23미터에 이른다. 이런 수로를 기계의 도움

없이 원시적인 도구로 팠다는 것은 고대 세계의 진정한 불가사의 중의 하나이다.

강의 자연적 경계를 넘어서는 먼 곳까지 물을 보내기 위해서는 수백수천 명의 뼈 빠지는 노동, 이를 기획하는 사람, 모두에게 지시를 내릴 감독관이 필요했다. 농부들이 이런 집단 사업에 참가하는 이유는 여러 가지였다. 하나는 동료들의 압력이었다. 다른 하나는 자신의 땅에 물을 댈 유일한 방법은 작업에 참여하는 것밖에 없다는 점이었다. 그 동기가 무엇이었든 농부들의 노력은 보상받았다. 잉여 식량과 정착생활은 개별 가족이 더 많은 아이를 낳고 기를 수 있다는 것을 의미했다. 자손들은 더 많이 살아남을 수 있었고 출산율이 급상승하고 유아 사망률은 낮아졌다. 기원전 4000년이 되자 인구는 급속도로 증가했다. 마을이 읍이 되고 도시가 되고 도시는 더욱 비대해졌다.

페르시아 만 꼭대기의 습지대 안쪽에 건설된 우루크는 이 초기 도시들 중에서 가장 번성했다. 인근 지역을 지배하기 시작했으며, 그 규모는 다른 정착지를 크게 넘어섰다. 고대 도시의 인구를 추정하는 것은 쉽지 않지만 도시의 구조와 고고학자들이 발견한 유물들로 미루어 보면, 우루크 주민의 수는 5만에서 10만 명이었던 것으로 추측된다. 차탈회유크 이래로 규모가 10배로 커진 것이다.[4] 이것은 오늘날 기준으로는 소도시에 불과하지만 그 시대에는 뉴욕, 런던, 도쿄, 상파울루에 해당하는 규모였다.

우루크의 주민들은 땅을 갈 때 파종용 쟁기를 이용했다. 땅을 파면서 그 골에 씨를 뿌리는 전문화되고 다루기 어려운 도구였다. 주민들은 습지에서 물을 빼냈으며 수백 개의 연결 수로를 가진 운하를 팠다. 관개가 된 땅에 곡물과 과일나무를 풍성하게 심었는데 주종은 보리, 밀, 대추야자였다. 양, 당나귀, 소, 돼지를 길렀고, 인근의 습지에서는 물고기와 새를, 강에서는 거북을 잡았다. 염소와 물소를 떼로 길러서 그 젖을 짰으며 보리로 다량의 맥주를 만들어서 마셨다(고대 도기를 화학적으로 분석한 결과 맥주의 흔적은 기원전 5000년까지 거슬러올라가는 것으로 확인되었다).

이런 발전이 우리에게 중요한 것은, 전문 직업이 등장하기 위해서는 여러 분야에 대한 새로운 이해가 필요하기 때문이다.[5] 재료와 화학물질에 대해서 알아야 하고 동식물에게는 무엇이 필요하고 그 생활 주기는 어떤지를 파악해야 한다. 식량 생산은 어부와 농부, 목동과 사냥꾼을 낳았다. 수공업은 모든 가정의 시간제 업무에서 특정 기술에 전념하는 한 무리의 전문가가 수행하는 전문 직업으로 바뀌었다. 빵은 제빵사가 만드는 것이었고, 맥주는 양조업자의 영역이 되었다.[6] 선술집의 등장과 함께 그 운영자도 나타났으며 그중의 일부는 여성이었다. 용해된 금속을 다루었던 것으로 보이는 작업장 유적에서 우리는 제련업자의 존재를 추측할 수 있다. 도기 제조업도 전문직으로 등장한 것으로 보인다. 한쪽 가장자리가 비스듬하게 기울어진 단순한 형태의 대접도 수천 개가 발견되었다. 이 대접들은 표준 크기로 대량생산된 것으로 보인다. 이는 당시 도기를 전문적으로 제작하는 공장이 존재했다는 것을 시사한다.

의류 생산에 전념한 전문직 노동자도 있었다. 그 시대의 유물인 공예품으로 볼 때 베를 짜는 사람이 따로 있었던 것 같다. 인류학자들은 직조된 양모 천 조각을 발견했다. 게다가 당시의 동물 유해를 보면, 목동들이 염소보다 양을 더 많이 치기 시작했다는 것을 알 수 있다. 젖을 생산하는 데에는 염소가 더 효율적이기 때문에, 양을 더 많이 치기 시작했다는 것은 양모에 대한 관심이 커졌다는 것으로 해석할 수 있다. 또한 유골로 볼 때 당시의 양들이 늦은 나이에 도살되었음을 알 수 있다.[7] 고기를 얻기 위해서라면 이는 좋은 생각이 아니지만 만일 외투를 위해서라면 현명한 행동이다.

이 모든 전문 직업들은 맥주나 염소젖, 도기를 원하는 모든 사람에게 이익이었다. 그러나 이는 또한 인간 지성의 역사에서 영광스러운 이정표를 의미하기도 한다. 이 모든 전문 직업인들의 공동 노력 덕분에 지식이 전례 없이 폭발적으로 생산되었다. 사실 이 지식들은 순수하게 실용적인 이유에서 습득된 것이며 신화 및 의례와 엮여 있었다. 맥주 제조법에는 양조를 관장하는 여신의 비위를 맞추는 방법에 대한 지시가 포함되어 있는 것도 사실이다. 학술지 「네이처(Nature)」에 실릴 내용은 결코 아니다. 하지만 이것은 나중에 과학적 지식이 자라날 수 있는 배아 단계의 원료였다. 지식 그 자체를 위해서 추구되는 과학적 지식 말이다.

* * *

전문 직업인은 물품 생산에 몰두하는 사람이 대부분이었지만 그렇지 않은 소수의 사람도 있었다. 육체노동을 하거나 식량 및 유형의 재화를 생산하는 것이 아니라 정신의 활동에 중점을 두는 전문가가 그 즈음에 등장했다.

우리는 자신과 같은 전문직에 종사하는 사람에게 다른 집단의 사람들에 대해서보다 더 큰 유대감을 느낀다고 한다. 나는 도랑을 파는 일을 포함한 거의 모든 실질적인 활동에 서투르다. 일의 세계에서 나에게 하나의 장점이 있다면, 온종일 앉아서 생각하면서 지치지 않을 수 있는 능력이다. 내가 운 좋게도 선택할 수 있었던 인생 경로이기도 하다. 그리고 나는 고대의 정신 소매상들에게 유대감을 느낀다. 다신론적이고 미신적이기는 하지만 그들은 나의 친족이다. 생각하고 연구하는 것으로 생계를 유지하는 특권을 가진 우리 모두의 친족인 것이다.

새로운 "지적" 전문 직업이 발달한 데에는 이유가 있다. 이 시기의 메소포타미아에서 뿌리를 내린 도시적 생활양식에는 중앙집권적 조직, 시스템과 규칙을 만들고 자료를 수집, 기록하는 조직이 필요했던 것이다.

예를 들면, 도시화가 되면 교환 시스템이 발달해야 하며 그 교환을 감독할 실체가 필요하다. 식량 생산이 늘고 그 수확기가 따로 있는 것을 감안하면 공용 저장소가 만들어질 필요가 있었다. 그리고 농부와 그에 의존해서 사는 사람들은 공격을 받았을 때 유랑민들과는 달리 정착지를 떠날 수가 없었기 때문에 민병대나 군대가 필요해졌다. 사실 메소포타미아의 도시국가들은 땅과 물 공급을 두고 대량살육적인 전쟁을 끊임없이 벌였다.

노동자들을 공공 근로인력으로 조직해야 할 필요도 매우 컸다. 예컨대 잠재적 공격자들을 저지하기 위해서 도시 주변에 두꺼운 벽을 세워야 했다. 새로 발명된 바퀴를 사용하는 수송수단이 다닐 수 있도록 도로가 건설되어야 했으며 농업을 위해서 점점 더 큰 규모의 관개사업이 필요했다. 그리고 새로운 중앙집권적 권력의 존재는 관료들을 수용할 대형 건물을 필요로 했다.

그리고 경찰도 필요했다.[8] 정착지의 인구가 수십에서 수백 명 단위일 때는 모두가 서로를 알 수 있었다. 그러나 수천 명 단위로 늘어나면서 이것이 불가능해지고, 모르는 사람들과 관계하는 상황이 점점 많아졌다. 이것은 사람들 사이에 벌어지는 분쟁의 속성을 변화시켰다. 인류학자, 심리학자, 신경과학자들의 연구결과를 보자. 집단이 커지면서 집단의 동역학은 어떻게 달라지는가. 가장 기본적인 수준에서는 어떤 일이 벌어지는지를 이해하기는 어렵지 않다. 누군가를 계속 보아야 한다면 나는 그를 좋아하지 않더라도 그렇다는 사실을 숨기는 것이 낫다. 그리고 누군가를 좋아하는 척하면 그의 머리에 점토판 문서를 후려치고 염소를 훔치는 행위가 불가능해진다. 하지만 내가 그 사람을 모르고 앞으로 다시 만날 일이 없으리라고 예상한다면 이야기가 달라진다. 그 모든 맛있는 염소 치즈에 대한 생각을 떨칠 수 없게 되며, 그 결과 분쟁은 이제 가족, 친구, 지인 사이에서만이 아니라 모르는 사람 사이에서도 생기게 된다. 이제는 분쟁을 해결할 공식적인 방법과 경찰력이 반드시 만들어져야 한다. 이는 중앙집권적 통치기구가 형성되는 또다른 추진력이기도 하다.

세계 최초의 도시의 지배자들, 이 모든 중앙집권적 활동을 가능하게 했던 사람들은 누구였을까? 메소포타미아 사람들이 믿고 따르는 사람은 자신과 신들을 이어주는 신관(神官)이었다. 종교적 의무와 의식을 공식적으로 수행하는 사람을 권위의 원천으로 삼았다.

　메소포타미아 사람들은 교회와 국가를 구분하지 않았다. 그곳에서 이 둘은 분리될 수 없는 것이었다. 모든 도시는 어떤 신이나 여신의 고향이었으며, 모든 신이나 여신은 어떤 도시의 수호신이었다. 도시의 주민들은 신들이 자신들을 다스린다고 믿었으며, 신들의 거주지로서 도시를 건설했다.[9] 만일 도시가 쇠퇴하면 그 이유는 신들이 자신들을 버렸기 때문이라고 믿었다. 그러므로 종교는 사회를 지탱해주는 신념 체계에 불과한 것이 아니라 통치를 강행하는 실제 권력이었다. 게다가 사람들은 신들을 두려워했다. 그 덕분에 종교는 복종을 이끌어낼 수 있는 유용한 수단이었다. "사람들은 도시의 신에게 물품을 바쳤고 이것은 다시 사람들에게 재분배되었다."[10] 미국 컬럼비아 대학교의 중동 전문가인 마르크 반 드 미에룹 교수의 말이다. "사원은 신의 집이면서 시스템이 운용되도록 하는 핵심 기관이었다……도시에 자리잡은 사원은 모든 활동의 중심이었다." 그 결과 우루크 사회에서는 성직자-왕이라는 최고위직이 생겨났다. 그 권위는 사원에서 수행하는 역할에서 비롯되었다.

　권위는 권력을 의미한다. 그러나 실질적인 힘을 발휘하려면 통치자에게는 자료가 필요하다. 예컨대 종교적 지배층이 세금을 걷고, 계약의 이행을 보장하기 위해서 상품과 노동의 교환을 감독해야 한다고 가정해보자. 그러면 이 모든 활동과 관련된 정보를 수집, 처리, 저장할 수 있는 인력이 반드시 필요하다. 오늘날 우리는 정부 관료들의 지능을 대학 미식축구 1부 리그 선수의 수준이라고 평가한다. 하지만 특화된 지식 계층이 형성된 것은 이들 최초의 정부 관료로부터였다. 그리고 인류 역사상 가장 중요한 정신적 기술, 즉 쓰기와 셈법이 발명되고 발전한 것은 관료적인 필요성 때문이었다.

우리는 오늘날 읽기, 쓰기, 산술을 가장 기초적인 기술이라고 생각한다. 우리는 기저귀를 졸업하고 최초의 스마트폰을 가지게 되기 전의 어느 시기에 이 기술들을 학습한다. 그러나 이것이 기초적으로 보이는 까닭은 오로지 누군가가 오래 전에 이를 발명했기 때문일 것이다. 만일 고대 메소포타미아에서 누군가가 교수라는 직함을 가지고 있었다면 그는 읽기, 글 쓰는 법, 집계, 덧셈의 전문가일 것이다. 그리고 그들은 당시로서 가장 앞선 아이디어를 가르치고 연구하는 것이었을 터이다.

* * *

인류와 다른 수백만 종의 동물 사이에는 하나의 뚜렷한 차이가 있다면, 한 사람의 생각이 다른 사람의 생각에 매우 복잡하고 미묘한 방식으로 영향을 미칠 수 있다는 점이다. 이 같은 영향력은 언어를 통해서 발휘된다. 동물들도 두려움이나 위험, 배고픔이나 애정의 신호를 다른 동물에게 보낼 수 있다. 그러나 추상적인 개념을 배우거나 몇 개 이상의 단어를 의미 있게 연결할 능력은 없다. 사람의 지시를 받은 침팬지는 오렌지 그림이 담긴 카드를 골라낼 수 있다. 또한 앵무새는 "폴리는 크래커를 원해요"라는 문장을 끝없이 되풀이하면서 당신을 귀찮게 할 능력이 있다. 하지만 단순한 요구나 명령, 경고나 식별을 넘어설 능력은 사실상 전혀 없다.[11]

1970년대 과학자들은 침팬지에게 상징언어를 가르쳤다. 문법과 구문이라는 언어의 선천적 구조를 터득할 능력이 있는지를 알아보기 위해서였다. 이에 대해 언어학자 놈 촘스키는 이렇게 평가했다. "유인원이 언어 능력이 있는 것으로 확인될 가능성은 어느 정도일까. 어딘가의 섬에 날지 못하는 종의 새들이 있어서 인간이 나는 법을 가르쳐주기를 기다리고 있을 가능성과 비슷한 정도일 것이다."[12] 그로부터 수십 년 후 촘스키가 맞는 것 같다는 사실이 확인되었다.

날기를 발명한 새나, 나는 법을 배우러 학교에 다녀야 하는 새는 없다. 이와 마찬가지로 언어는 인간에게, 그리고 인간에게만 자연스러운 것이다. 우리 종은 야생에서 살아남기 위해서 복잡한 협력적 행동을 해야 했다. 그리고 손가락질이나 끙 하는 소리만으로 전할 수 있는 정보는 한계가 있기 때문에, 직립하는 능력이나 눈으로 보는 능력과 마찬가지로 언어는 생물학적 적응의 하나로서 진화했다. 언어의 사용을 도와준 유전자는 아주 오래 전부터 인간의 염색체 속에 존재해왔다. 고대 네안데르탈인의 DNA에서도 확인될 정도이다.

구어를 사용하는 능력은 타고나는 것이기 때문에 특정 지역에서만 발현되는 능력은 아닐 것이라고 예상할 수 있다. 사실 이 능력은 독립적으로, 세계 모든 지역에서, 되풀이해서 발명되고 또 발명된 것으로 보인다. 하나의 집단으로서 함께 살았던 사람들의 모든 집단에서 말이다. 사실 신석기 혁명이 일어나기 전 언어의 숫자는 부족의 숫자와 동일했다. 우리가 그렇게 믿는 이유가 있다. 18세기 후반 영국이 오스트레일리아를 식민지로 만들기 전의 일이다. 오스트레일리아 대륙에는 500개의 토착인 부족이 떠돌아다니며 살고 있었다.[13] 신석기 시대 이전의 생활방식을 영위하던 이 부족들의 구성원은 평균 500명이었다. 이 부족들은 저마다 독자적인 언어를 가지고 있었다. 사실 스티븐 핑커가 관찰한 대로이다. "벙어리 부족은 발견된 일이 없고, 예전에 언어가 없던 집단에 언어를 퍼뜨리는 '요람'에 해당하는 지역이 있었다는 기록도 없다."[14]

언어는 인간이라는 종을 규정하는 중요한 특징이다. 그리고 **문자언어**는 인간의 **문명**을 규정하는 결정적 특징이자 가장 중요한 도구 중의 하나이다. 언어 덕분에 우리는 바로 옆에 있는 작은 집단과 소통할 수 있다. 쓰기 덕분에 우리는 과거의 사람이나 먼 곳의 사람과 소통할 수 있다. 지식이 방대하게 축적될 수 있었던 것은 언어 덕분이었다. 문화는 이렇게 과거를 토대로 계속 축적된다. 우리가 개인의 지식과 기억력의 한계를 넘어서 더 크게 성장할 수 있는 것은 그 덕분이다. 전화와 인터넷이 세상을 변화시킨 것은 사실이지만 그보다 훨씬 이전의 시대에는 달랐다. 최초의, 그리고 가장 혁명적인 소통 기술은 글쓰기였다.

말하기는 자연스럽게 일어난다. 새로 발명해야 할 필요가 없었다. 그러나 쓰기는 다르다. 이 단계로 올라서지 못한 부족은 많다. 오늘날 우리는 쓰기를 당연하게 여기지만, 이것은 모든 시대를 통틀어 가장 위대한 발명 중의 하나이다. 그리고 가장 어려운 발명이기도 하다. 이것이 어려운 일이라는 증거가 있다. 언어학자들에 따르면 오늘날 세계에서 사용되는 언어는 3,000종이 넘는다.[15] 하지만 이중 문자화된 언어는 100종 정도에 불과하다. 게다가 인류사를 통틀었을 때, 쓰기가 독자적으로 발명된 것은 몇 차례에 불과하다. 쓰기는 문화의 확산을 통해서 주로 퍼져나갔고 새로 발명되기보다는 기존의 쓰기 시스템을 빌리거나 조금씩 고쳐서 사용하는 식이었다.

문자언어는 기원전 3000년보다 이른 시기에 메소포타미아 남쪽의 수메르에서 처음 사용된 것으로 여겨진다. 이 외에 문자 체계가 독립적으로 발명된 분명한 사례는 하나뿐이다. 기원전 900년 이전 어느 시기의 멕시코가 그 지역이다.[16] 이에 더해서 이집트인(기원전 3000년)과 중국인(기원전 1500년)의 문자 체계 역시 독자적으로 발전한 것일 가능성이 있다. 우리가 아는 다른 모든 문자들은 이런 소수의 발명을 출발점으로 하여 가지를 친 것이다.

나에게는 남다른 경험이 있다. 개인적으로 문자를 "발명"하려고 노력해본 적이 있기 때문이다. 8, 9살 무렵 컵 스카우트 단원이던 시절의 이야기이다. 우리 그룹의 지도자가 독자적인 문자 체계를 창조해보라는 과제를 냈다. 리더인 피터스는 우리가 제출한 과제물을 다시 돌려주었다. 그때 나는 그가 내 작품에 감명을 받은 것이 분명하다고 느꼈다. 내가 만들어낸 것은 다른 아이들의 것과는 전혀 달랐다. 다른 아이들은 영어 알파벳의 글자를 약간 변형시킨 데에 불과하지만 나의 문자 체계는 완전히 새로운 것처럼 보였기 때문이다.

피터스 씨는 나에게 과제물을 돌려주기 전에 마지막으로 다시 한번 정독했다. 그는 나를 좋아하지 않았으므로 나는 그가 뭔가 흠을 잡으려고 한다는 사실을 알고 있었다. 그는 그런 작품을 만들어낸 창조적 천재를 칭찬하기가 싫었던 것이다. "잘했어……너는"이라고 그가 나지막하게 중얼거렸다. "잘했어"라는 단어를 말하기 전에 그는 머뭇거렸다. 마치 나에게 그 단어를 사용하려면 자신의 일주일치 급여를 그 단어의 사용료로 내야 되기라도 한다는 투였다. 그런 다음 그는 나에게 주려고 문서를 내밀다 말고 갑자기 손을 움츠렸다. "너는 (유대 교회의) 주일학교에 나가지 않니"라고 그가 물었고 나는 고개를 끄덕였다. "네가 발명한 이 문자는 히브리어 알파벳과 어떤 식으로든 관계가 있지 않니?"라고 말했다. 나는 거짓말을 할 수 없었다. 나 역시 다른 아이들과 마찬가지로 내가 아는 알파벳을 가지고 글자를 조금 변형시킨 것이 사실이었다. 그것이 전혀 부끄럽지는 않았지만 나는 속이 뒤집혔다. 그는 언제나 나를 어린이가 아닌, 유대인 어린이로 취급해왔다. 그 시점에서 나는 그가 옳다는 것을 증명을 한 셈이었다.

우리가 컵 스카우트에서 시도했던 사업은 힘든 일이었을 수도 있다. 그러나 우리에게는 문자를 처음 발명한 사람에 비해서 커다란 이점이 있었다. 이미 배운 것이 있다는 사실이다. 구어를 기초 음절로 나누고 이것을 개별 문자에 연결시킬 수 있다는 사실을 우리는 알고 있었다. 우리는 또한 특정 기본 음, 예컨대 th와 sh는 단일 글자로 표현되지 않는다는 것을 배웠다. 그리고 우리는 p와 b를 구별할 줄 알았다. 이것은 우리가 문자 체계를 미리 경험하지 않았더라면 어려운 일일 수 있다.

그것이 얼마나 어려운 일인지 느낌을 가져보는 방법이 있다. 외국어를 들으면서 그 속에서 소리의 기본 단위를 식별해보라. 해당 외국어가 낯설면 낯설수록 일은 더욱 어렵다. 당신이 인도유럽어 사용자인데 중국어를 듣는 경우가 그렇다. 수많은 별개의 소리들을 식별하기가 힘들 것이며, 하물며 p와 b의 차이와 비슷한 종류의 미묘한 차이는 더욱 그러할 것이다. 그러나 고대 수메르 문명은 이런 어려움을 어떻게든 극복하고 문자언어를 창조했다.

새로 발명된 기술은 처음에는 어떤 특정 목적으로 사용되지만 최종적으로 사회에서 맡게 되는 역할은 처음과 크게 다른 경우가 많다. 사실 혁신과 발견을 주된 에너지로 삼는 분야에서 일하는 사람이라면 명심해야 할 사실이 있다. 신기술을 발명한 사람은 자신이 이루어낸 것이 가지는 의미를 정말로 이해하지 못하는 경우가 종종 있다는 점이다. 나중에 소개하겠지만 과학이론을 발명한 사람들 중에 종종 이런 경우가 있다.

쓰기는 하나의 기술이며, 구어를 점토(나중에는 종이 같은 것)에 기록하는 것이라고 볼 수도 있다. 이렇게 본다면 쓰기의 진화를 소리를 기록하는 기술의 발전과 비교하는 것은 자연스러운 일 같다. 토머스 에디슨은 이 기술을 발명했을 때 이것이 궁극적으로는 음악 녹음에 사용되리라고 전혀 예상하지 못했다.[17] 그는 상업적 가치는 거의 없을 것이라고 생각했다. 기껏해야 임종을 맞이하는 장면에서 몇 마디 중얼거리는 말을 기록해서 고인을 추모하거나, 사무실에서 받아쓰기 대용으로 사용되는 정도라고 보았다. 쓰기가 사용된 첫 용도 역시 이와 비슷했다. 나중에 사회에서 실제로 맡게 된 역할과 크게 달랐다. 처음에 글은 기록과 목록 작성의 용도로만 사용되었다. 엑셀의 스프레드시트 프로그램보다 더 문학적인 내용은 전혀 없었다.

* * *

지금껏 알려진 것 중에 가장 오랜 문자 기록은 우루크의 어느 신전 복합단지에서 발견된 점토판에 새겨진 것이다. 곡물 몇 자루, 소 몇 마리 등의 목록이 기록되어 있다. 노동의 분업을 기록한 판도 있다. 이를 통해서 우리는 어느 신전의 종교 공동체에 고용된 사람들을 알 수 있다. 빵 굽는 사람 18명, 맥주 양조자 31명, 노예 7명, 대장장이 한 명.[18] 일부 해독된 내용을 통해서 우리는 노동자들은 밀, 기름, 천 등을 정해진 양만큼 배급 받았으며 "도시의 지도자"나 "소치기 책임자" 등의 직업이 있었다는 것도 알 수 있었다. 뭔가를 써야 할 이유는 수없이 많을 수 있다. 하지만 발굴된 점토판의 85퍼센트는 회계와 관련된 내용이었다. 나머지 15퍼센트는 장래의 회계원을 교육시키려는 내용이 대부분을 차지한다.[19] 장부 정리는 복잡한 일이기 때문에 배워야 할 것이 실제로 매우 많았다. 예컨 대 사람, 동물, 말린 생선은 특정한 숫자 체계에 따라 계산했다. 그리고 곡식, 치즈, 신선한 생선은 별도의 체계로 계산했다.[20]

처음 생겨났던 시절에 쓰기는 순수하게 실리적인 목적으로만 활용되 었다. 대중소설이나 우주에 대한 이론 같은 것은 없었다. 오직 청구서, 물품목록, 그리고 그런 것을 증명하는 개인적 기호나 "서명"이 있을 뿐 이었다. 이것은 평범해 보이지만 시사하는 바가 컸다. 쓰기가 없었다면 도시 문명은 있을 수 없었다. 도시생활의 핵심적 특징은 복잡한 공생관 계에 있는데 쓰기가 없다면 이런 관계를 만들고 유지하는 것이 불가능하 기 때문이다.

도시에서 우리는 모두가 서로에게 뭔가를 주고 또한 받는다. 사고팔 고 청구하고 배달하며 수령하고 빌리고 빌려주고 일에 대한 보수를 지불 하고 받고 약속을 하고 이행한다. 만일 문자언어가 없었다면 이 모든 호혜적 활동은 혼란과 분쟁에 빠졌을 것이다. 어떤 사건이나 거래도 전 혀 기록될 수 없는 채로 당신의 삶에서 일주일이 지나간다고 생각해보 라. 심지어 작업에 따른 생산물이나 근로 시간도 기록되지 않는다고 말 이다. 이럴 경우 우리는 프로 농구경기 한 게임조차 해내지 못할 것으로 나는 짐작한다. 경기장 양편에 앉아 각 팀을 응원하는 팬들도 물론 없을 것이다.

최초의 문자 체계는 만들어진 목적만큼이나 원시적이었다. 과일이건 동물이건 사람이건 어떤 것의 수를 나타낼 때 비스듬한 선을 그었는데 어느 표시가 양과 관련된 것이고, 어느 표시가 양 주인과 관련된 것인지는 표시되지 않았다. 결국에는 이런 구별을 쉽게 할 방법이 필요해졌다. 숫자 옆에 작은 그림문자를 덧붙여서 표기를 좀더 복잡하게 하는 방법이 자연스럽게 사용되었을 것이다. 그에 따라서 문서에서 단어를 나타내는 그림이 사용되기 시작했다. 학자들은 이런 상형문자 1,000여개의 의미를 식별해냈다. 예를 들면, 암소 머리의 윤곽을 그린 그림은 "암소"를 나타내는 데에 쓰였다. 세 개의 반원이 삼각형으로 배열된 것은 "산맥", 삼각형에 여성 음부의 표시가 그려진 것은 "여자"를 의미했다. 복합적인 기호도 있었다. 여성 노예를 가리키는 기호가 그런 예인데, 산을 나타내는 기호에 여성을 나타내는 기호를 더해서 만들어졌다. "산 너머"에서 온 여성이라는 의미이다.[21] 결국 상형문자는 동사를 표현하고 문장을 만드는 데에도 쓰였다. 손과 입을 나타내는 기호가 "빵" 기호 옆에 표시되면 "먹다"라는 의미를 가진다.[22]

고대의 필경사들은 끝이 날카로운 도구로 평평한 점토판 표면을 긁어서 상형문자를 나타냈다. 나중에는 갈대로 만든 펜을 이용해서 점토판에 쐐기 모양을 새겼다. 이런 상형문자를 **쐐기문자**라고 부르는 데에 문자 그대로 "쐐기 모양"이라는 뜻이다. 이 같은 초기 점토판은 우루크의 폐허에서 수천 개씩 출토되었다. 문법 없이 물건의 단순한 목록이나 숫자만 기록한 것들이었다.

그림문자에 기반을 둔 문자언어의 단점은 배우기가 지나치게 어렵다는 점이다. 문자의 개수가 너무나 많기 때문이다. 바로 이 같은 복잡성 때문에 글을 아는 계층이 만들어졌다. 이런 소수의 문자 해득 계층이 전에 내가 언급했었던 생각하는 집단의 구성원이다. 이 최초의 전문직 학자들은 지위가 높은 특권층으로서 신전이나 왕궁의 지원을 받았다. 이집트에서 이런 계층은 심지어 납세의 의무도 면제되었던 것으로 보인다.

고고학 유적을 보면 기원전 2500년경 필경사의 필요성 때문에 또다른 위대한 혁신이 일어났음을 알 수 있다. 세계 최초의 학교가 생겨난 것이다. 메소포타미아에서 이것은 "판의 집(tablet house)"[23]이라고 알려졌다. 처음에는 신전에 딸려 있었지만 나중에는 민간 건물에 위치했다. "판의 집"이라는 이름이 붙은 이유는 점토판이 학교의 영업자산이었기 때문이다. 교실마다 판을 건조시킬 선반과 판을 구워낼 화덕, 그리고 판 보관용 상자가 있었던 것 같다. 쓰기 체계는 여전히 매우 복잡했기 때문에 예비 필경사들은 아주 여러 해 동안 공부를 해야 했다. 수천 가지의 복잡한 그림문자를 암기하고 모사하는 법을 배워야 했다. 인류의 지적인 진보 과정에서 이 단계의 중요성은 과소평가받기 쉽다. 그러나 지식의 전수에 전념하는 전문직을 사회에 만들어야 한다는 발상, 그리고 학생들이 이를 위해서 여러 해 동안 공부를 해야 한다는 발상은 완전히 새로운 것이다. 이는 우리 종의 본질적인 통찰이다.

세월이 흐르면서 수메르인들은 문자언어를 점점 더 복잡한 사상과 아이디어를 교환하는 데에 사용하게 되었다. 이 과정에서 이들은 표기법을 더욱 단순화할 수 있었다. 표현하기 어려운 단어는, 그 단어와 발음은 같지만 표현이 쉬운 단어를 약간 변경해서 대신 사용하는 방식을 쓰게 되었다. 예를 들면, "to"를 의미하는 상형문자를 표시하기 위해서 "two"를 나타내는 문자에 한정사라고 부르는 묵음기호를 붙이는 방식이다. 이 방법이 발명되면서 수메르인들은 문법에서 어미를 나타내는 기호들을 만들기 시작했다. 예컨대 "shun"이란 단어의 표현을 조금 수정해서 접미사 "-tion"을 표시하는 것이다. 그들은 이런 기교를 이용하면 짧은 단어를 이용해서 긴 단어를 표현할 수 있다는 것을 알게 되었다. "two"와 "day"를 나타내는 기호를 써서 "today"를 표현하는 식이다. 이런 혁신 덕분에 수메르 언어의 상형문자는 기원전 2900년이 되자 2,000개에서

500개로 줄어들었다.

문자언어는 더욱 유연하고 조작하기 쉬우며 복잡한 표현을 할 수 있는 능력이 더욱 컸다. 이에 따라서 "판의 집"은 교과 영역을 더욱 넓혀 쓰기와 산술을 가르치게 되었다.[24] 그리고 결국에는 천문학, 지리학, 광물학, 생물학, 의학이라는 신생 학문에 특화된 단어들도 가르치게 되었다. 처음에는 학문 자체가 아니라 단어와 그 의미를 담은 목록을 가르쳤다. 이 학교들에서는 일종의 실천 철학, 성공적인 삶을 위한 금언도 가르쳤다. 도시의 연장자들에게서 수집한 내용들이다. 그 표현은 완전히 실용적이고 직설적이다. "매춘부와 결혼하지 말라"가 그런 예이다. 아리스토텔레스에는 미치지 못하지만 곡물이나 염소의 숫자를 세는 데에서 한 단계 올라선 것이다. 이 같은 활동과 기관은 나중에 철학이라는 세계를 만들고 과학의 맹아를 탄생시키게 된다.

기원전 2000년이 되자 메소포타미아의 기록 문화는 더욱 진화했다. 인간이 처한 상황에서 나타나는 감정적 요소에 호소하는 문학이 발달하게 되었다.[25] 바그다드에서 남쪽으로 960킬로미터 떨어진 고고학 유적지에서 발견된 이 시기의 석판을 보자. 여기에는 가장 오랜 사랑시가 새겨져 있다. 왕을 사랑하는 여사제의 마음을 담은 표현들은 4,000년 전의 것이지만 오늘날의 시각에서도 생생하고 전달력이 있다.

> 사랑스러운 나의 신랑이여,
> 당신의 미녀는 마음이 경건하고 꿀같이 달콤한 여인이에요,
> 당신은 나를 사로잡았어요, 떨면서 나는 당신 앞에 서 있답니다.
> 신랑이여, 나를 침실로 데려갈 거지요.
> 당신은 나에게서 기쁨을 맛보았지요,
>   어머니에게 말하세요, 당신에게 진수성찬을 차려낼 거에요.
> 아버지에게 말하세요, 당신에게 선물을 드릴 거에요.

이 시가 새겨진 때로부터 몇 세기 후 또다른 혁신이 일어났다. 단어가 나타내는 사물 대신에 단어를 구성하는 소리를 표현하려는 인식이 생긴 것이다. 그 이후로 쓰기의 성격은 근본적으로 달라졌다. 기호가 이제는 아이디어가 아니라 음절을 나타내게 되었기 때문이다. 이것은 수메르인들이 예전에 썼던 트릭의 논리적 부산물이다. "shun"이란 단어로 "-tion"이란 음절을 표시했던 것이 그런 예이다. 이 같은 발전이 언제 어떻게 이루어졌는지 우리는 모른다. 그러나 좀더 경제적인 쓰기 방법이 발전한 것은 국제무역의 번성과 관련이 있을 가능성이 크다. 상업적인 서신을 쓰고 영업 기록을 작성하는 일은 틀림없이 번거로웠을 것이기 때문이다. 그래서 기원전 1200년이 되자 페니키아 문자, 인류사 최초의 위대한 알파벳이 등장했다.[26] 예전에는 수백 개의 복잡한 기호를 외워야만 일을 처리할 수 있었지만, 이제는 20여 개의 기본 기호를 다양한 방식으로 조합하는 것만으로도 이것이 가능해졌다. 페니키아 알파벳은 아람어, 페르시아어, 히브리어, 그리고 아라비아어, 그리고 기원전 800년에는 그리스어에서 차용되고 변형되었다. 그리고 그리스로부터 결국 유럽 전체로 퍼져나갔다.[27]

* * *

최초의 도시들은 읽기와 쓰기만이 아니라 수학 분야에서도 모종의 진보를 필요로 했다. 수학은 인간의 마음에서 특별한 자리를 차지하고 있다고 언제나 나는 생각해왔다. 당신은 생각할 것이다. "물론이지. 마치 심장에 콜레스테롤이 그런 것처럼 말이지?" 수학의 가치를 깎아내리는 사람이 많다는 것은 사실이며, 역사의 모든 시대를 통틀어서 언제나 그랬다. 일찍이 기원후 415년 성 아우구스티누스는 썼다. "수학자들이 영혼을 어둡게 만들고 인간을 지옥의 영역 안에 감금하려는 목적으로 악마와 계약을 맺었을 위험이 존재한다."[28] 그를 격노하게 만든 사람은 아마도 점성술사와 수비학자(數秘學者, 숫자점쟁이)였을 것이다. 그 시대에 수학이라는 어둠의 마법을 주로 사용하는 두 부류 말이다. 그러나 나는 내 자식들도 표현의 유창함은 약간 떨어지지만 그런 똑같은 말을 하는 것을 들은 적이 여러 번 있는 듯하다. 하지만 수학을 사랑하든 그렇지 않든지 간에 수학과 논리적 사고는 인간 정신의 중요한 부분을 대표한다.

여러 세기 동안에 수학은 수많은 다양한 용도로 활용되었다. 왜냐하면 수학은 과학과 비슷하기 때문이다. 특정한 분야의 노고라기보다 지식에 대한 하나의 접근법인 것이다. 오늘날의 정의에 따르면 그렇다. 수학은 개념과 전제를 조심스럽게 만든 뒤 엄격한 논리를 적용해서 결론을 이끌어내는 추론 방법 중의 하나이다. 그러나 "최초의 수학"이라고 통상 불리는 것은 이런 의미에서 수학이 아니다. 셰익스피어가 수메르인의 장부정리를 글쓰기라고 보지 않을 것처럼 말이다.

태동기의 수학은 나의 아이들을 비롯한 초등학생들이 학교에서 지치도록 배우는 산술과 비슷하다. 특정한 종류의 문제를 해결하기 위해서 아무 생각 없이 적용하는 일련의 규칙들이 그것이다. 메소포타미아의 최초의 도시들에서 이런 문제는 대체로 돈, 원자재, 노동력을 추적하는 것과 관련되었다. 또한 무게 및 넓이의 측정, 단리 및 복리 금리의 계산과도 연관이 있었다.[29] 쓰기가 발달했던 것과 같은 종류의 세속적인 관심사였던 것이다. 그리고 산술은 도시 사회가 기능하는 데에 쓰기만큼이나 핵심적 역할을 했다.

산술은 아마도 수학의 가장 기본적인 분과일 것이다. 심지어 원시 부족도 수를 세는 시스템을 가지고 있다. 한 손에 다섯 손가락 이상은 셀 수 없을지라도 말이다. 유아들도 역시 한곳에 모여 있는 물건들의 숫자를 셀 수 있는 능력을 가지고 태어나는 것으로 보인다. 그 한계는 최대 4개이다.[30] 수를 세는 것은 출생 직후부터 가지는 능력이지만 이를 넘어서려면 우리는 배워야 한다. 유아기부터 어린 시절에 걸쳐서 더하기, 빼기, 곱하기, 나누기를 하는 기술에 점차 숙달해져야 한다.

고대 바빌론 유적지. 사담 후세인의 예전 여름 궁전에서 촬영했다.

최초의 도시 문명은 산술을 계산하는, 공식적이고 때로는 정교한 규칙과 방법을 도입했다. 또한 미지수를 포함하는 방정식을 푸는 방법을 발명했다. 이는 오늘날 우리가 대수학에서 하는 일이다. 현대 대수학과 비교하면 초보 수준이었지만 이들은 실제로 비결을 개발했다. 2차 방정식과 3차 방정식의 해법에 관련한 복잡한 계산을 하는 비결을 수백 개씩 만들어낸 것으로 보인다. 그리고 그들은 단순한 업무용 계산을 넘어서, 그 다음 단계인 공학에도 산술을 적용했다. 예컨대 바빌론의 기술자는 운하를 파기 위해서 필요한 노동력의 양을 계산했다. 파내야 할 흙의 총량을 계산한 뒤 이를 인부 한 명이 하루에 파낼 수 있는 양으로 나누는 것이다. 건물을 지을 때도 이와 유사한 방법을 사용해서 노동력과 벽돌이 얼마나 필요한지를 계산했다.

메소포타미아인의 수학은 나름의 성과를 냈지만 실용성에 중대한 결함이 있었다. 수학이라는 일은 하나의 예술이며 그 예술을 하는 도구는 상징언어이다. 통상의 언어와 달리 수학의 상징과 방정식은 아이디어만을 표현하는 것이 아니라 아이디어 사이의 관계도 나타낸다. 그러므로 만일 수학에 숨은 영웅이 있다면, 그것은 표기법이다. 표기법이 좋으면 관계를 정확하고 명백하게 나타낼 수 있다. 또한 사람들은 그 관계에 대한 생각을 수월하게 해낼 수 있게 된다. 표기법이 나쁘면 논리적 분석이 불편해지고 효율도 떨어진다. 바빌론인들의 수학은 후자에 속했다. 이들의 모든 비법과 계산은 그 시대의 일상언어로 표현되었다.

예를 들면, 그 시대의 한 점토판에는 다음과 같은 계산이 적혀 있었다. "길이는 4, 대각선은 5이다. 폭은 얼마인가? 크기는 알려지지 않았다. 4를 4배하면 16이다. 5를 5배하면 25이다. 25에서 16을 빼면 9가 남는다. 9를 얻으려면 무엇을 몇 배해야 하나? 3을 3배하면 9이다. 3은 폭이다." 오늘날의 표기법으로는 이렇게 될 것이다. $x^2 + 4^2 = 5^2$; $x = \sqrt{(5^2 - 4^2)} = \sqrt{(25 - 16)} = \sqrt{9} = 3$. 위의 점토판 방식으로 수학적인 진술을 적는 데에 따르는 단점은 복잡하다는 것만이 아니다. 말로 쓰인 방정식은 대수학 규칙을 이용해서 처리할 수가 없다는 것이 문제이다.

표기법의 혁신은 인도 수학의 고전 시대에 와서야 비로소 이루어졌다. 그 시작은 기원후 500년경이다. 이 인도 수학이 이룩한 성과의 중요성은 아무리 강조해도 지나치지 않다. 10진법을 기반으로 했으며 0을 숫자로 도입했다. 여기에 어떤 숫자를 곱해도 0이 되며 어떤 숫자에 더해도 원래 숫자에 변함이 없다는 속성을 가진다. 이들은 빚을 표현하기 위해서 음수를 발명했다. 어느 수학자는 "사람들이 음수를 받아들이지 않는다" 고 했지만 말이다. 그리고 가장 중요한 것은 미지수를 표현하기 위해서 기호를 사용했다는 점이다. 그러나 최초의 수학적 약어는 15세기에 이르러서야 비로소 유럽에 소개되었다. "플러스"를 p로, "마이너스"를 m으로 쓰는 표기법 말이다.[31] 그리고 등호 기호, 즉 = 이 발명된 것은 1557년에 이르러서였다. 창안자는 옥스퍼드 대학교의 로버트 레코드 교수이다. 그는 평행선이야말로 두 개가 완전히 같은 것이라고 느꼈다(그리고 평행선은 인쇄상의 장식으로 이미 사용되고 있었기 때문에 인쇄업자들이 새로운 형태를 새로 주조할 필요도 없었다).

지금껏 나는 숫자에 중점을 두고 설명해왔다. 그러나 세계 최초의 도시에 있던 사상가들은 형태의 수학에서도 커다란 진전을 이룩했다. 메소포타미아만이 아니라 이집트에서도 그랬다. 이집트의 삶은 나일 강을 중심으로 돌아가는데 매년 4개월은 범람 상태에 있었다. 유역의 땅에 비옥한 모래와 진흙이 쌓이는 것은 좋았지만 소유권의 경계를 파괴하는 것은 문제였다. 해마다 들판이 침수되고 나면 관리들은 농부들의 재산의 경계와 면적을 결정해야 했다. 이를 기반으로 세금을 매기기 때문이었다.[32] 중대한 이해관계가 걸려 있었기 때문에 이집트인들은 좀 복잡하기는 하지만 신뢰할 만한 계산법을 발전시켰다. 정사각형, 직사각형, 사다리꼴, 원의 면적뿐 아니라 정육면체, 직육면체, 원기둥을 비롯하여 그들의 곡창지대와 관련된 부피를 측정하기 위해서였다. 기하학(幾何學, geometry)이라는 용어는 측량에서 비롯된 것으로서, 그리스어로 "토지측량"이라는 뜻이다.

이집트의 실용 기하학은 매우 발달했다. 기원전 13세기 이집트 공학자들은 폭 1.5미터의 석재의 수평을 0.5센티미터 이내의 오차로 맞출 수 있을 정도였다.[33] 그러나 고대 이집트인들의 기하학은 오늘날 우리가 수학이라고 부르는 것과는 공통점이 거의 없다. 이런 점에서는 바빌론인들의 산술 및 초보적 기하학과 동일했다. 실용적인 목적으로 창조된 것이었지 세상의 깊은 진실을 알고 싶은 갈망을 충족시키기 위한 것이 아니었다. 후에 자연과학이 발달하면서 기하학에도 높은 수준이 요구되었다. 하지만 그 이전에 우선 실용적 학문에서 이론적 학문으로 수준이 높아질 필요가 있었다. 그리스인들, 특히 유클리드는 이를 기원전 4-5세기에 달성했다.

이로부터 수 세기가 지난 뒤 이론적인 과학법칙이 발전한 것은 산술,

개선된 대수학, 그리고 기하학이 진보한 덕분이다. 이제 인간 지성의 발달을 견인한 일련의 발견을 머릿속으로 그려보자. 이 그림 속에는 오늘날 우리가 잘 의식하기 어려운 하나의 중요한 단계가 숨어 있다. 바로 법칙이라는 개념 자체가 발명되어야 한다는 것이다. 특정한 자연법칙을 누군가가 이론화하기 전에 존재해야 하는 단계이다.

* * *

사회에 막대한 영향을 끼친 위대한 기술적 진보를 혁명적이라고 평가하는 것은 쉽다. 이에 비해서 새로운 사고방식과 지식에 접근하는 새로운 방법을 알아보는 것은 쉽지 않을 수 있다. 자연을 법칙이라는 면에서 이해한다는 발상이 그런 예이다.

우리는 이런 발상의 기원을 깊이 생각하는 일이 드물고, 오늘날 우리는 과학적 법칙이라는 개념을 당연한 것으로 받아들인다. 그러나 다른 모든 혁신과 마찬가지로 이 개념은 그것이 발전한 후에야 비로소 명백해졌다. 자연의 활동을 관찰한 뒤 직관을 떠올리는 것은 인류의 발전사에서 엄청난 진보에 해당했다. 개별 사례에 관해서 생각하는 것이 아니라 행태의 추상적 패턴에 관해서 생각하는 것이기 때문이다. 뉴턴의 직관이 그런 예이다. "모든 작용에는 그와 크기가 같고 방향은 반대인 반작용이 있다." 이런 사고방식은 세월이 흐르면서 서서히 발전해왔는데 그 뿌리는 과학이 아니라 사회에 있다.

"법(law)"이라는 용어는 오늘날 수많은 별개의 의미를 가진다. 과학법칙은 물체가 어떻게 행동하는지를 설명하지만 왜 이런 법칙을 따르는지는 설명하지 않는다. 법칙에 순응하는 데에 따르는 보상이나 거역하는 데에 따르는 처벌은, 돌덩어리나 행성에는 적용되지 않는다. 그러나 사회나 종교의 영역은 이와 반대이다. 법은 사람들이 실제로 어떻게 행동하느냐가 아니라 어떻게 행동해야 하느냐를 기술한다. 그리고 이를 지켜야 할 이유를 제공한다. 좋은 사람이 되기 위해서, 그리고 처벌을 피하기

위해서라는 것이다. "법"이라는 용어는 두 경우에 모두 쓰이지만 오늘날
둘 사이에는 공통점이 거의 없다. 하지만 법이라는 개념이 처음 생겼을
당시에는 인간 사회와 무생물 영역 사이에 차이가 없었다. 사람들이 종
교적 윤리적 규정의 지배를 받는 것과 동일한 방식으로 생명이 없는 물
체 역시 법의 지배를 받는다고 사람들은 믿었다.

법이라는 개념은 종교에서 비롯되었다.[34] 메소포타미아에 처음 살던
사람들이 살펴본 세상은 혼돈 상태에 빠지기 직전이었다.[35] 구원은 오직
질서를 선호하는 신들에 의해서만 오는 것이었다. 그들이 비록 신으로
서는 최소한의 권능과 자의적인 성향을 가지고 있었지만 말이다. 당시
의 신은 인간과 비슷했다. 우리와 마찬가지로 감정을 기반으로 변덕스
럽게 행동했으며 사람들의 삶에 끊임없이 개입했다. 모든 것에 대해서
그를 관장하는 신이 있었다. 문자 그대로 수천 명이었다. 양조의 신에서
부터 농부와 필경사와 상인과 장인의 신에 이르는 신들, 가축을 기르는
건물 즉 축사(畜舍)의 신도 있었다. 악마 신도 있었다. 전염병의 신 그리
고 어린아이들을 살해하는 "절멸자"라는 이름의 신이 거기에 포함된다.
모든 도시국가에는 주신(主神)뿐만 아니라 하위 계급의 신들이 완전히
갖춰져 있었다. 그 신들은 문지기, 정원사, 대사(大使), 미용사 역할을
했다.

이 신들에 대한 숭배에는 공식적 윤리규정을 받아들인다는 것이 포함
된다. 오늘날 우리는 사법 체계의 보호가 존재하지 않는 생활을 상상하
기 어렵다. 그러나 도시가 출현하기 전의 유랑민들은 공식화된 법이 없
었다. 물론 어떤 행동이 환영받고 어떤 행동이 비난받는지는 사람들이
알고 있었을 것이다. 하지만 행동 규범은 예컨대 "살인하지 말라" 같은
법령으로 추상화되지 못했다. 그들의 행태를 규율하는 것은 일반적 법령
의 집합이 아니라 다른 사람이 어떻게 생각할지에 대한 고려와 자신보다
힘이 센 사람이 복수할지도 모른다는 두려움이었다.

그러나 메소포타미아 도시의 신들은 구체적인 윤리적 요구를 내놓았다. "타인을 도우라"에서 "개울에 대고 토하지 말라"에 이르는 공식적인 규칙을 따를 것을 집단에게 요구했다. 공식적인 법이라고 할 수 있는 것을 신이 인간에게 내려준 최초의 사례이다.[36] 이를 위반한 행태는 무겁게 다루어졌다. "열병", "황달", "기침" 등의 이름을 가진 여러 신이 범죄자에게 병이나 죽음을 내린다고 사람들은 믿었다.

신들은 또한 도시의 지배자들을 통해서도 일을 했다. 지배자들은 신들과 자신들이 연결되어 있다는 점을 권력이 정당하다는 근거로 삼았다. 기원전 18세기 최초의 바빌론 제국이 생길 무렵에 자연에 관해서 어느 정도 통일된 신학이론이 등장했다. 그 이론은 초월적인 신이 인간과 무생물 세계의 행태를 두루 관장하는 법을 정했다는 내용을 가지고 있었다.[37] 이 민법과 형법 체계의 이름이 함무라비 법전(Code of Hammurabi) 이다. 바빌론을 지배하던 왕의 이름에서 왔다. 그는 위대한 신 마르둑으로부터 "공정한 규칙으로 세상을 규율하여 악인과 범죄자들을 파멸시키라"는 명령을 받았다.

법전은 함무라비가 사망하기 1년 전인 기원전 1750년에 반포되었다. 민주적인 권리의 모델이 될 수 있는 내용은 아니었다. 상류층과 왕족에게는 특권이 허용되고 법이 관대하게 적용되었으며 노예는 사고팔거나 죽이는 것이 허용되었기 때문이다. 그러나 이 법전에는 공평성의 원칙이 실제로 포함되어 있었으며, "눈에는 눈"이라는 엄격함은 약 1,000년 후 유대 율법에도 계승되었다. 예를 들면, 법전은 이렇게 포고했다. 강도는 모두 사형에 처해져야 한다. 불을 끄는 것을 도우면서 도둑질을 한 사람은 모두 불 속에 던져져야 한다. 선술집을 개업한 여사제는 화형에 처해야 한다. "너무 게을러서" 자신의 제방이 제대로 역할을 할 수 있도록 정비하지 않은 탓에 물이 범람하게 만든 사람은 그로 인해서 피해를 입은 옥수수를 교환해주어야 한다. 타인의 돈을 맡은 뒤 그것을 도둑맞았

다고 신에게 맹세한 사람은 그 돈을 돌려줄 필요가 없다.[38]

함무라비 법전은 2.4미터 높이의 검은 현무암 판에 새겨져 있는데, 이는 대중이 읽고 참고하라는 목적임이 명백하다. 1901년에 발견된 이 석판은 현재 프랑스 루브르 박물관에서 전시되고 있다. 이것은 피라미드와 같은 거대한 물리적 성취는 아니지만 기념비적인 지적 성취이다. 바빌론사회의 모든 사회적 상호작용—상업, 화폐, 군사, 결혼, 의학, 윤리—을 아우르는 질서와 양식의 발판을 건설하려는 시도이다. 그리고 지배자가 자신의 신민(臣民)을 위해서 포괄적인 법체계를 수립한 최초의 사례이기도 하다.

앞에서 내가 언급했듯이, 마르둑 신은 사람만이 아니라 물리 과정도 지배한 것으로 믿어졌다. 인간의 법을 제정하듯이 별들을 위한 법도 만들었다고 말이다. 함무라비 법전에 병행해서 그는 **자연**이 따라야 할 일종의 법전을 창조한 것으로 전해진다. 무생물의 세계를 규율하는 이 법들은 자연 현상의 작동방식을 서술한다는 의미에서 최초의 과학법칙에 해당한다.[39] 물론 현대적 의미에서의 자연법칙은 아니었다. 자연이 **어떻게** 행동하는가에 대해서는 모호한 암시밖에 제공하지 않는다. 그보다는 오히려 함무라비 법전과 비슷했다. 이 법칙들은 마르둑이 자연에게 따르라고 **지시**하는 명령이자 법령이었다.

인간이 법에 복종하는 것과 동일한 의미로 자연이 법칙을 따른다는 발상은 이후 수천 년간 이어졌다. 예컨대 고대 그리스의 위대한 자연철학자의 한 사람인 아낙시만드로스를 보자. 그는 모든 사물이 하나의 원시적 물질로부터 발생해서 그것으로 돌아간다고 말했다. 돌아가는 이유는 "자신들이 저지른 죄에 대한 벌금을 시간의 질서에 따라서 서로에게 지불하는 사태를 피하기 위해서"[40]라는 것이다. 헤라클레이토스 역시 다음과 같이 말했다. "태양은 자신의 궤도를 이탈하지 않는다. 이탈하는 경우 [정의의 여신이] 그를 찾아낼 [그리고 벌을 내릴] 것이다."[41] "천문학

(天文學, astronomy)"이라는 용어의 어원은 그리스어로 nomos인데 그 뜻은 "법"으로, 인간 세상에서 의미하는 그대로이다. 법이라는 용어가 현대적 의미로 사용되기 시작한 것은 17세기 초 케플러부터였다. 관찰을 기반으로 일부 자연 현상의 움직임을 일반화한 것이라는 의미를 가진다. 그 움직임에 어떤 목적이나 동기를 부여하려고 시도하지 않는다는 점이 특징이다. 그렇지만 이것은 느닷없는 변화는 아니었다. 케플러가 종종 수학법칙에 대해서 기술한 것은 사실이지만 그조차도 하느님이 우주에게 "기하학적 아름다움"이라는 원칙을 따를 것을 명령했다고 믿었기 때문이다.[42] 그리고 행성의 운동은 아마도 자신의 기울기를 인식하고 스스로의 궤도를 계산하는 행성의 "마음"에서 아마도 비롯될 것이라고 그는 설명했다.

* * *

과학법칙이라는 개념의 역사를 연구한 과학사회학자 에드가 질셀은 다음과 같이 썼다. "인간에게는 사회를 본보기로 하여 자연 현상을 해석하려는 경향이 있는 것 같다."[43] 되풀이하자면 자연의 법칙을 명확히 서술하려는 우리의 시도는 스스로의 개인적 존재를 이해하려는 우리의 자연스러운 경향에서부터 오는 것과 같다는 말이다. 또한 우리의 경험과 우리가 그 속에서 자라난 문화는 과학에 대한 우리의 접근법에 영향을 미친다는 말이기도 하다.

질셀은 다음과 같이 인식했다. 우리 모두는 스스로의 삶을 서술하는 정신적 이야기를 창조한다. 우리는 스스로 배우고 경험한 것을 토대로 이 이야기들을 짜맞춘다. 이를 토대로 우리는 자신이 누구이고 우주에서 어떤 위치를 차지하고 있는지에 대한 비전을 만들어낸다고 말이다. 예컨대 제2차 세계대전 이전에 내 아버지의 삶을 관장하던 법은 그로 하여금 다음과 같은 기대를 하게 만들었다. 그 기대에 따르면, 사회에는 예의가 있고 법정에서는 정의 비슷한 것이 실현되며 시장에는 식품이 있고 하느님은 자신을 지켜주셔야 한다. 이것이 그의 세계관이었다. 그 타당성에 대해서 아버지는 아무런 신경도 쓰지 않았다. 마치 자신의 이론이 모든 종류의 검증을 통과한 것을 이미 확인한 과학자와 마찬가지의 심정이었을 것이다.

그러나 인간 세상의 법은 몇 시간 만에 완전히 바뀔 수도 있다. 별과 행성이 수십억 년 동안 변함없이 서로를 끌어당겨 온 것과는 다르다. 이것이 1939년 9월에 아버지를 비롯한 다른 사람들에게 일어난 일이다. 그 전 달에, 바르샤바에서 패션 디자인 과정을 마치고 독일제 새 재봉틀 두 대를 구매한 아버지는 이웃 아파트의 작은 방을 임대해서 양복점을 열었다. 그러자 독일이 폴란드를 침공했고 9월 3일에는 아버지의 고향인 쳉스토호바로 진격했다. 곧이어 점령군 정부는 일련의 반유대 포고령을 발표하여 유대인들의 가치 있는 물품은 모조리 몰수했다. 보석, 자동차, 라디오, 가구, 돈, 아파트, 심지어 아이들 장난감도 여기에 포함되었다. 유대인 학교는 폐쇄, 불법화되었다. 성인들은 유대인임을 알리는 다윗의 별 표지를 달고 다녀야 했다. 사람들은 길거리에서 아무렇게나 잡혀가서 강제 노동을 해야 했다. 어떤 미친 사람이 변덕을 부리면 사람들은 총에 맞아죽었다.

아버지의 세계는 돌이킬 수 없을 정도로 망가졌다. 물리적 구조뿐만 아니라 이를 지탱하고 있던 정신적 감정적 구조물이 함께 부서졌다. 그리고 슬프지만 홀로코스트는 그 이전에도 그 이후에도 다양한 규모로 여러 차례 일어났다. 과학에 대한 우리의 인식은 우리의 인간적 경험에 의해서 주로 영향을 받았다. 그렇다면 역사의 대부분의 기간 동안 인류가 다음과 같은 상상을 하는 것이 어려웠다는 점은 놀랍지 않다. 세상은 깔끔하고 절대적인 질서의 지배를 받으며, 이 질서는 변덕을 부리지 않으며 목적도 없고 신이 개입하는 대상이 아니라는 상상 말이다.

심지어 뉴턴이 기념비적으로 성공한 법칙들을 발표한 지 오랜 세월이 흐른 뒤인 오늘날에도 그렇다. 이 법칙들이 보편적으로 적용된다는 사실을 여전히 불신하는 사람이 많다. 그러나 여러 세기에 걸쳐서 진보가 이루어지면서 물리법칙과 인간 세상의 법은 확연히 다른 패턴을 보인다는 사실이 확인되었다. 그런 인식을 가진 과학자들이 성과를 올린 것이다.

알베르트 아인슈타인은 사망하기 9년 전, 76세 때 이런 말을 했다. 우주의 물리법칙을 이해하기 위해서 평생 노력해온 자신의 길에 대한 설명이었다. "저 바깥에는 거대한 세계가 있었다. 우리 인간과는 독립해서 존재하며 우리 앞에 거대하고 영원한 수수께끼처럼 서 있는 세계. 최소한 부분적으로는 우리의 조사와 사고를 통해서 접근할 수 있는 세계. 이 세계에 대한 사색은 매혹적인 해방의 손짓이었다. 이 천국에 이르는 길은……신뢰할 만한 것임을 스스로 보여주었다. 나는 이 길을 선택한 것을 단 한번도 후회한 일이 없다."[44] 어떤 면에서 아버지는 삶의 마지막 단계에서 사색을 통해서 이와 유사한 "해방감"을 느꼈으리라고 나는 생각한다.

인류에게 우루크는 그 영원한 수수께끼의 해독을 향한 장도(長途)의 시작이었다. 지적인 생활의 기초를 수립했고 이를 바탕으로 일련의 생각하는 사람들이 생겨나게 했다. 이들은 수학, 문자언어, 법이라는 개념을 창조했다. 인간의 정신을 꽃피우고 성숙하게 하는 다음 단계는 이로부터 1,600킬로미터 이상 떨어진 그리스에서 일어났다. 수학적 증명이라는 발상, 과학과 철학이라는 학문, 오늘날 우리가 "추론"이라고 부르는 개념을 탄생시킨 것이다. 뉴턴으로부터 약 2,000년 전에 그리스에서 일어난 일은 위대한 기적이었다.

5

이성

기원전 334년 마케도니아의 왕 알렉산드로스는 22살의 나이로 광대한 페르시아 제국의 정벌에 나섰다. 그 시작은 숙련된 시민군을 이끌고 헬레스폰트(다르다넬스의 옛 이름) 해협을 넘는 것이었다. 내가 글을 쓰는 지금, 우연히도 내 아들 알렉세이가 22살인데 그 아이의 뿌리는 알렉산드로스와 마찬가지로 그리스이다. 오늘날 아이들은 예전에 비해서 더 빨리 성장한다고들 하지만 내 아들 알렉세이가 숙련된 그리스의 시민군을 이끌고 페르시아 제국에 맞서기 위해서 메소포타미아로 향하는 것은 내가 상상할 수 없는 일 중의 하나이다. 마케도니아의 젊은 왕이 무슨 수로 승리를 쟁취했는지에 대해서 옛사람들이 제시하는 설명은 다양하다. 대부분의 이야기는 그가 다량의 포도주를 마셨다는 이야기를 포함한다. 무슨 수를 썼던 간에 그가 정복한 길은 카이버 고개(파키스탄과 아프가니스탄을 잇는 주요 산길)까지 죽 이어진다. 그가 33살에 사망할 무렵 그간의 짧은 생애에서 이룩한 업적 덕분에 오늘날까지도 알렉산드로스 대왕이라고 불린다.

알렉산드로스가 침공할 무렵 중동에는 2,000년 넘게 이어져온 우루크 같은 도시가 도처에 있었다. 그 의미를 헤아려보자. 만일 미국이 우루크 만큼 오래 존속했다면 현 대통령은 대략 600대쯤에 이를 것이다.

당신이 알렉산드로스가 정복한 도시들의 거리를 걷게 된다면 엄청난 궁전들, 특별한 수로에 의해서 관개되는 광대한 정원들, 그리핀(사자 몸통에 독수리 날개를 지닌 상상의 동물)과 황소가 조각된 기둥들로 이루어진 거대한 석조 건물들 사이에서 헤매게 될 것이다. 이 도시들은 활기가 넘치는 복잡한 사회였으며 전혀 쇠퇴의 조짐은 없었다. 그러나 그들의 문화는 자신들을 정복한 그리스어를 쓰는 세상에게 지적으로 압도당했다. 이를 보여주는 완벽한 예가 젊은 왕 알렉산드로스이며, 그는 아리스토텔레스 본인에게 교육을 받은 인물이었다.

알렉산드로스가 메소포타미아를 점령하면서 그리스적인 모든 것이 우월하다는 정서가 중동 전체로 급속히 퍼졌다.[1] 언제나 문화적 변화의 선봉에 서 있는 어린이들은 그리스어를 배웠고 그리스어 시를 암송했으며 레슬링이라는 스포츠를 받아들였다. 그리스의 예술은 페르시아에서 인기를 얻었다. 바빌론의 사제인 베로서스, 페니키아의 저술가 산추니아톤, 유대의 역사가 플라비우스 요세푸스는 모두가 자신의 나라 사람들에 대한 전기를 썼는데 그 목표는 그리스 사상과의 양립성을 보여주는 데에 있었다. 심지어 세금도 그리스화되어서 점토판의 쐐기문자 대신 상대적으로 새로운, 그리스 알파벳으로 파피루스(갈대 비슷한 식물의 섬유로 만든 종이)에 기록되기 시작했다. 그러나 알렉산드로스가 도입한 그리스 문화의 위대한 측면은 예술이나 행정과 아무 상관이 없었다. 그것은 그가 아리스토텔레스에게 직접 배운 것 즉 세계를 이해하기 위해서 분투하는 우리를 위한 새로운 이성적 접근법이었다. 이는 인류의 사상사에서 가장 중요한 전환점이었다. 그리고 아리스토텔레스 본인은 여러 세대에 걸친 과학자와 철학자의 사상을 기반으로 삼았다. 그 학자들은 이전부터 우주에 대한 과거의 진리를 의심해온 사람들이었다.

* * *

고대 그리스 초창기에 그리스인들의 자연에 대한 이해는 메소포타미아인들이 하는 것과 별로 다르지 않았다. 나쁜 날씨는 제우스 신이 소화불량에 걸렸다는 말로 설명될 수 있었다. 농부의 수확이 저조하면 신들이 노했기 때문이라고 사람들은 생각했다. 지구는 건초열에 걸린 신의 재채기에 섞인 콧물 한 방울이라고 말하는 창조 신화는 없었을지도 모르지만 있었을 가능성도 있다. 문자가 발명된 이래 수천 년이 지나는 동안 인간이 기록한 문건의 많은 대목에서 이야기가 풍부하게 발견되고 있기 때문이다. 세상이 어떻게 창조되었으며 어떤 힘이 세상을 지배하는가에 관한 이야기들 말이다. 모든 이야기에는 공통점이 있다. 불가사의한 신이 형태가 없는 모종의 무(無)로부터 격변하는 우주를 창조했다는 것이다. "혼돈(chaos)"이라는 단어 자체는 우주 창조보다 앞서 존재했다고 하는 무를 가리키는 그리스어에서 왔다.

창조 이전의 모든 것이 혼돈이었다면 그리스 신화의 신들은 창조 이후에 질서를 세우기 위해서 애써 노력한 것 같지는 않다. 번개, 폭풍, 가뭄, 홍수, 지진, 화산, 벌레의 창궐, 사고, 질병을 비롯해서 수시로 발생하는 수많은 자연재해들이 인간의 건강과 삶에 피해를 주었다. 신들은 이기적이고 신뢰할 수 없으며 변덕이 심했다. 분노나 단순한 부주의 때문에 끊임없이 재앙을 일으켰다. 그들이 도자기 가게에 들어온 황소들이라면 우리는 도자기였다. 이것이 바로 그리스에서 세대에 세대를 거치며 구전되어온 우주에 관한 원시적인 이론이다. 마침내 호메로스와 헤시오도스가 기원전 700년경 이를 기록했으며 그로부터 100년쯤이 지나자 이 이야기는 그리스 문화에 널리 퍼졌다. 그후 이것은 그리스 교육의 주된 내용이 되었고 여러 세대에 걸쳐 사상가들에게 지혜로서 받아들여졌다.[2]

오늘날 현대 사회에 사는 우리는 오랜 역사를 가진 과학적 사고의 혜택을 받은 사람들이다. 따라서 어떻게 해서 고대인들에게 자연이 이런 식으로 받아들여졌는지 이해하기 어렵다. 자연에는 구조와 질서가 존재한다는 관념은 우리에게는 너무나 명백하게 보인다. 신들이 모든 것을 관장한다는 관념이 고대인들에게 그랬을 것처럼 말이다. 오늘날 우리의 일상 활동은 정량적으로 제시되고 몇 시간 몇 분이라는 시간까지 할당된다. 땅의 경계선은 위도와 경도로, 주소는 가로명과 숫자로 각각 표시된다. 오늘날 주식 시장이 3포인트 하락하는 경우에 한 전문가가 나와서 예컨대 인플레이션 우려 때문에 하락했다는 식의 설명을 하곤 한다. 다른 전문가는 이것이 중국에서 벌어지는 사태 때문이라고 말할 수도 있고, 또다른 전문가는 태양의 비정상적인 흑점 활동 탓이라고 설명할지도 모른다. 그러나 우리의 설명은 맞든 틀리든 이 모두가 인과관계를 기반으로 하는 것이라고 예상한다.

우리는 세상에 대해 인과성과 질서를 요구한다. 이것이 우리의 문화와 의식 속에 뿌리내린 개념이기 때문이다. 그러나 고대인들에게는 우리와 달리 수학적이고 과학적인 전통이 없었다. 그러므로 현대 과학의 개념틀은 이해하거나 받아들이기 어려웠을 것이다. 이런 개념틀의 예로는 정확한 수치 예측이라는 개념, 실험을 반복해도 동일한 결과가 산출되어야 한다는 인식, 사건의 전개를 추적하기 위해서 시간을 변수로 사용하는 기법 등이 있다. 고대인의 입장에서 자연을 지배하는 것은 혼란으로 보였다. 질서 있는 물리법칙이 존재한다고 믿는 것은 이상하게 받아들여졌을 것이다. 오늘날 우리에게 제멋대로이며 변덕이 심한 신들에 관한 이야기가 그렇게 들리는 것처럼 말이다(우리가 소중히 여기는 이론들도 1,000년 후에 이를 연구하는 역사학자들에게는 그런 취급을 받을지도 모른다).

어째서 자연이 인간의 지성에 의해서 발견될 수 있는 개념으로 예측과 설명이 가능해야 한단 말인가? 알베르트 아인슈타인은 시공연속체가 프레첼 과자 모양으로 휠 수 있다는 사실에 대해서 놀라지 않을 사람이었다. 그러나 자연에 질서가 있다는 단순한 사실에는 깜짝 놀랐다. 그는 이렇게 썼다. "세상이 무질서하다고 예상하는 것이 당연하다. 어찌되었든 간에 머리로 이해될 수 있는 것이 아니지 않은가."[3] 하지만 그는 계속해서 다음과 같이 자신의 예상과 다른 내용을 적었다. "우주에 관해서 가장 이해할 수 없는 사실은 그것이 이해 가능하다는 점이다."[4]

가축은 자신을 땅 위에 붙잡아두는 힘을 이해하지 못하며 까마귀는 자신들을 날 수 있게 해주는 공기역학에 대해서 아무것도 모른다. 아인슈타인의 진술은 오로지 인간만이 할 수 있는 기념비적인 관찰을 나타낸다. 질서가 세상을 지배하며 자연의 질서를 관장하는 규칙은 신화로써 설명될 필요가 없다. 이 질서는 파악이 가능하며 인간은 지상의 모든 존재 중 유일하게 자연의 청사진을 해독할 능력을 가지고 있다. 이 같은 교훈은 심원한 시사점을 가진다. 만일 우리가 우주의 설계를 해독할 수 있다면 이 지식을 사용해서 우주 속에서 우리의 위치를 이해할 수 있을 것이기 때문이다. 그리고 우리의 삶을 개선할 제품과 기술을 만들어내기 위해서 자연을 조작하는 방법을 찾을 수 있을 것이기 때문이다.

자연에 대한 새로운 이성적 접근은 기원전 6세기경 그리스에서 활동하던 한 무리의 혁명적 사상가들로부터 시작되었다. 그들은 에게 해의 해변, 오늘날 그리스와 터키를 가르는 지중해의 큰 만(灣)에서 살았다. 이들이 활동한 시기는 아리스토텔레스보다 수백 년 전이다. 부처가 인도에 새로운 철학적 전통을 가져오고 공자가 중국에서 활동하던 때와 겹친다. 이 최초의 그리스 철학자들은 패러다임을 바꾸었다. 우주는 무질서하지 않고 질서 있는 것이며, 이를 지배하는 것은 혼돈이 아니라 조화라는 새로운 시각을 제시했다. 이것이 얼마나 심원한 변화인지, 그 이후 인간의 의식을 이것이 얼마나 크게 변화시켰는지는 아무리 강조해도 지나치지 않다.

이 급진적 사상가들이 나타난 곳은 번영하는 세계시민적 도시들로서 포도와 무화과 과수원, 올리브 나무가 풍요로운 땅이었다.[5] 이 도시들은 바다로 흘러드는 강과 만의 입구이자 내륙으로 통하는 도로의 출발점에 자리잡고 있었다. 헤로도토스에 따르면, 그곳은 "공기와 기후가 세상에서 가장 아름다운" 천국이었다. 그곳은 이오니아라고 불렸다.

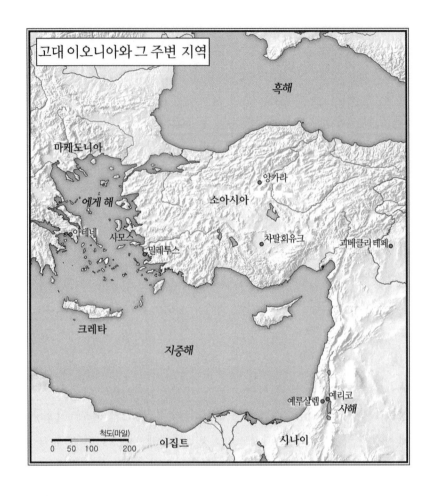

고대 이오니아와 그 주변 지역

흑해

마케도니아

에게 해

앙카라

소아시아

아테네

사모스

차탈회유크

괴베클리 테페

밀레투스

크레타

지중해

키프로스

예루살렘 예리코
사해

척도(마일)

0 50 100   200

이집트

시나이

그리스인들은 오늘날 그리스 본토와 남부 이탈리아에 해당하는 지역
에 수많은 도시국가를 건설했다. 그러나 이는 변방일 뿐이었다. 그리스
문명의 중심지는 터키의 이오니아였다 괴베클리 테페와 차탈회유크에서
불과 수백 킬로미터밖에 떨어지지 않은 곳이다. 그리고 그리스 계몽시대
의 선봉은 라트무스 만에 자리잡은 도시 밀레투스에서 나올 예정이었다.
밀레투스는 에게 해, 거기에 더해 지중해로 접근할 수 있는 곳이었다.[6]

헤로도토스에 의하면 기원전 1000년을 앞둔 전환기에 밀레투스는 미
노아인의 후손인 카리아인이 사는 수수한 거주지였다. 그러다가 기원전

1000년 무렵부터는 아테네와 그 주변에서 온 군인들로 들끓게 되었다. 기원전 600년이 되자 고대의 뉴욕 같은 곳이 되었다. 좀더 나은 삶을 찾는 피난민을 그리스 전 지역에서부터 끌어들인 것이다. 이들은 가난하고 근면했다.

여러 세기가 흐르는 동안 밀레투스의 인구는 10만 명으로 팽창했다. 이 도시는 거대한 부와 사치의 본산으로 발달하면서 이오니아의 도시 중에서 가장 부유한 곳, 실로 그리스 세계 전체에서 가장 부유한 도시가 되었다. 밀레투스의 어부들은 에게 해에서 농어, 노랑촉수(농어목 촉수과의 물고기), 홍합을 잡았다. 농부들은 비옥한 토양에서 옥수수와 무화과를 수확했다. 무화과는 아무리 오랜 기간이라도 저장이 가능한, 그리스에 알려진 유일한 과일이었다. 과수원에서는 식용이자 기름을 짤 수 있는 올리브를 수확했다. 올리브유는 고대 그리스 버전의 버터, 비누, 연료였다. 게다가 바다로의 접근성 덕분에 밀레투스는 무역의 중심지가 되었다. 아마, 목재, 철, 은 등의 상품이 식민지 수십 곳으로부터 들어왔다. 밀레투스 시민들이 개척한 이 식민지들은 멀리 이집트에도 있었다. 밀레투스의 숙련된 장인들은 도자기, 가구, 고운 모직물을 만들어 해외로 수출했다.

그러나 밀레투스는 상품 교환의 교차로만이 아니었다. 사상을 공유하는 장소이기도 했다. 여기저기에 흩어진 문화권 수십 곳에서 온 사람들이 시내에서 만나서 대화를 했다. 그리고 이곳의 시민들은 여러 곳으로 여행을 많이 하면서 각양각색의 언어와 문화를 많이 접하게 되었다. 그에 따라서 이곳의 주민들이 소금에 절인 생선의 가격을 흥정하는 동안 전통과 전통이, 미신과 미신이 서로 만났다. 그 결과 새로운 사고방식에 대한 열린 마음이 생겼으며 혁신의 문화가 자라났다. 특히, 일반적 통념을 기꺼이 의문시하는 문화가 생겨났는데 이는 지극히 중요한 것이다. 게다가 부유한 밀레투스에서는 여가가 생겨났고, 이에 우리의 존재라는 이슈를 천착하는 데에 시간을 쏟을 여유가 생겼다. 이렇게 수많은 우호적 환경이 합쳐진 결과 밀레투스는 세련된 세계주의적인 천국이자 학문의 본산지가 되었다. 사상의 혁명이 일어나는 데에 필요한 모든 요인이 합쳐진 것이다. 더할 수 없이 좋은 상황이었다.

이런 환경이 조성되자 처음에는 밀레투스에서, 결국에는 더 넓은 이오니아 지역 전체에서 한 무리의 사상가들이 출현했다. 이들은 수천 년간 전해내려온 자연에 대한 종교적이고 신화적인 설명에 의문을 제기하기 시작했다. 이들은 당대의 코페르니쿠스이자 갈릴레오, 철학과 과학 분야를 아우르며 새로운 기풍을 만들어나가는 선구자들이었다. 아리스토텔레스에 의하면 이 철학자들 중 첫 번째 인물은 기원전 624년경에 태어난 탈레스였다. 많은 그리스 철학자는 가난 속에서 살았다고 전해진다. 사실 당시의 상황이 오늘날과 뭔가 비슷한 점이 있다면 이런 것일 터이다. 심지어 **유명한** 철학자라도 뭔가 다른 직업, 예를 들면 길가에서 올리브를 파는 일을 선택한다면 물질적으로는 더 풍족하게 살 수 있었을 것이다. 그러나 전설에 따르면 탈레스는 예외적 인물이었다. 그는 교활하고 부유한 상인이었기 때문에 생각하고 숙고하는 데에 시간을 써도 먹고 살기에 아무런 문제가 없었다. 올리브 압착 시장을 장악한 뒤, 기름 가격을 엄청나게 인상해서 큰돈을 벌기도 했다고 한다. 마치 1인 석유수출국기구(OPEC)와 같은 행태였다. 또한 자기가 사는 도시의 정치에도 깊이 관여했고 그곳의 독재자인 트라쉬불로스와 친밀했다고 한다.

탈레스는 자신의 부유함을 이용해서 여행을 했다. 이집트에서 그가 알게 된 것은 이곳 사람들이 피라미드를 건설하는 데에는 능하지만 그 높이를 측정하는 통찰력은 없다는 점이었다. 그러나 우리가 이미 보았듯이, 당시 이집트인들은 일련의 새로운 수학 기법들을 이미 개발한 상태였다. 그 기법은 세금을 부과할 목적으로 토지의 필지별 면적을 측정하는 데에 쓰였다. 탈레스는 이 이집트의 기하학 기법들을 동원해서 피라미드의 높이를 계산했다. 또한 바다에서 배들 사이의 거리를 측정하는 방법도 보여주었다. 그 덕분에 그는 고대 이집트에서 유명인사가 되었다.

탈레스는 이집트의 수학을 가지고 그리스로 돌아와서 그것을 그리스어로 번역했다. 탈레스의 손에 들어가자 기하학은 측정과 계산을 위한 수단만이 아닌, 논리적 추론으로 연결된 정리의 집합체가 되었다. 그는 기하학적 진리를 증명한 첫 인물이었다.[7] 제대로 작동하는 것으로 보이는 결론을 사실로서 단순히 서술하는 것과는 달랐다. 나중에 위대한 기하학자 유클리드는 탈레스의 정리 중 일부를 자신의 『기하학 원론(*Elements*)』에 포함시켰다. 탈레스의 수학적 통찰력은 인상적인 것이었지만, 그가 정말 유명해진 이유는 다른 데에 있었다. 물질세계의 현상을 설명하는 접근법이 새로웠던 것이다.

탈레스가 보기에 자연은 신화의 대상이 아니라 과학 원리에 의해서 작동하는 것이었다. 이것은 지금까지 신들의 개입이 원인이라고 했던 모든 현상을 설명하고 예측하는 데에 사용될 수 있었다. 그는 일식과 월식의 원인을 이해한 최초의 인물이라고 전해진다. 또한 그는 달이 태양빛을 반사해서 빛난다는 설명을 제시한 최초의 그리스인이었다.

그는 심지어 완전히 틀렸을 때조차 사고방식과 발상의 독창성이 뚜렷했다. 지진에 대한 설명을 보자. 그 시대에 지진은 포세이돈 신이 화가 나서 지구를 삼지창으로 찔러서 일어났다고 생각했다. 그러나 탈레스는 지진은 신들과 아무런 관련이 없다는, 틀림없이 괴짜로 보일 법한 주장을 펼쳤다. 그의 설명은 내가 근무하는 칼텍의 지진학자들에게서 듣는 것과는 달랐다. 그는 지구가 끝없이 넓게 펼쳐진 물 위에 떠있는 반구이며, 지진은 주변의 물이 철벅거리며 튀어서 생기는 것이라고 믿었다. 탈레스의 분석은 그럼에도 획기적인 시사점을 가진다. 지진을 자연적 과정의 결과로서 설명하려고 시도했기 때문이다. 그리고 그는 자신의 발상을 뒷받침하기 위해서 경험적이고 논리적인 주장을 펼쳤다. 아마도 가장 중요한 것은 도대체 지진이 왜 발생하는가라는 의문에 초점을 두었다는 사실일 터이다.

1903년 시인 라이너 마리아 릴케가 자신의 학생에게 해준 조언은 과학이나 시 모두에 진실이다. 그는 다음과 같이 썼다. "네 마음속에서 해결되지 않은 모든 것에 대해서 인내심을 가지라. 그리고 그 의문들을 사랑하려고 노력하라." "그 의문을 품고 살아라."[8] 과학에서 가장 중요한 기술은 올바른 질문을 제기하는 능력이다(그리고 사업에서도 마찬가지일 때가 종종 있다). 그리고 탈레스는 과학적 질문을 제기한다는 발상을 실질적으로 발명했다. 그는 하늘을 포함한 자신의 시선이 미치는 모든 곳에서 스스로 설명되기를 간절히 원하는 현상들을 보았다. 그리고 그의 직관은 결국 자연의 근본적인 작동 원리를 밝혀주게 되는 이런 현상들에 대해서 숙고하게 만들었다. 그는 지진에 대해서만 질문을 던진 것이 아니다. 지구의 크기와 형태에 대해서, 동지와 하지의 날짜에 대해서, 지구와 태양과 달의 관계에 대해 질문을 던졌다. 2,000년 후 아이작 뉴턴이 만유인력과 운동법칙을 발견하는 데로 이끈, 바로 그 질문들이었다. 탈레스가 과거와 근본적으로 결별했다는 점을 인정한 아리스토텔레스는 그와 그 이후의 이오니아 사상가들을 최초의 피시코이(physikoi), 즉 물리학자라고 불렀다. 내가 거기에 소속됨을 자랑스럽게 생각하는 집단이자 아리스토텔레스 자신이 거기 속한다고 생각하는 집단이다. 피시코이의 어원은 그리스어 피시스(physis)로서 "자연"을 의미한다. 물리학자는, 현상에 대한 자연적 설명을 추구하는 사람들을 설명하기 위해서 아리스토텔레스가 선택한 용어이다. 초자연적인 설명을 추구한 테올로고이(theologoi), 즉 신학자와 반대되는 개념이다.

그러나 아리스토텔레스는 급진적 사상을 펼친 또다른 집단에 대해서는 그다지 높이 평가하지 않았다. 자연을 모델화하는 데에 수학을 사용한 사람들 말이다. 이 같은 혁신에 대한 공로는 탈레스 다음 세대의 사상가에게 귀속된다. 그는 탈레스의 거주지와 그리 멀지 않은, 에게 해의 사모스 섬에 살았던 인물이다.

* * *

우리 중 일부 사람들은 우주가 어떻게 기능하는지를 이해하려고 애쓰면서 업무 시간을 보낸다. 그런가하면 대수 교과서를 떼지 못한 사람들도 있다. 탈레스의 시대에 전자의 사람들은 또한 후자에 속하기도 했다. 우리가 아는 대수학—그리고 수학의 나머지 대부분—은 아직 발명되지도 않았기 때문이다.

오늘날의 과학자에게 방정식 없이 수학을 이해한다는 것은 마치 애인이 한 말은 그저 "괜찮아"뿐인데, 그의 기분을 파악하기 위해서 노력해야 하는 것과 비슷하다. 수학은 과학의 어휘이다. 그것은 어떤 이론적 아이디어가 소통되는 방식이다. 우리 과학자들은 사적이고 개인적인 생각을 말로 드러내는 데에 언제나 능하지 않을 수도 있다. 그러나 우리의 이론을 수학을 통해서 소통하는 데에는 매우 능숙하다. 수학이라는 언어 덕분에 과학은 일상 언어를 사용했을 때보다 더 깊은 통찰력과 정확도를 가지고 이론을 깊게 탐구할 수 있다. 수학은 추론과 논리가 장착된 언어이며, 그 덕분에 예상을 크게 벗어나는 방식으로 전개되고 반향을 일으키는 것이 가능하다.

시인들은 자신들이 관찰한 결과를 언어로 서술하지만 물리학자들은 수학으로 서술한다. 시인은 시를 완성하면 일이 끝난 것이다. 그러나 물리학자가 수학적 "시"를 적으면 그것은 일의 시작일 뿐이다. 그때부터 수학의 규칙과 정리를 적용해서 그 시를 살살 구슬리면서 자연의 새로운 가르침을 드러내게 만들어야 한다. 그 내용은 시를 쓴 사람 본인조차 결코 상상해보지 않은 것일 수 있다. 방정식은 아이디어를 형상화하는 것에 그치지 않는다. 그 식을 풀어낼 기술과 끈기를 충분히 갖춘 사람

누구에게나 해당 아이디어의 결과를 제시한다. 수학이라는 언어는 물리학적 원리의 **표현**을 용이하게 해주고, 원리들 사이의 **관계**를 밝혀주고, 그에 대한 인간의 **추론**에 길잡이가 되어준다.

그러나 기원전 6세기 초에는 아무도 이 사실을 알지 못했다. 자연이 어떻게 작동하는지를 이해하는 데에 수학이 도움이 될 수 있다는 발상을 당시까지 인간이라는 종은 떠올리지 못했다. 과학의 아이디어를 표현하는 언어로 수학을 사용하도록 처음으로 인류에게 도움을 준 사람은 피타고라스(570년경-490년경 기원전)라고 전해진다. 그는 그리스 수학의 창시자이며 "철학(philosophy)"이라는 용어의 발명자이며 전 세계 중학생들의 저주의 대상이기도 하다. $a^2 + b^2 = c^2$의 의미를 배우느라 휴대전화 채팅을 오랫동안 중단하게 만들었기 때문이다.

고대에 피타고라스라는 이름은 천재와 관련되어 있을 뿐만 아니라 마술적이고 종교적인 아우라도 가지고 있었다.[9] 그의 위상은 마치 아인슈타인이 물리학자일 뿐만 아니라 교황이기도 했을 때에 비견될 정도였다. 후대의 많은 저술과 전기를 통해서 우리는 피타고라스의 생애에 대한 정보를 많이 가지고 있다. 그러나 예수 탄생 후 첫 세기에 이르자 이 이야기들은 신뢰성이 떨어지게 되었다. 종교적, 정치적 동기에 오염되었기 때문이다. 저술가들은 그의 아이디어를 왜곡했고 역사에서 그의 위치를 과장했다.

사실인 것으로 보이는 점은 피타고라스가 밀레투스 만 건너편의 사모스 섬에서 자랐다는 것이다. 한편 고대에 그의 전기를 썼던 작가들 모두가 동의하는 사실이 있다. 그의 나이 18세에서 20세 사이에 탈레스를 찾아가 만났다는 점이다. 당시 탈레스는 매우 노령이어서 죽을 날이 가까이 있었다. 자신의 총명함이 예전만 못하다는 것을 알고 있었던 그는 자신의 정신적 상태가 쇠락한 데에 사과했다고 전해진다. 탈레스가 어떤 교훈을 전했든 피타고라스는 감명을 받고 떠났다. 그로부터 오랜 세월이 흐른 뒤 그가 집에서 의자에 앉아서 작고한 자신의 스승을 칭송하는 노래를 부르는 장면이 가끔씩 목격될 정도였다고 한다.

탈레스와 마찬가지로 피타고라스도 여행을 많이 했는데 아마도 이집트, 바빌론, 페니키아를 방문했을 것이다. 사모스의 독재자 폴리크라테스를 더 이상 참을 수 없게 된 40세의 피타고라스는 그 섬을 떠나 지금의 이탈리아 남부에 있는 크로톤에 정착했다. 그곳에서 그는 수많은 추종자를 끌어모았다. 물질세계의 수학적 질서에 대한 그의 통찰 역시 그곳에서 떠올렸다고 전해진다.

언어가 어떻게 해서 처음 발달했는지는 아무도 모른다. 나는 언제나 다음과 같이 상상했지만 말이다. 동굴에 살던 어떤 원시인이 비틀거리다가 "아야!" 하고 무심결에 내뱉었고 이를 목격한 어떤 사람이 "자신의 느낌을 표현하는 정말 새로운 방법이군" 생각하며 감탄했다. 그리고 얼마 지나지 않아서 모든 사람이 말을 하게 되었다. 수학이 과학의 언어가 된 연원 역시 신비에 싸여 있기는 마찬가지이다. 그러나 이 경우에는 이를 설명하는 전설이 분명히 있다는 것이 차이점이다.

전설에 따르면 어느 날 피타고라스는 대장간 앞을 지나다가 대장장이의 망치질 소리를 들었다. 각기 다른 망치가 쇠를 때릴 때 나는 소리의 높낮이가 각기 다르다는 점에 그는 주목했다. 대장간으로 달려들어간 그는 망치를 들고 실험을 했다. 그 결과 소리의 높낮이는 망치를 휘두르는 남자의 힘이나 망치의 형태와는 관련이 없다는 사실을 확인했다. 그보다는 망치의 크기 혹은 위와 같은 말이지만 무게와 관련이 있었다.

피타고라스는 집으로 돌아가 망치 대신 줄을 가지고 실험을 계속했다. 줄의 길이와 잡아당기는 정도를 각각 달리했다. 그는 당시 그리스의 다른 젊은이들처럼 학교에서 음악, 그중에서도 플루트와 수금(고대 현악기)을 배웠다. 당시 그리스의 악기들은 추측과 경험과 직관을 통해서 만들어졌다. 그러나 피타고라스는 실험으로 현악기에 적용되는 수학법칙을 발견한 것으로 전해진다. 이 법칙은 줄의 길이와 줄에서 만들어지는 음의 높이 사이의 관계를 정확하게 규정하는 데에 사용될 수 있다.

오늘날 우리는 그 관계를 다음과 같이 표현한다. 음의 진동수는 현의 길이에 반비례한다. 예컨대 어떤 현을 퉁기면 특정한 음이 생긴다고 가정하자. 그 현의 절반을 뭔가로 짚고 나서 퉁기면 한 옥타브 높은 음이 난다. 진동수가 2배라는 말이다. 줄의 4분의 1만을 짚으면 다시 한 옥타브가 높아진다. 원래 진동수의 4배가 된다는 뜻이다.

피타고라스가 정말 이 관계를 발견했을까? 피타고라스에 대한 전설이 어느 정도까지 진실인지는 아무도 모른다. 예컨대 그는 중학생들을 끔찍하게 괴롭히는 피타고라스의 정리를 증명하지 **않았을** 가능성이 크다. 이를 처음 **증명한** 것은 그의 추종자 중의 한 명인 것으로 알려졌다. 정리 자체는 이미 몇 세기 전부터 **알려져** 있었지만 말이다. 피타고라스의 공헌은 특정한 법칙을 유도한 데에 있는 것이 아니라 우주는 수학적 관계에 대응하는 구조를 가지고 있다는 사상을 고취시킨 데에 있다. 그리고 그의 영향력은 자연 속에서 수학적 관계를 발견한 데에서 온 것이 아니라 그 관계를 세상에 알린 데에 기인한다. 고전학자 칼 허프만의 표현대로 피타고라스가 중요한 이유는 "그가 수에 영광을 부여하고 거래라는 현실 영역에서 분리한 데에 있다. 그리고 수의 행태와 사물의 행태 사이에 관련이 있음을 지적한 데에 있다."[10]

탈레스는 자연이 질서 있는 규칙을 따른다고 말했지만 피타고라스는 한발 더 나아가서 자연이 **수학적** 규칙을 따른다고 단언했다. 우주의 근본적인 진실은 수학법칙이라고 그는 설법했다. 숫자는 실재의 본질이라고 피타고라스 학파는 믿었다.

피타고라스의 사상은 후대의 그리스 사상가들, 특히 플라톤에게 막대한 영향을 미쳤다. 또한 유럽 전체의 과학과 철학자들에게도 그랬다. 고대 그리스에는 이성적 분석을 통해서 우주를 이해할 수 있다고 믿었던 위대한 사상가들, 이성의 옹호자들이 있었다. 이들 중 후대의 과학 발전과 관련해서 현재까지 가장 큰 영향을 미친 사람은 누구일까. 자연을 이해하는 새 접근법을 발명한 탈레스도, 거기에 수학을 도입한 피타고라스도, 심지어 플라톤도 아니다. 그 장본인은 플라톤의 제자이자 나중에 알렉산드로스 대왕의 개인 교사가 된 인물, 아리스토텔레스였다.

* * *

아리스토텔레스(384-322년 기원전)는 그리스 북동부의 도시인 스타게이로스에서 태어났다. 그의 아버지는 알렉산드로스의 조부인 아민타스 왕의 주치의였다. 어려서 아버지를 여읜 그는 플라톤의 아카데미아에서 수학하기 위해서 17세 때 아테네로 가게 되었다. 플라톤의 사후에 "아카데미아(academia)"는 배움의 장소라는 뜻을 가지게 되었지만, 그 당시에는 아테네 외곽에 있는 한 공공 정원의 이름에 불과했다. 플라톤과 그의 학생들은 이곳에 있는 작은 숲에 즐겨 모였다. 아리스토텔레스는 아카데미아에서 10년간 머물렀다.

기원전 347년 플라톤이 사망하자 아리스토텔레스는 이곳을 떠났고, 그로부터 몇 년 후에 알렉산드로스의 개인 교사가 되었다. 그 때는 아리스토텔레스가 아직 명성을 날리기 전이었기 때문에 필리포스 왕이 왜 그를 아들의 선생으로 정했는지는 분명하지 않다. 물론 아리스토텔레스의 입장에서는 왕위를 이을 후계자의 가정교사가 되는 것은 나쁘지 않은 판단이었을 것이다. 그는 쏠쏠한 급여를 받았으며 알렉산드로스가 페르시아를 비롯한 세계의 많은 지역을 정복해나갈 때 다른 혜택도 받았다. 그러나 알렉산드로스가 왕위를 물려받았을 때 당시 50세에 가까웠던 아리스토텔레스는 아테네로 돌아와 13년간 작업에 몰두했다. 그를 유명하게 만들어준 대부분의 저술은 이때 쓰인 것이다. 그는 알렉산드로스를 다시는 만나지 않았다.

아리스토텔레스가 가르쳤던 종류의 과학은 자신이 플라톤에게서 배

아리스토텔레스와 플라톤(왼쪽). 라파엘의 벽화 중에서

운 것과 아마도 똑같지는 않았을 것이다. 그는 아카데미아의 모범생이었지만 스승이 수학을 강조하는 데에 항상 불편해했다. 그 자신의 취향은 추상적인 법칙 쪽이 아니라 자연을 상세하게 관찰하는 쪽이었다. 이는 플라톤 식의 과학과도, 오늘날 시행되는 과학과도 크게 달랐다.

나는 고교 시절 화학과 물리 수업이 좋았다. 내가 얼마나 좋아하는지를 알게 된 아버지는 가끔 나에게 이 과학들에 대해서 설명을 해보라고 주문했다. 가난한 유대계 집안 출신이었던 아버지는 시골의 종교계 학교밖에 다닐 수 없었다. 그곳에서의 교육은 과학이론보다는 안식일의 이론에 중점을 두고 있었다. 아버지는 중학교 1학년 수준 이상의 교육을 받아본 적이 없었기 때문에 나는 할 일이 많았다.

우리의 물리 탐구는 어떻게 시작되어야 할까. 나는 말했다. 물리는 대체로 한 가지에 대한 연구에요. 변화 말입니다. 아버지는 잠시 생각하더니 불만스러운 어조로 말했다. "너는 변화에 대해 아무것도 몰라." "너는 너무 어려. 변화를 겪어본 일이 아예 없잖아." 물론 나는 항의했다. 변화를 겪어보았노라고. 하지만 아버지는 오래된 이디시어(중동부 유럽과 미국으로 이민 온 유대인이 사용하던 언어/옮긴이) 경구로 대답했다. 깊이 있게 들릴 수도 있고 바보 같은 소리로 여겨질 수 있는 표현이었다. "세상에는 그냥 변화가 있는가 하면 커다란 **변화**도 있지."

나는 10대 만이 할 수 있는 방식으로 아버지의 아포리즘을 일축했다. 나는 말했다. "물리학에는 변화나 큰 **변화** 같은 것이 없어요. 그냥 절대적인 **변화**가 있을 뿐이지요." 이 말은 사실 다음과 같이 말할 수도 있는 문제이다. 아이작 뉴턴은 현재 우리가 아는 물리학을 창조하는 데에 결정적으로 기여했다. 그가 그 성질이 무엇이든 간에 **모든** 변화를 서술하는 데에 사용되는 통일된 수학적 접근법을 발명했기 때문이다. 아리스토텔레스의 물리학은 뉴턴으로부터 2,000년 전의 아테네에 기원을 두고 있는데, 뉴턴의 것보다 훨씬 더 직관적이고 덜 수학적인 접근법에 뿌리를 두고 있다. 아버지에게는 세상을 이해하는 데에 아리스토텔레스의 접근법이 더 이해하기 쉬울 것이라고 나는 생각했다. 그래서 나는 아리스토텔레스의 변화 개념에 대해서 독서를 시작했다. 아버지에게 사물을 좀 더 쉽게 설명할 수 있는 뭔가를 찾을 수 있으리라는 희망을 품었기 때문이다. 커다란 노력을 기울인 끝에 나는 알게 되었다. 아리스토텔레스는 그리스어를 사용했고 이디시어를 한마디도 몰랐을 텐데도 본질적으로 다음의 말을 믿고 있었다는 것을 말이다. "세상에는 그냥 변화가 있는가 하면 커다란 **변화**가 있다."

아버지의 버전에서 이 커다란 변화는 불길한 것, 나치가 침략했을 때 자신이 겪었던 것과 같은 극심한 변화를 의미했다. 한쪽에 일상적이거나 자연스러운 변화가 있고 다른 쪽에는 급격한 **변화**가 있다는 식의 구분은 아리스토텔레스의 것과 같다. 자연에서 사람이 관찰하는 모든 변화는 자연스러운 것과 급격한 것으로 범주화할 수 있다고 그는 믿었다.

세계에 대한 아리스토텔레스의 이론에 따르면 자연스러운 변화는 사물 자체의 내부에서 기인하는 것이다.[11] 다시 말해서 자연스러운 변화의 원인은 사물의 본성이나 구조에 내재되어 있다. 예를 들면, 우리가 운동이라고 부른 변화, 즉 위치의 변화를 보자. 모든 사물은 흙, 공기, 불, 물이라는 네 가지 기본 원소의 다양한 조합으로 만들어져 있다고 아리스토텔레스는 믿었다. 이 원소들은 이동하는 경향을 원래부터 가지고 있다. 아리스토텔레스에 따르면, 돌멩이가 땅을 향해서 떨어지고 비가 바다에 내리는 이유는 단순하다. 땅과 바다가 이들의 자연스러운 보금자리이기 때문이다. 돌멩이가 하늘을 향해서 날아오르게 만들려면 외부의 개입이 필요하다. 그러나 돌멩이가 떨어질 때 그것은 자신이 타고난 성향을 따르는 것이며 "자연스러운" 운동을 실행하는 것이다.

현대물리학에서는 이와 다르다. 어떤 물체가 가만히 있거나 일정한 속도와 방향을 가지고 등속운동을 하는 이유를 설명하는 데에 원인은 필요하지 않다. 아리스토텔레스의 물리학에도 이와 비슷한 점이 있다. 물체가 자연스러운 운동을 수행하는데 이유를 설명할 필요는 없다. 흙이나 물로 만들어진 물체는 떨어지고 공기나 불로 만들어진 물체는 올라가는 이유 같은 것 말이다. 이와 같은 분석은 우리가 주변에서 보는 세상을 반영한 것이다. 거품은 물 밖으로 떠오르고 불길은 공기 중으로 올라가는 것과 같다. 무거운 물체는 하늘로부터 떨어지고 대양과 바다는 대지위에 머무르고 공기는 이 모든 것의 위에 자리잡고 있다.

아리스토텔레스에게 운동은 수많은 자연스러운 과정의 하나에 불과했다. 성장, 부패, 발효와 마찬가지로 동일한 원리의 지배를 받는다. 자연스러운 변화가 취하는 다양한 형태는 원래 타고난 잠재력을 실현하는 것이라고 그는 보았다. 장작이 타거나 사람이 늙고 새가 날고 도토리가 떨어지는 것이 모두 그렇다는 시각이다. 아리스토텔레스의 신념 체계에서 자연스러운 변화란 우리의 일상을 앞으로 나아가게 만드는 무엇이며, 우리가 눈살을 찌푸리지 않고 당연한 것으로 받아들이는 경향이 있는 그런 종류의 변화이다.

그러나 때때로 사건의 자연스러운 흐름이 방해를 받으며, 운동 혹은 변화가 외부의 것에 의해서 강요된다. 이런 일은 돌멩이를 공중으로 던질 때, 포도넝쿨을 땅으로부터 뜯어낼 때, 영계가 식용으로 도살될 때, 당신이 직업을 잃을 때, 파시스트가 유럽을 점령할 때 일어난다. 이것이 바로 아리스토텔레스가 "급격한"이라는 딱지를 붙인 변화이다.

아리스토텔레스에 따르면, 급격한 변화가 일어나면 물체는 자신의 본성에 위배되는 방향으로 움직이거나 변화한다. 아리스토텔레스는 이런 변화의 원인을 이해하려고 노력했으며 거기에 "힘"이라는 이름을 붙였다.

급격한 변화라는 아리스토텔레스의 교리는 자연스러운 변화라는 개념과 마찬가지로 우리가 자연에서 목격하는 것과 잘 맞아떨어진다. 예컨대 단단한 물체는 스스로 아래를 향해서 곤두박질친다. 이것을 다른 방향으로, 다시 말해서 위나 옆을 향해서 움직이게 하려면 힘, 즉 노력이 필요하다.

아리스토텔레스는 그 시대의 다른 위대한 사상가들이 본 것과 동일한 현상을 주위에서 목격했지만 그들과는 다른 행동을 했다. 그는 소매를 걷어붙이고 변화에 대해서 전례 없이 정밀하고 백과사전적인 관찰을 시행했다. 사람들의 삶에서 일어나는 변화와 자연에서 일어나는 변화에 대해서 모두 그렇게 했다. 그는 모든 종류의 변화에 공통되는 요인을 찾기 위해서 연구했다. 사고의 원인, 정치의 동역학, 무거운 짐을 끄는 황소의 운동, 병아리 배아의 성장, 화산의 분출, 나일 강 삼각주의 변화, 햇빛의 성질, 열의 상승, 행성의 운동, 물의 증발, 위를 여러 개 가진 동물의 음식 소화, 물체들이 녹거나 타는 방식……. 모든 종류의 동물을 해부했고 어떤 때는 유통기한이 한참 지난 것도 했다. 다른 사람들이 역겨운 냄새가 난다고 불평하면 그는 코웃음을 쳤다.

아리스토텔레스는 변화를 체계적으로 설명하는 자신의 시도를 **물리학**(Physics)이라고 불렀으며, 그것은 자신과 탈레스의 유산을 연결짓는 행위였다. 그의 물리학은 범위가 넓고 살아 있는 것과 생명이 없는 것을 모두 다루었고 하늘과 지상의 현상을 두루 포괄했다. 그가 연구한 변화의 다양한 분야는 오늘날 과학의 분과 전체에 해당한다. 물리학, 천문학, 기후학, 생물학, 발생학, 사회학 등등……. 사실 그는 많은 저작을 남긴, 진정한 1인 위키피디아(Wikipedia)였다. 그가 기여한 분야는 강박장애로 진단되지 않은 사람이 수행한 연구로서는 가장 폭이 넓다. 고대로부터 전해오는 기록을 볼 때 그는 170건의 학문적 업적을 남겼으며 지금까지 그중 3분의 1이 보존되어 있다. 『기상학』, 『형이상학』, 『윤리학』, 『정치학』, 『수사학』, 『시학』, 『하늘에 대하여』, 『세대와 부패에 대하여』, 『영혼에 대하여』, 『기억에 대하여』, 『수면과 불면증에 대하여』, 『꿈에 대하여』, 『예언에 대하여』, 『장수와 젊음과 노화에 대하여』, 『동물의 역사와 부위에 대하여』 등등.

그의 제자였던 알렉산드로스가 아시아 정복에 나서는 동안 아리스토텔레스는 아테네로 돌아와 리케이온이라고 불리는 학원을 세웠다. 도로를 따라 산책하거나 정원을 걸으면서 그는 자신이 오랜 세월 배운 것을 학생들에게 가르쳤다.* 그는 위대한 스승이었으며 자연에 대한 명석한 관찰로 풍부한 결과물을 생산한 인물이었다. 그럼에도 불구하고 지식에 대한 그의 접근법은 우리가 오늘날에 과학(science)이라고 부르는 접근법과는 크게 다른 것이었다.

* * *

---

* 나중에 (아리스토텔레스의) 학생들은 기름 부음을 받게 된다. 나도 학생들에게 이런 옵션을 제공하면 인기가 크게 올라갈 것이라고 평소에 생각해왔다. 하지만 불행하게도 이것은 아마도 대학 행정에 역효과를 가져오게 될 것이다.

철학자 버트란드 러셀에 따르면 아리스토텔레스는 "교수처럼 저술한 최초의 인물……영감을 받은 예언가가 아니라 최초의 전문 교사"였다.[12] 그는 아리스토텔레스가 "상식으로 희석된" 플라톤이라고 말했다. 사실 아리스토텔레스는 상식을 대단히 중요하게 생각했다. 물론 우리도 그렇기 때문에 우리는 나이지리아에서 보낸, 오늘 1,000달러를 송금하면 내일 자기가 1,000억 달러를 송금해주겠다는 사기 전자 메일에 속지 않을 수 있는 것이다. 그러나 아리스토텔레스의 아이디어를 되돌아보고 오늘날 우리가 아는 바와 비교해보면 다음과 같이 주장하고 싶은 사람이 나올 수도 있다. 아리스토텔레스는 관습적인 아이디어에 전념했고, 정확히 그 때문에 과학에 대한 오늘날의 접근법과 아리스토텔레스의 접근법에 중대한 차이가 생긴 것이며, 아리스토텔레스 물리학의 가장 큰 단점 중의 하나도 여기에서 비롯되었다고 말이다. 왜냐하면 상식은 무시해서는 안 되는 것이지만 때로는 상식을 벗어나는 지각이 필요하기 때문이다.

과학에서 진보를 이룩하려면 가끔은 "상식의 폭정"[13]에 저항해야 한다. 이는 역사학자 대니얼 부어스틴의 표현이다. 예컨대 당신이 어떤 물체를 민다고 해보자. 그러면 그 물체는 밀리다가 속도가 느려지고 멈춰서는 것이 상식이다. 그러나 그 배후에 있는 운동법칙을 인식하려면 겉보기에 명백한 것 이상의 것을 보아야만 한다. 뉴턴이 그랬던 것처럼 말이다. 그리고 마찰이 없는 세계에서 이것이 어떻게 움직일 것인가를 머릿속에서 그려보아야 한다. 이와 비슷하게, 마찰의 궁극적인 메커니즘을 이해하려면 물질세계의 외관을 넘어서 볼 줄 알아야 한다. 그래야 물체가 눈에 보이지 않는 원자로 만들어져 있을 가능성을 "볼" 수 있다. 이 개념은 레우키포스와 데모크리토스가 1세기 전쯤에 제안한 것이지만 아리스토텔레스는 받아들이지 않았다.

또한 아리스토텔레스는 그 시대의 일반적인 견해, 제도, 사상에 큰 경의를 나타냈다. 그는 "모든 사람이 믿는 것은 진리이다"라고 썼다.[14] 그리고 회의하는 자들에게 그는 말했다. "이런 믿음을 파괴하는 자는 이보다 믿을 만한 믿음을 찾기 어려울 것이다." 그는 통념에 의지했으며, 그에 따라서 시각이 대표적으로 왜곡되었던 예가 있다. 당시에 그를 포함한 대부분의 시민이 받아들였던 노예 제도에 대한 주장이다. 그는 노예 제도는 물질세계가 본래 갖추고 있는 본성이라는 것이라고 했다. 물리학에 대한 자신의 저술을 이상하게 연상시키는 주장을 펼치면서 그는 단언했다. "합성물로서 전체를 이루면서 부분으로 구성된 모든 것에는 지배적 요소와 종속적 요소 간의 구별이 드러난다. 이 같은 이원성은 생물 속에 존재하지만 그 속에만 있는 것은 아니다. 그것은 우주의 구성에 기원을 두고 있다."[15] 본래 자유로운 사람이 있고, 본래 노예인 사람들이 존재하는 것은 이런 이원성 때문이라고 아리스토텔레스는 주장했다.

오늘날 과학자를 비롯한 혁신가들은 괴짜인데다 관습에 얽매이지 않는 사람으로 흔히 묘사된다. 이런 상투적 인식에는 상당한 진실이 있다고 나는 가정한다. 내가 아는 어느 물리학과 교수는 매일 점심을 식당의 향신료 테이블에서 무료로 제공하는 것으로 때웠다. 마요네즈가 지방을 제공했고, 케첩은 그의 채소였으며, 소금에 절인 크래커는 그의 탄수화물이었다. 또다른 친구는 편육을 사랑하고 빵을 싫어했다. 양식당에서 그는 아무 가책 없이 점심으로 살라미 소시지 한 무더기만을 시켰다. 그리고 마치 그것이 스테이크라도 되는 양 나이프와 포크를 이용해서 먹곤 했다.

통념적 사고는 과학자에게는 좋은 태도가 아니다. 혹은 혁신을 원하는 모든 사람에게 그렇다. 그리고 때로는 그 탓에 사람들이 당신을 보는 시선에 좋지 않은 영향이 생길 수 있다. 그러나 앞으로도 되풀이해서 보게 되겠지만 과학은 태생적으로 고정관념의 적이자 권위의 적이다. 그 권위가 심지어 기성의 과학적 체제 그 자체라고 할지라도 그렇다. 혁명적 돌파구에는 모든 사람이 진리로 믿는 것에 기꺼이 반대하는 태도가 반드시 필요하다. 낡은 아이디어를 믿을 만한 새 아이디어로 교체하기 위해서는 그렇다. 과학사에서 두드러지게 나타나는 진보의 장애물, 그리고 인간의 사고 전반의 장애물이 하나 있다고 한다면 그것은 과거와 현재의 사상에 대한 부당한 충성이다. 그리고 만일 내가 창의성이 필요한 직위에 사람을 고용한다면 지나치게 상식적인 사람은 기피할 것이다. 괴짜의 속성을 가진 사람에게 점수를 줄 것이며 향신료 탁자에 물품을 잘 갖추어두게 만들 것이다.

* * *

아리스토텔레스의 접근법은 양적이 아니라 질적이었다. 이는 아리스토텔레스의 과학과 그 이후의 과학 사이의 중요한 충돌 지점이다. 오늘날 물리학은 고교에서 배우는 가장 단순한 형식의 것이라도 계량적 과학이다. 물리학의 가장 초보적 내용을 배우는 학생들도 시속 100킬로미터로 달리는 차의 초속은 27.8미터임을 알고 있다. 사과를 떨어뜨리면 시속35.4킬로미터의 가속도가 매초 붙는다는 사실을 배운다. 당신이 의자에 털썩 주저앉으면 의자가 당신을 멈추게 하는 몇 분의 1초 동안 척추에 가해지는 힘은 450킬로그램이 넘는다는 사실도 수학적으로 계산한다. 아리스토텔레스의 물리학은 이와 전혀 달랐다. 오히려 그 반대였다. 그는 철학을 "수학으로" 바꾸려고 시도하는 철학자들을 소리 높여 비판했다.[16]

그 시대에 자연철학을 계량적인 학문으로 전환하려는 모든 시도는 물론 고대 그리스의 지식수준에 발목을 잡혔다. 아리스토텔레스에게는 스톱워치나 분침이 있는 시계가 없었다. 정확한 경과라는 관점에서 사건을 바라보는 사고방식을 접하는 일 자체가 없었다. 또한 그런 데이터를 처리하는 데 필요한 대수학이나 산술은 탈레스 시대보다 나아진 것이 없었다. 앞에서 보았듯이 +, −, = 같은 기호는 아직 발명되지 않았다. 지금 같은 수 체계나 시속 몇 킬로미터라는 개념도 물론 없었다. 그러나 13세기 이후 학자들은 이때에 비해서 매우 진보된 것도 아닌 도구와 수학을 이용해 계량물리학을 발전시켰다. 따라서 이런 문제가 방정식의 과학, 측정, 수치 예측을 가로막는 유일한 장애물은 아니었다. 다음과 같은 사실이 더욱 중요한 역할을 했다고 생각해야 할 것이다. 아리스토텔레스는 다른 사람들과 마찬가지로 양적인 서술에 관심이 아예 없었다.

심지어 운동을 연구할 때도 그의 분석은 오로지 정성적이었다. 예컨대 속도의 개념에 대해서도 거의 이해를 하지 못했다. "동일한 시간에 어떤 물체는 다른 물체보다 더욱 멀리 간다"는 정도의 서술이 전부였다. 우리에게 이런 서술은 행운의 과자에서 나오는 오늘의 운세처럼 보이겠지만, 그 시대의 사람들은 이 정도로도 충분히 정확하다고 생각했다. 그리고 속도에 대한 인식이 정성적인 데에 머물렀다면 가속도에 대해서는 오리무중일 수밖에 없다. 가속도가 속도나 방향의 변화라는 점은 오늘날 일찍이 중학교에서 배운다. 지식과 인식 수준에 심각한 차이가 있는 것이다. 만일 누군가 타임머신을 타고 아리스토텔레스에게 가서 뉴턴의 물리학을 담은 문서를 주었다고 해보자. 그에게 이 문서는 전자레인지 파스타 요리법 서적 정도의 취급을 받았을 것이다. 뉴턴이 말하는 "힘"이니 "가속도"니 하는 개념을 이해하지 못하는 것은 물론이요, 관심조차 없었을 것이기 때문이다.

아리스토텔레스는 철저한 관찰을 시행하면서 운동을 비롯한 여러 변화는 모종의 목적을 가지고 일어나는 것으로 보인다는 점에 관심이 있었다. 예컨대 운동은 **측정되어야** 할 무엇이 아니라 그 **목적**을 알아내야 할 현상이라고 그는 이해했다. 말이 수레를 끄는 것은 길을 따라서 그것을 옮기기 위해서이다. 염소가 걷는 것은 먹을 것을 찾기 위해서이다. 생쥐가 뛰는 것은 잡아먹히지 않기 위해서이다. 수토끼가 암토끼와 교미하는 것은 더 많은 토끼를 만들기 위해서이다.

우주는 조화롭게 기능하도록 설계된 하나의 커다란 생태계라고 아리스토텔레스는 생각했다. 그는 자신이 눈길을 돌리는 모든 곳에서 목적을 보았다. 비가 내리는 것은 식물이 자라려면 물이 필요하기 때문이다. 식물이 자라는 것은 동물이 먹을 수 있도록 하기 위해서이다. 포도씨가 포도 넝쿨이 되고 달걀은 병아리로 변하는 것은 씨와 알 속에 존재하는 잠재력을 실현하기 위해서다. 아주 먼 옛날부터 사람들은 언제나 자기 자신의 경험을 투영해서 세상을 이해해왔다. 그러므로 고대 그리스에서는 물질세계에서 일어나는 사건들의 목적을 분석하는 편이 훨씬 더 자연스러운 일이었다. 당시 피타고라스와 그의 추종자들이 발전시키는 중이던 수학법칙에 의한 설명보다 말이다.

과학에서는 당신이 제기하기로 선택한 특정 질문이 중요하다는 사실을 우리는 여기에서도 다시 볼 수 있다. 설사 아리스토텔레스가 자연이 계량적 법칙을 따른다는 피타고라스의 인식을 받아들였다고 해도 핵심은 놓쳤을 것이다. 왜냐하면 아리스토텔레스는 법칙의 계량적 특성보다는 물체가 왜 그 법칙을 따르냐는 질문에 훨씬 더 관심이 있었기 때문이다. 무엇이 악기의 현이나 떨어지는 돌멩이로 하여금 수로 표시되는 규칙성을 가지고 행동하게 강요하는가? 아리스토텔레스를 흥분시켰을 주제는 이런 것들이었다. 여기서 우리는 그의 철학과 오늘날 과학이 시행되는 방식 사이에 존재하는 가장 큰 단절을 볼 수 있다. 아리스토텔레스는 자연 속에서 자신이 **목적**이라고 해석한 것을 인지한 데에 비해서 오늘날의 과학은 그렇지 않기 때문이다.

아리스토텔레스의 해석의 특징은 **목적**을 찾는다는 점이다. 이 점은 그 이후 인류의 사상에 막대한 영향을 미쳤다. 이 탓에 그는 기독교 철학자들에게 대대로 사랑을 받게 되지만 과학의 진보는 거의 2,000년 동안 방해를 받았다. 목적주의는 오늘날 우리의 연구를 이끄는 과학의 강력한 원칙들과 양립하는 것이 완전히 불가능하다. 두 개의 당구공이 충돌하면 그 다음 일어나는 일을 결정하는 것은 뉴턴이 처음으로 제시한 법칙이지 그 뒤에 숨어 있는 원대한 목적이 아니다.

과학은 세상을 알고 거기에서 의미를 찾으려는 인간의 기본적 욕구에서 처음 시작되었다. 그러므로 아리스토텔레스에게 그랬던 것 같이 목적에 대한 동경이 현대인들에게도 여전히 반향을 일으키는 것은 놀라운 일이 아니다. "모든 일은 이유가 있어서 일어난다"라는 생각은 자연재해를 비롯한 삶의 비극을 이해하려고 노력하는 사람들에게 위안이 될 수도 있다. 이런 사람들에게는 과학의 원리가 차갑고 영혼이 없는 것처럼 느껴질 수 있다. 과학자들은 우주에는 목적 같은 것이 없다고 강조한다.

그러나 이를 바라보는 또다른 방식이 있다. 아버지 덕분에 익숙해진 방식인데, 목적이라는 이슈가 제기되면 아버지는 자신에게 닥친 일에 대해서는 전혀 언급을 하지 않는 일이 많았다. 그 대신 어머니는 아버지와 만나기 전에 있었던, 그녀가 17세밖에 되지 않았을 때 겪었던 특정한 사건을 가끔 언급했다. 나치는 어머니가 살던 도시를 점령했는데, 그중 한 명이 어머니는 알지 못하는 어떤 이유로 수십 명의 유대인을 눈밭에 한 줄로 무릎을 꿇게 했다. 어머니도 여기 포함되어 있었다. 그 나치는 줄의 처음에서부터 끝까지 걸어가면서 몇 걸음에 한 명씩 머리에 총을 쏘았다. 만일 이것이 하느님이나 자연의 원대한 계획의 일부라면 아버지는 그런 신과 아무런 관계도 맺고 싶지 않았을 것이다. 아버지 같은 사람들에게 위안이 될 수 있는 생각이 있다. "우리의 삶이 비참했든지 성공했든지 상관없이 모두가 무심한 자연법칙의 결과이다. 폭발하는 별을 만들어낸 그 법칙 말이다. 또한 삶은 좋았든지 나빴든지 결국 하나의 선물이며, 세상을 지배하는 불모의 방정식으로부터 어떻게든 솟아나온 하나의 기적이다."

* * *

아리스토텔레스의 사상은 뉴턴의 시대가 올 때까지 자연세계에 대한 사고방식을 지배했지만, 그 세월 동안 그의 이론에 의문을 제기한 관찰자

들은 많았다. 예를 들면, 자연스런 운동을 실현하고 있는 중이 아닌 물체
는 힘이 가해질 때만 움직인다는 발상을 보자. 아리스토텔레스 본인도
여기에 문제가 있음을 인식했다. 처음에 활이나 창을 비롯한 투사체에
힘이 가해진 다음에도, 계속 날아가게 만드는 것이 무엇이냐는 문제였
다. 그는, 자연은 진공을 "혐오"하기 때문에 최초의 추진력이 가해진 다
음에 공기 입자들이 투사체의 뒤에 몰려들어 계속 밀어낸다고 설명했다.
일본인들은 이 아이디어를 성공적으로 적용한 것으로 보인다. 도쿄의
지하철차량에 승객들을 가득 채워넣는 용도로 말이다. 그러나 심지어
아리스토텔레스 본인도 자신의 이론에 대해서 미지근한 태도를 취했다.
이 취약점은 대포가 널리 쓰이기 시작한 14세기에 이르러 어느 때보다
더 명백해졌다. 공기 입자들이 몰려들어 무거운 대포알을 계속 밀고 나
간다는 설명이 이치에 닿지 않는 것으로 느껴졌기 때문이다.

   이와 마찬가지로 중요한 상황이 있다. 대포를 쏘는 군인들은 대포알
을 밀고 나가는 것이 공기 입자인지 눈에 보이지 않는 요정인지 아무런
관심이 없었다. 군인들이 정말로 알고 싶은 것은 투사체가 어떤 궤적을
그리며 날아갈 것인가 그리고 그 궤적이 적군의 머리 위를 향할 것인가
의 여부였다. 아리스토텔레스와 나중에 스스로를 과학자라고 칭할 사람
들 사이에서 존재하는 진정한 차이가 여기에서 드러난다. 투사체의 궤적
―각기 다른 순간의 속도와 위치―과 같은 이슈들은 아리스토텔레스
입장에서 보면 핵심에서 벗어난 것이다. 그러나 예측을 하는 데에 물리
법칙을 적용하고자 하는 사람에게 이런 주제는 극히 중요하다. 그러므로
아리스토텔레스의 물리학을 결국 대체하게 될 과학, 다른 무엇보다 포탄
의 궤적을 계산 가능하게 만들어줄 과학은 달랐다. 그것은 측정 가능한
힘, 속도, 가속 비율처럼 세상에서 진행 중인 과정의 양적인 세부사항에
는 관심을 가졌지만 이 과정들의 목적이나 철학적 이유에 대해서는 관심
이 없었다.

아리스토텔레스는 자신의 물리학이 완전하지 못하다는 사실을 알고 있었다. 그는 다음과 같이 썼다. "나의 것은 첫 걸음이고 따라서 작은 걸음이다. 비록 그것이 많은 생각과 힘든 노력을 통해서 만들어진 것이기는 하지만 말이다. 하나의 첫 걸음으로 보고 관대하게 판단해주어야 할 것이다. 독자들, 그리고 내 강의를 듣는 여러분, 첫 출발을 하는 사람에게 공정하게 기대되는 만큼은 내가 해냈다고 만일 생각한다면……내가 달성한 것들을 인정하고 다른 사람이 완성하도록 내가 남겨둔 것들에 대해서 용서해주기를 바란다."[17] 여기서 아리스토텔레스가 토로한 감정은 후대의 물리학 천재들이 느꼈던 것과 동일한 것이다. 우리는 뉴턴이나 아인슈타인 같은 사람이 모든 것을 알며 자신감에 넘치며 자신들의 지식에 대해서 심지어 오만할 것으로 생각한다. 그러나 앞으로 보게 될 것이지만 그들은 그렇지 않았다. 아리스토텔레스처럼 많은 부분들에 대해서 혼란스러워했으며, 아리스토텔레스처럼 자신들이 그렇다는 사실을 알고 있었다.

* * *

아리스토텔레스는 기원전 322년 62세에 복부 질환으로 사망한 것으로 보인다. 그보다 1년 전에 알렉산드로스가 사망하고 나서 친마케도니아 정권이 무너지자 아리스토텔레스는 아테네에서 도망쳤다. 그는 플라톤의 아카데미아에서 20년을 보냈지만 언제나 아테네에서 자신이 외부인 같다고 느꼈다. 이 도시에 대해서 그는 이렇게 썼다. "똑같은 일이 시민에게는 적절하게 되는 반면 이방인에게는 부적절하게 된다. 이곳에 머물기가 힘들다."[18] 그러나 알렉산드로스가 사망하자 아테네 체류 여부는 중대한 문제가 되었다. 마케도니아와 관련된 모든 사람을 겨냥한 위험한 반발이 있었기 때문이다. 또한 그는 정치적인 이유로 소크라테스를 처형한 것이 나쁜 선례로 자리잡았다는 것을 의식하고 있었다. 어떤 철학 논쟁이든지 독약 한 컵은 강력한 반박이 될 수 있다는 것 말이다. 언제나 깊이 사고하는 아리스토텔레스는 순교자가 되는 위험을 무릅쓰느니 도망가는 것이 좋겠다고 생각했다. 그는 자신의 결정에 대해서 고상한 이유를 둘러댔다. 아테네 사람들로 하여금 또 한번 "철학에 대해서" 죄를 짓는 일을 막기 위해서라고 말했다.[19] 그러나 그 결정은 아리스토텔레스의 삶 일반에 대한 접근법과 마찬가지로 매우 실용적인 것이었다.

아리스토텔레스가 사망한 뒤 그의 사상은 여러 세대에 걸친 리케이온의 학생들과 그의 작업에 논평을 한 다른 사람들에 의해서 전수되었다. 그의 이론은 그의 모든 학문과 함께 중세 초기에 쇠퇴했다가 중세 절정기에 아랍 철학자들 사이에서 명성을 얻었다. 그 이후의 서구 학자들은 이들로부터 아리스토텔레스에 대해서 다시 배웠다. 그의 사상은 약간 수정된 채 로마 가톨릭 교회의 공식 철학이 되었다. 그리고 이후 19세기 동안 자연을 연구한다는 것은 아리스토텔레스를 연구한다는 것을 의미했다. 우리 종이 어떻게 해서 질문을 제기할 뇌와 질문하는 경향을 발전시켜왔는지를 우리는 지금까지 보았다. 또한 쓰기, 수학, 법칙이라는 아이디어 등의 도구를 어떻게 발전시켜 이 질문들에 답하기 시작했는지도 보았다. 이성을 이용해 우주를 분석하는 법을 그리스인들을 통해서 배움으로써 우리는 과학이라는 영광스런 해변에 도착했다. 그러나 지금까지는 앞으로 펼쳐질 탐구의 더 커다란 모험에 비하면 이는 시작에 불과하다.

제2부

과학

조용한 과거에 통용되었던 도그마들은 부적절하다……그래서 우리는 새로운 방식으로 생각하고 행동해야 한다.

—에이브러햄 링컨, 제2차 연두교서, 1862년 12월 1일

6

이성에 이르는 새로운 길

나는 친구들과 두 권의 책을 함께 펴냈다. 물리학자 스티븐 호킹과 정신적 스승 디팩 초프라이다. 두 사람의 세계관은 너무나 달라서 서로 다른 우주에서 산다고 해도 더 벌어질 차이도 없을 정도이다. 나의 인생관은 스티븐과 똑같다. 그것은 과학자의 인생관이다. 그러나 그 세계관은 디팩의 것과는 크게 다르다. 우리가 함께 썼던 책의 제목을 『세계관의 전쟁(*War of the Worldviews*)』이라고 붙인 이유가 아마도 이것 때문일 것이다. "우리가 모든 것에 대해서 의견이 동일하다는 것은 놀랍지 않은가?(Isn't It Wonderful How We Agree on Everything?)"라고는 붙이지 않았다.

디팩은 자신의 믿음에 대해서 열정적이다. 함께 여행을 했을 때 그는 언제나 나를 전향시키려 애썼고 세계를 이해하는 나의 접근법에 반론을 제기했다. 그는 이를 **환원주의**라고 불렀다. 물리학의 수학적 법칙이 종국에는 사람을 포함해서 자연의 모든 것을 설명할 수 있다고 내가 믿기 때문이다. 특히 나는 오늘날의 대부분의 과학자들처럼 다음과 같은 믿음이 있다고 말했다. 우리를 포함한 모든 것은 원자와 물질의 기본 입자로 구성되어 있으며 이 입자들은 자연의 네 가지 기본 힘을 통해서 상호작용한다. 만일 누군가가 이 모든 것이 어떻게 작동하는지를 알아낸다면 적어도 원리적으로는 세상에서 일어나는 모든 일들을 설명할 수 있을 것이다. 물론 실제에 있어서는 다르다. 우리는 주변 상황에 대한 충분한 정보를 가지고 있지 않으며, 기본이론들을 적용하여 인간의 행동을 비롯한 현상들을 분석할 만큼 강력한 컴퓨터도 없다. 그러므로 디팩의 마음이 물리법칙의 지배를 받느냐 하는 것은 열린 의문으로 남을 수밖에 없다.

디팩이 나를 환원주의자로 간주하는 것에 대해서 원칙적으로 반대하지 않는다. 그러나 그런 말을 들으면 나는 발끈하곤 했다. 나를 당황시키고 방어하게 만드는 말투 때문이었다. 마치 영혼이 있는 사람이라면 나같은 믿음을 가질 수 없다는 어조였다. 사실 디팩의 지지자들이 모인 자리에 있을 때, 나는 가끔 돼지고기 생산업자의 모임에 참석한 정통파 랍비인 것 같은 느낌을 받았다. 그들은 언제나 나에게 유도 신문을 했다. "베르메르의 그림을 보거나 베토벤의 교향악을 들을 때 내가 무엇을 느끼는지 당신의 방정식들은 가르쳐주나요?" 또는 "만일 내 아내의 마음이 정말 입자와 파동이라면 그녀가 나를 사랑한다는 것을 어떻게 설명할 건가요?" 등이다. 그 사람에 대한 아내의 사랑을 내가 설명할 수 없다는 점을 나는 인정해야 했다. 그러나 다시 말하지만 방정식으로는 어떤 사랑도 설명할 수 없다. 그것은 핵심에서 벗어나 있다. 내가 보기에 수학 방정식을 물질세계를 이해하는 도구로서 적용하는 것은 이제까지 본 적이 없는 그런 성공을 거두고 있다. 우리의 정신적 경험에 대해서는 그렇지 않다고 해도 말이다(적어도 아직은 아니다).

우리는 다음 주일의 날씨를 계산하지 못할 수도 있다. 개별 원자의 운동을 추적한 다음 원자물리학과 핵물리학의 기본 원리를 적용하는 방법을 통해서는 그렇다. 그러나 우리는 높은 수준의 수학 모델을 사용하는 기상과학을 정말로 가지고 있다. 그리고 이 모델이 내일의 날씨를 예측하는 정확도는 그리 나쁘지 않다. 이와 유사하게 우리는 다양한 분야를 연구하는 과학을 가지고 있다. 바다, 빛, 전자기, 물질의 속성, 질병을 비롯한 일상 세계의 수십 가지 측면이 그 연구 대상이다. 이런 과학 덕분에 우리는 불과 수백 년 전까지만 해도 꿈꾸지도 못했던 놀라운 실질적인 용도에 우리의 지식을 활용할 수 있다. 오늘날 물질세계를 이해하는 데에 수학적 접근법이 타당하다는 점에 대해서는 사실상 보편적인 합의가 존재한다. 적어도 과학자들 사이에서는 그렇다. 하지만 이런 견해가 널리 퍼지기까지는 매우 오랜 시간이 걸렸다.

현대 과학은 자연이 모종의 규칙성을 가지고 움직인다는 사상에 배경을 둔 형이상학적 시스템이다. 이 사상의 연원은 고대 그리스에 있다. 그러나 과학이 이 법칙들을 활용해서 설득력 있는 성공을 처음 거둔 것은 17세기에 들어와서였다. 탈레스, 피타고라스, 아리스토텔레스와 같은 철학자의 사상으로부터 갈릴레오, 뉴턴과 같은 사람의 것으로 도약했다. 이것은 위대한 도약이었지만 그럼에도 불구하고 여기에 2,000년이나 걸릴 필요는 없었다.

* * *

고대 그리스의 유산을 받아들이고 그 위에 업적을 쌓아나가는 길에 나타난 최초의 장애물은 기원전 146년 그리스를, 기원전 46년 메소포타미아를 각각 정복한 로마였다. 로마의 융성은 이후 여러 세기 동안 철학, 수학, 과학에 대한 관심이 줄어드는 출발점이 되었다. 심지어 그리스어를 사용하는 지적 엘리트 집단에서도 그랬다. 실용적인 생각을 가진 로마인들은 이런 영역의 연구를 중시하지 않았다. 로마인들이 이론적 연구를 경멸한다는 사실은 키케로의 다음과 같은 언급에서 잘 나타난다. "그리스인들은 기하학을 가장 높은 자리에 놓았다. 그래서 그들은 수학에서 이룩한 것보다 더 나은 업적을 내놓지 못했다. 그러나 우리는 수학이 측정과 계산에 유용하다는 것을, 그것이 그 한계라는 사실을 확인했다."[1] 그리고 로마는 공화정과 제국을 거치며 존속한 거의 1,000년 동안 거대하고 인상적인 공학 프로젝트를 벌였다. 이것이 측정과 계산에 의존한 것임은 의심의 여지가 없다. 하지만 현재까지 우리가 아는 한, 주목할 만한 수학자는 한 사람도 배출하지 못했다. 이것은 놀라운 사실이며, 수학과 과학의 발전에 문화가 엄청난 영향을 미친다는 증거이기도 하다.

로마가 과학에 도움이 되는 환경을 제공하지는 못했지만 476년 서로마 제국이 해체되자 상황은 더욱 나빠졌다. 도시는 쇠퇴했고 장원 시스템이 생겨났다. 기독교가 유럽을 지배했고 지방의 수도원, 나중에는 성당학교가 지적인 생활의 중심이 되었다. 학문이 종교적 이슈에 집중되었다는 의미이다. 그리고 자연에 대한 탐구는 시시하거나 가치 없는 것으로 치부되었다.[2] 마침내 고대 그리스의 지적 유산은 서구 세계에서 잊혀졌다.

다행스럽게도 아랍 세계에서는 과학이 그런 취급을 받지 않았다. 무슬림 지배세력은 그리스 학문에서 가치를 발견했다. 이들이 지식을 그 자체로서 추구했다는 말은 아니다. 이런 태도는 기독교 세계나 이슬람에서나 지지를 받지 못하기는 마찬가지였다. 하지만 부유한 아랍 후원자는 그리스의 과학을 아랍어로 옮기는 데에 기꺼이 후원금을 냈다. 그리스 과학이 유용하다고 믿었기 때문이다. 그리고 중세시대 수백 년 동안 이슬람 과학자들은 실용 광학, 천문학, 수학, 의학 분야에서 유럽을 앞지르며 커다란 진보를 이룩했다. 그동안 유럽인들의 지적 전통은 잠자고 있었다.*[3]

그러나 13-14세기가 되자 유럽은 긴 잠에서 깨어났고 이슬람 세계의 과학은 심각한 쇠퇴기에 접어들었다.[4] 이렇게 된 데에는 여러 요인이 작용한 것 같다. 하나의 예를 들면, 보수적 종교 세력이 실질적 유용성이라는 잣대를 점점 더 좁게 들이대기 시작했다. 실질적 유용성이 과학적 탐구가 정당화될 수 있는 유일한 근거라고 그들은 간주했다. 또한 과학이 꽃피우기 위해서는 사회가 번영하며 민간이나 정부가 후원을 해줄

---

* 중세는 500년에서 1500년(일부에선 1600년으로 본다)까지 이어진다. 어느 경우이든 중세는 로마 제국의 문화적 성취와 르네상스 시대의 과학과 예술의 흥성 사이의 기간을 의미하며 일부는 겹친다. 19세기 일부 학자들은 이 시기를 "목욕을 하지 않은 1,000년"이라고 폄하한다.

가능성이 존재해야 한다. 대부분의 과학자들은 공개적인 시장에서 자신의 작업을 지원할 자원을 조달할 수 없다. 그러나 중세 말기 아랍은 징기스 칸에서부터 십자군에 이르는 외부세력의 공격을 받게 되었고, 내부 분파 간의 전쟁으로 조각조각 찢어졌다. 예술과 과학에 한때 바쳐졌던 자원은 이제 전쟁, 그리고 생존을 위한 투쟁 쪽으로 전환되었다.

과학 연구가 쇠퇴한 또 하나의 이유가 있다. 아랍 지적 세계의 중요한 몫을 지배했던 학교들이 이를 가치 있게 여기지 않았다는 점이다. 고등 교육시설이라고 불리는 이 학교들은 종교적 기부금으로 운영되는 공익 신탁이었는데, 그 설립자나 후원자 모두가 과학을 의심했다. 그 결과 모든 수업은 종교에 집중되어야 했고 철학과 과학은 배제되었다.[5] 이에 대한 모든 가르침은 대학 바깥에서 이루어져야 했다. 과학자들을 지원하거나 한곳으로 모을 기관이 없어지자, 이들은 서로 고립되었다. 이는 전문적인 과학적 훈련과 연구 조사에 커다란 장애를 만들어냈다.

과학자들은 진공 속에서 존재할 수 없다. 가장 위대한 인물이라 할지라도 자기 분야의 다른 학자들과 상호작용을 통해서 큰 도움을 받는다. 이슬람 세계에서 동료 학자들 간의 접촉이 없어진 탓에 진보에 필요한 아이디어의 상호수정이 사라졌다. 또한 상호비판이라는 좋은 면이 사라지자 경험적 근거가 없는 이론들이 확산되는 것을 막기가 어려워졌다. 그리고 통념에 도전하는 견해를 가진 과학자와 철학자들은 최소한의 지원을 받기가 힘들어졌다.[6]

이와 비슷한 지적인 질식의 상태가 중국에서도 일어났다. 사실 중국은 유럽인보다 앞서 현대 과학을 발전시킬 수 있었을 또다른 위대한 문명국이었다.[7] 고중세시대(1200-1500) 중국의 인구는 1억 명이 넘었다. 당시 유럽 인구의 두 배 가량이었다. 그러나 중국의 교육 제도는 유럽에서 발전하고 있던 제도에 비해서 매우 열등했다. 적어도 과학에 관해서는 이슬람 세계의 것과 마찬가지 수준이었다. 문학과 윤리에만 집중하는 시스템이었던 것이었다. 교육은 엄격한 통제를 받았으며 과학적 혁신이나 창의성에 대해서는 관심이 거의 없었다. 이 상황은 명나라 초기(1368년경)에서부터 20세기에 이르기까지 사실상 달라지지 않았다. 아랍의 경우와 마찬가지로 과학(기술에 반대되는 의미의)의 발전은 대단하지 못했다. 그 발전이나마 교육제도 덕분이 아니라 그에 불구하고 이룩된 것이었다. 당대의 지식을 비판하거나 정신의 삶을 진전시키는 데에 필요한 지적 도구를 개발하고 체계화하려는 시도를 하는 사람은 큰 좌절을 겪었다. 지식을 발전시키는 도구로 데이터를 사용하려는 시도 역시 마찬가지였다. 인도에서도 계급 제도의 유지에만 정신이 팔린 힌두 기득권층은 안정을 강조하며 지적 발전을 희생시켰다.[8] 그 결과 아랍 세계, 중국, 인도는 다른 영역에서는 위대한 사상가를 실제로 배출했지만, 서구에서 근대과학을 발전시킨 사람들에 필적하는 과학자는 내놓지 못했다.

* * *

유럽에서 과학이 다시 살아나기 시작한 것은 11세기 말경이었다. 베네틱트회 수도사 콘스탄티누스 아프리카누스가 고대 그리스의 의학 서적을 아랍어에서 라틴어로 번역하기 시작한 것이다.[9] 아랍 세계의 경우와 마찬가지로 그리스의 지혜를 연구하려는 동기는 실용적인 데에 있었다. 이 초기 번역물들은 의학 및 천문학 분야의 실용적인 다른 작품들을 번역하려는 욕구를 자극했다. 그러다가 1085년 기독교인들이 스페인을 재정복하는 과정에서 아랍 서적이 통째로 기독교인들의 손에 넘어왔다. 그리고 이후 수십 년 동안 많은 책들이 번역되었다. 관심을 가진 지역주교들이 자금을 넉넉하게 지원한 것도 여기에 부분적으로 기여했다.

　새롭게 활용할 수 있게 된 연구 작업들이 어떤 충격을 주었는지 상상하기는 쉽지 않다. 마치 현대의 고고학자가 우연히 고대 바빌론의 점토판 문서를 발견하고 번역했는데, 거기에 우리보다 훨씬 더 앞선 과학이론이 제시되어 있는 상황이라고 할까. 그로부터 수세기 동안 번역의 후원은 르네상스 시대 사회적 상업적 엘리트 계층의 지위를 상징하는 것이 되었다. 그 결과 재발견된 지식은 교회 바깥으로 퍼져나가 일종의 유행처럼 번졌다. 오늘날 부자가 예술품을 수집하는 듯한 현상이 일어났다. 실제로 당시 부자들은 책과 지도를 전시하곤 했다. 오늘날의 부자들이 조각과 회화를 전시하듯이 말이다. 마침내 실용적 가치로부터 독립된 지식에 새로운 가치가 부여되자 과학적 탐구가 올바른 평가를 받게 되었다.[10] 이윽고 진리에 대한 교회의 "소유권"이 잠식당했다. 성경 및 교회 전통과 경쟁관계인 진리가 나타난 것이다. 자연이 드러내는 진리 말이다.

그러나 고대 그리스 문헌을 단순히 번역하고 읽는다고 해서 "과학혁명(scientific revolution)"이 일어나지는 않는다. 유럽이 정말로 달라질 수 있었던 것은 새로운 기관, 즉 대학교가 발전한 덕분이다.[11] 대학은 오늘날 우리가 아는 바와 같이 과학의 발전에 견인차 역할을 하게 된다. 그리고 여러 세기에 걸쳐 유럽이 과학의 선두를 지키게 해서 과학 역사상 가장 큰 진보를 일으키는 원동력이 되었다.

경제가 번창했고 교육을 잘 받은 사람들의 취업 기회가 풍부했던 덕분에 과학혁명은 탄력을 받을 수 있었다.[12] 볼로냐, 파리, 파도바, 옥스퍼드 같은 도시들이 배움의 중심지로 명성을 얻으며, 수많은 학생들과 교사들이 그곳으로 이끌려 들어왔다. 교사들은 개별적으로 혹은 기존 학교의 후원을 받으며 사업을 시작했다. 이들은 상인 길드의 모델을 본따서 자발적인 연합을 결성했다. 이 연합체들은 스스로를 "대학"이라고 불렀지만 처음에는 단순히 동맹에 불과한 것이었다. 부동산이나 고정된 장소를 가지고 있지 않았다. 우리가 아는 그런 대학들은 그로부터 몇십 년 뒤에 등장했다. 1088년 볼로냐에, 1200년경 파리에, 1222년 파도바에, 1250년 옥스퍼드에 각각 생겼다. 이런 곳들은 종교가 아니라 과학이 중심이었으며 학자들이 모여 서로 교류하고 자극을 주고받는 장소가 되었다.[13]

중세 유럽의 대학이 에덴 동산이었다는 이야기는 아니다. 예를 들면, 1495년 말경에 독일 당국은 명시적인 금지 법령을 발표할 필요성이 있다고 생각했다. 대학과 관련된 사람은 누구나 신입생에게 소변을 뒤집어 씌워서는 안 된다는 내용이었다. 이제는 없어진 규정이지만 나는 여전히 내 학생들에게 이를 준수하라고 요구한다. 한편 교수들은 전용 강의실을 가지지 못한 경우가 흔했기 때문에 셋방이나 교회, 심지어 사창가에서 강의를 할 수밖에 없었다. 이보다 나쁜 것은 교수가 학생들에게 직접 보수를 받았다는 점이다. 채용하고 해고하는 권한이 학생들에게 있었다. 또다른 기괴한 상황이 볼로냐 대학교에서 전개되었다. 학생들은 무단결석이나 지각을 하거나 어려운 질문에 대답하지 못하는 교수들에게 벌금을 물렸다. 어떤 강의가 재미없거나 진도가 너무 빠르거나 느리면 학생들은 야유하고 소란을 피웠다. 이런 공격적인 성향이 라이프치히에서는 너무나 빨리 퍼져서 교수에게 돌을 던져서는 안 된다는 규정을 대학측이 만들어야 했다.

이 같은 어려움에도 불구하고 유럽의 대학교들은 과학적 진보에 크게 기여했다. 부분적으로는 사람들을 한곳에 모아서 아이디어를 토론하게 하는 방식 덕분이었다. 과학자들은 학생들이 야유를 하거나 심지어 가끔 오줌을 던지는 것도 참을 수 있다. 그러나 계속적으로 열리는 학술 세미나에 참석하지 않고 지낸다는 것은 생각할 수 없는 일이다. 오늘날 대부분의 과학적 진보는 대학교의 연구실에 유래한다. 그래야 마땅하다. 기초연구기금의 가장 큰 몫이 배정되는 곳이기 때문이다. 하지만 역사적으로 보면, 지성인들이 모이는 장소 역할을 대학교가 해왔다는 사실도 이에 못지않게 중요하다.

과학혁명은 우리를 아리스토텔레스의 철학으로부터 멀리 떨어지게 만들고, 자연과 심지어 사회에 대한 우리의 시각을 변화시키며 오늘날 우리 존재의 정체성에 기초를 부여했다. 이 혁명은 코페르니쿠스의 태양

중심론에서 시작해서 뉴턴 물리학으로 정점에 올랐다고 말해진다. 그러나 이런 그림은 과도하게 단순화한 것이다. 나는 과학혁명이라는 용어를 편리한 편법으로 사용하고 있지만 여기에 관련된 과학자들의 목표와 믿음은 매우 다양했다. 새로운 사상 체계를 창조하기 위해서 열심히 함께 노력하는 통일된 무리가 아니었다. 이보다 중요한 점이 있다. "과학혁명"에서 언급하는 변화는 실제로 점진적으로 일어났다는 점이다. 1550-1700년 지식의 대성당을 건축한 위대한 학자들—그 성당의 첨탑은 뉴턴이었다—은 난데없이 출현한 것이 아니다. 이들을 위한 기초를 닦는 힘든 노고를 한 것은 유럽의 초기 대학교에 있던 중세 사상가들이었다.

이중 가장 위대한 노고를 한 것은 1325년-1359년 옥스퍼드 대학교 머턴 칼리지에 있던 한 무리의 수학자들이었다. 대부분의 사람들이 희미하게라도 알고 있는 지식이 있다. 고대 그리스인들이 과학이라는 개념을 발명했으며 근대과학이 존재하게 된 것은 갈릴레오 시대부터였다는 것이다. 그러나 중세과학은 존중받지 못하고 있다. 이것은 부끄러운 일이다. 중세 학자들은 어두운 시대를 살면서도 놀라운 진보를 달성했다. 그 시대에는 명제의 진리 여부를 경험적 증거가 아니라 종교에 기반을 둔 기존의 신념 체계와 얼마나 잘 맞아들어갈 수 있느냐 여부로 판단했다. 즉 오늘날 우리가 아는 그런 과학에는 해로운 문화였다는 말이다.

철학자 존 설이 서술한 사례를 하나 보자. 중세 사상가들이 세상을 본 맥락과 우리의 그것이 근본적으로 다르다는 점을 잘 보여주는 사례이다. 그는 마돈나 델 오로(과수원의 마돈나라는 뜻)라는 이름의 베니스에 있는 고딕 양식의 성당 이야기를 한다. 원래 그곳은 산 크리스토포로라고 이름을 지을 예정이었다. 그런데 건축이 진행되는 도중에 인근 과수원에서 마돈나 상이 신비스럽게 나타났다. 이 조각상이 하늘에서 떨어진 것으로 추정이 되면서 이름이 바뀌게 되었다. 이는 기적으로 간주되는 사건이다. 당시에는 이런 초자연적 설명이 전혀 의심받지 않았다. 오늘

옥스퍼드 대학교 머턴 칼리지의 도서관

날에 이런 일이 일어났다면 우리가 제시했을 세속적인 설명이 의심받지 않을 것과 마찬가지로 말이다. 설은 썼다. "설사 이 조각상이 바티칸의 정원에서 발견되었다고 해도 교회 당국은 이것이 하늘에서 떨어졌다고 주장하지는 않을 것이다."[14]

　나는 어느 파티에서 중세과학자들이 이룩한 업적을 화제로 꺼낸 일이 있다. 당시의 문화와 그들이 마주해야 했던 어려움을 감안했을 때 그들의 작업은 매우 인상적이었다고 나는 말했다. 오늘날 과학자들은 연구비를 신청하기 위해서 "낭비되는" 시간에 대해서 불평한다. 그러나 우리는 적어도 난방이 되는 사무실을 가지고 있다. 그리고 우리 시의 농업 생산이 저조하다고 해서 저녁 식사감으로 고양이를 사냥할 필요는 없다.[15] 흑사병으로부터 도망칠 필요가 없는 것은 물론이다. 1347년 인구의 절반을 죽게 만들었던 그 병 말이다.

내가 참석했던 파티는 학술 행사의 하나였다. 그렇기 때문에 참석자들은 갑자기 샴페인 잔을 채우러 가야겠다는 생각이 났다는 식의 보통 사람들과 같은 반응을 보이지 않았다. 그 대신 그녀는 믿기 어렵다는 듯이 말했다. "중세과학자라고요? 이보세요, 마취제도 없이 환자를 수술했던 사람들이에요. 상추 주스와 독미나리, 거세한 수퇘지의 쓸개즙으로 치유의 묘약을 만들었다고요. 그리고 심지어 위대한 토머스 아퀴나스 본인도 마녀의 존재를 믿지 않았던가요?" 나는 두 손 들었다. 아무 생각도 떠오르지 않았다. 그러나 나중에 다시 돌이켜보아도 그녀가 옳았다. 그녀는 중세 의학의 특정한 측면에 대해서 백과사전적인 지식을 가지고 있음이 명백했다. 하지만 그녀는 자연과학의 영역에서 중세 학자들이 가지고 있던 영속성 있는 아이디어에 대해서는 알지 못했다. 다른 분야에서 중세에 대한 지식수준이 드높음을 고려하면 나에게 이것은 더더욱 놀랍게 느껴진다. 그래서 나는 타임머신을 타고 현대에 나타난 중세의사에게 치료받으려는 사람이 없다는 사실을 인정해야 했다. 그럼에도 불구하고 나는 자연과학에서 이 중세 학자들이 이룩한 진보에 대해서는 기존 입장을 견지한다.

이 물리학의 잊혀진 영웅들은 무슨 일을 했을까? 우선 아리스토텔레스가 고려했던 모든 종류의 변화 중에서, 이들은 위치의 변화 즉 운동을 가장 근본적인 것으로 따로 골라냈다. 이것은 깊고 선견지명이 있는 관찰이었다. 우리가 관찰하는 변화의 유형은 대부분 고기가 썩고 물이 증발하고 나무에서 잎이 떨어지는 것처럼, 물질마다 각기 다르기 때문에 보편적인 특성을 찾는 과학자에게 많은 이득을 제공하지 않는다. 이와 달리 운동법칙은 **모든** 물질에 적용되는 근본법칙이다. 그러나 운동법칙이 특별한 이유가 하나 더 있다. 극미한 수준에서 이것은 우리가 살면서 경험하는 모든 거시적 변화의 원인이다. 그 이유는 고대 그리스의 일부 원자론자들이 사색했으며 오늘날 우리가 알고 있는 바와 같다. 우리가 일상생활에서 경험하는 많은 종류의 변화를 결국 이해하는 방법이 있다. 물질을 구성하는 기본 벽돌, 즉 원자와 분자를 움직이는 운동법칙을 분석하면 된다.

머턴 칼리지의 학자들은 보편적 운동법칙을 발견하지는 못했다. 그러나 그런 법칙이 존재한다는 것을 직관적으로 알았으며 몇 세기 후의 사람들이 이를 발견할 기초를 닦았다. 특히 이들은 초보적인 운동이론을 창조했는데, 이는 목적이라는 개념과는 아무 관련이 없었다. 또한 다른 유형의 변화와 관련된 과학과도 아무 관련이 없었다.

* * *

머턴 칼리지의 학자들이 맡은 임무는 쉽지 않았다. 심지어 가장 단순한 운동 분석에 필요한 과학조차 기껏해야 원시적인 수준에 불과했다. 게다가 또다른 심각한 장애물이 있었으며 이를 극복하는 것은 그 시대의 제한된 수학을 가지고 성공을 이루는 것보다 더욱 힘든 일이었다. 왜냐하면 이것은 기술적 문제가 아니라 사람들이 세상에 대해서 생각하는 방식 때문에 생긴 장애였기 때문이다. 머턴 칼리지의 학자들은 아리스토텔레스와 마찬가지로 세계관에 따른 방해를 받았다. 시간은 주로 정성적이고 주관적인 역할을 한다는 시각이 문제였다.

선진국의 문화에 푹 빠져 있는 우리가 경험하는 시간의 흐름은 이전 시대의 사람들이 인식하던 것과는 전혀 다르다. 인류가 존재해온 대부분의 기간 동안 시간은 매우 탄력적인 틀이었다. 완전히 사적인 방식으로 늘어나거나 수축될 수 있는 것이었다. 그렇기 때문에 시간의 본질이 결코 주관적인 것이 아니라는 사고방식을 배우기란 쉽지 않았다. 이를 배운다는 것은 과학의 입장에서 볼 때 커다란 진전이었다. 이와 비교될 만한 것은 언어의 발달이나 세계가 이성을 통해서 이해될 수 있다는 깨달음 정도였다.

예컨대 사건이 일어나는 시간에서 규칙성을 찾는다는 것은—돌멩이가 4.9미터를 낙하하는데 걸리는 시간은 언제나 1초라는 사실을 상상한다는 것은—머턴 칼리지 학자들의 시대에는 혁명적인 생각이었을 것이다. 무엇보다 시간을 정확하게 잰다는 발상 자체를 하는 사람이 아무도 없었다.[16] 분이니 초니 하는 단위 자체가 사실상 금시초문인 단어였다. 사실 항상 동일한 길이의 1시간을 기록하는 시계가 처음 발명된 것은 1330년대에 와서였다. 그 이전까지는 낮을 12등분한 것을 한 시간으로 삼았다. 이는 6월의 한 시간과 9월의 한 시간이 두 배 이상 차이가 날 수 있다는 의미이다(런던을 예로 들면, 오늘날의 시간으로 38분에서 82분이 그 시대의 한 시간이었다). 그러나 시간의 흐름을 분명하고 정량적으로 인식해야 할 필요가 거의 전혀 없었기 때문에 이것은 아무에게도 문제가 되지 않았다. 이를 감안할 때 속도—단위 시간당 이동한 거리—라는 개념은 정말 괴상한 것으로 보일 것임이 틀림없다.

이 모든 장애를 딛고 머턴 칼리지의 학자들이 운동 연구의 개념적 기초를 어떻게 해서든지 놓을 수 있었다는 것은 기적에 가깝다. 이들은 사상 최초로 정량적인 운동법칙을 서술하는 데까지 나아갔다. 이것이 "머턴 법칙(Merton rule)"[17]이다. 정지해 있다가 일정한 비율로 가속된 물체가 횡단한 거리는 같은 시간 동안 해당 가속 물체의 최고속도의 절반으로 움직인 물체가 횡단한 거리와 같다.

사실, 이것은 장황한 표현이다. 예전부터 내가 알고 있는 내용인데도 불구하고 지금 다시 이 문장을 보니 두 번을 읽어야 무슨 소리인지 이해할 수 있다. 그러나 이 법칙이 표현이 불분명한 것은 나름 쓸모가 있다. 과학자들이 적합한 수학을 사용하는 법을 배우면—혹은 필요하다면 발명하면—과학이 얼마나 쉬워질지를 잘 보여주는 사례이기 때문이다. 오늘날의 수학용어로 표시해보자. 정지해 있다가 일정한 비율로 가속된 물체가 횡단한 거리는 $\frac{1}{2} a \times t^2$으로 쓸 수 있다. 같은 시간 동안 해당 가속 물체의 최고속도의 절반으로 움직인 물체가 횡단한 거리는 간단하게 $\frac{1}{2}$

(a × t) × t로 표시할 수 있다. 그러므로 위의 머턴 법칙은 수학으로 표현하면 이렇게 된다. $\frac{1}{2}a \times t^2 = \frac{1}{2}(a \times t) \times t$. 이것은 더 간명한 표현 이상이다. 명제의 진실성을 즉각 명백하게 파악할 수 있기 때문이다. 이는 대수 입문 과정을 들은 사람이라면 누구나 알 수 있는 사실이다.

만일 그 시절이 당신에게 너무 오래 전의 일이라면 초등학교 6학년생에게 물어보라. 금방 이해할 것이다. 사실 오늘날의 6학년생은 14세기의 가장 뛰어난 과학자보다 수학에 대해서 훨씬 더 많이 알고 있다. 28세기의 어린이와 21세기의 과학자의 관계도 이와 비슷할 것인가. 흥미로운 질문이 아닐 수 없다. 인류의 수학적 역량이 여러 세기에 걸쳐 꾸준히 발전해온 것은 사실이다.

머턴 법칙이 말하는 바를 일상생활에서 보면 다음과 같다. 당신이 자동차를 시속 0에서 100킬로미터까지 일정하게 가속한다면, 그 시간 동안 시속 50킬로미터로 계속 진행한 것과 동일한 거리를 가게 된다. 오늘날 머턴 법칙은 상식이지만 당시의 학자들은 이를 증명할 수가 없었다. 그러나 이 법칙은 지식인 세계에 큰 파문을 일으켰으며 프랑스, 이탈리아를 비롯한 유럽 여러 곳으로 빠르게 퍼져나갔다.[18] 증명은 영불해협 반대편에 있던 파리 대학교의 학자가 곧 해냈다. 저자는 철학자이자 신학자인 니콜 오렘(1320-1382), 나중에 리지외 주교직에까지 오른 인물이다. 법칙을 증명하기 위해서 오렘은 물리학자들이 역사를 통틀어 반복하던 일을 해야 했다—새로운 수학을 발명한 것이다.

수학이 물리학의 언어라면 적절한 수학이 없는 경우 물리학자는 말을 하거나 어떤 주제에 대한 추론조차 할 수 없게 된다. 아인슈타인이 일반 상대론을 공식화하는 데에 필요한 수학은 복잡하고 낯선 것이었다. 그래서인지 그는 어린 여학생에게 이렇게 충고한 일이 있다. "수학이 어렵다고 걱정하지 말아요. 나에게는 그보다 훨씬 어려웠다니까, 정말이에요."[19] 혹은 갈릴레오의 표현을 보자. "[자연이라는] 책은 해당 언어를 파악하고 그 책을 구성하는 글자를 읽는 법을 먼저 배우지 않는다면 이해할 수 없다. 그것은 수학이라는 언어로 쓰였으며 그 글자는 삼각형, 원을 비롯한 기하학적 형태이다. 이것이 없으면 인간으로서는 이 책에 쓰인 단어 하나도 이해할 수 없다. 이것들이 없으면 인간은 캄캄한 미궁에서 헤맬 뿐이다."[20]

그 어두운 미궁에 빛을 비추기 위해서 오렘은 일종의 다이어그램을 발명했다. 머턴 법칙의 물리학을 표현하기 위한 것이었다. 그는 자신의 다이어그램을 오늘날 우리와 같은 방식으로 이해하지는 않았다. 그러나 이것은 운동물리학을 기하학적으로 표현한 최초의 사례, 따라서 최초의 그래프라고 간주할 수 있다.

내가 언제나 이상하게 생각하는 일이 있다. 미적분학은 사용하는 사람이 거의 없는데도 발명자가 누구인지 많은 사람이 알고 있다. 이에 비해서 그래프는 모든 사람들이 사용하는데도 누가 발명했는지 아는 사람은 거의 없다는 사실이다. 그 이유는 그래프라는 개념이 오늘날 명백하게 보이는 탓이라고 나는 추정한다. 그러나 공간 내의 선과 형태로 양을 나타낸다는 생각은 중세에는 놀라울 정도로 독창적이고 혁명적이었다. 심지어 약간 미친 생각이었을 수도 있다.

사람들의 사고방식을 아주 조금이라도 바꾸는 것은 매우 어렵다. 이를 나타내는 좋은 예가 있다. 또다른 괴짜 발명에 얽힌 이야기인데 수학과는 전혀 관련이 없다. 그 발명이란 바로 포스트잇(Post-it)이다. 한쪽면에 재사용이 가능한 접착제가 칠해져 있는 작은 종이 말이다. 포스트잇 노트는 1974년 3M의 화학 엔지니어 아트 프라이가 발명했다. 그러나 그 당시 이것이 발명되지 않았다고 가정해보자. 그리고 오늘 내가 투자자인 당신을 찾아와 포스트잇의 아이디어와 시제품을 보여주었다고 치자. 당신은 이 발명을 금광으로 보고 기꺼이 투자에 나설 것이 분명하다. 그렇지 않을까?

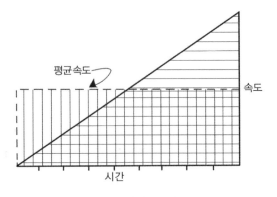

머턴 법칙을 나타내는 그래프

　희한하게 생각될지도 모르겠지만 대부분의 사람들은 그러지 않을 것이다. 그 증거는 다음과 같다. 프라이는 자신의 아이디어를 3M의 마케팅 부서 사람들에게 제시했다. 접착제와 혁신으로 유명했던 이 회사 사람들은 그러나 시큰둥했다. 기존에 사용되던 메모 용지보다 훨씬 비싼 가격을 매겨야 하기 때문에 판매가 어려울 것이라고 생각했던 것이다. 어째서 이들은 프라이가 제시하는 보물에 달려들지 않았을까?[21] 이유가 있다. 포스트잇이 발명되기 이전 시대의 사람들은 자신들이 약한 접착제를 띠처럼 두른 종잇조각을 여기저기에 붙이고 싶어할 것이라고 상상하기 어려웠던 것이다. 그래서 프라이의 과제는 제품을 발명하는 것에 그치지 않게 되었다. 사람들이 생각하는 방식을 바꿔야 했다. 포스트잇과 관련된 그 싸움은 힘든 것이었다. 하지만 정말로 중요한 맥락에서 똑같은 일을 하려고 시도할 때 사람들이 겪게 되는 어려움이 어느 정도가 될지는 상상에 맡긴다.

　운 좋게도 오렘의 증명에는 포스트잇이 필요하지 않았다. 그의 주장을 해석해보자. 먼저 수평 축에 시간을, 수직 축에 속도를 표시하자. 이제 당신이 생각하는 물체가 시간 0에서 시작해서 한동안 일정 속도로 이동한다고 가정하자. 이 운동은 수평선으로 표시된다. 이 선 밑의 공간에 빗금을 치면 직사각형이 생긴다. 한편 일정한 가속은 일정한 각도로 올라가는 직선으로 표시된다. 시간이 지나면서 속도 역시 증가하기 때문이다. 이 선 밑의 영역에 빗금을 치면 삼각형이 생긴다.

이 두 선 아래의 빗금친 영역들은 속도 × 시간을 나타낸다. 이는 물체가 이동한 거리를 말한다. 이 같은 분석을 도입하고 직사각형과 삼각형의 면적을 계산하는 방법을 알면, 머턴 법칙의 타당성을 보여주는 것은 쉽다.

이 자신의 공적을 인정받지 못한 이유 중의 하나는 그가 자신의 작업 중 많은 것을 발표하지 않는 데에 있다. 게다가 그가 실제로 사용한 개념틀은 내가 설명한 것과 달리 그리 상세하거나 정량적인 것이 아니었다. 내가 보여준 것은 그의 작업을 오늘날의 방식으로 해석하면 이렇게 된다는 내용이었다. 그러나 그의 개념틀은 수학과 물리량 간의 관계를 이해하는 오늘날의 방식과 완전히 다른 것이었다. 이 새로운 이해방식은 공간, 시간, 속도, 가속도의 개념과 관련한 일련의 혁신에서부터 나오게 된다. 이것은 위대한 갈릴레오 갈릴레이(1564-1642)의 가장 큰 공헌이기도 하다.

* * *

13-14세기 대학에서 일하던 중세 학자들이 이성적이고 경험적인 과학적 방법이라는 전통을 강화하는 데에 기여한 것은 사실이지만 그 뒤를 이어서 유럽 과학이 곧바로 폭발적인 발전을 이룩한 것은 아니었다. 중세 후기 유럽의 사회와 문화를 바꾼 것은 그들이 아니라 발명가와 엔지니어들이었다. 중세 후기는 르네상스가 시작된 시기와 겹치는데 르네상스는 대략 14세기에서 17세기까지 계속되었다.

이 르네상스 초기의 혁신가들은 인간의 근력을 주된 동력으로 삼지 않는 최초의 위대한 문명을 창조했다. 수차, 풍차, 새로운 종류의 기계 연결장치를 비롯한 여러 장치가 개발, 혹은 개량되어서 실생활에 활용되었다. 이 기계들은 나무를 켜거나 곡물을 빻는 등의 다양한 장치에 동력을 제공했다. 이런 기술적 혁신은 이론과학과는 관련이 거의 없었지만 이후의 발전을 위한 기초가 되어 주었다. 여기서 창출된 부는 학문을 발달시키고 문자해득율을 높이는 데에 도움을 주었고, 자연을 이해하면 인간의 존재 조건에 도움이 될 수 있다는 깨달음을 널리 퍼뜨렸다.[22]

르네상스 초기의 기업가 정신은 그 이후의 과학과 사회 전반에 직접적이고 중대한 영향을 미치는 하나의 기술을 탄생하게 했는데, 그것이 바로 인쇄기이다. 물론 중국이 이보다 몇 세기 전인 1040년경 낱개로 독립된 활자를 개발하기는 했다. 그러나 이것은 상대적으로 실용성이 적었다. 한자는 그림문자이기 때문에 수천 개의 각기 다른 활자를 만들어야 했기 때문이다. 하지만 유럽에서는 1450년경에 등장한 기계식 활자인쇄가 모든 것을 바꾸었다. 예컨대 1483년 피렌체의 라이폴리 인쇄소에서 한 권의 책을 인쇄되는 데에 필요한 준비를 하려면 필경사가 한 권의 책을 베끼고 나서 청구하는 비용의 3배가 들었지만, 준비가 끝나면 인쇄소에서는 1,000권 이상의 책이 만들어졌다.[23] 필경사가 단 한권을 만드는 것과 대비된다. 그 결과 불과 몇 세기 지나지 않아서 인쇄된 책의 숫자는 그 이전의 모든 세기에 유럽의 필경사가 만들어낸 것을 모두 합친 것보다 더 많아졌다.

인쇄기 덕분에 신생 중산층이 힘을 얻게 되었고, 유럽 전역에서 사상과 정보의 유통이 혁명적으로 원활해졌다. 지식과 정보를 활용할 수 있는 시민 집단의 폭이 예전보다 크게 넓어진 것이다. 수학 교재는 기계식 활자인쇄가 등장한 지 몇 년 지나지 않아서 인쇄되기 시작했고 1600년이 되자 거의 1,000종이 출간되기에 이르렀다.[24] 이와 더불어 고대 문서를 복구하는 것이 새로운 유행이 되었다. 이와 마찬가지로 중요한 사실은, 새로운 아이디어를 가진 사람이 자신의 견해를 퍼뜨릴 수 있는 공간이 갑자기 크게 넓어졌다는 점이다. 또한 과학자처럼 다른 사람의 아이디어를 면밀히 검토하고 발전시키는 일을 잘 해내는 사람들이 동료들의 연구를 알 수 있는 기회가 크게 늘어났다는 점이다.

유럽 사회가 이처럼 변화하면서 기득권층이 가진 고정되고 획일적인 성격이 약화되었다. 이슬람 사회, 중국, 인도와 비교할 때 더욱 그랬다. 이 사회들은 융통성이 없고 좁은 의미의 (종교적) 정설에만 중점을 두게 되었다. 그동안 유럽의 엘리트는 다양한 압력을 받으며 변형되고 있었는데, 이는 도시와 농촌, 교회와 국가, 교황과 황제의 이익이 서로 충돌했던 탓이다. 새로 등장한 평민 지식층과 확대되는 소비자 계층의 요구가 거세졌기 때문이기도 하다. 유럽 사회가 진화하면서 예술과 과학도 더 자유롭게 변화할 수 있었고 실제로 그렇게 되었다. 그 결과 학자들은 자연에 대한 실용적인 관심을 새롭게 가지게 되었다.[25]

예술과 과학 분야에서 이처럼 자연의 실재를 강조하는 것은 르네상스의 정신이 되었다. 르네상스는 프랑스어로 "재탄생"이라는 뜻이다. 실제로도 이 단어는 물질적 생활과 문화가 모두 새롭게 시작되는 것을 상징했다. 르네상스는 흑사병이 유럽 인구의 약 3분의 1에서 절반 정도를 죽인 직후 이탈리아에서 시작되어 서서히 퍼져나갔고, 16세기가 되어서야 북유럽에 도달했다.

예술 분야에서 르네상스 조각가들은 해부학을, 화가는 기하학을 각각 배웠다. 양자 모두 예리한 관찰을 기반으로 실재를 충실하게 재현하는 데에 중점을 두었다. 인물은 이제 자연스러운 환경을 배경으로 해부학적으로 정확하게 표현되었고 빛과 그림자, 직선 원근법을 이용한 입체적인 표현이 장려되었다. 이제는 그림 속의 인물도 현실적인 감정을 드러냈다. 얼굴에서도 중세 초기 예술에서 보였던 납작하고 딴 세계의 사람 같은 분위기는 더 이상 풍기지 않게 되었다. 한편 르네상스 음악가들은 음향학을 연구했으며 건축가들은 건물의 조화 비례를 면밀하게 조사했다. 그리고 자연철학—오늘날의 과학에 해당—에 관심을 가진 학자들은 데이터를 수집해서 거기에서 결론을 이끌어내는 데에 새로이 중점을 두게 되었다. 자신들의 종교적 세계관을 입증하려는 욕망에 의해서 왜곡된, 순수한 논리적 분석을 더 이상 쓰지 않았다.

이 시기의 과학적이고 인본주의적인 이상을 가장 잘 상징하는 인물은 아마도 레오나르도 다빈치(1452-1519)일 것이다. 그의 이상에 따르면, 과학과 예술은 완전히 분리되는 것이 아니었다. 그는 과학자, 공학자, 발명가이면서 화가, 조각가, 건축가, 음악가이기도 했다. 이 모든 분야에서 그는 인간과 자연세계를 상세한 관찰을 통해서 이해하려고 했다. 과학과 공학에 대한 그의 노트와 연구는 1,000쪽이 넘는다. 그런가 하면 화가로서 그는 단순히 포즈를 취한 모델을 관찰하는 데에 그치지 않고 해부학을 연구했으며 시체를 해부했다. 그 이전의 학자들이 자연을 일반적이고 질적인 측면에서 보았다면, 레오나르도 다빈치를 비롯한 그 시대 사람들은 자연의 설계의 첨단을 이해하기 위해서 막대한 노력을 기울였다. 그러면서 아리스토텔레스와 교회의 권위를 과거보다 덜 강조했다.

갈릴레오는 르네상스 말기의 이 같은 지적인 풍토 속에서 1564년 피사에서 태어났다. 또다른 거인인 윌리엄 셰익스피어보다 2개월 앞선 출생이었다. 갈릴레오는 저명한 류트 연주자이자 음악이론가인 빈첸초 갈릴레이의 7자녀 중 맏이로 태어났다.

빈첸초는 귀족 출신이었다.[26] 그러나 오늘날 우리가 생각하는 여우사냥을 다니고 매일 오후 홍차를 홀짝거리는 그런 족속이 아니었다. 그보다는 직업을 가지려면 자신의 이름을 이용해야 하는 그런 종류의 귀족이었다. 빈첸초는 아마도 자신이 여우사냥 쪽의 귀족이었기를 바랐을 것이다. 그는 류트를 사랑했고 가능할 때면 언제든 연주했다. 시가지를 걸을 때, 말을 탈 때, 창가에 서서, 침대에 누워서……. 하지만 그것이 돈이 되는 일은 거의 없었다.

아들이 돈벌이가 되는 삶을 살기를 기대한 빈첸초는 젊은 갈릴레오를 피사 대학교의 의대에 보냈다. 그러나 갈릴레오는 의학보다 수학에 관심이 많았으며, 유클리드, 아르키메데스, 심지어 아리스토텔레스의 저작에 대한 개인과외를 받기 시작했다. 오랜 세월이 흐른 뒤에 그는 자신이 대학 교육을 포기하고 선묘와 회화를 배우고 싶었노라고 친구들에게 말했다. 그러나 빈첸초는 아들을 좀더 실용적인 분야로 밀어붙였다. 예로부터 전해오는 아버지다운 이론을 신봉했던 탓이다. 저녁 식사로 대마씨 수프와 소막창만을 먹는 그런 삶을 피하려면 모종의 타협이 필요하다는 이론 말이다.

갈릴레오가 의학이 아니라 수학을 지향하고 있다는 이야기는 빈첸초에게 어떻게 들렸을까. 아마도 아들이 자신의 유산에 기대어 사는 방향으로 전공을 선택하는 것처럼 받아들였을 것이다. 말도 안 되게 부적절한 선택이라고 말이다. 그러나 전공은 문제가 되지 않았다. 갈릴레오는 의학, 수학, 기타 어느 분야에서도 학위를 받지 못했다. 대학을 중퇴하고 시작한 그의 인생 역정은 언제나 돈이 모자랐고 빚을 지는 일도 잦았다.

처음에 그는 수학 가정교사를 해서 생계를 유지했다. 그러다 결국 볼로냐 대학교에 신입 교수 자리가 새로 생긴다는 소문을 들었다. 그는 당시 23세에 불과했지만 신청서를 내면서 자신의 나이를 "26세 쯤"이라고 기재했다. 대학교에서는 그보다 나이가 많은 사람을 원했던 것으로 보인다. 합격자는 32세의 신청자였는데 정말로 학위를 받은 사람이었다. 그럼에도 불구하고 이 사례는 학문적인 직업에 도전했다가 떨어진 일이 한번이라도 있는 사람들에게는 위로가 될 것이다. 시대는 몇 세기 차이가 나지만 위대한 갈릴레오와 동일한 경험을 했다는 사실 때문에 그렇다.

그로부터 2년 후 갈릴레오는 정말로 피사 대학교의 교수로 임용되었다. 자신이 사랑하는 유클리드를 가르치며 점성학 강의도 맡게 되었다. 점성학은 의대생들이 환자에게서 피를 뽑는 사혈요법을 시행할 시기를

갈릴레오 갈릴레이의 초상.
1636년 플랑드르파 화가 유스투스 수스터만스의 작품이다

결정하는 데에 도움을 주기 위한 것이었다. 그렇다, 과학혁명에 박차를
가할 정도의 업적을 이룬 인물이 또한 예비 의사들에게 이런 종류의 조
언을 실제로 했던 것이다. 물병자리의 현재 위치가 환자에게 거머리를
올려놓는 문제에 어떤 의미를 가지느냐에 관한 조언 말이다. 오늘날 점
성술은 신빙성을 잃었지만, 자연법칙에 대한 많은 것을 알지 못하던 시
대에는 천체가 지상의 삶에 영향을 미친다는 생각은 타당하게 보였다.
어쨌든 태양 그리고 달에 대해서는 맞는 말이었다. 그것과 밀물, 썰물이
신비한 상관관계가 있다는 사실은 오래 전부터 알려져 왔으니까 말이다.

　갈릴레오는 점성술적 예언도 했는데 이는 개인적 관심 때문이기도 하
고 돈을 벌기 위해서이기도 했다. 그는 학생들에게 예언을 한 번 해주는
비용으로 은화 12스쿠도를 받았다. 그의 강사료는 연간 60스쿠도였는데
그것으로는 겨우 먹고살 만한 수준밖에 되지 않았다. 이 금액은 5년마다
두 배로 인상될 수 있는 가능성이 있었다. 또한 그는 도박을 좋아했다.
당시는 확률 수학을 제대로 아는 사람이 없던 시절이었지만, 갈릴레오는
확률 계산의 선구자이자 배짱으로 베팅하는 데에도 능한 선수였다.

20대 후반의 갈릴레오는 키가 크고 체격이 다부졌다. 그는 살결은 희고 머리는 빨간 색이었는데, 일반적으로 사람들의 호감을 얻는 사람이었다. 그러나 피사에서의 교수 자리는 오래가지 못했다. 그는 대체로 권위를 순종했지만 빈정거리는 경향을 가지고 있었고, 자신의 지적인 적수나 자신을 불쾌하게 만드는 관리자들을 가차 없이 비판하는 경우가 있었다. 피사에서 일어난 한 사건은 그를 불쾌하게 만들었다. 대학 당국이 교수들로 하여금 가르칠 때뿐만 아니라 시내를 돌아다닐 때도 학자풍의 가운을 입어야 한다고 완고하게 주장한 것이었다.

시 쓰기를 좋아했던 갈릴레오는 시로써 대학 당국에 복수했다. 시의 주제는 옷이었고 갈릴레오는 여기에 반대하는 입장으로 등장한다. 그는 여기에서 옷은 속임수의 원천이라고 썼다. 예컨대 만일 옷이 없다면 신부는 예비 신랑감을 보고 "그가 (성기가) 너무 작지는 않은지, 매독에 걸렸는지 아닌지를 알 수 있고 이런 정보를 토대로 마음 가는 대로 그와 결혼하거나 헤어지거나 할 수 있다."[27] 이것은 갈릴레오를 파리 시민들에게 사랑받게 만드는 시도 아니었고, 피사 대학교에서 그를 잘 풀리게 할 시도 아니었다. 젊은 갈릴레오는 또다시 직업 시장에 나왔다.

그 결과, 일은 더 잘 풀린 것으로 드러났다. 그는 베네치아 근처의 파도바 대학교에서 임명장을 받게 되었다. 시작 연봉은 180스쿠도, 이전에 받던 액수의 3배였다. 나중에 그는 이 대학에 재직하던 18년 동안이 인생에서 가장 좋았던 시기라고 말했다.

갈릴레오는 파도바에 갈 때쯤 아리스토텔레스 물리학에 흥미를 잃었다.[28] 아리스토텔레스에게 과학이란 관찰과 이론화가 전부였다. 갈릴레오가 볼 때 여기에는 핵심 단계가 빠져 있었다. 그것은 실험이었다. 갈릴레오의 손에서 실험물리학은 이론물리학만큼이나 발전했다. 학자들은 수백 년 이상 실험을 해왔지만 그 목적은 이미 받아들여진 아이디어를 시각적으로 보여주기 위함이었다. 한편 오늘날 과학자들이 실험을 하는 것을 아이디어를 철저히 검증하기 위해서이다. 갈릴레오의 실험은 양자의 중간 어딘가에 있었다. 탐구가 목적이었으며 단순히 보여주는 것 이상이었지만, 철저한 검증이라고 할 수는 없다.

실험에 대한 갈릴레오의 접근법 중 두 가지의 측면이 특히 중요하다. 첫째, 뜻밖의 놀라운 결과가 나왔을 때, 그것을 기각하는 대신에 자신의 생각 자체에 의문을 품었다.[29] 둘째, 그의 실험은 정량적이었는데 이것은 그의 시대에는 혁명적인 아이디어였다.

갈릴레오의 실험은 오늘날 고등학교 과학 수업시간에 볼 수 있는 것과 매우 유사했다. 물론 그의 실험실은 오늘날 고교의 것과는 매우 달랐지만 말이다. 전기도 가스도, 물도, 기타 "멋진 장비"도—예컨대 시계를 말한다—없었기 때문이다. 그 결과 갈릴레오는 16세기의 맥가이버가 되어서 복잡한 장치를 만들어야 했다. 포장용 접착 테이프와 변기 뚫는 막대에 상응하는 르네상스 시대의 물건을 가지고 말이다. 예컨대 스톱워치를 만들기 위해서 갈릴레오는 커다란 양동이의 바닥에 작은 구멍을 뚫었다. 어떤 사건이 벌어진 시간을 잴 필요가 있으면 통에 물을 채우고 거기서 흘러나온 물을 모아서 무게를 쟀다. 물의 무게는 사건이 진행된 시간에 비례했다.

갈릴레오는 이 "물시계"를 자유낙하—물체가 땅으로 떨어지는 과정—라는 논쟁적인 이슈를 공략하기 위해서 사용했다. 아리스토텔레스에게 자유낙하는 자연스러운 운동이었는데 이를 지배하는 규칙이 주먹구구식이었다. 예컨대 "어떤 무게가 주어진 거리를 특정한 시간만큼 움직인다면, 그 두 배의 무게는 같은 거리를 가는 데에는 절반의 시간이 걸릴 것이다." 다시 말해서 물체는 일정한 속도로 낙하하며 그 속도는 무게에 비례한다는 내용이다.

생각해보면 그것은 상식이다. 돌멩이는 나뭇잎보다 빨리 떨어진다. 당시는 측정하거나 기록하는 도구는 없고, 가속이라는 개념은 알려지지 않은 시대였다. 이를 감안할 때 아리스토텔레스의 자유낙하에 대한 묘사는 타당해 보여야 했을 것이다. 하지만 다시 생각해보면 이 또한 상식에 반한다. 예수회 천문학자 조반니 리치올리가 지적한 바를 보자. 심지어 아이스킬로스의 머리에 거북을 떨어트려서 죽인 신화 속의 독수리일지라도 본능적으로 알았을 것이다. 당신의 머리 위에 떨어진 물체가 더욱 높은 곳으로부터 떨어졌다면 더욱 큰 해를 입힐 것이다.[30] 이는 물체가 낙하하면서 속도가 점점 더 빨라진다는 의미이다. 이 같은 고찰의 결과, 이 문제에 대한 시각은 오랫동안 오락가락했다. 여러 세기가 흐르는 동안 수많은 학자들이 아리스토텔레스의 이론에 의문을 나타냈다.

갈릴레오는 이런 비판들을 잘 알고 있었고 자신이 직접 탐구해보기로 했다. 그러나 그는 자신의 물시계가 낙하하는 물체로 실험하기에는 부정확하다는 사실을 알고 있었다. 그래서 그는 속도는 더 느리지만 동일한 물리 원칙을 보여주는 과정을 찾아내야만 했다. 그가 찾아낸 측정 방법은 각기 다른 각도로 기울어진 매끄러운 통로 위로 잘 닦인 청동 구슬이 지나가는 시간을 재는 것이었다.

통로를 굴러가는 구슬을 측정함으로써 자유낙하를 연구하는 것은 인터넷에서 사진만 보고 옷을 사는 것과 비슷하다. 멋진 모델이 입고 있을 때와 실제 당신이 입고 있을 때 그 옷이 달라 보일 가능성이 항상 존재한다. 이 같은 위험에도 불구하고 오늘날 물리학자들이 생각하는 방식의 핵심에는 이 같은 추론이 자리잡고 있다. 실험을 잘 설계하려면 고려해야 할 핵심은 두 가지이다. 첫째, 문제의 어떤 측면이 중요해서 보존할 필요가 있으며, 어떤 측면이 안전하게 무시할 수 있는지를 알아야 한다. 둘째, 실험결과를 해석하는 방법을 알아야 한다.

자유낙하의 경우에서 갈릴레오가 두 가지의 기준을 염두에 두고, 구르는 구슬 실험을 설계했다는 데에서 천재성이 나타난다. 첫째, 그가 측정할 수 있을 만큼 일이 천천히 진행되게 만들어야만 했다. 이와 똑같이 중요한 점은 그가 공기저항과 마찰이 미치는 영향을 최소화하려고 했다는 사실이다. 마찰과 공기저항은 우리가 일상적으로 경험하는 것이지만, 이것들이 자연을 관장하는 근본법칙의 단순성을 불분명하게 만드는 역할을 한다고 그는 느꼈다. 실제 세계에서 돌멩이는 깃털보다 빨리 떨어질지도 모른다. 그러나 근본적인 법칙에 따르면 진공에서는 같은 속도로 떨어져야 하는 것이 아닐까 하고 갈릴레오는 추정했다. 우리는 "이런 어려움으로부터 독립해야" 한다고 그는 썼다. "그리고 진공일 경우의 법칙을 발견하고 증명한 다음에는……이들 법칙을 이용하고 [현실 세계에] 적용해야 한다……이때의 한계는 경험이 가르쳐줄 것이다."[31]

경사가 완만할 때 갈릴레오 실험의 구슬은 상대적으로 느리게 굴렀다. 그리고 데이터를 측정하기가 상대적으로 쉬웠다. 경사각이 작을 때 공이 굴러간 거리는 경과한 시간의 제곱에 언제나 비례한다는 사실에 그는 주목했다. 수학적으로 보면 이것은 구슬의 속도가 일정한 비율로 증가한다는 의미이다. 다시 말해서 구슬은 일정한 가속도를 받고 있는 것이다. 게다가 구슬이 떨어지는 속도는 무게와 상관없다는 사실도 갈릴레오는 확인했다.

놀라운 점은 경사각을 아무리 높여도 이것이 여전히 진리라는 점이었다. 경사각이 몇 도가 되었든 구슬이 움직인 거리는 구슬의 무게와는 관련이 없었으며 해당 구슬이 구르는 데에 걸리는 시간의 제곱에 비례했다. 이것이 40도, 50도, 60도, 70도나 80도에서도 사실이라면 90도일 때라고 왜 사실이 아니겠는가? 그리하여 갈릴레오는 매우 근대적으로 보이는 추론을 한다. 통로를 구르는 구슬에 대한 그의 관찰결과는 자유낙하일 때도 성립해야 한다고 그는 말했다. 자유낙하하는 구슬이 구르는 통로를 90도로 기울인 "극한적 사례"와 동등하다고 볼 수 있다는 것이다. 다시 말해서 만일 통로를 90도까지 세워서 구슬이 구르는 것이 아니라 떨어지게 만든다면 그래도 여전히 속도는 일정한 비율로 늘어날 것이라고 그는 가정했다. 이는 경사진 통로에서 그가 관찰한 법칙이 자유낙하에도 여전히 적용된다는 것을 의미하는 것이다.

이런 방법으로 갈릴레오는 아리스토텔레스의 낙하법칙을 자신의 것으로 교체했다. 물체는 무게에 비례하는 속도로 낙하한다고 아리스토텔레스는 말했다. 그러나 갈릴레오는 근본법칙이 스스로를 드러내기에 최적화된 세계를 가정해서 이와 다른 결론에 이르렀다: 공기와 같은 매질이 만드는 저항이 없는 경우 모든 물체는 동일한 가속도를 받으며 낙하한다.

* * *

갈릴레오는 수학에 취미가 있었을 뿐만 아니라 추상화를 좋아했다. 문제를 추상화해서 보는 능력이 매우 발달해서 그는 가끔 순수한 상상 속에서 펼쳐지는 장면들을 보는 것을 즐겨했다. 비과학자들은 이를 환상이라 부르지만 과학자들은 이를 사고실험이라고 칭한다. 적어도 물리학과 관련 있는 경우에는 그렇다. 순수하게 마음속에서만 실험을 시행하는 데에 따르는 장점이 있다. 실제 작동하는 장치를 준비하는 수고를 피하면서도 어떤 아이디어의 논리적인 결과를 검토할 수 있다는 점이다. 그리고 갈릴레오는 기울어진 통로를 이용한 실제 실험을 통해서 자유낙하에 대한 아리스토텔레스의 법칙을 파기했다. 그뿐만이 아니라 그는 아리스토텔레스 물리학을 둘러싼 또다른 핵심적 비판에 관련된 논쟁에도 발을 들여놓았다. 논쟁은 투사체의 운동에 대한 것이었는데, 갈릴레오는 여기에서도 사고실험을 적용했다.

어떤 투사체를 발사했을 때 최초의 힘이 가해진 후 그것이 계속 날아가게 만드는 것은 무엇인가? 아리스토텔레스의 추측은 투사체의 뒤로 몰려드는 공기 입자들이 추진력을 계속 만들어낸다는 것이었다. 그러나 앞서 살펴본 바와 같이 그 자신도 이 같은 설명을 미심쩍어했다.

갈릴레오는 바다에 있는 배를 상상함으로써 이 문제를 공략했다. 사람들은 선실 안에서 공놀이를 하고 있고 나비는 날아다니고 탁자 위에 놓인 어항에서는 물고기가 헤엄치고 물병에서 물이 똑똑 떨어지는 상황이다. 이 모든 과정은 배가 정지해 있을 때나 일정한 속도로 움직이고 있을 때나 완전히 동일하게 진행되리라는 점에 그는 "주목했다." 그는 이렇게 결론을 내렸다. 배 위의 모든 것은 배와 함께 움직이므로 배의 운동은 물체들에 "새겨져야 만" 할 것이다. 그래서 일단 배가 움직이면 배의 운동은 배 위의 모든 것에 대한 일종의 기준점이 된다. 투사체의 운동은 해당 투사체에 이와 동일한 방식으로 각인될 수는 없는 것일까? 포탄이 계속 날아가는 이유가 그것이 아닐까?

심사숙고한 결과 갈릴레오는 그의 가장 심오한 결론에 도달했다. 아리스토텔레스 물리학의 근원을 또 한번 파괴한 것이다. 아리스토텔레스는 피사체가 운동하려면 이유—힘—가 필요하다고 단정했다. 그러나 갈릴레오는 이를 부인하면서 주장했다. 등속운동을 하는 모든 물체는 그 같은 운동을 지속하는 경향이 있다. 정지한 물체가 계속 정지해 있는 경향이 있는 것과 정확히 마찬가지로 말이다.

"등속운동"이라는 말은 갈릴레오에게 **직선으로** 일정한 속도로 움직이는 것을 의미했다. 당시 "정지" 상태라는 말은 속도가 우연히 0인 그런 등속운동의 사례에 불과했다. 갈릴레오의 관찰은 관성의 법칙으로 불리게 된다. 나중에 뉴턴은 이를 자신의 첫 번째 운동법칙으로 채택했다. 이 법칙을 몇 페이지 기술한 다음 뉴턴은 이를 발견한 것이 갈릴레오라고 덧붙였다. 뉴턴이 다른 사람에 공을 돌리는 드문 사례이다.[32]

관성의 법칙은 아리스토텔레스 주의자들을 당혹하게 했던 투사체의 문제를 설명해준다. 갈릴레오에 따르면 일단 쏘아진 투사체는 어떤 힘이 작용해서 이를 정지하게 만들기 전에는 운동을 계속할 것이다. 자유낙하 법칙과 마찬가지로 갈릴레오의 이 법칙은 아리스토텔레스로부터 크게 벗어나는 것이다. 갈릴레오는 다음과 같이 단언한다. 투사체가 계속 운동하게 만드는 데에는 힘이 계속 작용할 필요가 없다. 아리스토텔레스 물리학에서는 힘이나 "원인"이 없는 지속적인 운동은 생각할 수 없는 일이었다.

아버지는 화제가 되는 중요 인물을 유대교 역사에 나오는 인물과 비교하기를 좋아했는데, 내가 갈릴레오에 대해서 말한 것을 토대로 아버지는 그를 과학의 모세라고 불렀다. 아버지가 그렇게 말한 이유는 갈릴레오가 아리스토텔레스의 사막으로부터 과학을 인도해서 약속의 땅으로 이끌었다는 것이다. 이런 비교가 특히 적절한 것은 갈릴레오도 모세와 마찬가지로 그 자신은 약속의 땅에 도달하지 못했기 때문이다. 중력을 힘이라고 인식하거나 이를 수학의 형태로 해독하는 것까지는 결코 나아가지 못했던 것이다. 그것을 위해서는 뉴턴을 기다려야 했다. 그리고 갈릴레오는 아리스토텔레스의 믿음의 일부를 여전히 고수하고 있었다. 예컨대 그는 등속운동이 아니면서 그렇다고 힘이 원인일 필요가 없는 모종의 자연스러운 운동의 존재를 믿었다. 지구의 중심 주위를 도는 원운동이 그것이다. 갈릴레오는 회전하는 지구를 물체들이 따라갈 수 있는 것은 이런 유형의 자연스러운 운동 덕분이라고 분명하게 믿었다.

아리스토텔레스 체계의 이 같은 마지막 흔적은 운동에 대한 진정한 과학이 출현할 수 있으려면 폐기되어야 했다. 이 같은 이유 때문에 어느 역사학자는 갈릴레오의 자연 개념을 다음과 같이 설명했다. "그가 그 중간에서 균형을 잡았던 상호 모순되는 세계관으로부터 탄생한, 양립할 수 없는 요인들 간의 불가능한 혼합물."[33]

* * *

물리학에 대한 갈릴레오의 기여는 정말 혁명적이었다. 그러나 오늘날 그는 가톨릭 교회와의 갈등으로 가장 유명하다. 아리스토텔레스(그리고 프톨레마이오스)와 반대로 지구가 우주의 중심이 아니라고 단정했기 때문이다. 지구는 다른 것들과 마찬가지로 태양 주위 궤도를 도는 보통의 행성에 불과하다는 것이었다. 태양 중심의 우주라는 개념은 멀리 기원전 3세기의 아리스타르코스에까지 거슬러올라간다. 하지만 그 근대적인 버전은 코페르니쿠스(1473-1543)에게 공이 돌아가야 한다.[34]

코페르니쿠스는 양면적인 혁명가였다. 그의 목표는 자기 시대의 형이상학에 도전하는 것이 아니고 그저 고대 그리스의 천문학을 바로잡는데에 있었다. 그를 괴롭혔던 것은 지구 중심의 모델이 작동하게 만들려면 복잡한 임시적인 기하학적 구조를 수없이 많이 도입해야 한다는 점이었다. 반면에 그의 모델은 훨씬 세련되고 단순했으며 심지어 예술적이기까지 했다. 르네상스 시대의 정신을 따라서 그는 자신의 모델이 과학적으로 타당할 뿐만 아니라 형태도 아름답다는 점을 높이 평가했다. 그는 다음과 같이 썼다. "나는 이것을 믿는 것이 더 쉽다고 생각한다. 수많은 원을 가정해서 이슈를 혼란하게 만드는 것보다 말이다. 그런데 이런 원은 지구를 중심에 두려면 반드시 도입해야 하는 것이다."[35]

코페르니쿠스는 처음으로 1514년 자신의 모델에 대해서 썼다. 개인적인 글이었다. 그 다음에는 이를 뒷받침하는 천문학적 관찰을 하느라 수십 년을 보냈다. 그러나 몇 세기 후의 다윈처럼 그는 자신의 아이디어를 가장 신뢰할 만한 친구들 사이에서만 은밀히 유통시켰다. 대중과 가톨릭 교회로부터 비난받을 것이 두려웠기 때문이다. 코페르니쿠스가 위험을 느낀 것은 사실이지만 그는 또한 정치적으로 적당히 타협하면 교회의 반응은 완화될 수 있다는 것을 알고 있었다. 마침내 자신의 이론을 출판할 때 그는 이 책을 교황에게 헌정하면서 자신의 아이디어가 신성모독이 아니라는 설명을 길게 썼다.

따지고 보면 이는 신경 쓸 필요가 없는 일이었다. 그가 자신의 책을 출판한 것은 침상에 누워 죽음을 기다리던 1543년이었기 때문이다. 심지어 그가 죽은 날까지도 최종 인쇄본을 보지조차 못했다고 말하는 사람 있다. 역설적인 것은 그의 책이 출판된 이후에도 갈릴레오 같은 후대의 과학자가 지동설을 채택해서 퍼뜨리기 시작하기 전까지는 직접적인 충격은 거의 없었다는 점이다.

갈릴레오는 지구가 우주의 중심이 아니라는 발상을 처음으로 한 사람은 아니었지만, 그에 못지않은 중요한 기여를 했다. 망원경(그리 오래되지 않은 과거에 만들어져 있었던, 초보적인 형태를 스스로 개량했다)을 사용해서 지동설에 대한 당황스럽고도 믿을 만한 증거를 발견한 것이다.

그 시작은 완전히 우연이었다. 1597년 갈릴레오는 파도바 대학교에서 프톨레마이오스의 체계에 대한 글을 쓰고 강의를 하고 있었다. 해당 체계의 타당성을 그가 의심하고 있다는 낌새는 거의 없었다.* 한편, 이와 거의 비슷한 시기에 어떤 일이 네덜란드에서 일어났다. 과학에서 알맞은 시기(코페르니쿠스 사후 불과 수십 년 후에)와 알맞은 장소(유럽)의 중요성을 일깨워주는 사건이었다. 이 사건을 통해서 갈릴레오는 그의 생각을 결국 바꾸게 된다. 사건은 어느 안경 제조업자의 가게에서 두 어린이가 장난을 치다가 일어났다. 업자의 이름은 한스 리퍼쉬였다. 아이들은 두 개의 렌즈를 겹친 다음에 이를 통해서 해당 시의 교회 꼭대기에 있는 풍향계를 보았다. 그러자 확대된 이미지가 보였다. 갈릴레오가 나중에 이 사건에 대해 쓴 바에 따르면 리퍼쉬가 본 렌즈는 "하나는 오목했고 다른 것은 볼록했다……그리고 예상하지 못한 결과에 주목했다. 그리고 이렇게 해서 그 기구를 [발명했다]."[36] 그는 작은 망원경을 발명했던 것이다.

우리는 과학의 발전이 일련의 발견이라고 생각하는 경향이 있다. 어

---

* 하지만 그가 코페르니쿠스의 아이디어의 한 버전에 대해서 실제로 일부 공감하고 있었던 것도 사실이다. 이 버전은 독일의 천문학자(그리고 점성술사) 요하네스 케플러가 이미 발전시켜놓았던 것이다. 공감의 주된 이유는 밀물과 썰물의 원인(갈릴레오는 태양이 원인이라고 오해했다)에 대해서 그가 선호하는 이론을 이 버전이 뒷받침해주었기 때문이다. 그럼에도 불구하고 갈릴레오는 케플러가 자신의 이론을 공개적으로 지지해달라고 요청했음에도 불구하고 이를 거절했다.

떤 지적인 거인이 비범하고도 분명한 비전을 가지고 외롭게 노력한 결과들이 하나하나 이어진 것으로 말이다. 그러나 지성의 역사에서 위대한 발견을 해낸 사람들의 비전은 분명하다기 보다는 흐릿한 경우가 더 많았으며, 그들의 업적은 친구와 동료, 그리고 운에 더 큰 빚을 지고 있었다. 전설의 내용에 비해서, 그리고 발견자 자신들이 인정하고 싶어하는 것에 비해서 그랬다. 당시 리퍼쉬의 망원경은 배율이 2-3배 정도였다. 갈릴레오는 이에 대한 이야기를 몇 년 후인 1609년에 처음 들었는데 큰 인상을 받지 못했다. 그가 관심을 가지게 된 것은 친구인 파올로 사르피가 이 장치의 잠재력을 알아보았던 덕분이었다. 역사가 J. L. 헤일브론에 따르면 사르피는 "반예수회파의 존경할 만하고 박식한 수도사"였다. 만일 이 발명품이 개량될 수 있다면 베네치아를 위해서 군사적으로 중요하게 활용될 수 있으리라고 그는 생각했다. 성벽이 없는 베네치아는 공격해오는 적을 얼마나 일찍 탐지하느냐에 생존의 문제가 걸려 있었다.

사르피는 갈릴레오에게 도움을 청했다. 갈릴레오가 수입을 보충하기 위해서 하고 있던 여러 벤처 사업들 중에는 과학도구를 만드는 부업도 포함되어 있었다. 사르피나 갈릴레오는 광학에 대한 전문지식은 없었지만 갈릴레오는 시행착오를 거쳐 몇 개월 만에 배율이 9배인 망원경을 만들었다. 이 시제품은 놀라움에 입을 딱 벌린 베네치아 원로원의 한 의원에게 선물로 건네졌다. 월급을 두 배로 올려 은화 1,000스쿠도로 하고 교수직을 종신직으로 바꾸는 것이 그 대가였다. 마침내 갈릴레오는 망원경의 배율을 30배로 향상시키는데 성공했다. 이런 구조를 가진 망원경(평면 오목 접안렌즈에 평면 볼록 대물렌즈)이 실질적으로 가질 수 있는 최대 배율이었다.

1609년 12월경 갈릴레오는 20배율의 망원경을 이미 개발한 상태였다. 이때 그는 이 망원경을 하늘로 향하게 해서 밤하늘에서 가장 큰 천체인 달을 보았다. 이를 포함해서 그 이후에 하게 된 관측으로는 지금까지 알려진 것 중에서 최고의 증거가 나왔다. 지구가 우주에서 차지하는 위치에 대해서 코페르니쿠스가 옳았다는 증거 말이다.

아리스토텔레스에 따르면, 하늘은 별개의 영역에 속해 있고 지상과 다른 물질로 만들어져 있으며 별개의 법칙을 따랐다. 모든 천체가 지구를 중심으로 회전하는 원인이 여기에 있다. 그러나 갈릴레오가 관측한 달의 모습은 예상과 전혀 달랐다. "평탄하지 않고 거칠며 구멍과 돌출부로 가득 차 있고 지구 표면과 다르지 않았다. 산맥과 깊은 계곡이 줄지어 있었다."[37] 다시 말해서 달은 별개의 "영역"에 속한 것처럼 보이지 않았다. 갈릴레오는 또한 목성도 자체 위성들을 가지고 있는 것을 목격했다. 이 위성들이 지구가 아니라 목성 주위를 도는 것은 아리스토텔레스의 우주론에 위배되는 것이었다. 지구가 우주의 중심이 아니라 많은 행성 중의 하나라는 생각을 뒷받침하는 현상이었다.

여기에서 말해두어야 할 점이 있다. 갈릴레오가 뭔가를 "보았다"고 말할 때 그것이 무슨 뜻인가 하는 점이다. 그가 망원경을 눈에 대고 어딘가를 향한 다음 새롭고 혁명적인 이미지들을 실컷 보았다는 뜻이 아니다. 천문관에서 쇼를 보는 것과는 전혀 달랐다. 그의 관측에는 오랜 기간에 걸친 힘들고 지루한 노력이 필요했다. 오랜 시간 눈을 가늘게 뜨고 렌즈 배열이 부정확한(오늘날의 기준에서는) 망원경에서 보이는 것을 해석하기 위해서 애를 써야만 했다. 예컨대 달에서 산맥은 어떻게 관측했을까. 그것이 만드는 그림자의 움직임을 몇 주일에 걸쳐서 힘들게 주목하고 해석함으로써 산맥을 "볼" 수 있었다. 게다가 그가 볼 수 있는 달 표면은 한 번에 1퍼센트뿐이었다. 그러므로 전체를 합성한 지도를 만들기 위해서는 빈틈없이 조율한 관찰을 수없이 여러 번 해야 했다.

망원경과 관련해서 이것이 보여주는 사실은 다음과 같다. 갈릴레오의 천재성은 망원경을 개량한 데에 있다기보다 이를 활용하는 방식에 있다는 것이다. 예를 들면, 그는 달에서 산이라고 보이는 것을 인식했을 때,

겉으로 보이는 것을 단순히 믿으려고 하지 않았다. 빛과 그림자를 조사한 다음 피타고라스의 정리를 적용해서 산의 높이를 추정했다. 목성의 위성을 처음 보았을 때 그는 그것이 별이라고 생각했다. 여러 차례에 걸친 정밀한 관측 끝에 그리고 이미 알려진 이 행성의 운동을 포함하는 계산을 마친 후에야 그는 깨달을 수 있었다. 이 "별들"의 목성에 대한 상대적인 위치가 달라지는 방식이 시사하는 바에 따르면 이들은 회전하고 있다는 사실을 말이다.

이런 발견을 한 갈릴레오는 신학의 영역으로 들어가기를 꺼렸음에도 불구하고 자신의 발견을 사회적으로 인정받으려는 열망을 품게 되었다. 그래서 자신의 관측을 출간하는 데에, 그리고 아리스토텔레스의 기존 우주론을 코페르니쿠스의 태양중심 체계로 교체하는 운동을 벌이는 데에 많은 힘을 쏟았다. 1610년 3월 그는 이런 목적으로 「별의 메신저(*Sidereus Nuncius*)」라는 이름의 책자를 만들어서 그가 목격한 경이로움을 설명했다. 이 책은 즉각 베스트셀러가 되었으며 60쪽밖에 되지 않았지만 학자들의 세계를 놀라게 만들었다. 그 책자에서는 달과 여러 행성에 대해서 여태껏 아무도 보지 못한 놀라운 세부사항을 설명하고 있었다. 갈릴레오의 명성은 금세 유럽 전역으로 퍼졌으며, 모든 사람들이 망원경으로 관측하고 싶어했다.

그해 9월 갈릴레오는 피렌체로 이주했다. 피사 대학교에서 "피사 대학교의 최고 수학자 겸 대공의 철학자"라는 명예로운 지위에 오르기 위해서였다. 보수는 예전과 동일했지만 강의를 해야 할 의무가 없었으며 심지어 피사 시에 거주할 필요도 없었다. 문제의 대공은 메디치 가문의 토스카나 대공 코시모 2세였다. 갈릴레오가 대공의 철학자로 임명된 것은 위대한 업적 때문이기도 했지만 메디치 가문에 비위를 맞추려고 그가 벌인 운동의 결과이기도 했다. 그는 목성에서 새로 발견된 위성들에 "메디치 가의 행성들"이라는 이름을 붙이기까지 했다.

임명 직후 큰 병에 걸린 갈릴레오는 몇 개월 동안 병상에 누워 있어야 했다. 베네치아의 매춘부들에게 끌렸던 그는 매독에 걸렸을 가능성이 크다. 그러나 그는 아픈 와중에도 영향력 있는 사상가들에게 자신의 발견이 가지는 유효성을 설득하려는 노력을 계속했다. 그리고 이듬해 건강을 되찾았을 때 그의 명성은 찬연히 빛나고 있었다. 로마 교황청의 초대를 받아 자신의 업적에 대해서 강의하게 된 것이다.

그는 로마에서 마페오 바르베리니 추기경을 만났으며 바티칸에서 교황 바오로 5세를 알현할 수 있었다. 모든 점에서 의기양양한 여행이었다. 갈릴레오는 공격을 유발하지 않도록, 교회의 공식 교리와 자신의 차이를 교묘하게 처리한 것으로 보인다. 아마도 강연의 대부분을 망원경의 관측 결과에 집중하고 그 함의에 대해서는 별로 토의를 하지 않은 듯하다.

그러나 그 다음의 정치운동에서 갈릴레오가 바티칸과 결국 충돌하게 되는 것은 필연이었다. 교회는 그전부터 성 토마스 아퀴나스가 창조한 아리스토텔레스주의의 한 버전을 지지해왔는데, 그것은 갈릴레오의 관측 및 설명과 양립할 수 없는 것이었다. 게다가 신중했던 그의 전임자 코페르니쿠스와 달리 갈릴레오는 견딜 수 없을 만큼 오만해져 있었다. 심지어 교회의 교조와 관련해서 신학자들과 상담할 때조차도 그랬다. 그리하여 1616년 갈릴레오는 로마에 소환당하여 교회의 다양한 고위직들 앞에서 자신을 방어하게 되었다.

이 방문은 무승부로 끝난 것 같다. 갈릴레오가 규탄을 받거나 그의 책이 금서로 지정되거나 하지는 않았다. 심지어 바오로 교황을 또 한번 알현하기도 했다. 그러나 당국은 그가 지구가 아니라 태양이 우주의 중심이며, 지구가 태양 주위를 도는 것이지 그 반대가 아니라는 내용을 가르치는 것을 금지했다.[38] 결국 이 일화는 그에게 커다란 문제를 일으키는 결과를 낳았다. 교회 당국자들은 여러 차례의 만남에서 그에게 코페르니쿠스주의 강의를 명시적으로 금지했었는데, 그로부터 17년 후 그가 종교재판을 받을 때 그에게 불리한 증거로 사용된 것들의 대부분은 이때의 만남에서 도출된 것이었다.

한동안은 긴장이 완화되었다. 특히 갈릴레오의 친구인 바르베리니 추기경이 1623년 교황 우르바노 8세로 즉위한 다음부터 그랬다. 이전 교황 바오로와 달리 우르바노는 과학에 대해서 대체로 긍정적인 견해를 가졌으며, 임기 초기에는 갈릴레오의 알현을 환영했다.

우르바노의 등극으로 우호적인 분위기가 조성된 데에 용기를 얻은 갈릴레오는 새 책의 집필에 들어갔고 68세 때인 1632년 책을 완성했다. 이 노동의 결실은 『두 개의 주요한 세계 체계에 대한 대화: 프톨레마이오스주의와 코페르니쿠스주의(Dialogo Sopra i due Massimi Sistemi del Mondo, tolemaico e copernican)』라는 제목으로 나왔다. 그러나 이 "대화"는 극단적으로 일방적이었다. 교회는 이 책이 마치 **교회의 교리가 오류이며 우르바노 교황이 바보인 이유**라는 제목을 달고 있는 것처럼 반응했다. 여기에는 타당한 이유가 있었다.

갈릴레오의 책은 친구들이 대화하는 형식으로 씌어졌다. 아리스토텔레스의 적극적 신봉자인 심플리키오, 지적이며 중립적인 사그레도, 코페르니쿠스의 견해를 설득력 있게 주장하는 살비아티가 그 친구들이다. 갈릴레오는 이 책을 편안한 마음으로 썼다. 이런 책을 쓴다고 교황에게 이야기했고 교황은 이를 승인한 것 같았다. 그러나 갈릴레오는 교황에게 자신의 집필 목적을 보증했었다. 바티칸이 무지한 탓에 태양중심주의를 금지한다는 비판으로부터 교회와 이탈리아 과학을 방어하는 것이 목적이라는 것이다. 그리고 우르바노의 승인에는 단서가 있었다. 갈릴레오가 양측의 지적인 주장에 대해서 가부(可否)를 판단하지 않고 중립적으로 제시한다는 것이었다. 만일 갈릴레오가 정말 그런 의도를 가지고 있었다면 그는 비참하게 실패한 셈이다. 그의 전기를 쓴 J. L. 헤일브론에 따르면, 갈릴레오의 『대화』는 "지구가 움직이지 않는다는 입장의 철학자들을 인간 이하의 우스꽝스럽고 속 좁으며 우둔하고 멍청한 부류로 일축해 버리고 코페르니쿠스주의자들을 우월한 지성인으로 칭송했다."[39]

책에는 또다른 모욕도 들어 있었다. 우르바노는 갈릴레오가 책에서 교회의 교리가 타당하다며 이에 대한 지지를 표명하는 문구를 넣어주기를 원했다. 그러나 갈릴레오는 그 자신의 목소리로 이런 표현을 쓰는 대신 글 속의 캐릭터인 심플리키오로 하여금 종교에 대한 지지를 표명하게 만들었다. 헤일브론이 "멍청이"라고 묘사한 그 인물 말이다. 우르바노 교황은 멍청이가 아닌고로 기분이 크게 상했다.

우주의 먼지가 가라앉고 나자, 갈릴레오는 코페르니쿠스주의를 가르치지 말라는 교회의 1616년 칙령을 위배한 죄로 유죄 선고를 받았다. 그리고 강제로 자신의 신념을 포기해야 했다. 그의 범죄는 자신의 세계관의 특정한 부분으로 인한 것이기도 하지만 또한 권력과 통제권, 혹은 진리의 "소유권"에 대한 것이기도 했다.* 교회의 지적 엘리트 대부분은 코페르니쿠스적 견해가 아마도 옳을 것이라는 점을 인식하고 있었다. 그들이 반대한 것은 배교자가 배교적인 사상을 퍼뜨리고 교회의 교리에 도전하는 사태였다.[40]

1633년 6월 22일 갈릴레오는 자신을 심판한 판사 앞에 참회의 흰 셔츠를 입고 꿇어앉아서 자신이 성서의 권위를 긍정하라는 요구를 마지못해 받아들였다. 그는 선언했다. "고(故) 빈첸초 갈릴레이의 아들이자 피렌체 사람이자 나이 70세의 나, 갈릴레오는……신성한 로마 가톨릭 교회의 모든 가르침과 설교와 의견을 과거부터 현재까지 믿어왔으며, 하느님의 도움으로 미래에도 믿을 것임을 맹세한다."[41]

갈릴레오는 자신이 교회의 교리를 언제나 받아들여왔다고 주장했다. 그러나 그는 자신이 저주받은 코페르니쿠스 이론을 옹호했다고 고백했

---

* 사실 갈릴레오는 코페르니쿠스주의를 가르치지 못하도록 금지당했지만 가택연금을 당하는 동안에도 작업을 계속하며 망원경을 사용할 수 있었다.

다. 심지어 교회에서 재판을 통해서 금지명령을 내렸음에도 불구하고 말이다. 교회의 표현에 따르면 그 취지는 "태양은 세계의 중심이고 움직이지 않으며, 지구가 세상의 중심이 아니고 움직인다는 잘못된 의견을 포기……"하는 것이었다.

갈릴레오의 자백에서 정말 흥미로운 대목은 다음의 표현이다. "나는 책을 써서 출간했으며, 이 책에서 나는 이미 유죄 선고를 받은 이 새로운 교리를 옹호하는 매우 타당한 주장들을 제시했다." 교회 버전의 진리에 충실할 것을 맹세하는 동안에도 그는 자신의 책의 내용을 여전히 옹호하고 있는 것이다.

결국 갈릴레오는 다음과 같이 말하고 항복한다. "추기경님들과 모든 독실한 기독교도들이 나에 대해서 정당하게 품게 된 강력한 의심을 제거하려는 마음에서 전술한 오류와 이단적 주장을, 나는 진심을 다하여 포기하고 저주하며 미워한다……또한 미래에도 나에 관하여 유사한 의심이 제기되는 상황을 유발할지도 모르는 어떤 것도, 나는 말로든 글로든 결코 표명하거나 주장하지 않을 것임을 맹세한다."

갈릴레오는 조르다노 브루노와 같은 혹독한 벌을 받을 예정은 아니었다. 브루노는 지구가 태양둘레를 돈다고 선언했다가 1600년 로마에서 신성모독죄로 말뚝에 묶여 불태워졌다. 그러나 이번 재판을 통해서 교회의 입장은 매우 분명해졌다.

이틀 뒤 갈릴레오는 풀려났고 교황청 피렌체 대사에게 그의 신병이 넘겨졌다. 이후 그는 피렌체 부근의 아르체트리에 있는 자신의 저택에서 일종의 가택연금 상태로 말년을 보냈다. 파도바에 살던 시절, 갈릴레오는 3명의 혼외자식을 두었다. 그와 극히 가까웠던 딸 한 명은 독일에 있을 당시 흑사병으로 사망했고, 또다른 딸과는 관계가 소원했다. 그러나 아들 빈첸초는 근처에 살면서 그를 사랑하며 잘 보살폈다. 갈릴레오는 가택연금 상태였지만 방문객을 받을 수 있었다. 심지어 이교도라도 수학자가 아니라면 방문이 허용되었다. 방문객 중에는 젊은 영국시인 존 밀턴도 있었다(그는 나중에 『실락원(*Paradise Lost*)』에서 갈릴레오와 그의 망원경을 언급하게 된다).

갈릴레오가 운동의 물리학에 대한 자신의 생각을 가장 제대로 기록한 책을 쓴 것은 얄궂게도 바로 이 시기였다. 제목은 『새로운 두 과학에 관한 담론과 수학적 설명(*Discorsi e Dimostrazioni Matematiche, intorno a due nuove scienze*)』이었다. 여기에서 그는 위의 대목을 자신의 가장 중요한 업적이라고 스스로 평가했다. 책은 이탈리아에서 출판되지 못했는데 교황이 그의 저작물을 금서로 지정했기 때문이었다. 이 책은 네덜란드의 라이덴으로 밀수되어 1638년에 출간되었다.

그 무렵 갈릴레오의 건강은 악화되었다. 1637년 그는 눈이 멀었고 이듬해에 소화 장애가 생겨 몸이 쇠약해졌다. "모든 것이 메스꺼워졌다. 포도주는 머리와 눈에 분명히 나쁘다. 물은 옆구리 통증에 좋지 않다. 식욕은 사라졌다. 먹고 싶은 것은 아무것도 없으며 혹시라도 그런 것이 있다면 (의사들이) 금지할 것이다."[42] 그럼에도 불구하고 그의 정신은 활발히 움직였다. 사망하기 직전 그를 만났던 사람이 전한 바에 따르면 갈릴레오는 근래에 두 명의 수학자가 벌이는 논쟁을 즐겁게 들었다. 수학자의 방문은 금지되어 있었지만 말이다. 그는 아들 빈첸초와 수학자 몇 명이 지켜보는 가운데 77세로 사망했다. 1642년, 뉴턴이 태어난 해였다.

갈릴레오는 피렌체의 산타 크로체 성당에 묻혀 있는 아버지 곁에 매장되기를 희망했다. 심지어 코시모 대공의 후계자인 페르디난도는 미켈란젤로의 무덤 맞은편에 갈릴레오를 위한 큰 무덤을 지을 계획까지 세웠었다. 그러나 우르바노 교황은 반대했다. "[그런 사람을 위한] 웅장한 무덤을 짓는 것은 좋지 않다. 훌륭한 사람들이 신성한 권위에 대해서 분개하거나 편견을 가질 수 있기 때문이다."[43] 그래서 갈릴레오의 친척들은 그의 유해를 교회 종탑 아래의 벽장 크기의 방에 매장했다. 소수의 친구와 친척, 추종자들만이 참석한 가운데 장례식을 조촐하게 치렀다. 그럼에도 불구하고 심지어 교회 안에서도 그의 죽음에 상심하는 사람들이 많았다. 로마의 바르베리니 추기경의 궁정에 근무하던 사서는 용감하게도 다음과 같이 썼다. 갈릴레오의 죽음은 "피렌체뿐만 아니라 온 세상, 우리 시대 전체에 큰 슬픔이다. 우리 모두는 하늘이 내려주신 이 사람으로부터 세상의 평범한 철학자 모두를 합친 것보다 더욱 많은 영광을 얻을 수 있었다."[44]

7

기계적 우주

갈릴레오가 출간한 『새로운 두 과학에 관한 담론과 수학적 설명』은 인류 문화를 새로운 세계의 근처로 이끌어갔다. 최후의 위대한 걸음을 내디딘 것은 아이작 뉴턴이었는데, 이 과정에서 그는 완전히 새로운 사고방식의 청사진을 완성했다. 자연이 목적론적으로 움직인다는 아리스토텔레스의 견해는 뉴턴 이후의 과학에서는 완전히 폐기되었다. 과학은 이제 수가 지배하는 피타고라스의 우주를 받아들였다. 자연은 관찰과 추론을 통해서 이해될 수 있다는 아리스토텔레스의 주장은 뉴턴 이후 거대한 은유로 바뀌었다. 세상은 시계와 같으며 그 메커니즘을 지배하는 것은 수의 법칙이며, 이 법칙은 자연의 모든 측면에 대한 정확한 예측을 가능하게 한다. 여기에는 인간 사이의 상호작용도 포함된다고 많은 사람들이 믿었다.

머나먼 미국을 건국의 아버지들은 독립선언문의 신학뿐 아니라 뉴턴식 사고방식을 받아들였다. 독립선언문은 "자연법과 창조주의 법에 따라" 사람들은 정치적인 자결권을 "부여받았다"는 주장을 담고 있다.[1] 프랑스는 혁명 이후 과학에 대한 반감을 가지고 있었지만, 이제는 달라졌다. 피에르시몽 라플라스는 뉴턴 물리학을 수학적으로 세련된 새로운 수준으로 끌어올렸다. 그는 뉴턴 이론을 적용하여 다음과 같이 주장했다. 초월적 지성이 있다면 "우주에서 가장 큰 물체의 운동과 가장 작은 원자의 운동을 동일한 공식에 포함시킬" 수 있을 것이며 "그 존재에게서 불확실한 것은 없을 것이며 그의 눈에는 과거와 마찬가지로 미래 역시 보일 것"이다.

오늘날 우리는 모두가 뉴턴주의자처럼 사고한다. 개인의 성격이 가지는 힘이나 질병이 전파되는 가속도를 논한다. 물리적 관성뿐 아니라 심리적 관성 운운하며 운동선수 팀의 모멘텀을 말한다. 이런 용어들로 생각한다는 것은 뉴턴 이전의 사람들은 들어본 일이 없을 것이다. 오늘날에는 이렇게 생각하지 않는다는 것이 있을 수 없는 일이지만 말이다. 심지어 뉴턴의 법칙을 전혀 모르는 사람들조차 이런 사고방식에 젖어 있다. 그러므로 뉴턴의 업적을 공부하는 것은 우리 자신의 뿌리를 연구하는 것과 마찬가지이다.

뉴턴의 세계관은 오늘날 우리에게 제2의 천성이 되었다. 이 때문에 그가 얼마나 뛰어난 것을 창조했는지를 깨달으려면 노력이 필요하다. 사실 나는 고교에서 "뉴턴의 법칙"을 처음 배웠을 때 의아했다. 너무나 단순해 보였기 때문에 이런 것을 가지고 웬 소동인가 하고 생각했다. 나에게는 이상하게 느껴졌다. 15살의 소년인 내가 불과 몇 차례의 강의만을 들어도 배울 수 있는 내용 아닌가. 이런 것을 창조하는 데에 과학 역사상 가장 똑똑한 사람이 오랜 세월을 투자해야 했단 말인가. 내가 이렇게 쉽게 접할 수 있는 개념임에도 불구하고 불과 몇백년 전에는 그렇게 파악하기 어려웠단 말인가?

나의 아버지는 이해하는 듯했다. 내가 아이들에게 포스트잇 같은 발명에 대해서 이야기하면, 늘 아버지는 고국에서 있었던 일을 이야기하곤 했다. 수백 년 전의 사람들이 살던 세상은 오늘날 우리가 인식하는 세상과 매우 다른 곳이었다고 그는 말했다. 아버지는 10대 때 폴란드에서 친구들과 함께 장난을 쳤던 일을 이야기했다. 그들은 염소의 몸에 종이를 여러 장 붙인 뒤 집안을 가로질러 뛰어가게 만들었는데, 나이든 사람들은 모두가 자신들이 유령을 보았다고 생각했다. 물론, 유대인의 명절인 퓨림 축일이었고 나이든 분들은 모두가 좀 취해 있었던 것도 사실이다. 그러나 아버지는 이들이 취해서 그랬다는 식으로 설명하지 않았다. 이분들은 자신들이 목격한 것을 스스로의 믿음의 맥락 속에서 해석했을 뿐이라는 것이다. 유령이라는 개념은 그들에게 익숙하고 편안한 개념이었다. 이것을 무지의 소치라고 내가 생각할 수도 있다고 아버지는 말했다. 하지만 뉴턴이 말하는 우주의 수학적 법칙이 그 시대 사람들에게 어떻게 받아들여졌을까. 아마도 아버지의 연장자들의 유령이 나에게 그랬던 것과 마찬가지로 이상하게 여겼을 것이다. 사실 그렇다. 설령 물리학 강의를 한 번도 들어본 일이 없다고 해도 당신 속에는 아이작 뉴턴의 정신이 깃들어 있다. 그러나 만일 우리가 뉴턴식 문화에서 자라나지 않았다면 어땠을까. 오늘날 우리에게 그토록 자명하게 보이는 법칙들은 대부분의 사람들에게 이해가 불가능했을 것이다.[2]

* * *

뉴턴은 사망하기 직전에 자신의 삶을 회고하면서 스스로의 공적을 이렇게 표현했다. "내가 세상에 어떻게 비추어질지는 모른다. 그러나 나로서는 스스로가 바닷가에서 노는 소년에 불과했던 것으로 느껴진다. 보통보다 더 반들반들한 조약돌이나 더 예쁜 조가비를 가끔 찾으면서 즐거워한 듯하다. 진리의 거대한 바다가 아직 발견되지 않은 채 내 앞에 펼쳐져 있는 데에도 말이다."[3]

그보다 덜 똑똑하고 덜 생산적인 학자에게라면 뉴턴의 조약돌 하나나가 기념비적인 업적이 되었을 것이다. 그는 중력과 운동에 관한 업적 외에도 오랜 세월에 걸쳐 광학과 빛의 비밀을 연구했으며, 미적분뿐만 아니라 오늘날 우리가 아는 물리학을 발명했다. 내가 이런 이야기를 했더니 당시까지 뉴턴에 대해서 들어본 일이 없던 아버지는 눈살을 찌푸리며 말했다. "그를 닮지 말아라. 한 우물만 파라." 처음에 나는 10대들의 특징인 거들먹거리는 듯한 태도로 반응했다. 하지만 아버지의 논점은 정말로 설득력 있는 것이었을 수도 있다. 뉴턴은 장대하게 시작해서 용두사미로 끝난 천재가 될 위험이 매우 컸다. 그러나 운 좋게도 운명이 개입했고 사상의 혁명 전체를 도입한 공로를 오늘날 인정받고 있다.

사실 뉴턴이 결코 하지 않은 일은 해변에서 노는 일이다. 뉴턴은 영국과 유럽 대륙의 과학자들과 가끔―우편인 경우도 많았다―교류를 하며 많은 도움을 받았다. 그러나 그는 출생지인 울즈소프와 자신의 대학인 케임브리지, 그리고 수도 런던을 잇는 삼각형 부근을 떠난 일이 전혀 없다. 대부분의 우리가 사용하는 의미의 "놀다"는 행위도 해본 적이 없는 것 같다. 뉴턴의 삶에는 친하게 생각하는 친구나 친척이 없었으며 심지어 애인 한 명도 없었다. 적어도 노년에 이르기 전까지는 그에게 사회적 친교활동을 하게 만드는 것은 고양이들을 모아놓고 글자 맞추기 보드게임을 하게 만드는 것과 비슷하게 어려웠기 때문이다. 가장 설득력 있는 증언은 그의 먼 친척이자 5년간 조수로 활동했던 험프리 뉴턴의 말이다. 뉴턴이 웃는 것을 본 것은 단 한번뿐이었다고 한다. 도대체 유클리드 같은 것을 공부하고 싶어할 사람이 어디 있겠냐고 누군가 뉴턴에게 물었을 때였다.

세계를 이해하려는 뉴턴의 열정은 순수하게 객관적인 것이었고, 인류를 위해서 세상을 개선하려는 욕구는 전혀 가지고 있지 않았다. 그는 생전에 큰 명성을 쌓았으나 이를 함께 할 사람은 아무도 없었다. 그는 지적인 승리를 이룩했지만 사랑은 결코 얻지 못했다. 최상의 포상과 영예를 얻었지만 지적 싸움에 생애의 많은 부분을 소비했다. 이 지성의 거인이 인정이 많고 기분 좋은 사람이라고 말할 수 있다면 좋을 것이다. 그러나 그가 이런 자질을 조금이라도 가지고 있었다면 그는 이를 억압하는데 훌륭한 솜씨를 발휘한 셈이다. 또한 오만하고 교제를 싫어하는 사람 행세를 하는 데에서도 그랬다. 만일 당신이 날이 흐리다(gray)고 말한다면 그는 "아니요, 하늘은 실제로는 푸른색이요(blue)"라고 말할 그런 종류의 사람이었다. 더더욱 화가 나는 것은 그가 실제로 이를 증명할 수 있는 유형의 사람이었다는 점이다. 물리학자 리처드 파인만(1918-1988)은 자신에게만 몰두했던 수많은 과학자들의 기분을 표현하는 책을 썼다. 제목은 『다른 사람의 생각이 당신에게 무슨 상관인가?(*What Do You Care What Other People Think?*)』이었다. 뉴턴은 비망록을 전혀 쓰지 않았지만 만일 썼다면, "내가 당신을 정말 열받게 했다면 좋겠네요" 혹은 "귀찮게 굴지마, 멍청아" 이런 식이었을 것이다.

스티븐 호킹은 자신의 몸이 마비되어서 좋은 점이 있다는 느낌을 받은 적이 있다고 나에게 말한 일이 있다. 그 덕분에 자신의 작업에 훨씬 더 강력하게 집중할 수 있다는 것이다. 뉴턴 역시 이와 동일한 이유에서 비슷한 말을 할 수 있었으리라고 나는 짐작한다. 완전히 자신만의 세계 속에서 사는 것이 다른 사람과 함께 하느라 시간을 낭비하는 것에 비해서 엄청난 장점이 있다고 말이다. 사실 최근 연구에 따르면 수학을 매우 뛰어나게 잘하는 학생은 과학을 직업으로 택할 가능성이 매우 크다. 말도 뛰어나게 잘하는 것이 아니라면 그렇다고 한다.[4] 사교 능력이 뒤떨어지는 사람이 과학에서 성공할 가능성이 크지 않을까 하고 나는 오랫동안 의심해왔다. 나는 이런 범주에 속하는, 적지 않은 과학자들을 알고 있다. 지나치게 괴짜라서 연구 중심의 큰 대학교가 아니라면 어디에도 자리를 잡을 수 없으리라 생각되는 사람들 말이다. 내가 아는 한 대학원생은 매일 똑같은 바지와 흰 티셔츠를 입고 다녔다. 그가 실제로는 두 벌을 가지고 있어서 가끔 세탁을 한다는 소문은 있었지만 말이다. 또다른 사람은 유명 교수인데 너무나 수줍음을 탔다. 그에게 말을 걸면 눈길을 피하고 매우 조용히 말하면서 뒷걸음질을 쳤다. 마치 내가 그의 반경 120센티미터 범위를 침입했다는 사실을 느꼈다는 듯이 말이다. 뒷걸음질과 낮은 목소리는 세미나 이후의 한담 자리에서 문제가 되었다. 그가 말하는 내용을 알아듣는 것이 어려웠기 때문이다. 대학원 시절 그와 처음 만났을 때 나는 그에게 너무 가까이 다가가는 실수를 저질렀다. 그리고 그가 물러서는데도 아무 생각 없이 계속 따라가는 바람에 그는 의자 위로 넘어질 뻔했다.

과학은 최고의 아름다움을 가진 주제이다. 과학의 진보에는 아이디어의 교차 수정이 필요하고 이는 오직 다른 창조적인 사람과의 교류를 통해서만 이루어질 수 있다. 그러나 오랜 시간의 고립 또한 필요하다. 이 고립은 사교 활동을 하지 않으려 하거나 심지어 고립된 생활을 더 좋아하는 사람들에게는 뚜렷한 장점을 제공할 수도 있다. 알베르트 아인슈타인은 다음과 같이 썼다. "사람을 예술과 과학으로 이끄는 가장 강력한 동기의 하나는 고통스럽게 조잡하고 희망 없이 지루한 일상으로부터의 도피이다……예술과 과학은 우주와 그 구조를 감정적 생활의 중심축이 되게 만든다. 개인적 경험이라는 좁은 소용돌이 속에서는 찾을 수 없는 평화와 안전을 그 속에서는 찾을 수 있다."[5]

세계가 보통 추구하는 가치를 경멸했던 뉴턴은 주의를 분산시키지 않고 자신이 관심을 가진 일에만 몰두할 수 있었다. 그러나 그 탓에 과학적 연구의 많은 부분, 방대한 양에 이르는 자신의 저술을 출판하지 않기로 선택했다. 다행히 그는 이를 내다버리지도 않았다. 그에게는 별 필요도 없는 잡동사니들을 모아두는 취미가 있었는데 그 양은 자신에 대한 리얼리티 쇼를 할 수 있을 정도였다. 다만 그 대상이 죽은 애완동물의 사체나 낡은 잡지, 일곱 살 때 작아서 못 신게 된 신발 같은 것이 아니었다. 뉴턴의 "소장품"은 모든 것에 대해서 그가 휘갈겨 쓴 낙서였다. 그 주제는 수학, 물리학, 연금술, 종교, 철학에서 자신이 쓴 한푼 한푼에 대한 설명, 부모에게 느끼는 감정의 묘사도 있다.

그는 실제로 자신이 쓴 모든 것들을 보관했다. 여기에는 심지어 단순한 계산을 했던 종이, 학창 시절 사용하던 노트도 포함된다. 그 덕분에 연구자들은 뉴턴의 과학적 생각이 발전해온 과정을 전대미문의 정밀도로 파악할 수 있었다. 과학과 관련해 뉴턴이 쓴 문서의 대부분이 그의 지적 고향인 케임브리지 대학교 도서관에 기증되었지만 수백만 단어에 이르는 다른 문서들은 소더비에 팔리게 되었다. 그 경매에 경제학자 존 메이나드 케인스가 참여해서 연금술에 관한 글 대부분을 사들였다.

뉴턴의 전기 작가인 리처드 웨스트폴은 그의 삶을 20년 동안 연구한 뒤 "우리가 동료 인간들을 이해하는 기준으로는 결코 이해할 수 없는"[6] 인물이라는 결론을 내렸다. 그러나 설사 그가 외계인이었다 해도 적어도 일기를 남긴 외계인이었다.

* * *

뉴턴이 세계를 이해하려고 노력한 것은 비상한 호기심 때문이었다. 발견을 향한 이 강력한 충동은 완벽하게 내부에서 온 것으로 보인다. 나의 아버지로 하여금 문제의 수학 퍼즐에 대한 답을 얻기 위해서 자신의 빵 조각을 건네게 만든 것과 동일한 충동 말이다. 그러나 뉴턴의 경우에는 뭔가 다른 것이 그 충동에 연료를 공급했다. 뉴턴이 과학적 합리성의 모델로 추앙받는 것은 사실이다. 하지만 우주의 본성에 대한 그의 탐구는 자신의 영성과 종교에 복잡하게 얽혀 있다. 괴베클리 테페까지 죽 이어지는 다른 사람들의 탐구와 다르지 않다는 말이다. 하느님은 말씀과 업적 모두를 통해서 우리에게 모습을 드러낸다고 그는 믿었다. 따라서 우주의 법칙을 연구하는 것은 하느님을 연구하는 것이고, 과학에 대한 열정은 종교적 열정의 한 형태일 뿐이었다.[7]

그가 고독을 사랑하고 오랜 시간 일했던 것은 적어도 그의 지적인 업적이라는 견지에서는 큰 장점이었다. 그가 일상을 벗어나 정신의 영역으로 후퇴한 것은 과학에는 큰 혜택이었다. 그러나 당사자는 이로 인하여 커다란 희생을 치러야 했다. 그리고 그의 후퇴는 어린 시절의 고독 및 고통과 연결되어 있었던 것으로 보인다.

초등학교에 다닐 때 나는 인기가 없는 아이들을 보면 안쓰러웠다. 나도 그중의 하나였기 때문에 특히 그랬다. 하지만 뉴턴의 처지는 이보다 더욱 나빴다. 자신의 친어머니와 사이가 좋지 않았던 것이다. 그가 세상에 태어난 것은 1642년 12월 25일이었다. 마치 당신이 목록에 써놓지 않은 크리스마스 선물처럼 태어났다. 그의 아버지는 몇 달 전에 사망했고 어머니 한나는 뉴턴의 존재를 오래가지 못할 불편함 정도로 생각했던 것이 틀림없다. 그는 명백히 미숙아였고 오래 살지 못할 것 같았기 때문이다. 80여 년이 지난 후 뉴턴이 조카사위에게 말한 바에 따르면, 출생 당시 그는 너무나 작아서 1리터짜리 물통에 들어갈 수 있을 정도였다고 한다. 너무나 연약해서 목 주위에 베개받침을 두르고 있어야 머리를 지탱하는 것이 가능했다. 머리도 제대로 가누지 못하는 아기 뉴턴의 상황은 너무 심각했다. 심지어 생필품을 사러 몇 킬로미터 떨어진 곳으로 심부름을 갔던 하녀 두 명은 일부러 게으름을 피울 정도였다. 자신들이 돌아오기 전에 아기가 죽어 있을 것으로 확신했던 탓이었다. 그러나 이들은 틀렸다. 아기가 살아 있는 데에 필요한 기술은 목의 베개받침으로 충분했다.

뉴턴은 살면서 사람들을 곁에 둘 필요를 느끼지 못했다. 아마도 어머니가 그에 대해서 쓸모를 느낀 적이 결코 없었기 때문일 것이다. 그가 세 살일 때 어머니는 부유한 목사인 바르나바스 스미스와 재혼했다. 한나보다 나이가 두 배 이상 많았던 스미스는 젊은 아내를 원했지만 어린 의붓아들은 원하지 않았다.

이 때문에 집안 분위기가 어떻게 되었는지를 분명하게 알 도리는 없다. 그러나 뭔가 긴장이 있었다고 가정하는 것이 안전할 것이다. 여러 해가 지난 뒤 그가 어린 시절에 대해서 써놓은 글 때문이다. 뉴턴은 "아버지와 어머니와 그들의 집을 불태워버리겠다고 협박했다"[8]고 회상한다. 이 같은 위협에 부모님이 어떻게 반응했는지 그는 말하지 않았다. 하지만 기록을 보면 그가 곧 쫓겨나서 할머니의 손에 맡겨졌다는 것을 알 수 있다. 할머니와의 사이는 어머니보다 나았다. 하지만 이는 기준을 너무 낮게 잡았을 때 그렇다는 이야기이다. 두 사람이 친밀하지 않았다는 것은 분명하다. 아이작이 남긴 모든 기록과 낙서를 보면 알 수 있다. 애정을 담아 할머니를 떠올리는 대목이 하나도 없다.

뉴턴이 열 살일 때 의붓아버지가 죽게 되자, 그는 잠시 어머니가 재혼에서 얻은 동생 셋이 있는 집으로 돌아가게 되었다. 스미스가 죽은 지 2년 후, 한나는 울즈소프에서 13킬로미터 떨어진 그랜샘에 있는 청교도 학교로 그를 보냈다. 거기에서 공부하는 동안 그는 약제사이자 화학자인 윌리엄 클라크의 집에서 하숙을 했다. 클라크는 뉴턴의 발명 재능과 호기심을 칭찬하고 격려했다. 어린 뉴턴은 화학물질을 막자사발과 막자로 가는 방법을 배웠다. 폭풍우의 세기를 몸으로 측정했다. 바람이 부는 방향과 반대 방향으로 각각 점프한 다음 그 거리를 비교했다. 생쥐가 쳇바퀴를 돌리는 힘으로 움직이는 작은 풍차도 만들었다. L자형 손잡이를 돌리는 힘으로 가는 네 바퀴 수레를 만들고 여기에 가끔씩 올라타서 수레를 움직이곤 했다. 꼬리에 불을 켠 랜턴을 매단 연을 만든 뒤 이것을 밤중에 날려 이웃들이 겁을 먹게 만들기도 했다.

그는 클라크와 잘 지냈지만 급우들과는 그러지 못했다. 다른 아이들과 달랐던 데다가 지적으로 우월한 것이 뚜렷했던 탓이다. 뉴턴에 대한 아이들의 반응은 오늘날의 아이들과 같았다. 그를 미워한 것이다. 소년 시절 그의 삶은 외로우면서 창조성이 뛰어난 것이었고, 이는 창조적이지만 고통스럽고 고립된 성인 시절의 삶에 대한 예비 같은 것이었다. 삶전체가 그렇지 않았던 것은 다행이지만 대부분은 그랬다.

뉴턴이 만 17세에 가까워지자 그의 어머니는 집안의 재산을 관리하라며 학교를 그만두게 하고 집으로 불러들였다. 그러나 뉴턴은 농부로서는 젬병이었다. 행성의 궤도를 계산하는 데는 천재라도 알팔파 목초를 키우는 데는 바보일 수 있다는 사실을 스스로 증명했다. 게다가 그는 상관하

지 않았다. 울타리가 무너져 망가지고 돼지 떼가 옥수수밭을 가로질러
도, 뉴턴은 개울에 수차를 세우거나 그냥 책을 읽었다. 웨스트폴이 서술
한 대로이다. 그는 "양을 치고 삽으로 똥을 치우느라"[9] 삶을 허비하는
것에 대해서 반항했다. 내가 아는 물리학자들도 대부분 그랬을 것이다.

다행히 뉴턴의 삼촌과 그랜샘 시절의 교장이 개입했다. 천재성을 알
아본 그들은 뉴턴을 케임브리지 대학교의 트리니티 칼리지로 보냈다.
1661년 6월의 일이었다. 거기서 당대의 과학적 사고방식을 접하게 되지
만 그 결과는 거기에 반기를 들고 전복하는 것이었다. 하인들은 그가
떠나는 것을 축하했다. 그가 잘 되어서 기쁜 것이 아니라 평소에 항상
하인들을 매몰차게 대했기 때문이다. 그의 성격은 대학을 제외하면 그
어디에도 맞지 않는다고 그들은 공언했다.

* * *

케임브리지는 그로부터 35년이 넘는 기간 동안 뉴턴의 고향이자 그가
재학 중 출범시킨 사상적 혁명의 진원지로서 남게 된다. 그 혁명은 일련
의 직관이나 통찰로 구성된 것처럼 흔히 묘사되지만 사실은 그렇지 않았
다. 우주의 비밀에 통달하려는 그의 싸움은 실로 참호전에 훨씬 더 가까
웠다. 기진맥진하게 만드는 지적인 싸움을 차례로 하나씩 겪으면서 엄청
난 시간과 노력을 들여 땅을 조금씩 차지해나가는 방식이었다. 천재성이
나 미칠 듯한 헌신이 조금이라도 부족한 사람이라면 누구도 이 싸움에서
승리를 거두지 못했을 것이다.

처음에 뉴턴은 생계조차 어려웠다. 케임브리지로 갔을 때 그의 어머
니가 정기적으로 보내는 돈은 10파운드에 불과했다. 그녀 자신은 연간
700파운드 이상의 여유로운 수입을 누리고 있었으면서 말이다. 돈이 없
었던 탓에 그는 케임브리지 대학교 사회에서 가장 밑바닥 생활을 할 수
밖에 없었다.

그곳의 엄격한 위계질서하에서 장학생이란 음식과 수업을 공짜로 제

공받으며 부유한 학생의 시중을 들면서 약간의 돈을 받는 가난한 학생이라는 의미를 가지고 있었다. 시중이란 머리를 손질하고 신발을 닦고 빵과 맥주를 가져다주며 요강을 비워준다는 뜻이다. 뉴턴에게는 장학생이된다는 것도 승진에 해당했다. 그는 자신의 표현에 의하면 장학생 이하였다. 장학생과 똑같은 비루한 의무를 지면서 자기가 먹는 음식값과 수강하는 강의료는 내야 했기 때문이다. 뉴턴에게 특히 고역이었던 점이있다. 그랜섬 고교에서 그를 늘 괴롭혔던 녀석들과 같은 유형의 인간들에게 하인 노릇을 하는 것을 받아들여야 한다는 사실이다. 그에 따라서뉴턴은 밑바닥 생활이라는 것이 어떤 것인지를 케임브리지에서 살짝 맛보았다.

1661년은 갈릴레이의 『새로운 두 과학에 관한 담론과 수학적 설명』이나온 지 20년이 조금 지난 해였다. 그리고 그의 다른 저작과 마찬가지로케임브리지의 교육과정에 이것이 미친 영향은 아직 미미했다. 뉴턴은하인 일을 하고 수업료를 낸 대가로 어떤 강의를 들었을까. 강의에는학자들이 세상에 대해서 알고 있던 것 모두가 포함되어 있었다. 문제는모두가 아리스토텔레스주의자였다는 점이다. 아리스토텔레스 학설의우주론, 아리스토텔레스 학설의 윤리학, 아리스토텔레스 학설의 철학,아리스토텔레스 학설의 물리학, 아리스토텔레스 학설의 수사학……. 그는 아리스토텔레스를 원서로 읽고, 그에 대한 교과서를 읽고, 기존 교과과정에 나오는 책을 모두 읽었다. 그러나 어느 과목도 수료하지 않았다.그 역시 갈릴레오와 마찬가지로 아리스토텔레스의 주장에서 설득력을찾을 수 없었던 탓이다.

그럼에도 불구하고 아리스토텔레스의 저작은 지식에 이르는 정교한접근법으로서는 뉴턴이 접한 최초의 것이었다. 그리고 이 저작들을 논박하는 과정에서 그는 자연의 다양한 이슈에 대해서 접근하는 법, 이들이슈에 대해서 조직적이고 일관성 있게 생각하는 법, 그리고 엄청난 시간과 노력을 투자해서 여기에 전념하는 법을 배웠다. 뉴턴은 금욕주의자에다 좀처럼 오락을 즐기지 않는 사람이었다. 그는 내가 들어본 누구보다 열심히 일했다. 하루 18시간, 주 7일 일하는 것은 수십 년간 계속되는 그의 습관이 되었다.

케임브리지의 교과과정을 이루는 아리스토텔레스 학문의 모든 것을 거부한 뉴턴은 새로운 사고방식을 향한 긴 여행을 시작했다. 그의 노트가 시사하는 바에 따르면 스스로의 연구 프로그램을 시작한 것은 1664년이다. 그때부터 케플러, 갈릴레오, 데카르트를 비롯한 근대 유럽의 위대한 사상가들의 업적을 읽고 이를 흡수했다. 뉴턴은 매우 우수한 학생은 아니었지만 1665년에 그럭저럭 졸업을 하고 학자라는 지위를 인정받을 수 있었다. 여기에는 추가 연구를 위한 4년간의 금전적 지원이 포함되었다.

그런데 그해 여름 끔찍하게 발발한 흑사병은 케임브리지에도 피해를 입혔다. 대학은 문을 닫았고 1667년 봄까지 그 상태를 유지했다. 학교가 휴교한 동안 뉴턴은 울즈도프에 있는 어머니의 집으로 피신하여 고독 속에서 연구를 계속했다. 일부 역사에서는 1666년을 뉴턴의 경이적인 해라고 부른다. 이 설화에 의하면 그는 집안의 농장에 앉아서 미적분을 발명하고 운동법칙을 생각해냈으며 만유인력의 법칙을 발견했다.

사실 성과가 없는 해는 아니었을 것이다. 그러나 일은 그런 식으로 일어나지 않았다. 만유인력의 이론은 직관을 통해서 얻을 수 있는 단일한 멋진 아이디어 같은 단순한 것이 아니었다. 그것은 완전히 새로운 과학적 전통의 기초를 이루는 업적 전체였다.[10] 게다가 이야기책에 나오는 뉴턴과 사과의 이야기는 해롭다. 마치 갑자기 물리학자들이 엄청난 통찰력을 발휘해서 진보를 이루는 것과 같은 인상을 주기 때문이다. 마치 머리를 뭔가에 부딪친 후 갑자기 날씨를 예언할 수 있게 된 사람과 같은 인상 말이다. 하지만 사실은 그렇지 않다. 심지어 뉴턴조차도 진보를 이루려면 머리를 많이 부딪쳐야 했고 아이디어를 갈고 닦아서 그 잠재력을 진정으로 이해받기까지는 수많은 세월을 보내야 했다. 우리 과학자들은 이런 부딪힘에 따른 두통을 참는다. 미식축구 선수들과 마찬가지로 우리는 고통을 싫어하는 것 이상으로 우리의 종목을 사랑하기 때문이다.

대부분의 역사학자들은 이 기적적인 통찰에 대한 이야기를 믿지 않는다. 그 이유 하나는 물리학에 대한 뉴턴의 통찰이 흑사병 기간 중에 한번에 온 것이 아니고, 1664년에서 1666년 3년 사이에 걸쳐서 쌓여온 것이기 때문이다. 게다가 해당 기간의 끝까지도 뉴턴 혁명이란 존재하지 않았다. 1666년 뉴턴 자신조차 뉴턴주의자가 아니었다. 그는 아직도 과거의 생각에 물들어 있었다. 등속운동이란 뭔가 내부의 원인이 움직이는 물체에 영향을 미치는 것이라고 생각했다. 그에게 "중력"이라는 용어는 어떤 물체를 구성하는 재료로부터 발생하는 모종의 고유한 속성을 의미했다. 지구가 행사하는 외적인 힘이라고 생각하지 않았다. 당시 그가 발전시킨 아이디어는 시작에 불과했다. 이 아이디어들 때문에 그는 당황했으며 힘, 중력, 운동을 포함한 많은 것에 대해서 허우적거렸다. 나중에 그의 위대한 저작인 『수학 원리(*Principia Mathematica*)』의 주제를 이루게 될 모든 기본적인 것에 대해서 말이다.

뉴턴이 울즈소프의 농장에서 무슨 생각을 하고 있었는지 우리는 꽤 많이 알고 있다. 뉴턴이 습관에 따라 이 모든 것을 노트에 써놓았기 때문이다. 그는 방대한 양의 노트를 스미스 목사로부터 물려받았는데 대부분은 백지상태였다. 이런 노트를 가질 수 있었던 것, 그리고 말년에 수많은 단어와 수학기호로 구성된 그의 업적을 적을 수 있는 종이를 충분히 사용할 수 있었던 것은 그에게 행운이었다.

나는 대학이나 수학 방정식의 사용 같은 혁신에 대해서 이미 언급했다. 그러나 과학혁명을 가능하게 했으며 우리가 당연한 것으로 여기고 있지만 실제로는 제대로 조명 받지 못한 요인들이 있다. 그중 가장 두드러진 것은 종이가 점점 더 널리 사용되었다는 점이다. 뉴턴에게 다행스러운 일은 영국 최초의 성공적인 종이 공장이 1588년에 세워졌다는 점이다. 이와 마찬가지로 중요한 일은 대중에게 영국 우정공사의 서비스가 1635년에 개방되었다는 점이다. 그 덕분에 비사교적인 뉴턴이 심지어 멀리 떨어진 곳에 있는 다른 과학자들과 문서를 주고받을 수 있었다. 하지만 뉴턴의 시대에도 종이는 아직 귀했다. 뉴턴은 노트를 소중히 여겼으며 "거래 일기장(Waste Book)"이라고 불렀다. 그 속에서 우리는 운동의 물리학에 접근하는 뉴턴의 방식의 세부사항을 알 수 있다. 이는 빛나는 정신 속에서 발전하는 중인 아이디어들을 힐끗 볼 수 있는 드문 기회이다.

예를 들면, 우리는 1665년 1월 20일 일어난 일을 알고 있다. 이날 뉴턴은 그의 거래 일기장에 운동에 대한 상세한 수학적—철학적이 아니라—탐구 내용을 적기 시작했다. 이 분석을 위해서는 그가 미적분을 개발하는 것이 필수적이었다. 변화를 분석하기 위해서 설계된 새로운 종류의 수학 말이다.

오렘의 전통에 따라서 뉴턴은 변화를 곡선의 기울기라고 생각했다. 예컨대 수평축에 시간을 놓고 수직축에 어떤 물체가 움직인 거리를 그린다면 이 그래프의 경사도는 그 속도를 나타낸다. 그러므로 수평선은 위치의 변화가 없다는 것을 뜻한다. 그리고 기울기가 급한 사선이나 곡선은 물체의 위치가 급격히 변한다는 것을 의미한다. 이는 빠른 속도로 움직인다는 말이다.

그러나 오렘을 비롯한 여러 사람은 오늘날의 우리에 비해서 그래프를 보다 정성적으로 해석했다. 예컨대 시간에 대한 거리를 나타내는 그래프 상의 각각의 점은 무엇을 나타낼까. 이 점들은 특정 시간에 이동한 거리이며 그 거리는 수직축의 좌표로 나타난다. 이런 사실은 그 당시에는

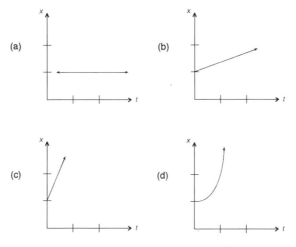

그래프 (a) (b) (c)는 등속운동을 나타낸다.
(a)는 속도 0(정지), (b)는 저속, (c)는 고속이다. 그래프 (d)는 가속운동을 나타낸다.

이해되지 않고 있었다. 그래프의 기울기가 가지는 의미도 마찬가지이다. 이것이 **각각의 순간** 해당 물체의 속도를 나타낸다는 사실도 당시에는 알려지지 않고 있었다. 뉴턴 이전의 물리학자들에게 속도란 그저 **평균**속도를 의미했다. 이동한 전체 거리를 이동에 걸린 전체 시간으로 나눈 값 말이다. 이것은 매우 허술한 계산이다. 이런 계산에서 이들이 고려한 시간의 단위는 통상 몇 시간, 며칠, 심지어 몇 주일이었기 때문이다. 사실 조금이라도 정확하게 시간을 측정할 수 있게 된 것은 1670년에 이르러서였다. 영국인 시계 제작자 윌리엄 클레멘트가 진자를 기반으로 한 대형 괘종시계를 발명한 것이다. 이 덕분에 시간을 초 단위에 근접하게 측정하는 것이 마침내 가능해졌다.

　평균 개념을 뛰어넘어 그래프의 값과 각각의 점에서의 경사도를 생각해낸 것은 뉴턴이 분석을 통해서 드러난 계시였다. 그는 과거의 어느 누구도 하지 않았던 방식으로 하나의 주제에 접근했다. 어떤 물체의 순간속도를 어떻게 정의하는가. 매 순간의 속도 말이다. 진행한 거리를 경과한 시간으로 나눈다고 하지만 만일 경과 시간이 실제로 하나의 점에 불과할 때는 어떻게 나눗셈을 할 수 있는가? 이런 상황이 심지어 말이 되기는 하는가? 뉴턴은 거래 일기장에서 이 문제를 공략했다.

갈릴레오는 "극한적 사례"를 그려보기를 즐겨했다. 예를 들면, 하나의 평면이 수직이 될 때까지 기울기를 점점 높이는 것이다. 뉴턴은 이 아이디어를 완전히 새로운 극단으로 밀고 갔다. 주어진 시점에서의 순간속도를 정의하기 위해서 그는 평균속도를 전통적인 방법으로 계산하는 것을 먼저 상상했다. 문제의 시점을 포함하는 일정한 시간 간격을 가정한 것이다. 그런 다음에 그는 새롭고 추상적인 방법을 상상했다. 시간 간격을 점점 줄여나가서 이것이 0에 접근하는 극한적 사례를 떠올린 것이다.

다시 말해서 뉴턴은 아주 짧은 시간 간격을 만들 수 있다고 상상한 것이다. 어떤 유한한 숫자보다 작지만 0보다는 큰 간격 말이다. 오늘날 우리는 그런 간격을 "무한소(infinitesimal)"라고 부른다. 시간의 간격에 따른 평균속도를 계산하되 그 시간 간격을 무한소로 축소하면 해당 물체가 특정 순간에 가지는 속도를 얻게 된다. 이것이 순간속도이다.

주어진 시각에 순간속도를 찾는 수학규칙, 혹은 좀더 일반적으로 말해 주어진 점에서 곡선의 기울기는 미적분의 기초를 이룬다.* 화합물을 만드는 원자가 더 이상 분할할 수 없는 것이라면 무한소는 시공간을 구성하는, 더 이상 나눌 수 없는 무엇이라고 할 수 있다.

뉴턴은 미적분학을 통해서 변화의 수학을 발명했다. 특히 운동에 관해서, 그는 순간속도를 정교하게 이해할 수 있게 해주었다. 당시 유럽 사회는 속도를 측정하는 방법을 발견한 지 얼마 되지도 않았는데 말이다. 그 방법이란 일정한 간격으로 매듭을 지어놓은 밧줄을 이용해서 배의 고물에서 닻을 내리는 것이다. 이때 주어진 시간 내에 통과한 **매듭**의 수를 세면 속도를 알 수 있다. 이제 사상 최초로 사람들은 이해하게 되었

---

* 보다 정확히 말하면 미분이다. 이 과정의 역(逆)도 존재하는 데에 이것이 적분이다. "미적분학(calculus)"이라는 용어가 단독으로 쓰이면 보통 미분과 적분을 포괄하는 것이다.

다. 어느 특정한 순간 어떤 물체의 속도—혹은 무엇이 되었든 그것의 변화—를 논한다는 것의 의미에 대해서 말이다.

오늘날 미적분은 모든 종류의 변화를 기술하는 데에 사용된다. 항공기 날개 위로 공기가 통과하는 방식, 인구가 증가하고 기상시스템이 진화하는 방식, 주식 시장의 오르내림, 화학반응의 진전. 양을 그래프로 표시할 수 있는 모든 활동에서, 현대 과학의 모든 분야에서 미적분학은 핵심 도구가 된다.*

뉴턴이 어느 순간 특정한 물체에 가해진 힘과 그 순간속도의 변화를 종국에 연관시킬 수 있게 된 것은 미적분학 덕분이었다. 게다가 속도의 이 모든 극미한 변화를 모두 더하면 어느 물체의 궤적을 시간의 함수로 표현할 수 있다는 점을 미적분학은 결국 보여주었다. 그러나 이런 법칙과 방법들은 수십 년이 지난 후에야 등장하게 된다.

수학에서와 마찬가지로 물리학에서도 뉴턴의 거래 일기장은 여태껏 사람들이 상상했던 모든 것을 훨씬 넘어서 나아갔다. 예컨대 뉴턴 이전의 사람들은 두 물체의 충돌을 양자의 내적 성향 사이의 경쟁이라고 보았다. 근육질의 검투사 두 명이 상대를 경기장 밖으로 몰아내려고 경쟁하는 모습 같은 것이다. 그러나 뉴턴의 사고방식에 따르면 각각의 물체는 그에 가해진 외적 원인, 즉 힘이라는 관점에서만 분석된다.

사고방식의 이 같은 진전에도 불구하고 "힘"의 의미에 대해서 뉴턴이 제시하는 그림은 결함이 있고 혼란스러운 것이었다. 이 문제에 관해서 그가 거래 일기장에 써놓은 원리 100여 개가 그런 식이었다. 특히 그는 힘을 정량적으로 표현하는 방법에 대해서 아무런 단서를 제공하지 않는다. 지구의 인력(引力)이 발휘하는 힘이라든가 물체의 "운동의 변화"를

---

* 원칙적으로는 인구 성장과 주식 시장의 가격은 연속적인 양이 아니라 불연속적인 양이어서 미적분학의 대상이 아니다. 그러나 이 시스템들은 연속적인 양처럼 근사적으로 다루어지는 일이 많다.

유발하는 힘 같은 것에 대해서 말이다. 울즈소프에 머물던 시절 뉴턴이 그리기 시작한 그림은 거의 20년간 완성되지 못한다. 그것은 뉴턴 혁명에 불을 지피는 데에 필요한 불꽃에는 전혀 미치지 못하는 수준이었다.

* * *

물리학자 제레미 번스타인은 1958년 오스트리아 물리학자 볼프강 파울리가 미국을 방문했을 때의 일을 다음과 같이 전했다. 파울리는 컬럼비아 대학교의 청중에게 어떤 이론을 소개했다. 그 중에 닐스 보어는 여기에 회의적인 태도를 취했다. 파울리는 자신의 이론이 언뜻 보기에 좀 제정신이 나간 것처럼 보일지도 모르겠다며 한발 물러섰다. 그러나 보어의 답변은 달랐다. 문제는 그 이론이 **충분히** 제정신이 나가지 않았다는 점에 있다는 것이다. 그러자 파울리는 청중을 향해서 돌아서서 주장했다. "네, 나의 이론은 충분히 제정신이 나갔어요!" 이에 대해서 보어는 주장했다. "아니, 당신의 이론은 충분히 제정신이 나가지 않았어요."[11] 곧이어 이 저명한 물리학자 두 명은 초등학교 5학년생들처럼 소리치고 고함지르며 강연장 앞쪽을 왔다갔다했다.

내가 이 이야기를 하는 까닭이 있다. 모든 물리학자 그리고 모든 혁신가는 올바른 아이디어보다 틀린 아이디어를 더 많이 가지고 있다는 점을 강조하기 위해서이다. 그리고 이 사람들이 정말 유능하다면 제정신이 아닌 아이디어 역시 떠올리게 되는데 이것이 최상이다. 물론 이것이 올바른 아이디어라는 전제하에서 말이다. 틀린 것과 올바른 것을 가려내는 일은 쉽지 않다. 많은 시간과 노력이 드는 일일 수도 있다. 그러므로 우리는 희한한 아이디어를 가진 사람들에게 동정심을 좀 가질 필요가 있다. 사실 뉴턴이 그런 사람이었다. 흑사병 기간 중에 그처럼 상서로운 출발을 해놓고도 그는 잘못된 아이디어를 추구하는 데에 삶의 다음 단계의 많은 부분을 허비했다. 그의 업적을 연구한 후대의 많은 학자들이 제정신이 아니라고 생각한 아이디어 말이다.

시작은 아주 좋았다. 1667년 봄 케임브리지 대학교가 다시 문을 연 직후 뉴턴은 트리니티 칼리지로 돌아왔다. 그해 가을 학교에는 선거가 있었다.[12] 우리 모두는 자신의 미래에 커다란 영향을 미칠 상황에 가끔씩 직면하게 된다. 개인적인 도전, 우리의 삶을 바꿀 수 있는 취업 면접, 우리가 장래 가지게 될 기회에 막대한 영향을 미칠 수 있는 대학교나 전문대학원 입학시험 등이 그런 예다. 트리니티 칼리지의 선거는 뉴턴에게는 이 모든 것이 하나로 닥친 셈인 것이었다. 그 결과에 따라 그의 삶은 크게 달라질 것이다. 24세의 그는 "선임연구원(fellow)"이라고 불리는 좀더 높은 지위로 대학에 남아 있을 수 있게 될 것인가. 아니면 양을 치고 똥을 치우는 삶으로 되돌아갈 것인가. 그의 전망은 밝지 않았다. 트리니티 칼리지에는 지난 3년간 선거가 없었고 자리는 9개에 불과했는데, 후보자는 그보다 훨씬 많았으며 이중 많은 사람이 정치적 연줄을 가지고 있었다. 심지어 당사자의 선출을 지시하는 왕의 서명이 든 편지를 가진 사람도 일부 있었다. 그러나 뉴턴이 임용되었다.

이제 농장 일은 그에게서 영원히 멀어졌다. 이제 뉴턴은 그의 거래 일기장에 쓰인 미적분과 운동에 관한 자신의 생각을 뉴턴의 법칙으로 발전시키는 일에 본격적으로 착수해서 그 일을 진행할 것으로 짐작하는 사람도 있을 수 있다. 그러나 그는 그러지 않았다. 그 대신 그로부터 몇 년간 그는 성격이 매우 다른 두 가지 분야에서 뚜렷한 업적을 냈다. 광학과 수학, 특히 대수학이었다. 후자는 그에게 큰 도움이 되었다. 케임브리지 대학교의 수학자들이라는 소규모 공동체에서 천재로 금세 인정받았기 때문이다. 그 결과 영향력이 있던 아이작 배로는 루카스 석좌교수직을 떠나면서 뉴턴이 그 자리를 이어받도록 사실상 주선했다.[13] 이는 몇 세기 후에 스티븐 호킹이 차지하게 되는 자리이기도 하다. 급여는 당시 기준으로 엄청난 수준이었다. 대학은 그의 어머니가 지불하던 액수의 10배인 연간 100파운드를 기꺼이 지불하려고 했다.

광학에 대한 뉴턴의 노력은 수학만큼의 보람이 없었다. 학생시절 그는 이미 옥스퍼드의 과학자이자 화학의 선구자이기도 한 로버트 보일(1627-1691)의 광학과 빛에 관한 최신 저작을 읽었다. 또한 로버트 후크(1635-1703)의 저작도 읽었다. "성격이 비뚤어지고 얼굴이 창백한" 후크는 훌륭한 이론가일 뿐만 아니라 뛰어난 실험가였다. 그가 보일의 조수로서 이룩한 업적에서 확인되는 사실이다. 보일과 후크의 업적은 뉴턴에게 영감을 주었지만 그는 결코 이를 인정하지 않았다. 그러나 그는 곧 계산뿐만 아니라 실험에 나섰고 렌즈를 연마했으며 망원경을 개량했다.

뉴턴은 광학을 모든 측면에서 공략했다.[14] 그는 눈과 눈뼈 사이에 돗바늘을 깊숙이 찔러 넣고 눈의 뒤편을 눌러서 흰색과 다양한 색의 원이 보이게 만들기도 했다. 빛은 압력으로부터 생기는 것일까? 자신이 참을 수 있을 때까지 오랫동안 태양을 맨눈으로 쳐다보기도 했다. 너무 오래 쳐다본 나머지 시력이 돌아오는 데에 며칠씩 걸렸다. 태양에서 다른 곳으로 시선을 돌리면 색이 왜곡되어 보인다는 사실에도 그는 주목했다. 빛은 실재하는 것일까, 상상의 산물일까?

그는 실험실에서 색을 연구했다. 서재에 하나뿐인 창문의 덮개에 구멍을 하나 뚫고 그곳으로 햇빛이 들어오게 했다. 아무런 색이 없는 백색광은 가장 순수한 빛이라고 철학자들은 생각했다. 후크는 백색광을 프리즘에 통과시켜서 색을 띠는 빛이 나온다는 사실을 관찰한 바 있다. 그는 프리즘 같은 투명한 물체가 색을 만든다는 결론을 내렸다. 그러나 뉴턴은 빛을 똑같이 프리즘에 통과시키고는 이와 다른 결론에 도달했다. 프리즘이 백색광을 유색광으로 분리시키는 것은 사실이지만, 뉴턴은 유색광을 통과시킬 경우에는 색의 변화가 없다는 사실에 주목했다. 마침내 뉴턴이 내린 결론은 프리즘이 색을 **만들어내는** 것이 아니고, 빛을 각기 다르게 굴절시켜 각기 다른 색이 나타난다는 것이었다. 다시 말해서 백색광을 **분리시켜** 그것을 구성하는 유색광을 나타나게 한다는 말이다. 백색광은 순수한 것이 아니라 혼합된 것이라고 뉴턴은 주장했다.

1666-1670년 뉴턴은 이런 관찰을 통해서 색과 빛에 대한 하나의 이론을 만들어냈다. 그 결론은 빛이 원자처럼 작은 "미립자" 광선들로 만들어져 있다는 것이었다. 후크가 이것을 가설이라고 부르자 뉴턴은 불같이 화를 냈다. 오늘날 우리는 뉴턴 이론 중 어떤 세부사항은 오류라는 것을 안다. 사실 빛의 미립자라는 아이디어는 수백 년 후 아인슈타인에 의해서 부활했고 오늘날 광자라고 불린다. 그러나 아인슈타인의 빛 미립자는 양자 입자이며 뉴턴 이론을 따르는 것이 아니다.

뉴턴은 망원경을 개량해서 명성을 쌓았지만 빛 미립자라는 발상은 그 시대의 커다란 회의적 태도와 직면했다. 나중에 아인슈타인의 시대에 마주치게 될 것과 비슷한 수준이었다. 그런가 하면 빛을 파동이라고 서술한 후크의 이론은 적대적인 취급을 받았다. 게다가 후크는 뉴턴에 대해서 불평했다. 자신이 예전에 이미 수행한 실험을 뉴턴은 변형했을 뿐인데 마치 자신의 실험인 듯이 굴었다는 내용이었다.

뉴턴은 광학을 연구하느라 밥도 먹지 않고 잠도 자지 않고 세월을 보낸 터라 두 사람 사이의 지적인 싸움은 모질고 나쁜 방향으로 재빨리 전개되었다. 설상가상으로 자신만만하고 성급한 사람이었던 후크는 뉴턴에 대한 반론과 비판을 불과 몇 시간 만에 작성했다. 이에 반해서 꼼꼼하고 모든 일에 조심스러운 뉴턴은 자신의 답변에 막대한 양의 노력을 쏟아부어야 한다고 생각했다. 이 작업은 몇 개월씩 걸리는 일도 있었다.

개인적인 적개심은 차치하고, 뉴턴의 새로운 과학적 방법은 사회적 측면과 만나게 되었다. 아이디어를 둘러싼 공개 토론과 논쟁이 그것이다. 그러나 뉴턴은 그런 곳에 취미가 없었다. 원래부터 고립주의자였던 그는 후퇴했다.

수학에 신물이 나고 자신의 광학이 받은 비판에 격노한 뉴턴은 과학 공동체 전체로부터 스스로를 완전히 고립시켰다. 1670년대 중반이었던 그때, 30대 초반이었지만 이미 회색의 머리칼이었던 그는 빗질도 잘 안 했다. 그는 그 다음 10년 동안에도 이 같은 고립을 지속했다.

그가 거의 완전한 고립을 선택한 이유는 분쟁을 혐오하는 성격 때문만은 아니었다. 이에 앞서 여러 해 전부터 심지어 수학과 광학을 연구하던 당시부터 이미 시작한 일 때문이기도 했다. 그는 주당 100시간에 이르는 연구시간의 초점을 두 가지 새로운 관심사로 돌리기 시작했다. 이것들은 "제정신이 아닌" 연구 프로그램이어서 이후 뉴턴이 너무나 자주 비판을 받는 빌미를 제공했다. 그리고 사실 이것들은 결정적으로 주류를 벗어나 있었다. 성경 해석과 연금술이 그것이다.

뉴턴이 신학과 연금술 작업에 전념하기로 결정한 것은 후대의 학자들에게 이해할 수 없는 일로 흔히 비쳐졌다. 마치 사이언톨로지 교의 안내 책자를 쓰느라 「네이처」에 논문을 싣는 일을 포기하기라도 한 것처럼 말이다. 그러나 이런 판단은 그가 한 작업의 진정한 의미를 고려하지 않은 것이다. 물리학, 신학, 연금술에 대한 그의 통합된 노력은 공통의 목표를 가지고 있었다. 세계의 진실을 파악하려는 몸부림이 그것이다. 이런 노력들을 간략히 살펴보는 것도 흥미로운 일이다. 이것들이 옳아서도 아니고 뉴턴이 광기의 발작을 일으켰다는 점을 증명하는 사례여서도 아니다. 왜냐하면 과학적 탐구 중에서 나중에 성과를 내는 것과 그렇지 못한 것 사이를 나누는 경계를 눈에 띄게 만들어주기 때문이다. 이런 경계가 희미한 경우는 흔하다.

뉴턴은 경건한 사람에게는 진실이 모습을 드러낸다는 것을 성경이 보장한다고 믿었다. 그중 어떤 요소는 단순히 자구(字句)를 읽는 것만으로는 명백하지 않을 수 있다고 하더라도 말이다. 또한 그는 과거의 경건한 사람들은 중대한 통찰력을 발휘했고 그 내용을 불신자(不信者)들이 알지 못하도록 기호의 형태로 자신들의 저작 속에 숨겨놓았다고 믿었다. 그 사람들에는 스위스의 의사 파라셀수스 같은 위대한 연금술사들도 포함된다. 뉴턴은 중력의 법칙을 유도한 이후로 모세, 피타고라스, 플라톤 모두가 예전부터 이 법칙을 알고 있었다고, 심지어 확신까지 하게 되었다.[15]

뉴턴이 그의 아이디어를 성경의 수학적 분석에 쏟아붓게 된 것은 그의 재능으로 볼 때 이해할 수 있는 일이다. 그의 작업은 천지창조, 노아의 방주, 그외 일어났던 성서의 사건들이 일어난 정확한 날짜라고 그가 생각한 것들로 이어졌다. 그는 또한 성경에 기초해서 세상의 종말일을 계산하고 이를 거듭 수정했다.[16] 그의 최종 예측 중 하나는 세상이 2060년에서 2344년 사이의 언젠가 종말을 맞는다는 것이다(나중에 이것이 진실로 판명될지는 모른다. 그러나 이것은 이상하게도 지구 기후 변화의 일부 시나리오와 딱 맞아떨어진다).

게다가 뉴턴은 성경 구절 중 많은 부분의 진위를 의심하게 되면서, 대규모의 위조가 일어나면서 초기 교회의 유산이 오염되었다고 확신했다. 그리스도가 신이라는 생각—그는 이것이 우상숭배라고 생각했다—을 뒷받침하기 위해서 조작되었다는 것이다. 한마디로 그는 삼위일체를 믿지 않았다. 그가 트리니티(삼위일체라는 뜻/옮긴이) 칼리지의 교수라는 점을 생각하면 아이러니한 일이다. 또한 위험한 일이기도 했다. 만일 그의 견해가 잘못된 사람들에게 알려진다면 교수 자리뿐만 아니라 훨씬 많은 것을 잃었을 것이 거의 틀림없기 때문이다. 그러나 뉴턴은 기독교의 재해석에 전념하면서도 자신의 저작이 대중에게 노출되는 것을 허락하는 일에는 매우 용의주도했다. 뉴턴 스스로는 과학에 대한 혁명적 업적보다 종교에 대한 자신의 작업이 가장 중요하다고 간주했음에도 불구하고 그랬다.

이 시기 뉴턴이 열정을 바친 또 하나의 분야인 연금술 역시 엄청난 시간과 에너지를 소모시키는 일이었다. 이 연구는 30년 넘게 계속되었고, 이는 물리학에 전념했던 기간보다 훨씬 더 긴 것이었다. 이 연구에는 비용도 많이 들었다. 뉴턴이 스스로 연금술에 관한 실험실과 도서관 모두를 만들었기 때문이다. 여기에서도 우리는 뉴턴의 노력을 비과학적이라며 단순히 묵살하기 쉽다. 그러나 그렇게 한다면 실수가 될 것이다. 왜냐하면 그의 연구는 신중하게 착수되었고 뉴턴의 내재적인 믿음을 고려하면 충분한 이유가 있었다. 여기에서도 뉴턴은 우리로서는 이해하기 어려운 결론에 도달했다. 그의 추론이 기초하고 있는 큰 맥락 자체가 우리로서는 완전히 낯선 것이기 때문이다.

오늘날 우리가 생각하는 연금술사는 가운을 입고 수염을 기른 채 육두구 열매를 금으로 만들기 위해서 주문을 읊조리는 사람일 것이다. 사실 연금술을 최초로 시행한 것으로 알려진 사람은 이집트 사람인 멘데스의 볼로스이다. 기원전 200년경의 인물인 그는 모든 "실험"을 다음과 같은 주문으로 마무리지었다. "하나의 본성이 다른 본성 속에서 기뻐한다. 하나의 본성이 다른 본성을 파괴한다. 하나의 본성이 다른 본성을 통달한다."[17] 마치 두 사람이 결혼했을 때 일어날 수 있는 서로 다른 일들의 목록을 읊는 것처럼도 보인다. 그러나 볼로스가 언급하는 본성이란 화학물질이고 그는 화학반응에 대해서 부분적인 지식을 정말로 가지고 있었다. 뉴턴의 믿음에 따르면, 오랜 옛날 볼로스와 같은 학자들은 심오한 진리를 발견했지만 그 이후 전해지지 않게 되었다. 하지만 그리스 신화에 이 연금술의 비법이 암호로 쓰여 있기 때문에 그것을 분석하면 비법을 되찾을 수 있을 것이라고 그는 믿었다.

뉴턴은 연금술을 연구하면서 자신의 주의 깊은 과학적 접근법을 유지했다. 조심스러운 실험을 무수히 되풀이하면서 수많은 노트를 적었다. 뉴턴은 과학 역사상 가장 위대한 책이라고 흔히 불리는 『프린키피아』의 저자가 될 인물이었지만, 다음과 같은 내용의 실험 관찰로 가득 찬 노트를 휘갈기면서 여러 해를 보냈다. "휘발성의 녹색 사자[금을 녹일 수 있는 왕수(王水), 즉 진한 질산과 염산의 혼합액을 말하는 연금술 용어/옮긴이)를 금성의 중심 염에 녹인 다음 이를 증류하라. 이 정령은 녹색 사자 금성의 피, 그 독으로 모든 것을 살해하는 바빌론의 용, 그러나 다이애나(달의 여신)의 비둘기들에 의해서 누그러지고 정복당한 존재, 수성의 접착제이다."[18]

과학자로서의 경력을 시작할 때 나는 통상적인 영웅들을 모두 우상으로 생각했다. 역사에 등장하는 뉴턴, 아인슈타인, 동시대의 파인만 같은 천재들 말이다. 이 모든 위인들을 탄생시킨 분야에 입문한다는 것은 젊은 과학자에게 큰 압박으로 작용할 수 있다. 내가 그 압박을 처음 느낀 것은 칼텍의 교수로 임용되었을 때였다.[19] 그것은 중학교에 첫 등교하기 전날 밤과 같은 느낌이었다. 나는 체육 수업에 참석하기가 무서웠고 특히 다른 남자애들이 모두 있는 데에서 샤워를 해야 하는 것이 두려웠다. 왜냐하면 이론물리학에서는 스스로 발가벗게 되기 때문이다. 신체적으로가 아니라 지적으로 그렇다. 다른 사람들이 정말로 지켜보고 평가를 내린다.

이런 불안감을 입 밖으로 내거나 토로하는 사람은 드물다. 그러나 흔히들 느끼는 감정이다. 모든 물리학자는 이 같은 압력을 다룰 나름의 방법을 스스로 찾아내야 한다. 하지만 만일 성공하고 싶다면 반드시 피해야 할 경향이 하나 있는데 그것은 자신이 틀릴까봐 두려워하는 일이다. 토머스 에디슨은 사람들에게 흔히 이렇게 충고한 것으로 전해진다. "위대한 아이디어를 하나 내려면 우선 아이디어를 많이 내야 한다." 사실 혁신가들은 누구나 영광의 대로보다는 막다른 골목에 들어서는 일이 더 많다. 따라서 잘못된 길로 접어드는 것을 두려워하면 흥미 있는 곳으로는 어디로도 가지 못한다고 보장할 수 있다. 그러므로 뉴턴이 수많은 잘못된 아이디어 때문에 오랜 세월을 허비했다는 사실을 내가 처음 교수가 되던 시절에 알았더라면 참 좋았을 것이다. 가끔씩 눈부실 정도로 옳은 사람들이 또한 가끔씩 틀릴 수 있다는 사실을 알게 되면 위안을 느끼는 사람들이 있다.

　나를 포함한 이런 사람들은 심지어 뉴턴 같은 천재도 길을 잃을 수 있다는 사실을 알게 되면 안도감을 느낀다. 모든 물질은 미세한 입자로 구성되어 있다고 그는 믿었다. 또한 열이란 해당 입자들의 운동의 결과라는 점을 그는 알아냈다. 그럼에도 불구하고 자신이 결핵에 걸렸다고 생각했을 때 그가 했던 선택을 보라. 테레빈유, 장미 향수, 올리브유로 만든 "치료제"를 마셨다(이 치료제는 유방에 통증이 있을 때와 미친 개에게 물렸을 때도 효과가 있다고 알려졌었다). 그는 미적분학을 발명한 사람이다. 맞다. 그렇지만 그는 예루살렘에는 솔로몬 왕의 잃어버린 사원이 존재하는데 그 평면도에는 세상의 종말에 관한 수학적 힌트가 숨어 있다고 생각하기도 했던 사람이다.

　뉴턴은 왜 이렇게 진로에서 멀리 벗어나 표류했던 것일까? 상황을 검토해보면 한 가지 요인이 다른 모든 요인 위로 두드러진다. 고립이 그것이다. 중세 아랍세계가 지적인 고립 탓으로 나쁜 과학이 번창했던 것을 생각해보라. 이와 마찬가지 요인이 뉴턴에게 훼방을 놓았던 것으로 보인다. 그의 경우 고립은 자신이 선택한 것이지만 말이다. 그는 종교와 연금술에 대한 자신의 믿음을 숨겼다. 지적인 토론을 위해서 논의를 개방한다면 이에 따라올 조롱이나 심지어는 비난받게 될 위험을 감수하기 싫었던 탓이다. 옥스퍼드 대학교의 철학자 W. H. 뉴턴-스미스에 따르면 "이성적인 '좋은 뉴턴'과 비이성적인 '나쁜 뉴턴'이 있었던 것은 아니다."[20] 뉴턴이 길을 잃은 이유는 따로 있다. 자신의 아이디어를 공개해서 "공공의 광장"에서 논의와 시험을 거치지 않은 것이 문제였다. "과학 분야의 규범들" 중에서 가장 중요한 것을 지키지 않은 것이다.

　비판에 지나치게 민감했던 뉴턴은 흑사병 시절 운동의 물리학에 대해서 자신이 이룩한 혁명적 연구결과 역시 밝히기를 꺼렸다. 루카스 석좌교수 취임 15년이 되는 해까지도 그의 아이디어는 출간되지 않은 미완성

연구로 남아 있었다. 그 결과 1684년 41세의 뉴턴이 만들어놓은 것은 연금술과 종교에 대한 두서없는 노트와 에세이 더미, 완성되지 않은 논문이 여기저기에 흩어져 있는 수학 연구, 여전히 혼란스럽고 불완전한 운동이론밖에 없었다. 미친 듯이 일하는 과거의 천재가 이룩한 업적이 그것밖에 되지 않았던 것이다. 뉴턴은 여러 분야에 대해서 상세한 연구를 수행했으나 깔끔한 결론에는 전혀 이르지 못했다. 수학과 물리학에 대한 그의 아이디어는 과포화된 소금용액과 같은 상태로 남아 있었다. 내용물은 가득 차 있었지만 아직 결정화되지 못했던 것이다.

당시 뉴턴의 직업적 경력의 현황은 그런 수준이었다. 역사학자 웨스트폴은 말한다. "만일 1684년 뉴턴이 사망했고 그의 문서들이 살아남아 전해졌다면 우리는 이로부터 한 천재가 살았다는 것을 알게 되었을 것이다. 그러나 현대 지성의 모습을 만들어낸 인물이라며 갈채를 보내지는 않았을 것이다. 기껏해야 역사책에 간단히 몇 문단을 할애해서 그가 연구를 완수하지 못하고 실패한 데에 한탄하는 정도가 아니었을까."[21]

이것은 뉴턴의 숙명이 아니었다. 그가 의식적으로 자신의 연구를 마무리짓고 출판하려고 결정한 것은 전혀 아니다. 오히려 그 반대이다. 1684년 과학사의 진로는 거의 우연이라고 할 만한 만남에 의해서 달라졌다. 뉴턴에게 필요했던 아이디어와 자극을 제공한 동료가 생겼기 때문이다. 만일 이런 만남이 없었더라면 과학사, 그리고 오늘날의 세계는 지금과 크게 달랐을 것이다. 별로 좋지 않은 방향으로 말이다.

* * *

과학 역사상 가장 위대한 진보로 자라나게 될 씨앗은 뉴턴이 어떤 동료와 만난 뒤에 싹텄다. 그는 늦여름의 더위 속에 케임브리지를 우연히 거쳐지나간 인물이었다.

그 치명적인 해 1월, 혜성으로 유명한 천문학자 에드먼드 핼리는 런던의 영국 왕립협회의 어느 회의에 앉아 있었다. 과학을 전문으로 하는 이 영향력 있고 수준 높은 학회에서 그는 두 명의 동료와 당시의 뜨거운 주제를 토의 중이었다. 이보다 수십 년 전에 요하네스 케플러는 행성의 궤도를 서술하는 것 같은 세 가지 법칙을 발견했다. 이 발견은 덴마크 귀족 티코 브라헤(1546-1601)가 전례 없이 정밀하게 수집한 행성의 움직임에 대한 자료를 활용한 덕분이었다. 그는 행성의 궤도들이 태양을 두 초점 중 하나로 하는 타원이라고 선언했으며, 이 궤도들이 따르는 법칙을 알아냈다. 예컨대 행성이 한 번 공전하는 데에 걸리는 시간은 태양으로부터의 평균 거리의 세제곱에 비례한다는 것이다. 어떤 의미에서 그의 법칙들은 공간에서 행성의 움직임을 간결하고 아름답게 설명하고 있었다. 그러나 다른 의미로 보면 이들은 공허한 관찰, 임시적인 서술에 불과했다. 행성의 궤도가 왜 그래야 하는지에 대해서 아무런 통찰도 제공하지 않았던 것이다.

케플러의 법칙은 뭔가 더 깊은 진리를 반영한 것이 아닐까 하고 핼리와 그의 두 동료는 의심했다. 특히 그들은 하나의 가정을 도입하면 케플러의 모든 법칙이 충족될 수 있을 것이라고 추측했다. 태양은 각각의 행성을 끌어당기는 데에 그 힘은 태양과 행성 간 거리의 제곱에 비례해서 약해진다는 가정이다. 수학에서 말하는 "역제곱법칙(inverse square law)"이다.

태양과 같이 멀리 있는 물체로부터 모든 방향으로 발산되는 힘은 그 물체와 거리의 제곱에 비례해서 약해진다는 주장은 기하학을 근거로 했을 때 가능하다. 엄청나게 거대한 구가 있고 그 중심에 태양이 하나의 작은 점 크기로 존재한다고 가정해보자. 구 표면의 모든 점은 태양으로부터 거리가 동일하다. 그러므로 태양의 물질적 영향력―본질적으로 그 "힘의 장"―은 해당 구의 표면에 동등하게 퍼져 있어야 할 것이다. 이와 달리 생각해야 할 이유는 전혀 없다.

이제 그보다 두 배가 더 큰 구를 생각하자. 기하학법칙에 따르면 구의 반지름이 두 배가 되면 표면적은 네 배가 된다. 그러므로 태양의 인력은 이제 과거보다 네 배가 더 넓은 면적에 퍼질 것이다. 그렇다면 두 배가 더 큰 구의 표면 어느 지점에서든 태양의 인력은 과거의 4분의 1이 될 것이다. 역제곱법칙은 이렇게 작동한다. 거리가 멀어질수록 그에 작용하는 힘은 거리의 제곱에 비례해서 줄어든다.

  핼리와 그의 동료들은 케플러의 법칙 배후에는 역제곱법칙이 존재한다고 의심했다. 그러나 이를 증명할 수 있을 것인가? 그중의 한 명인 로버트 후크는 자기가 할 수 있다고 말했다. 이 자리에 있던 또 한 사람은 크리스토퍼 렌이었다. 오늘날 그는 건축가로서의 업적 때문에 주로 알려져 있지만 유명한 천문학자이기도 했다. 그는 후크에게 증명을 제시하면 상금을 주겠다고 제안했다. 후크는 이 제안을 거부했다. 그는 반대를 잘하는 성격을 가진 인물로 알려졌지만, 그가 제시한 근거는 의심스러운 것이었다. 그는 자신의 증명결과를 발표하지 않겠다고 말했다. 이 문제를 해결하는데 실패하는 다른 사람들이 문제의 어려움을 잘 알 수 있도록 하기 위해서라는 것이다. 어쩌면 후크는 정말로 그 문제를 풀었을지도 모른다. 어쩌면 그는 금성까지 비행할 수 있는 비행선도 설계했을지도 모른다. 어느 경우이든지 그는 증거를 전혀 내놓지 않았다.

  문제의 만남이 있은 지 7개월 후에 핼리는 케임브리지에 있었다. 그는 고독한 뉴턴 교수를 방문하기로 결정했다. 후크와 마찬가지로 뉴턴은 핼리의 추측을 증명할 수 있는 작업을 이미 마쳤다고 말했다. 후크와 마찬가지로 뉴턴은 증명을 제시하지 못했다. 그는 서류를 한참 뒤졌으나 문제의 증명을 찾지 못한 것이다. 그러자 그는 자신이 그것을 찾아 나중에 핼리에게 보내겠다고 약속했다. 그로부터 몇 개월이 지났지만 핼리는 아무것도 받지 못했다. 핼리가 무슨 생각을 했을지 생각해보지 않을 수 없다. 그는 어떤 문제를 풀 수 있느냐고 두 명의 학식 있는 사람에게 묻는다. 그러자 한 사람은 말한다. "나는 답은 알고 있지만 말하지 않을 걸세." 또다른 한 명은 사실상 이렇게 말한다. "개가 내 과제물을 먹어버렸어." 렌은 상금을 계속 보유하고 있었다.

뉴턴은 자신이 찾고 있던 증명을 정말 찾아냈지만 다시 검토해보니 그것이 오류임이 확인되었다. 그러나 그는 포기하지 않았다. 자신의 아이디어를 수정했고 결국 성공했다.

그해 11월, 그는 핼리에게 9쪽의 논문을 보냈다. 케플러의 3대 법칙 모두가 정말로 인력의 역제곱법칙의 수학적 결과임을 보여주는 내용이었다. 그는 이 소논문의 제목을 「궤도를 도는 물체의 운동에 관하여(*De Motu Corporum in Gyrum*)」라고 붙였다.

핼리는 전율했다. 뉴턴의 논문이 혁명적인 것임을 알아차렸다. 그는 왕립협회에서 이를 출판하기를 원했다. 그러나 뉴턴이 반대했다. "이것은 연구 중인 주제입니다. 논문을 발표하기 전에 그 바닥까지 알아야 기쁘겠습니다."[22] 뉴턴이 "알아야 기쁘겠다고?" 이후 뉴턴은 엄청난 노력을 기울인 끝에 아마도 역사상 가장 중요할 지적인 발견을 하게 된다. 그런 연유로 뉴턴의 이 표현은 역사상 가장 절제된 표현으로 자리잡았다. 뉴턴은 "그 바닥"에 도달하게 된다. 행성 궤도라는 이슈의 배후에는 운동과 힘에 관한 보편적 이론이 존재하며 이것이 천상과 지상을 가리지 않고 모든 물체에 적용된다는 것을 입증한 것이다.

이후 18개월간 뉴턴은 다른 일은 전혀 하지 않고 소논문의 확장 작업에만 전념하는데 이것이 나중에 『프린키피아』가 된다. 그는 물리학 기계였다. 어떤 주제에 정신이 팔리면 끼니도 거르고 심지어 잠도 자지 않는 것이 그의 한결 같은 습관이었다. 그의 고양이는 그가 쟁반에 남겨둔 음식을 먹고 뚱뚱해졌다는 이야기도 한때 돌았다. 대학시절 옛 룸메이트에 따르면 밤에 자신과 헤어졌던 그 자리에 뉴턴이 아침까지 그대로 있으면서 여전히 동일한 문제로 작업하고 있는 것을 흔히 보았다고 한다. 그러나 이번에는 더욱 극단적으로 집중했다. 그는 인간과의 접촉을 사실상 모두 끊었다. 자신의 방을 거의 떠나지 않았다. 위험을 무릅쓰고 대학 식당으로 가는 드문 경우에도 그는 선 채로 한두 입을 먹은 뒤 잽싸게 자신의 거처로 돌아가는 일이 흔했다.

마침내 뉴턴은 연금술 실험실로 향하는 문을 닫아버리고 신학 연구를 보류했다. 직책에 따른 강의는 계속했지만 이들 강의는 이상하게 모호하고 따라가기가 불가능해보였다. 그 이유는 나중에 밝혀졌다. 뉴턴은 수업 시간마다 강단에 서기는 했지만 『프린키피아』의 초고를 발췌해서 읽는 것으로 일관했던 것이다.

* * *

뉴턴은 트리니티 칼리지의 선임 연구원으로 선출된 이래 힘과 운동에 관한 연구를 크게 진전시키지 못했다. 그렇지만 1680년대의 뉴턴은 흑사병이 돌던 1660년대의 자신에 비해서 훨씬 더 뛰어난 지식인이 되어 있었다. 수학적으로도 훨씬 더 성숙했으며 연금술 연구를 통해서 과학적 경험도 크게 늘었다. 일부 학자들은 심지어 이 시기에 연금술을 연구했던 덕분에 그가 운동의 과학에 돌파구를 열 수 있었다고 믿는다. 그 돌파구 덕분에 그는 『프린키피아』를 쓸 수 있었다.

역설적으로, 돌파구를 열 수 있었던 촉매 중의 하나는 로버트 후크로부터 받은 편지 한 장이었다. 뉴턴은 그 편지를 5년 전에 받았다고 회고했다. 후크가 제안한 아이디어는 궤도운동은 두 가지 다른 경향의 합으로 볼 수 있다는 것이었다. 하나의 물체가(예컨대 행성) 자신을 끌어당기는 다른 어떤 물체(예컨대 태양)의 주위를 원을 그리며 돌고 있다고 가정하자. 돌고 있는 물체는 직선운동을 하는 경향이 있다고 하자. 궤도에서 벗어나 직선으로 나아가려는 경향 말이다. 운전자가 비 때문에 커브 길을 보지 못한 자동차와 비슷한 상황이라고 보면 된다. 수학자들은 이를 접선 방향으로 이탈한다고 말한다.

이제 이 물체에게 궤도의 중심으로 이끌리는 두 번째 경향이 있다고

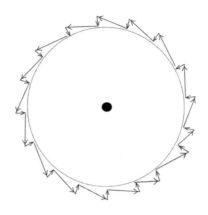

회전운동은 접선 방향운동과 연직운동의 합으로 볼 수 있다.

하자. 수학자들은 이런 방향의 운동을 연직운동이라고 한다. 연직운동을 하는 경향은 접선운동을 하는 경향을 보충할 수 있다. 그래서 이 두 개를 합치면 궤도운동이 만들어진다.

이 발상이 뉴턴에게 어떻게 공명했을지는 알아보기는 쉽다. 갈릴레오의 관성의 법칙을 개량하는 과정에서 이를 떠올린 뉴턴은 자신의 거래 일기장에서 다음과 같이 제시했다. 모든 물체는 외부의 원인, 즉 힘이 가해지지 않는 한 직선운동을 계속하는 경향이 있다. 궤도운동을 하는 물체에 있어서 첫 경향—궤도에서 직선으로 이탈하려는 경향—은 이 법칙의 자연스런 결과이다. 이 그림에 궤도의 중심으로 물체를 이끄는 힘을 추가하면 어떻게 될까. 뉴턴이 깨달은 바에 따르면 이는 연직운동의 원인을 제공한 셈이 된다. 후크가 말한 두 번째 필요요소 말이다.

그러나 이를 어떻게 수학적으로 서술할 수 있을 것인가, 특히 역제곱 법칙이라는 특정한 수학적 형태와 케플러가 발견한 궤도의 특정한 수학적 속성을 어떻게 연결시킬 것인가?

시간을 아주 짧은 간격으로 분할한다고 생각해보라. 각각의 간격에서 궤도운동을 하는 물체는 접선 방향으로 아주 조금, 이와 동시에 구심 방향으로 아주 조금 움직인다고 생각할 수 있다. 이 두 운동을 합친 결과는 궤도운동으로 다시 돌아가는 것이다. 그러나 원래의 출발점보다 원호 상에서 조금 더 나아간 지점으로 말이다. 이런 과정을 많이 되풀이하면 위의 그림처럼 들쭉날쭉한 톱니 모양의 원이 된다.

이런 궤도에서 시간 간격을 충분히 짧게 잡으면 물체의 경로는 원하는 만큼 원에 가까워질 수 있다. 이 지점에서 뉴턴의 미적분학 연구가 적용 된다. 만일 간격이 **무한소**라면 그 경로는 실제로 원이다.

이것이 궤도에 대한 뉴턴의 새로운 설명이다. 그는 자신이 발명한 새 로운 수학 덕분에 이런 설명을 만들어낼 수 있었다. 그는 궤도운동을 하는 물체가 접선 방향으로 움직이면서 또한 원심 방향으로 "낙하하는" 그림을 조립해서 들쭉날쭉한 경로를 만들어냈다. 그다음 그는 극한 사례 를 들어 톱니의 직선모양이 사라지도록 했다. 그러면 들쭉날쭉한 톱니가 실제로 원이 된다.

이 견해에 따르면 궤도운동이란 어떤 물체가 모종의 중심에서 끌어당 기는 힘의 작용에 의해서 자신의 접선 경로로부터 지속적으로 방향을 돌리는 운동에 불과하다. 직접 해보니까 결과가 나왔다. 뉴턴은 역제곱 법칙을 이용해서 궤도의 수학에 나오는 구심력을 설명함으로써 케플러 의 3대 법칙을 만들어냈다. 과거 핼리가 요구했던 그대로를 해낸 것이다.

자유낙하와 궤도운동이 동일한 힘-운동법칙의 적용 사례임을 뉴턴은 밝혀냈다. 이를 통해서 그는 천상과 지상이 각기 다른 영역에 속한다는 아리스토텔레스의 주장이 틀렸다는 것을 최종적으로 증명했다. 다른 행 성의 특징들이 지구의 그것과 매우 유사하다는 사실이 드러난 것은 갈릴 레오의 천문 관측 덕분이다. 뉴턴의 업적은 자연**법칙**이 지구만이 아니라 다른 행성들에도 적용된다는 것을 보여주었다는 데에 있다.

그러나 심지어 1684년에도 중력과 운동에 대한 뉴턴의 직관은, 떨어 지는 사과 이야기가 말하는 바와 같은 느닷없는 깨달음과는 거리가 멀었 다. 중력이 보편적 힘이라는 중대한 발상은 그가 『프린키피아』의 초고

를 수정하는 도중 점진적으로 분명해졌다.[23]

과거에는 행성이 인력을 발휘하지나 않을까 하고 과학자들이 의심한다고 해도 한계가 있었다. 행성의 중력은 자신의 위성에만 영향을 미칠 뿐 다른 행성에는 영향이 없다는 것이었다. 각각의 행성은 별개의 세계이고, 거기에 적용되는 법칙도 별개라고 생각했었다. 사실 뉴턴 자신의 출발점도 이와 비슷했다. 지구에서 물체를 낙하시키는 원인이 혹시 달에 대한 지구의 인력도 설명할 수 있지 않을까 하고 조사를 시작한 것이지 태양이 행성들에 미치는 인력은 관심사항이 아니었다.

마침내 인습적 사고방식에 의문을 품기 시작했다는 사실은 뉴턴의 창의력의 증거이자 그가 상자의 바깥에서 생각할 능력이 있다는 증표이다. 그는 영국의 어느 천문학자에게 편지를 써서 1680년과 1684년의 혜성에 대한 자료와 목성과 토성이 서로를 향해 접근할 때의 궤도속도에 대한 자료를 요청했다. 매우 정확한 자료를 받아 기진맥진할 정도의 계산을 수행하고 그 결과를 비교한 결과 그는 확신하게 되었다. 동일한 중력의 법칙이 지상과 천상을 막론하고 모든 곳에서 작용하고 있었다. 그는 이를 반영할 수 있도록 『프린키피아』의 본문을 고쳤다.

뉴턴의 법칙이 가진 힘은 개념적 내용이 혁명적이라는 데에만 있지 않다. 이를 가지고 그는 전례 없이 정확한 예측을 내놓을 수 있었고, 이를 실험결과들과 비교할 수 있었다. 예컨대 뉴턴은 달까지의 거리와 지구의 반지름에 대한 자료를 이용해서 다음과 같은 결론을 내렸다.[24] 파리 정도의 위도에서 정지해 있다가 낙하하는 물체는 최초의 1초에 457.5175센티미터 낙하해야 한다. 계산 과정에서 그는 태양의 인력 때문에 달의 궤도가 교란되는 정도, 지구의 자전에 따른 원심력, 지구가 완전한 구형이 아니라는 점 같은 세부사항을 모두 반영했다. 대단히 까다로웠던 뉴턴이 보고한 바에 따르면 그의 계산과 실제 실험결과와 차이는 3,000분의 1이하였다.[25] 게다가 그는 수고를 아끼지 않고 각기 다른 물질인금, 은, 납, 모래, 소금, 물, 나무, 밀을 이용해서 실험을 되풀이했다. 그는 모든 물체는 무엇으로 만들어져 있든, 지상에 있든 하늘에 있든, 다른 모든 물체를 끌어당기는데 그 인력은 언제나 동일한 법칙을 따른다고 결론지었다.

* * *

뉴턴이 자신이 시작한 일의 "끝장을 보았을" 때 당초 9쪽이었던 「궤도를 도는 물체의 운동에 관하여」는 3권짜리 프린키피아가 되었다. 이 책의 정식 이름은 『자연철학의 수학적 원리(*Philosophiæ Naturalis Principia Mathematica*)』이다.

『프린키피아』에서 뉴턴은 더 이상 궤도운동을 하는 물체의 운동만을 다루지 않았다. 힘과 운동 자체에 대한 일반이론을 상세히 설명했다. 그 핵심에는 세 가지 양의 상호관계가 자리잡고 있었다. 힘, 가속도(뉴턴은 운동의 양이라고 불렀다), 그리고 질량이다.

지금까지 우리는 뉴턴이 자신의 법칙을 개발하려고 어떻게 애를 써왔는지를 보았다. 이제 그의 3대 법칙이 가진 의미를 알아보자. 제1법칙은 갈릴레오의 관성의 법칙을 세련화한 것이다. 힘이 변화의 원인이라는 중요한 인식을 추가했다.

> 제1법칙 : 모든 물체는 외부의 힘이 가해져서 변화해야만 할 때를
> 제외하면 정지 상태를 유지하거나 등속 직선운동을 계속한다.

뉴턴의 운동 개념은 갈릴레오와 마찬가지였다. 운동이란 어떤 물체가 일정한 속도로 직선으로 나아가는 것인데 이는 사물의 자연스러운 상태이다. 오늘날 우리는 애초에 뉴턴의 용어로 생각하는 탓에 이 발상이 얼마나 직관에 반하는 뛰어난 것인지 느끼기 쉽지 않다. 그러나 우리가 세상에서 관찰하는 모든 운동은 뉴턴의 설명과 달리 직선운동이 아니다.

낙하하는 물체는 속도가 더욱 빨라지고, 공기를 만나서 속도가 느려지며 지구를 향해서 낙하할 때 곡선 경로를 따른다. 이 모든 것이 어떤 의미에서는 비정상적 운동이라고 뉴턴은 주장했다. 중력이나 마찰 같은 보이지 않은 힘이 작용한 결과라는 것이다. 만일 어떤 물체를 가만히 두면 그 물체는 한결같이 움직이는 법이라고 그는 말했다. 만일 운동 경로가 굽어 있거나 속도가 변화한다면 이는 어떤 힘이 거기 작용하고 있기 때문이다.

우리가 우주를 탐사할 능력을 가지게 된 것은 가만히 놓아둔 물체가 자신의 운동 상태를 지속한다는 사실 덕분이다. 지구 표면에 있는 페라리자동차는 정지 상태에서 시속 96킬로미터로 가속하는 데에는 4초도 걸리지 않는다. 그러나 이 속도를 유지하려면 힘을 많이 써야 한다. 공기 저항과 마찰 때문이다. 우주공간을 비행하는 우주선은 16만 킬로미터당 한개 정도의 분자와 만나게 된다. 따라서 마찰이나 저항은 신경 쓸 필요가 없다. 우주선을 일단 움직이게 만들면 일정한 속도로 직선운동을 계속한다는 의미이다. 페라리처럼 속도가 줄어드는 일이 없다. 그리고 엔진을 계속 가동하면 속도가 점점 빨라진다. 마찰 때문에 손실되는 에너지는 없다. 만일 당신 우주선의 추진력이 페라리와 같으며 1초 대신 1년간 이를 가동하면 그 속도는 광속의 절반을 넘게 된다.

물론 실질적인 문제가 좀 있기는 하다. 운반해야 하는 연료의 양과 상대성 효과가 그렇다. 후자는 나중에 다룰 예정이다. 또한 당신이 별에 가고 싶어한다면 겨냥을 잘해야 한다. 항성계는 아주 드물게 존재하기 때문이다. 만일 우주선의 방향을 무작위로 선택한다면, 또다른 태양계를 만나기 위해서는 빅뱅 이후 지금까지 빛이 여행한 것보다 더 먼 거리를 가야 할 것이다.

뉴턴은 우리가 다른 행성을 방문하리라고는 상상하지 못했다. 그러나 힘이 가속을 유발한다고 단언한 그는 제2법칙에서 힘, 질량, 가속도 사이의 양적인 관계를 서술한다(현대 용어로 "운동의 변화"란 운동량의 변화를 의미한다. 즉 가속도에 질량을 곱한 것이다).

> 제2법칙: 운동의 변화는 가해진 힘에 비례하며 그 힘이 가해진 직
> 선 방향을 따라 발생한다.

예컨대 어린이가 탄 수레를 당신이 밀고 있다고 하자. 마찰을 무시한다면 계산은 이렇게 된다. 당신이 1초 동안 35킬로그램짜리 아이가 탄 수레를 밀어서 시속 8킬로미터로 움직이게 만들었다고 해보자. 이제 10대 소년이 타고 있는 75킬로그램 무게의 수레를 전과 같은 속도로 움직이게 해야 한다. 그러려면 당신은 두 배의 힘을 쓰거나 전과 동일한 힘으로 두 배 오래 밀어야 한다. 당신이 350톤 무게의 점보제트기를 시속 8킬로미터로 가속하려면 어떻게 해야 할까. 1만 배 강한 힘으로 미는 것은 힘들 것이다. 그러나 1만 배 오랜 시간을 미는 것은 인내심만 있다면 가능하다. 그러므로 만일 당신이 1만 초 동안 힘을 계속 쓸 수 있다면 점보기를 꽉 채운 승객들에게 수레 타는 기분을 맛보게 할 수 있다. 1만 초라고 해보아야 2시간 47분에 불과하다.

오늘날 우리는 뉴턴의 제2법칙을 F = ma — 힘 = 질량 × 가속도 —로 적는다. 그러나 뉴턴의 제2법칙이 방정식 형태로 바뀐 것은 뉴턴이 사망한 지 오랜 후의 일로, 그가 서술한 지 거의 100년 후의 일이다.

제3법칙에서 뉴턴은 우주에 존재하는 운동의 총량은 불변이라고 말한다. 운동은 여러 물체에게 전달될 수는 있지만 총량은 늘거나 줄 수 없다. 여기서 말하는 운동의 총량은 우주가 시작되었을 때도 지금과 같았으며 우주가 존재하는 한, 동일하게 유지될 것이다.

여기서 알아야 할 중요한 점이 있다. 뉴턴의 설명에 따르면 한 방향의 운동에 반대 방향의 동일한 운동이 더해지면 운동의 총량이 0이 된다는

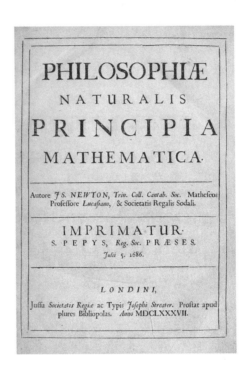

것이다. 그러므로 정지 상태의 물체는 뉴턴의 제3법칙을 위배하지 않고
도 운동 상태로 변할 수 있다. 다른 물체의 운동이 그 반대 방향으로
변화함으로써 해당 운동이 상쇄된다는 조건이 충족된다면 말이다. 뉴턴
은 이를 다음과 같이 표현했다.

제3법칙: 모든 작용에는 같은 크기의 반작용이 언제나 존재한다.

결백해 보이는 이 문장에 따르면 만일 총알이 앞으로 발사되면 총은
뒤로 밀린다. 스케이트를 신고 얼음을 뒤로 밀면 그 사람은 앞으로 나아
간다. 재채기를 해서 입에서 공기를 앞으로 내뿜으면 당신의 머리는 뒤
로 밀린다(「척추[Spine]」 저널에 실린 바에 따르면 이때 작용하는 가속
도는 지구 중력의 3배에 이른다).[26] 그리고 만일 우주선이 후미의 로켓에

서 뜨거운 기체를 내뿜는다면 해당 우주선은 앞을 향해 가속될 것이다. 그 가속도는 텅 빈 공간의 진공 속으로 뿜어지는 기체와 방향은 반대이고 크기는 동일하다.

뉴턴이 『프린키피아』에서 체계적으로 발표한 법칙들은 단순한 추상화가 아니었다. 그는 믿을 만한 증거를 제시할 수 있었다. 자신이 발표한 한 줌의 수학적 원리를 이용하면 현실 세계의 수없이 많은 현상들을 설명할 수 있다는 증거 말이다. 응용사례를 살펴보자. 그는 중력이 어떻게 해서 달의 운동에서 관측되는 불규칙성을 유발시키는지를 보여주었다. 그는 바다의 밀물과 썰물을 설명했다. 그는 공기 중에서 소리가 전파되는 속도를 계산했다. 그는 춘분점의 세차운동이 적도 부분의 돌출부에 가해지는 달의 인력 때문임을 보여주었다.

이것은 놀라운 업적이었다. 세상 사람들은 정말로 깜짝 놀랐다. 그러나 어떤 의미에서 이보다 더욱 인상적인 사실이 있다. 뉴턴이 자신의 법칙을 실제로 적용하는 데에 모종의 한계가 있다는 점을 이해했다는 점이다. 예컨대 그는 다음과 같은 사실을 알았다. 자신의 운동법칙이 우리 주변에서 일어나는 일에 대해서 대체로, 뛰어난 근사치를 제공한다는 것은 사실이다. 하지만 이 법칙은 공기저항이나 마찰이 없는 이상화된 세계에서만 절대적 의미에서 진실일 수 있다.

뉴턴의 천재성은 다음의 두 가지 행태에서 대부분 드러난다. 첫째, 우리가 실제로 사는 환경 속에는 사태를 복잡하게 만드는 무수한 요인이 있다는 것을 갈릴레오와 마찬가지로 인식했다. 둘째, 그 다음에 이 요인들을 제거해서 좀더 근본적인 수준에서 작동하는 우아한 법칙을 드러냈다.

자유낙하의 경우를 보자. 떨어뜨린 물체는 뉴턴의 법칙이 명하는 바에 따라서 가속된다. 그러나 처음에만 그렇다. 그 다음에 해당 물체가 진공 속에서 낙하하는 것이 아닌 한 낙하하며 통과하는 매질이 결국 가속을 중단시키는 작용을 한다. 어떤 물체가 매질을 통과하는 속도가 빠르면 빠를수록 물체에 작용하는 저항이 더욱 커지기 때문이다. 초당 충돌하는 분자 수가 많아지며 충돌하는 힘이 더욱 강해지기 때문이다. 결국, 낙하하는 물체의 속도가 빨라지면서 중력과 매질의 저항이 균형을 이루게 되고 속도는 더 이상 빨라지지 못한다.

이 같은 최대속도는 오늘날 최종(종단)속도라고 불린다. 최종속도와 그에 도달하는 데에 걸리는 시간은 낙하 물체의 형태와 무게, 그리고 해당 물체가 통과하는 매질의 속성에 달려 있다. 따라서 진공 속에서 낙하하는 물체가 시속 35.4킬로미터만큼 매초 빨라진다면, 공기 속에서 떨어지는 물방울은 시속 24킬로미터에 도달하면 더 이상 속도가 늘지 않는다. 탁구공의 경우 이 속도는 32킬로미터, 골프공 145킬로미터, 볼링공은 563킬로미터이다.

독자의 최종속도는 사지를 활짝 펴면 시속 201킬로미터, 공처럼 완전히 움츠리면 322킬로미터이다. 만일 고도가 매우 높아서 공기가 희박한 곳에서 뛰어내린다면 음속보다 빠르게 시속 1,225킬로미터로 떨어질 수 있다. 오스트리아의 간 큰 남자가 2012년에 이것을 해냈다. 3만9,000미터 상공의 풍선에서 뛰어내려 시속 1,358킬로미터를 기록했다(2014년 미국인 앨런 유스터스는 이보다 높은 곳에서 뛰어내렸지만 기록을 갱신하지 못했다). 뉴턴은 종단속도를 유도할 만큼 공기의 성질에 대해서 충분히 알지 못했지만 『프린키피아』제2권에서 자유낙하에 대해서 위에서 내가 서술한 이론적 그림을 실제로 제시했다.

뉴턴이 태어나기 직전에 철학자이자 과학자인 프랜시스 베이컨은 다음과 같이 썼다. "자연에 대한 연구는 빈약한 성공[을 거두었다.]"[27] 뉴턴이 사망한 지 수십 년이 지나지 않아서 물리학자이자 사제인 로저 보스코비치는 이와 대조적으로 다음과 같이 서술했다. "만일 힘의 법칙이 알려지고 모든 순간 모든 점들의 위치와 속도와 방향을 알 수 있다면, 그로부터 필연적으로 일어나는 현상 모두를 예측하는"[28] 것이 가능하다. 두 사람의 시대가 크게 다르지 않는데도 불구하고 논조는 심각하게 달랐다. 이 차이를 만들어낸 강력한 정신은 뉴턴의 것이다. 뉴턴은 당시의 주된 과학적 수수께끼들에 대해서 너무나 정확하고 심오한 해답을 제시했다. 그런 탓에 그 이후 수백 년 동안 진보가 일어날 수 있었던 분야는 그가 손대지 않은 곳뿐이었다.

* * *

1686년 5월 19일 영국 왕립협회는 『프린키피아』를 출간하기로 결정했다. 핼리가 출간비용을 지불한다는 조건하에서였다. 핼리는 동의하는 수밖에 없었다. 협회는 출판사가 아니었다. 사실 그 전해에 협회는 출판업에 뛰어들었지만 화재로 출판사가 불타버렸다. 『물고기의 역사(The History of Fishes)』라는 책을 펴냈지만 흥미로운 제목에도 불구하고 많이 팔리지 않았다. 자금이 궁해진 협회는 핼리가 서기로 일하는 대가로 받기로 했던 연간 50파운드의 급여도 계속 지급하지 못했다. 협회는 그 대신 『물고기의 역사』 책을 핼리에게 주었고, 핼리는 협회의 조건을 받아들였다. 『프린키피아』는 이듬해에 출간될 예정이었다.

출간비용을 지불한 핼리는 본질적으로 자신이 뉴턴의 출판사가 되었다. 또한 그는 『프린키피아』의 비공식 편집자 겸 마케팅 담당자이기도 했다. 그는 이 책을 당대의 지도적인 모든 철학자와 과학자에게 보냈다. 그 결과 영국에서 엄청난 반응이 일어났다. 이 책에 대한 이야기는 또한 전 유럽의 지식인 그룹과 카페에 빠르게 퍼져나갔다. 곧이어 뉴턴이 인간의 사고방식을 완전히 변화시킬 책을 썼다는 사실이 분명해졌다. 과학 역사상 영향력이 가장 큰 책 말이다.

그렇게 광범위하고도 심오한 업적을 받아들일 준비가 되어 있는 사람은 아무도 없었다. 유럽 대륙의 주요 언론 세 곳이 서평에서 이 책을 예찬했다. 그중 하나는 이 책이 "인간이 상상할 수 있는 가장 완벽한 역학"을 제공했다고 썼다.[29] 심지어 위대한 계몽주의 철학자인 존 로크는 수학자는 아니었지만 "이 책을 이해하려고 열심히 노력했다." 모두가 다음과 같은 사실을 인정했기 때문이다. 뉴턴은 마침내 케케묵은 아리스토텔레스의 양적인 물리학을 전복하는 데에 성공했으며, 그의 연구가 이제 과학이 어떤 식으로 수행되어야 하는가에 대한 표준이 될 것이었다.

만일 『프린키피아』에 부정적 반응이 있었다면, 그것은 주로 불평들이었다. 책에 포함된 핵심 아이디어의 일부는 뉴턴만이 생각해낸 것이 아니라는 것이었다. 독일의 철학자이자 수학자 고트프리트 빌헬름 라이프니츠가 대표적 인물이다. 뉴턴보다는 약간 늦게 미적분학을 독자적으로 발명했던 그는 뉴턴이 명성을 독차지하려고 한다고 주장했다. 뉴턴은 틀림없이 그랬다. 성격이 까칠했던 그는 정말 그렇게 믿었다. 지상에서 천상의 지식을 해독하는 사람은 어느 주어진 시기에 한 사람뿐이며 그의 시대에는 본인이 그 사람이라고 말이다.[30] 한편 로버트 후크는 『프린키피아』를 "천지 창조 이래 자연에 대한 가장 중요한 발견"이라고 평가했다. 그리고 나서 뉴턴이 자신으로부터 역제곱법칙이라는 중요 아이디어를 훔쳤다고 강력하게 주장했다. 그의 주장에는 상당한 정당성이 있었다. 기본 아이디어는 후크의 것임이 분명해보이기 때문이다. 설사 그에 관한 수학을 개발해낸 것은 뉴턴이었다 해도 말이다.

또한 일부 사람들은 뉴턴이 초자연적이거나 "마술적 힘"을 부추긴다고 비난했다. 그가 말하는 중력은 영향을 전달할 수 있는 명백한 수단이 없는데도 먼 거리에서 작용하기 때문이었다. 무거운 물체가 멀리 떨어진 물체에게 진공의 공간을 통과해서 영향을 미치게 되는 것은 이 때문이다. 이 주제는 나중에 아인슈타인 역시 곤혹스럽게 만들었다. 특히 뉴턴의 중력이 발휘하는 영향력이 순간적으로(빛보다 빨리) 전달된다는 대목 때문이었다. 뉴턴 이론의 이 측면은 아인슈타인의 특수상대성이론에 위배된다. 빛보다 빨리 이동할 수 있는 것은 아무것도 없어야 하기 때문이다. 아인슈타인은 자신의 의견을 행동으로 뒷받침해서 스스로의 중력이론, 즉 일반상대성이론을 만들었다. 이 이론은 문제를 해결하고 뉴턴 이론을 대체했다. 그러나 뉴턴 시대에 중력이 먼 거리에서 순간적으로 작용한다는 아이디어를 비판한 사람들은 아무도 대안을 제시할 수 없었고, 뉴턴의 업적이 가진 과학적 힘을 받아들여야만 했다.

비판에 대한 뉴턴의 반응은 1670년대 자신의 광학 연구가 강한 반대에 직면했을 때 보였던 것과는 크게 달랐다.[31] 예전에 후크를 비롯한 사람들의 위협을 받았던 당시, 그는 세상으로부터 후퇴하고 사람들과의 관계 거의 전부를 차단했었다. 이제 그는 전장에 온 몸으로 뛰어들었다. 자신의 연구가 완성되어 결론에 이르는 것을 본 데다 자신의 업적이 얼마나 중대한 것인가를 잘 파악하고 있었기 때문이다. 그는 비판에 대해서 큰 소리로 강력하게 반격했다. 업적이 누구의 것이냐는 문제의 경우에는 후크와 라이프니츠가 사망할 때까지 심지어 그 이후에까지 반격을 계속했다. 주술적이라는 비난에 대해서는 공식적으로 부인했다. "나는 이 원리들이 주술적이라고 여기지 않고……자연의 일반법칙이라고 본다. 이 법칙들의 원인은 아직 밝혀지지 않았지만, 이것이 진실이라는 점은 현상을 통해서 우리에게 나타난다."[32]

『프린키피아』는 뉴턴의 삶을 바꿔놓았다. 이 책이 지성사의 주요 이정표로 받아들여졌기 때문만은 아니다. 그보다는 대중의 눈앞으로 떠밀려가게 되었기 때문이다. 그리고 명성은 그에게 어울리는 것으로 드러났다. 그는 좀더 사교적인 사람이 되었으며 신학에 기울였던 급진적인 노력을 향후 20년 동안 포기했다. 또한 연금술 연구도 중단하지는 않았지만 절제했다.

변화는 1687년 3월 그가 자신의 위대한 연구를 끝마친 뒤에 시작되었다. 과거 어느 때보다 대담해진 그는 케임브리지 대학교와 국왕 제임스 2세 사이에서 벌어진 정치적 싸움에 끼어들었다. 왕은 영국을 로마 가톨릭 쪽으로 돌려놓고 싶어 했다. 그는 케임브리지에 압력을 행사하여 어느 베네딕트회 수도사에게 학위를 주려고 했다. 통상 치러야 하는 시험과 영국 국교회에 대한 맹세를 생략하고 말이다. 그러나 대학교가 승리를 거뒀고 뉴턴에게 이것은 전환점이 되었다. 그는 전투에 참가한 덕분에 케임브리지에서 정치적으로 매우 유명해졌다. 1689년에 열린 대학평의회는 그를 대학교 몫의 하원의원 중의 한 사람으로 선출했을 정도였다.

모든 사람이 전하는 바에 따르면 그는 자신이 의회에서 보낸 세월을 그리 좋아하지 않았다. 1년간 했던 발언이라고는 외풍이 차갑다고 불평한 것이 전부였다. 그러나 그는 점차 런던을 좋아하게 되었으며 지성계와 재계의 지도적 인사들이 자신에게 보내는 찬사를 즐기게 되었다. 1696년 뉴턴은 케임브리지에서 보낸 35년간의 학문적 삶을 청산하고 이주하기로 했다.

런던으로 이사하면서 그는 매우 높았던 지위를 버리고 상대적으로 미미한 관직인 조폐국 감독관이 되었다. 이미 런던 병에 걸린 상태였고 50세를 훌쩍 넘기면서 자신의 지적 능력이 쇠퇴하기 시작했다고 느꼈던 터였다. 게다가 그는 학계에서 받는 급여에 싫증을 내기 시작했다. 한때는 그 액수도 매우 많아 보였지만 조폐국장의 급여는 그보다 훨씬 많은 연봉 400파운드였다. 그리고 그는 자신이 영국의 선도적인 지식인으로서, 적절한 정치운동을 하면 조폐국장으로 승진할 기회가 올 것임을 깨달았을 수도 있다. 그리고 1700년에 자리가 나자 실제로 승진했다. 연봉은 이제 1,650파운드가 되었다. 그 돈은 전형적인 숙련공이 받는 연봉의 약 75배였고, 자신이 이전에 케임브리지에서 받았던 돈을 쥐꼬리만 하게 여기게 만드는 액수였다. 그후 27년 동안 그는 런던 상류사회 스타일로 살았고 그것을 즐겼다.

뉴턴은 또 자신의 필생의 역작을 출판했던 기관의 수장 자리에 올랐다. 1703년 후크가 사망하자 그는 왕립협회의 회원으로 선출되었다. 그

아이작 뉴턴의 젊은 시절과 중년 시절

러나 연륜과 성공으로도 성격은 온화해지지 않았다. 그는 협회를 철권으로 통치했으며 심지어 "경박하거나 무례하다"는 징후가 조금이라도 있는 회원은 회의에서 내쫓았다.[33] 또한 자신의 발견에 대한 공로를 조금이라도 나누는 것을 점점 더 꺼리게 되었다. 협회장이라는 지위를 이용해서 자신의 우위를 굳건히 했으며, 이 과정에서 다양한 보복적인 술수를 동원했다.

* * *

1726년 3월 23일 왕립협회 일지는 다음과 같이 기록했다. "아이작 뉴턴 경의 사망으로 회장직이 공석이 되어 이 날 회의는 열리지 않았다."[34] 뉴턴은 이보다 며칠 앞서 84세로 사망했다.

뉴턴의 사망은 그 얼마 전부터 예정되어 있었다. 만성적이고 심각한 염증이 폐에 있었기 때문이다. 또한 그는 다른 여러 종류의 질병에도 시달렸다. 연금술사에게서만 예상할 수 있는 말로였다. 몇 세기 후 분석한 바에 따르면 그의 머리카락에는 정상인의 4배에 이르는 납, 비소, 안티몬이, 15배에 이르는 수은이 함유되어 있었다.[35] 그러나 뉴턴의 사망진

단은 담석증으로 나왔다. 그 통증은 견딜 수 없는 수준이었다.

뉴턴의 운명은 갈릴레오의 것과 확연히 대조된다. 세월이 흐르면서 뉴턴 과학의 성공에 말 맞추어 새로운 과학 사상에 대한 교회의 반대도 상당히 누그러졌다. 심지어 이탈리아의 가톨릭 천문학자들도 코페르니쿠스의 이론을 가르칠 뿐 아니라 더욱 발전시킬 권리까지 가지게 된 것이다.[36] 여기에는 조건이 있는데 그것은 "이것은 하나의 이론에 불과하다"고 되풀이해서 말하는 것이다. 오늘날 미국 캔자스 주의 교사들이 진화론에 대해서 말하도록 강제당한 것과 같은 표현이다. 한편 과학이 산업을 발전시키고 삶의 질을 개선시킬 잠재력이 크다는 사실을 영국 사람들은 분명하게 알게 되었다. 실험하고 계산하는 일관성 있는 문화가 과학 덕분에 발전했다. 또한 과학은 막대한 특권을 누리는 산업으로 성장했다. 적어도 사회의 상위 계층에서는 그랬다. 게다가 뉴턴의 말년의 유럽은 권위에 대한 도전이 문화의 주제가 되려는 시기로 진입 중이었다. 그 권위가 아리스토텔레스나 프톨레마이오스 같은 고대의 것이든 종교와 군주의 것이든 상관없이 말이다.

갈릴레오와 뉴턴은 완전히 대조되는 대접을 받았는데 이는 두 사람의 장례식에서 가장 극적으로 드러난다. 갈릴레오에게 허락된 것은 조용하고 사적인 장례식을 거쳐 자신이 묻히기를 희망한 교회의 한 구석에 매장되는 것이었다. 이에 비해서 뉴턴의 시신은 웨스트민스터 사원에 안치되었으며 그곳에 묻힌 다음에는 거대한 기념물이 건립되었다. 그의 유해가 들어 있는 대좌 위에는 석관이 놓였다. 석관에는 뉴턴의 가장 위대한 발견을 대표하는 기구들을 들고 있는 여러 명의 소년들이 돋을새김으로 조각되었다. 그의 묘비명은 다음과 같다.

"여기 기사 작위를 받은 아이작 뉴턴 경이 묻혀 있다. 그는 신성하다고까지 할 수 있는 정신의 힘과 오로지 그 자신의 것인 수학 원리에 입각하여 행성의 운행과 혜성의 경로, 바다의 조수를 연구했다. 또한 그는 광선들의 차이점과 그로부터 생겨난 색의 속성을 연구했는데, 후자는 과거 다른 학자들이 아무도 상상하지 못했던 것이다. 그는 자연과 그리스 로마시대와 성경을 근면하고 현명하고 독실하게 설명했다. 또한 자신의 철학을 이용해서 전능하고 선하신 하느님의 위엄을 밝혔으며 예의바른 행동을 통해서 복음의 소박함을 드러냈다. 이처럼 인류를 빛나게 해준 위대한 인물이 있었음에 평범한 사람들은 기뻐하도다. 그는 1642년 12월 25일에 태어나 1726년 3월 20일에 잠들었다."[37]

뉴턴과 갈릴레오의 삶을 합치면 160년에 이른다. 이 두 사람은 과학혁명이라고 불리는 것의 대부분의 시간을 함께 목격했으며 많은 점에서 그 주된 부분을 이루었다.

자신의 오랜 경력을 통해서 뉴턴은 우리 행성과 우리의 태양계에 관한 많은 것을 이야기해줄 수 있었다. 운동의 법칙과 그가 발견한 유일한 힘의 법칙인 중력의 법칙을 이용한 덕분이었다. 그러나 그의 야망은 그런 지식을 훨씬 멀리 넘어선다. 힘은 화학변화에서 거울 표면의 빛의 반사에 이르는, 자연에 존재하는 **모든** 변화의 근본적인 원인이라고 그는 믿었다. 또한 그는 언젠가 미래에는 물질을 구성하는 미세한 "입자들" 사이에 작용하는 인력과 척력을 우리가 이해하게 될 때, 자신의 운동법칙만으로 우주에서 관찰될 수 있는 모든 것을 충분히 설명할 수 있으리라고 확신했다. 여기서 "입자들"이란 예로부터 전해오는 원자 개념에 대한 그의 버전이다.

뉴턴에게 선견지명이 있었다는 점은 오늘날 분명하다. 원자 사이에 작용하는 힘을 이해한다는 것이 무엇을 의미하게 될 것인가에 대한 그의 예견은 정확한 것이었다. 그러나 그 같은 이해에 도달하는 데에는 다시

250년이 지나야 했다. 그리고 그런 날이 도래했을 때 우리는 알게 된다. 원자를 규율하는 법칙은 그가 구성한 물리학의 틀과 맞지 않는다는 사실을 말이다. 이 법칙들은 드러내줄 것이다. 우리의 감각 경험을 넘어서는 새로운 세계, 인간은 오로지 상상으로서만 그릴 수 있는 새로운 실체를 말이다. 이 실체의 구조는 너무나 이국적인 것이어서 뉴턴의 유명한 법칙들은 통째로 교체될 수밖에 없을 것이다. 이 법칙들은 뉴턴이 만일 접한다면 아리스토텔레스의 물리학보다 더욱 이상하다고 생각했을 것이다.

8

사물은 무엇으로 구성되어 있나

내가 10대가 되었을 때, 나는 우주의 비밀에 접근하는 두 가지의 매우 다른 과학적인 방법들에 대해서 흥미를 느꼈다. 당시 물리학자들이 했다는 일에 대한 이상한 소문이 계속 들려왔다. 그들이 양자법칙을 발견했는데, 이에 따르면 내가 동시에 두 곳에 존재할 수 있다는 것이었다. 그런 주장이 실제생활에서도 적용될지 나는 의심했다. 무엇보다도 나는 내가 동시에 존재하고 싶은 장소가 그리 많지 않았다. 또한 나는 화학자들이 추구하는 좀더 실제적인 비밀에 대해서도 들었다. 이것들은 격렬하고 위험했으나, 우주의 비밀을 이해하는 만능열쇠와는 상관이 거의 없어 보였다. 하지만 나의 모험심은 여기에 끌렸다. 이것을 연구하면 어린아이가 통상 가지지 못하는 종류의 힘을 가질 수 있을 것 같았다. 곧 나는 암모니아를 요오드 용액에 섞고 있었다. 과염소산칼륨에는 설탕을, 아연 분말에는 질산염과 염화암모늄을 혼합하고 있었다. 그리고 물건들을 폭발시키고 있었다. 아르키메데스는 충분히 긴 지렛대가 있다면 자신이 세계를 움직일 수 있다고 말했다. 당시에 나는 집에서 구할 수 있는 올바른 종류의 화학물질이 있다면 세계를 **폭발**시킬 수 있다고 믿었다. 그것이 당신 주변의 물질을 이해하는 데에 따르는 힘이다.

세계 최초의 과학 사상가들은 이 두 계통을 물질세계의 작동 원리를 탐구하는 길로 닦아놓았다. 그들은 무엇이 변화를 유발하느냐고 물었다. 또한 물질이 무엇으로 만들어져 있으며, 물질의 구성에 따라서 그 속성이 어떻게 결정되는지를 연구했다. 결국 아리스토텔레스는 양자 모두에게 이르는 지침을 제공했으나, 그가 제시한 경로는 막다른 길임이 밝혀졌다.

뉴턴과 그의 전임자들은 변화라는 질문을 이해하는 데에 많은 도움을 주었다. 뉴턴은 또한 물질의 과학을 이해하려고 시도했다. 그러나 화학자로서의 그는 물리학자로서의 자신의 위대성에 조금도 근접하지 못했다. 문제는 그의 지성이 부족하다거나 심지어 결국 막다른 골목으로 이어지는 연금술이라는 머나먼 길을 오래 갔다는 데에 있는 것도 아니었다. 그가 가로막힌 것은, 물질의 과학인 화학과 변화의 과학인 물리학이 함께 발전하고 있기는 했지만 양자의 성격이 매우 다르기 때문이었다. 화학은 더 지저분하고 더욱 복잡한 학문이다. 뉴턴이 물리학을 할 때처럼 철저하게 화학을 탐구할 수 있으려면, 수많은 기술적 혁신이 필요했다. 그 대부분은 뉴턴의 시대에 아직 발명되지 않은 것들이었다. 뉴턴은 좌절했으며 화학을 크게 발전시킬 위대한 단독 인물은 존재하지 않게 되었다. 그 대신 화학은 좀더 점진적으로 발전하고, 여러 명의 선구자들이 각광받았다.

인류가 물질이 무엇으로 구성되어 있는지를 어떻게 해서 파악하게 되었는가에 관한 이야기는 나에게 소중한 것이다. 화학은 내 첫사랑이었다. 내가 자란 곳은 시카고에 있는 작은 복층 아파트였는데, 좁고 복작거리던 숙소들과 커다란 지하실이 있는 곳이었다. 그곳에서는 제멋대로 행동할 수 있었던 나는 자신만의 놀이공원을 세울 수 있었다. 그것은 선반들을 가득 채운 유리 제품들, 다양한 색상의 가루들, 가장 강력한 산과 알칼리 물질들이 담긴 병들로 구성된 정교한 실험실이었다.

나는 일부 화학물질은 불법으로 입수하거나 부모님의 별로 내키지 않은 도움을 통해서 손에 넣었다("만일 염산 1갤런만 있으면 고양이가 콘크리트 아닌 곳에 소변을 보게 만들 수 있을 텐데"). 책략을 써야만 하는 상황이었지만 괴로움을 느끼지 않았던 나는 화학을 공부하면 세계에 대한 내 안의 호기심을 충족시키면서 동시에 차가운 발광물을 만드는 법을 배울 수 있다는 것을 알게 되었다. 거기에서 나는 뉴턴과 마찬가지로, 사교생활을 하려 애쓰는 것보다 훨씬 더 많은 이점이 거기에 있다는 사실을 깨달았던 것 같다. 화학물질은 친구보다 조달하기가 쉬웠다. 그리고 내가 함께 놀고 싶어하면 거절하는 법이 없었다. 다른 친구들처럼 집에서 머리를 감아야 한다거나 더 과격하게는 괴짜와는 어울려 놀지 않겠다는 말을 하지 않는 것이다. 그러나 결국 많은 첫사랑들이 그렇듯이 화학과 나는 헤어졌다. 나는 새로운 주제인 물리학을 집적거리기 시작했다. 그때 나는 배웠다. 과학의 영역이 다르면 집중하는 질문뿐만 아니라 문화도 다르다는 사실을 말이다.

물리학과 화학의 차이는 내가 저지른 다양한 실수를 통해서 가장 분명하게 나타났다. 예컨대 내가 상당히 빠르게 배운 사실을 하나 보자. 만일 내가 물리를 계산한 결과가 마침내 "4 = 28"같은 수식으로 귀결되었다고 치자. 그것은 모종의 심원하고 과거에 확인되지 않았던 진실을 내가 발견해냈다는 의미가 아니었다. 그것이 아니라 내가 모종의 실수를 했다는 증거에 불과했다. 그래도 이것은 종이 위에서만 존재하는 무해한 실수였다. 물리학에서 그런 바보 같은 실수는 좌절스러운 것이기는 하지만 거의 항상 별 탈 없는 수학적인 무의미로 이어지게 마련이다. 그러나 화학은 달랐다. 화학에서 나의 실수는 대량의 연기와 불꽃을 만들어내는 경향이 있었다. 무엇보다 화학적 피부 화상과 함께 몇십 년간 없어지지 않는 흉터를 남겼다.

아버지는 물리학과 화학의 차이를 자신이 아는 범위 안에서 가장 근접해 있는 두 사람과 연관해서 특징지었다. "물리학자"는 실제로 유대인 수용소에 있던 수학자였다. 그는 빵과 교환하는 조건으로 수학 퍼즐을 푸는 법을 아버지에게 설명해준 사람이었다. 아버지가 "화학자"라고 부

른 사람은 아버지가 부헨발트 수용소로 강제이송되기 전에 유대인 지하
조직에서 만난 사람이었다.[*1]

아버지가 속한 조직은 쳉스토호바 시를 지나가는 철로를 파괴할 계획
을 세우고 있었다. 화학자는 자신이 철로 밑에 폭발물을 전략적으로 설
치해서 열차를 탈선시킬 수 있다고 주장했다. 그런데 원재료를 구하려
면, 유대인 집단거주지역을 몰래 빠져나가야 한다고 주장했다. 그 재료
는 뇌물과 절도로 얻을 수 있을 것이라고 했다. 이를 위해서 여러 차례의
바깥나들이를 해야 했는데 그는 마지막 나들이에서 돌아오지 않았으며
그후 다시는 소식이 들려오지 않았다.

물리학자는 우아하고 조용한 사람이었다고 아버지는 말했다. 그는 자
신이 가장 잘 아는 방법으로 캠프의 공포로부터 도피처를 구했다. 그것
은 마음속의 세계로 후퇴하는 방법이었다. 화학자는 고뇌에 찬 눈매를
가진 몽상가이자 목동으로, 세계의 혼돈과 직접 대결하기 위해서 온 몸
을 바쳐 행동에 나섰다. 이것이 화학과 물리학의 차이라고 아버지는 단
언했다.

그것은 정말 맞는 말이었다. 초기 물리학자들과 달리 초기 화학자들
은 일정한 양의 육체적 용기를 원초적으로 가져야 했다. 작업의 성질상
우연한 폭발이 일어날 위험이 항상 있었다. 중독의 위험도 있었는데 무
슨 물질인지 확인하기 위해서 맛을 보는 일이 종종 있었기 때문이다.
초기 실험가 중 가장 유명한 사람은 아마도 스웨덴의 약제사 겸 화학자
칼 셸레일 것이다. 그는 강력한 부식성을 가진 염소 가스를 처음으로
만들어낸 화학자였으면서도 거기서 살아남았다. 또한 극도로 유독한 시
안화수소(수용액은 청산)의 맛을 정확하게 묘사하고도 죽지 않는 데에

---

* 아버지가 지하운동을 했다는 사실을 처음 알게 된 것은 아버지에게 들어서가 아니었다. 대
  학 도서관에 있던 그 주제에 대한 책에서 아버지의 이름을 발견했기 때문이었다. 아버지가
  언급된 대목을 읽은 뒤 나는 아버지가 경험한 내용에 대해서 물어보기 시작했다.

성공했다. 그러나 그는 1786년 43세 때 급성 수은중독을 의심케하는 모종의 질병에 무릎을 꿇었다.[2]

좀더 개인적 수준에서 말하자면 화학자와 물리학자의 차이는 아버지와 나의 차이와 비슷하다는 사실을 나는 깨달았다. 화학자가 사라진 다음에 아버지를 비롯한 5명의 음모가들은 계획을 밀고 나갔다. 폭발물이 아닌 오로지 수동 공구―"모든 종류의 드라이버"[3]―만을 이용해서 철로를 느슨하게 하려고 했다고 아버지는 말했다. 일이 어그러진 것은 그중 한 명이 공황(恐慌) 속에 빠지면서 근처의 나치 친위대 장교의 주의를 끌었기 때문이었다. 결과적으로 기다란 화물열차가 지나가는 동안 그 밑의 선로 바닥에 납작 엎드려서 몸을 숨긴 아버지와 다른 한 사람만이 목숨을 부지한 채 도망칠 수 있었다. 한편 나는 외부세계에서 조금이라도 중요성을 가진 실제 행동을 하는 일이 거의 없다. 그저 방정식과 종이를 이용해서 사물의 결과를 계산할 뿐이다.

물리학과 화학 사이의 차이는 두 분야의 기원과 문화를 반영하는 것이다. 물리학은 탈레스, 피타고라스, 아리스토텔레스의 정신적인 이론화와 함께 시작되었다. 이에 비해서 화학은 상인들의 밀실이나 연금술사들의 어두운 동굴에서 태어났다. 물론 두 분야 연구자들의 동기는 순수한 지식에 대한 열망이라는 공통점을 가진다. 그러나 화학은 실질적인 데에도 뿌리를 내리고 있다. 어떤 때에는 사람들의 삶을 개선하는 욕망에, 또 어떤 때에는 탐욕에 말이다. 화학에는 물질을 알고 정복하기 위한 탐색이라는 고결함이 있다. 그러나 여기에서 막대한 이익이 생길 잠재력도 항상 존재해왔다.

* * *

뉴턴이 밝힌 운동의 3대 법칙은 어떤 의미에서 단순하다. 마찰과 공기저항이라는 안개가 가리고 있고, 중력은 보이지 않기 때문에 맨눈으로는 명백히 파악하기 어려웠지만 말이다. 그러나 화학은 뉴턴의 보편적인

3대 운동법칙과 유사한 일련의 법칙에 의한 지배를 받지 않는다. 그것은 훨씬 더 복잡하다. 우리가 사는 세상에는 당황스러울 정도로 다양한 무리의 물질이 있어서 화학이라는 과학은 점진적으로 이 모두를 하나하나 정리해야 했기 때문이다.

첫 번째로 발견이 이루어진 것은 어떤 물질—원소—은 근본적이고, 어떤 물질은 원소의 다양한 조합으로 만들어져 있다는 사실이다. 고대 그리스인들은 직관적으로 이를 인식했다. 예컨대 아리스토텔레스의 정의를 보자. 그에 따르면 원소란 "다른 물체들이 그것으로 분해될 수 있으며 그 자체는 다른 것으로 나누어질 수 없는 물체의 하나"[4]이다. 그는 흙, 공기, 물, 불이라는 4원소를 지목했다.

많은 물질이 다른 물질로 만들어져 있다는 사실은 명백하다. 소금에 신선한 물을 더하면 소금물이 된다. 물속의 철은 녹을 만든다. 보드카와 베르무트를 섞으면 마티니가 된다. 다른 면으로 보면, 많은 물질이 열을 가하면 흔히 그 구성요소로 분해된다. 예컨대 석회석에 열을 가하면 석회와 이산화탄소 가스가 된다. 설탕을 태우면 탄소와 물을 내놓는다. 그러나 이런 순진한 관찰로는 그리 멀리 갈 수가 없다. 발생하는 일을 보편적으로 서술한 것이 아니기 때문이다. 예컨대 물을 가열하면 기체로 바뀌지만 그 기체는 화학적으로 액체와 다르지 않다. 물질적 형태가 달라졌을 뿐이다. 수은은 가열해도 그 구성 성분으로 분해되지 않는다. 그 반대이다. 수은은 공기 중의 보이지 않는 산소와 결합해서 금속회라는 물질이 된다.

그리고 연소도 있다. 나무가 타는 것을 보자. 나무가 타면 불과 재로 된다. 그러나 나무가 불과 재로 만들어져 있다고 결론을 내린다면 오류가 될 것이다. 게다가 아리스토텔레스가 분류한 것과 달리 불은 물질이 아니라 다른 물질이 화학반응을 할 때 내놓는 빛과 열이다. 나무가 탈 때 실제로 방출되는 것은 눈에 보이지 않는 기체이다. 주로 이산화탄소

214

와 수증기이지만 전부해서 100종이 넘는 기체가 나온다. 그리고 고대인들은 이 기체들을 분리하거나 확인하는 것은 고사하고, 수집하기 위한 기술조차 전혀 가지고 있지 못했다.[5]

이런 종류의 난관 탓에 어떤 것이 두세 가지 물질로 구성되어 있는지, 어떤 것이 근본물질인지를 가려내기가 힘들었다. 이 같은 혼란 때문에 아리스토텔레스를 비롯한 여러 고대인들이 실패했다. 물과 불 등을 근본원소로 잘못 파악하는 반면 금속 원소 7종을 원소라고 인식하지 못했다. 그 7종은 자신들에게 친숙했던 수은, 구리, 철, 납, 주석, 금, 은이었다. 물리학의 탄생은 새로운 수학의 발명에 의존했다. 이와 마찬가지로 진정한 화학이 탄생하려면 모종의 기술적 발명이 일어날 때까지 기다려야 했다. 물질의 무게를 재거나, 반응에서 발생하거나 흡수되는 열을 정확하게 측정하는 장치, 어떤 물질이 산성인지 알칼리성인지를 결정하는 장비, 기체를 포획하고 비우고 조작하기 위한 장치, 온도와 압력을 측정하는 장치가 나올 때까지 말이다. 17-18세기에 이런 종류의 진전이 일어난 다음에야 비로소 화학자들은 자신들의 지식에서 꼬인 가닥을 풀고 화학반응에 대해서 생각하는 유익한 방법을 개발할 수 있었다. 그러나 심지어 이 같은 기술적 진보가 일어나기 전에도 고대 도시들에서 무역을 하던 사람들은 매우 다양한 분야에서 커다란 지식을 쌓았다. 염색, 향수 제조, 유리 제조, 야금학, 방부처리가 그 같은 분야이다. 이는 인간의 끈기의 증언이라고 할 만하다.

* * *

방부처리 작업이 그 최초였다. 이 영역에서 화학의 시초는 차탈회유크까지 거슬러올라간다. 그들은 망자를 방부처리하지는 않았지만 죽음의 문화와 사체를 다루는 특정한 방법을 실제로 발전시켰다. 고대 이집트 시대가 되면 사자(死者)의 운명에 대한 걱정이 점점 커진 나머지 미라 만드는 법을 발명하기에 이르렀고, 이것이 행복한 사후세계를 위한 핵심이라고 믿어졌다. 거기에는 이는 사실과 다르다며 다시 살아나서 불만을 토로할 소비자가 없는 것은 분명했다. 듀퐁 사의 표현을 빌리자면 "더 나은 내세를 위한 더 좋은 것들, 화학"을 추구하는 하나의 새로운 산업이 탄생했다.

세계에는 언제나 꿈을 꾸는 자들이 있었고 그들 중에는 꿈을 실현하는 행복한 사람이 있는가 하면 최소한 이를 추구하면서 생계를 유지하는 사람이 있었다. 후자의 집단에 속한 사람은 반드시 재능이나 지식이 뛰어나서 두각을 나타낸 것이 아니었다. 그보다는 고된 노동이 그들을 결국 다르게 보이게 만들었다. 이집트의 기업가들과 혁신가들의 꿈은 방부처리 과정을 개선함으로써 부자가 되는 것이었음이 틀림없다. 이를 위해서 오랜 시간 동안 고된 노력을 투자했기 때문이다. 세월이 흐르면서 광범위한 시행착오를 거친 끝에 이집트의 방부처리 전문가들은 마침내 나트륨염, 수지, 몰약, 기타 사체의 부패를 잘 막아주었던 보존제를 조합해서 강력한 방부처리제를 만드는 데에 성공했다. 관련된 화학적 과정이나 사체를 부패하게 만드는 원인에 대한 아무런 지식도 없이 이런 발견을 해낸 것이다.

방부처리는 과학이 아니라 사업이었다. 그 때문에 그에 따른 발견은 고대 아인슈타인의 이론처럼 취급되지 않았고, 그보다는 아인슈타인 형제네 빵집의 레시피와 같은 비밀로 소중히 지켜졌다. 방부처리는 사자와 지하세계와 연결되었기 때문에 이 분야에 전문성을 가진 사람들은 마법사나 마술사로 여겨지게 되었다. 세월이 흐르면서 여타의 비밀스런 전문 직업이 진화하여 광석, 기름, 꽃 추출물, 식물의 꼬투리와 뿌리, 유리, 금속에 대한 지식을 생산했다. 연금술의 비밀스럽고 신비한 문화의 기원은 상인들이 시행하던 원시적 화학에 있다.

이 분야의 업자들은 하나의 집단으로서 특화된 전문지식의 거대한 집합체를 구성했다. 다만 서로 연결되는 일관성은 결여된 지식이었다. 그리스의 알렉산드로스 대왕이 기원전 331년 나일 강 어귀에 이집트의 수도 알렉산드리아를 건설했을 때, 다양한 층위들의 기술적 노하우가 결국 하나의 통일된 연구 분야로 굳어지게 되었다.

알렉산드리아는 부유한 도시였다. 우아한 건물들이 서 있고 도로 폭은 30미터에 이르렀다. 이 도시가 건설된 지 수십 년 후 이집트의 그리스인 왕 프톨레마이오스 2세는 문화적 보석에 해당하는 무세이온(박물관/옮긴이)을 만들었다. 이곳은 현대의 박물관처럼 유물을 전시하는 것이 아니라 100여 명의 과학자와 학자를 수용하는 일종의 학술원이었다. 이들은 국가에서 급여와 무료 숙박시설을 제공받으며 박물관 식당에서 밥을 먹었다. 여기에는 50만 개의 두루마리가 있는 대도서관, 천문대, 해부 실험실, 식물원, 동물원, 기타 연구 시설이 연결되어 있었다. 학자들이 지식을 탐구하는 장엄한 센터이자 지식을 향한 인간의 도정을 기념하는 금자탑으로서, 살아서 기능을 하는 곳이었다. 세계 최초의 연구 기관이었으며 나중에 유럽의 대학이 하는 것과 같은 역할을 할 예정이었다.[6] 그러나 슬프게도 기원후 3세기 화재로 파괴될 운명이었다.

알렉산드리아는 곧 문화의 메카가 되었으며 200년 안에 세계에서 가장 크고 위대한 도시가 되었다. 이곳에서 물질과 변화에 대한 그리스의 다양한 이론이 이집트에서 구전되는 화학적 지식과 만났다.

그리스가 침략하기 이전에, 수천 년 동안 물질의 속성에 대한 이집트인들의 지식은 순수하게 실용적인 것이었다. 그러나 이제 그리스의 물리학이 이론적 틀을 제공한 덕분에 이집트인들은 자신의 지식에 대한 맥락을 가지게 되었다. 특히 아리스토텔레스의 물질이론은 물질이 변화하고 상호작용하는 방식에 대한 설명을 제공했다. 그 이론은 물론 틀린 것이었지만 물질의 과학에 대한 좀더 통일된 접근법으로 향하는 불을 지폈다.

그 이론의 한 측면, 물질의 변화에 대한 그의 아이디어는 특히 영향력이 컸다. 액체가 끓는 과정을 보자. 아리스토텔레스는 물이라는 원소가 두 가지 핵심적 속성을 가진다고 간주했는데, 젖음과 차가움이라는 속성이다. 한편 공기라는 원소는 젖음과 뜨거움이라는 속성을 가졌다. 끓는다는 것은, 즉 그가 보기에는 불 원소가 물의 차가움을 뜨거움으로 바꾸고, 그렇게 해서 물을 공기로 바꾸는 과정이었다. 이 개념에서 수익의 가능성을 냄새를 맡은 이집트인들은 한계를 초월하기 위해서 노력했다. 물이 공기로 바뀔 수 있다면 뭔가 값싼 금속을 금으로 바꿀 수 있지 않을까? 이것은 나의 딸 올리비아가 보였던 반응과 비슷하다. 빠진 젖니를 베개 밑에 넣어두면 치아의 요정으로부터 1달러를 받을 수 있다는 이야기를 들은 그 애는 곧바로 말했다. "손톱 깎은 것은 얼마를 받을 수 있어요?"

이집트인들에게 금은, 아리스토텔레스의 근본 원소처럼 몇 가지 본질적인 속성을 가지고 있는 것 같았다. 그것은 금속이고 부드럽고 노란색이다. 이 모든 성질을 함께 가지고 있는 것은 금뿐이다. 이런 성질은 많은 물질 속에 각기 다른 비율로 섞여 있다. 물질 속에 있는 속성을 이전하는 방법을 찾는 것이 혹시 가능할까? 불을 이용해서 물을 끓이면 물의 물질적 속성이 바뀌어서 결국 공기로 변한다. 그렇다면 이와 유사한 과정을 통해서 부드럽고 노란색을 띤 금속성 물질의 조합을 금으로 바꿀 수 있지 않을까?

이 같은 고찰의 결과 기원전 200년 실질적인 화학적 지식과 그리스 철학의 아이디어가 섞이기 시작했다. 그리고 방부처리의 원시적 화학, 야금학, 기타 실용적인 지식들이 화학적 변화를 향한 통일된 접근법에 원동력이 되었다. 이렇게 해서 연금술이라는 분야가 탄생했다. 금을 만드는 것을 주된 목표로 하고 종국에는 영원한 젊음을 주는 "불로장생의 약"을 만들기 위한 학문이다.

역사가들은 화학이라는 과학이 정확히 언제 뿌리내렸는지를 두고 토론한다. 그러나 화학은 알팔파 풀이 아니다. 그리고 그것이 뿌리내린 시기 역시 정확한 사실의 문제라기보다 견해의 문제에 가깝다. 그러나 아무도 반박할 수 없는 사실은 연금술이 매우 쓸모 있는 기여를 했다는 점이다. 화학이 그 현대적인 형태를 언제 달성했든지 간에, 화학은 연금술의 기술과 신비주의로부터 자라나온 과학인 것이다.

* * *

연금술이라는 마법이 과학적 방법 쪽으로 향하도록 옆구리를 처음 찌른 사람은 인류 사상사에서 괴짜에 속하는 인물이었다. 지금의 스위스에 해당하는 지역에서 태어난 테오파라투스 봄바스투스 폰 호엔하임(1493-1541)이다. 그는 21세 때 야금학과 연금술을 배우기 위해서 아버지가 보낸 유학을 떠났는데, 나중에 의학 학위를 받았다고 주장하고 의사가 되었다. 그리고 아직 20대 초반일 때 자신의 이름을 파라셀수스로 개명했다. "셀수스보다 위대하다"는 의미를 가진 이름이었다. 셀수스는 기원후 1세기경 로마의 의사의 이름이다. 셀수스의 저작은 16세기에 매우 인기가 있었기 때문에 이 같은 개명을 통해서 그는 이런 수준의 인물로 통하는 데에 그럭저럭 성공할 수 있었다. 그러나 이름을 봄바스트에서 바꾼 배경에는 뭔가 더 큰 것이 자리잡고 있었다. 당시 지배적이던 의학적 접근법을 경멸한다는 사실을 자랑스럽게 널리 알리려는 목적이었던 것이다. 그는 자신의 경멸을 매우 생동감 있게 나타냈다. 어느 여름 그리스 의사 갈레노스 유파에 속한 의학 연구생과 함께 모닥불 주위에 모였을 때였다. 그는 존경받던 갈레노스의 의학 저작들을 한 줌의 유황과 함께 불 속에 던져버렸다.

갈레노스에 대한 파라셀수스의 불만은 갈릴레오와 뉴턴이 아리스토텔레스를 대상으로 나타냈던 것과 동일한 것이었다. 그의 업적은 이후 사람들의 관찰 및 경험에 의해서 틀렸다는 것이 입증되었다. 파라셀수스는 특히 질병이 체액이라는 신비한 액체의 불균형에 의해서 일어난다는 전통적 발상이 시간의 검증을 견디지 못했다고 확신했다. 그는 외부적

17세기 문헌에 나타난 파라셀수스의 플랑드르의 화가
쿠엔틴 마사이스(1466-1529)의 그림을 복제한 것이다.
원화는 사라졌다.

요인이 질병을 유발하며 이 요인은 적절한 약물을 처방하면 바로잡을
수 있다고 믿었다.

파라셀수스가 연금술을 변화시키려는 시도를 하게 만든 것은 이 "적
절한 약물"을 찾기 위해서였다. 연금술은 금속염, 무기산, 알코올 같은
신물질의 발견을 포함해서 많은 성과를 낳았다. 그러나 파라셀수스는
연금술로 하여금 금을 찾는 것을 포기하고, 좀더 중요한 목표에 집중하
게 만들고 싶어했다. 그 목표는 인체라는 실험실에서 역할을 할 수 있으
며 특정한 질병을 치료할 수 있는 화학물질을 창조하는 것이었다. 이와
마찬가지로 중요한 점은 파라셀수스가 부정확하고 엉성한 연금술의 실
행 방법을 개혁하고 싶어했다는 것이다. 학자인 동시에 경영자이기도
했던 그는 자신이 개조한 연금술(alchemy)의 버전에 맞게 새로운 이름을
만들었다. 아랍어의 접두사인 al("the")대신에 의약을 뜻하는 그리스어인

iatro를 넣어 "iatrochemia"라는 단어를 만들어냈다. 이 단어는 장황했던 탓에 보다 짧은 "chemia"로 바뀌었고 이것이 영어 단어 "화학(chemistry)"의 기반이 되었다.

파라셀수스의 이런 발상은 나중에 위대한 아이작 뉴턴과 그의 라이벌 라이프니츠 모두에게 영향을 미치게 되었다. 그들은 과학으로서의 화학이라는 새 정체성을 가지게 하는 방향으로 연금술을 이끌게 된다. 그런데 파라셀수스에게는 문제가 있었다. 자신의 새로운 접근법을 열정적으로 전파하고 다녔지만 사람들을 직접 만났을 때는 설득력이 떨어졌던 것이다. 성격이 고약했던 그는 대단히 공격적으로 되는 적이 있었다. 여기서 "공격적"이란 "미치광이처럼 날뛰었다"는 의미이다.

그는 수염이 없고 여성적이어서 섹스에 아무런 관심이 없었다. 만일 올림픽에 술 마시고 흥청거리는 종목이 있었다면 그는 금메달보다 높은 백금메달을 딸 수 있었을 것이다. 그는 대부분의 시간 동안 술에 취해 있었으며 동시대에 살았던 한 사람에 따르면 "돼지처럼 살았다." 그의 자기 홍보는 노골적이었으며 다음과 같이 말하는 경향이 있었다. "모든 대학교와 모든 옛 작가들의 재능을 한데 모아도 내 엉덩이의 그것에 미치지 못한다."[7] 그는 기성체제를 화나게 하는 것을 즐기는 것처럼 보였고 어떤 때는 그 자체가 목적인 것 같았다. 예컨대 그가 바젤 대학교에 강사로 임명되었을 때의 일을 보자. 첫 강의에 정통적인 학문적 예복 대신에 실험실에서 입는 가죽 앞치마를 두르고 나타났다. 원래 라틴어로 강의할 것이 기대되는 상황에서 스위스식 독일어로 말했다. 그리고 의학의 가장 큰 비밀을 공개하겠다고 공표한 다음 대변 한 냄비를 내보였다.

이런 광대 같은 행동은 오늘날과 동일한 효과를 일으켰다. 그는 의학을 비롯한 자신의 학문적 동료들에게서는 소외당했지만 많은 학생들에게 인기가 높았다. 그가 말하면 사람들은 주의 깊게 들었는데, 어떤 약은 정말로 효과가 좋았기 때문이다. 예컨대 그는 아편 성분이 물보다 알코

올에 훨씬 더 잘 녹는다는 사실을 발견하고 아편을 기반으로 하는 용액을 만들었다. 그가 아편 팅크라고 이름붙인 이 용액은 고통을 경감시키는 데에 매우 큰 효과가 있었다.

그러나 결국 파라셀수스의 아이디어가 퍼져나가는 데에 가장 큰 힘을 발휘한 것으로 보이는 요소는 경제였다. 새로운 화학약품으로 병을 낫게 할 수 있다는 희망은 약제사들의 수입을 늘리고 사회적 지위와 인기를 높여주었다. 이에 따라 이 분야의 지식에 대한 수요가 새로 생겨났다. 관련 교재와 수업이 급증했고 연금술의 기법이 화학의 새로운 언어로 번역되었다. 이 기법들은 파라셀수스가 원했던 바로 그대로 더욱 정교화, 표준화되었다. 1600년대 초에 이르자 여전히 케케묵은 연금술을 시연하는 사람들이 많기는 했지만 파라셀수스의 새로운 스타일의 연금술—케미아(chemia)—에도 불이 붙었다.

수학 분야의 머턴 칼리지 학자들이 그랬던 것처럼 파라셀수스도 전환기의 인물이었다. 그는 자신의 학문 자체가 변화하는 데에 도움을 주었으며, 훗날 의사와 약사들이 발전시켜나갈 수 있는 원시적 주춧돌을 놓았다. 그는 화학의 옛 세계와 새 세계 모두에 동시에 발을 깊게 들여놓았으며, 이는 그의 삶에서 잘 드러난다. 그는 전통 연금술에 매우 비판적이었지만 그 자신은 그것을 시도해보았다. 그는 금을 만드는 것을 목표로 하는 실험을 평생 지속했다. 또한 심지어 자신이 불로장생의 영약을 발견하고 이를 마셨기 때문에 영원히 살게 되었다고 주장한 적도 있었다.

그러나 안타깝게도 1541년 9월 오스트리아 잘츠부르크의 백마 여관에 묵다가 세상을 떠났다. 하느님이 그의 허세에 대답을 한 것이다. 파라셀수스가 사고를 당한 것은 좁고 컴컴한 길을 따라 여관으로 걸어 돌아오던 어느 날 밤이었다. 심하게 넘어진 것인지, 자신이 적개심을 일으킨 현지 의사들이 고용한 살인자에게 맞은 것인지, 당신이 원하는 대로 믿어도 좋다. 어느 쪽 이야기든지 결말은 동일하다. 그는 부상에서 회복하지 못하고 며칠 후 47세의 나이로 세상을 떠났다. 사망 당시 그의 모습은 나이에 비해 훨씬 더 노쇠해 보인 것으로 전해진다. 평생 밤늦도록 술을 마신 탓이었다. 만일 1년 6개월만 더 살 수 있었다면 그는 코페르니쿠스 의 위대한 저작 『천구의 회전에 대하여(*De Revolutionibus Orbium Coelestium*)』의 출간을 볼 수 있었을 것이다. 이 책은 과학혁명, 파라셀 수스라면 찬성했을 것이 거의 틀림없는, 흐름의 출발점으로 흔히 간주 된다.

* * *

파라셀수스 사후의 1세기 반은 천문학과 물리학에 새로운 접근법이 창 조된 시기이다. 우리가 이미 보았듯이 케플러, 갈릴레오, 뉴턴 같은 선구 자들이 그 이전 시대의 연구결과를 기반으로 이룩한 업적이었다. 형이상 학적 원리의 지배를 받는 질적인 우주관은 세월이 흐르면서 확고한 법칙 의 지배를 받는 정량적이고 측정이 가능한 우주관에게 자리를 내주었다. 그리고 지식에 접근할 때 학자의 권위와 형이상학적 주장에 의존하는 풍토도 밀려났다. 그 대신 관찰과 실험을 통해서 자연법칙을 배워야 하 며 수학이라는 언어를 통해서 이 법칙들을 분명하게 표현해야 한다는 인식이 자리를 잡았다.

물리학의 경우와 마찬가지로 신세대 화학자들이 직면한 도전은 생각 하고 실험하는 엄밀한 방법을 개발하는 데에만 있지 않았다. 구시대의 철학과 발상을 떨쳐내는 것 역시 도전이었다. 화학이라는 신생 학문이 성숙해지기 위해서는 파라셀수스의 교훈을 배우는 동시에 아리스토텔 레스의 이론 중 막다른 골목에 이르는 대목을 퇴위시켜야 했다. 운동에 관한 그의 이론은 뉴턴을 비롯한 물리학자와 수학자들이 계속 연구하고 있었지만 물질에 관한 이론은 버려야 했다.

수수께끼를 해결하려면 그것을 이루는 조각을 식별하는 것이 우선이 다. 물질의 속성이라는 수수께끼의 경우 그 조각은 화학 원소이다. 모든 것이 흙과 공기, 불과 물로 이루어져 있다고 믿으면, 혹은 그와 유사한 체제를 신봉한다면 우화를 기초로 하여 물체를 이해하게 되는 것이고, 새롭거나 유용한 화학물질을 만드는 방법은 시행착오라는 옛날 방법밖에 없게 되면서, 진정한 이해에 도달할 가능성은 전혀 없게 된다. 17세기는 갈릴레오와 뉴턴이 물리학에서 아리스토텔레스를 마침내 쫓아내고 그의 아이디어를 관찰과 실험에 기반을 둔 이론으로 대체하던 시기였다. 이 같은 새로운 지적 풍토 속에서 한 사람이 아리스토텔레스를 화학에서 추방하기 위해서 일어섰다. 그는 광학에서 이룬 업적으로 뉴턴에게 영감을 준 사람 중 한 명이기도 했다. 내가 말하는 사람은 로버트 보일, 아일랜드의 코르크 백작 1세의 아들이다.[8]

평생 과학에 헌신할 수 있는 한 가지 길은 대학에 임용되는 것이고, 다른 하나의 길은 엄청난 부자가 되는 것이다. 물리학을 선도했던 대학 교수들과 달리 초기 화학의 용사 중 많은 사람들은 일할 필요가 없었다. 연구실험실이 드물던 시절에 자신의 자금으로 자신의 연구소를 세울 능력이 있었다는 말이다. 로버트 보일의 백작 아버지는 그냥 부자가 아니라 영국에서 가장 부유한 것으로 추정되는 사람이었다.

보일의 어머니에 대해서는 알려진 것이 거의 없다. 17세에 결혼해서 23년간 15명의 아이를 낳은 뒤 폐결핵으로 급사했다는 정도이다. 로버트는 14번째 자식, 7번째 아들이었다. 백작은 아이들을 키우기보다 만드는 것을 더 좋아했던 것으로 보인다. 아이들은 태어난 직후에 각각 따로 양육할 보모에게 보내졌기 때문이다. 그 다음에는 기숙학교를 거쳐 대학에 진학하거나 외국에서 가정교사에게 교육을 받는 수순을 밟았다.

보일은 가장 감수성이 민감한 시기를 스위스 제네바에서 보냈다. 14세가 되던 어느 날 밤, 그는 천둥 번개를 동반한 격렬한 폭풍우 때문에 잠에서 깼다. 그리고 만일 여기서 살아남는다면 자신을 하느님에게 바치겠다는 맹세를 했다. 만일 협박을 받는 상태에서 맹세를 한 모든 사람들이 그것을 실행하거나 심지어 기억이라도 한다면 세상은 더 나은 곳이될 터이다. 그러나 보일이 말했듯이 그 맹세는 그에게서 떠나지 않았다. 폭풍우가 원인이었든지 아니든지 보일은 종교에 깊이 심취했으며 엄청난 재산에도 불구하고 금욕적인 삶을 살았다.

삶을 바꾸는 뇌우를 겪은 다음 해에 보일은 피렌체를 방문하고 있었다. 갈릴레오가 인근의 망명지에서 사망했을 즈음이었다. 보일은 어떻게해서인지는 몰라도 코페르니쿠스 시스템에 대한 갈릴레오의 책『두 개의 주요한 세계 체계에 대한 대화』를 손에 넣게 되었다. 그것은 사상사에서 우연한 행운이면서도 주목할 만한 사건이었다. 이 책을 읽은 후 15살의 보일은 과학과 사랑에 빠지게 되었기 때문이다.[9]

그가 하필 화학을 선택한 이유는 역사기록에서는 분명하지 않다. 그러나 개종 이후 그는 신에게 적절하게 봉사할 기회를 계속 찾고 있었고 화학이 그것이라고 다짐했다. 뉴턴과 파라셀수스와 마찬가지로 그는 독신주의자였고 연구에 강박적으로 집착할 운명이었다. 그리고 뉴턴과 마찬가지로 그는 믿었다. 자연의 운행방식을 이해하려고 애쓰는 것은 하느님의 길을 발견하는 데 이르는 길이기도 하다고 말이다. 하지만 화학자 보일은 물리학자 뉴턴과 달랐다. 과학이 중요한 이유가 또 있다고 보았던 것이다. 사람들의 고통을 경감하고 삶을 개선하는 데에 활용될 수 있다는 것이다.

보일은 인류를 사랑하기 때문에 과학자가 된 사람이라고 할 수 있다. 그는 29세 때인 1656년에 옥스퍼드로 이주했다. 당시 이 대학에서 화학에 관한 공식 강좌가 열리기도 전이었지만 그는 자신의 자금으로 연구소를 세우고 연구에 헌신했다. 화학을 주로 연구했지만 여기에 국한된 것은 아니었다.

옥스퍼드는 영국 내전기간 동안 왕당파의 거점이었으며 의회파가 장악한 런던으로부터 피신한 사람들의 요람이었다. 보일은 어느 쪽에도 강한 공감은 없었던 것 같지만 피난민 사교집단의 하나에 참가했다. 과학에 대한 새로운 접근법에 공통된 관심을 가지고 매주 만나 토론하는 모임이었다. 왕정이 복고된 지 얼마 지나지 않은 1662년 찰스 2세는 이 그룹에 왕립협회(Royal Society)라는 인가증을 부여했다. (좀더 정확히 말하면 "자연에 대한 지식을 증진하기 위한 런던 왕립협회[Royal Society of London for Improving Natural Knowledge]"였다). 뉴턴의 경력에서 그토록 중요한 역할을 했던 그 협회였다.

왕립협회는 곧 뉴턴, 후크, 핼리 등 그 시대의 위대한 과학자들이 많이 모이는 장소가 되었다. 그들은 논의하고 토론하고 다른 사람의 아이디어를 비판하고, 혹은 옹호해서 그것이 세상으로 퍼져나가도록 했다. 협회의 좌우명은 "누구의 말이라도 그대로 믿지 말라(Nullius in verba)"였는데 그 의미는 특히 "아리스토텔레스의 말을 곧이곧대로 받아들이지 말라"는 것이었다. 회원 모두가 알고 있었기 때문이었다. 진보를 이루기 위해서는 아리스토텔레스의 세계관을 뛰어넘는 것이 특히 중요하다는 사실을 말이다.

보일은 특히 회의주의를 개인적 신념으로 삼았다. 그가 1661년 펴낸 책의 제목이 『회의하는 화학자(*The Skeptical Chemist*)』인 데서도 이것은 드러난다. 이 책의 대부분은 아리스토텔레스에 대한 공격으로 채워져 있었다. 보일 역시 그의 동료들과 동일한 깨달음을 가지고 있었기 때문이다. 자신이 선택하지 않을 수 없었던 주제에 과학적 엄밀성을 도입하기 위해서는 과거의 많은 것들을 거부해야 한다는 깨달음이었다. 화학의 뿌리는 방부처리업자, 유리제조자, 염료 제조자, 야금학자, 연금술사, 그리고 파라셀수스 이후에는 약제사의 실험실에 있을지 모른다. 그러나 보일은 그 자체를 위하여 공부할 가치가 있는 통일된 영역으로 보았다. 그는 천문학이나 물리학처럼 그것을 자연세계를 기본적으로 이해하는 데에 필요한 학문, 지적으로 엄격하게 접근할 가치가 있다고 보았다.

보일은 자신의 책에서 원소에 대한 아리스토텔레스의 생각을 반박하는 화학적 과정을 하나하나 차례로 제시했다. 예컨대 그는 나무가 타서 재가 되는 현상에 대해서 매우 상세하게 논의했다. 보일이 관찰한 바에 따르면 통나무를 태울 때, 나무 양쪽 끝으로 끓어 나오는 물은 "기본 원소와 동떨어지며" 연기는 "공기와 비슷하지도 않다." 연기를 증류하면 오히려 기름과 소금이 나온다.[10] 불이 통나무를 기본 원소로 변환시켜서 흙과 공기와 물이 되게 만든다는 말은 그러므로 정밀하게 조사한 결과 사실이 아닌 것으로 드러났다. 한편 금이나 은 같은 다른 물질들은 보다 단순한 구성요소로 환원되는 것이 불가능한 것으로 드러났다. 그러므로 아마도 원소라고 간주되어야만 할 것이다.

보일의 가장 큰 업적은 공기가 원소라는 발상을 공격하는 데에서 나왔다. 그는 자신의 주장을 여러 실험으로 뒷받침했다. 그 실험을 도운 조수는 옥스퍼드 대학교의 학부생이자 열렬한 왕당파이며 짜증을 잘 내는 젊은이, 로버트 후크였다. 불쌍한 후크는 나중에 뉴턴에게 무시당하게 되지만, 많은 역사 서술에서 그는 보일과 함께 수행한 실험에 대한 약간의 공로를 인정받는다. 아마도 모든 장비를 후크가 만들고 대부분의 일을 후크가 했을 것 같지만 말이다.[11]

이들이 수행한 일련의 실험 중에는 호흡에 관한 것이 있었다. 그 실험은 우리의 폐가 우리가 들이쉬는 공기와 어떤 방식으로 상호작용하는지를 알기 위한 것이었다. 뭔가 중요한 일이 일어나는 것임에 틀림없다고 그들은 생각했다. 만일 모종의 상호작용이 일어나고 있는 것이 아니라면 우리가 하는 모든 호흡은 결국 커다란 시간낭비에 불과할 것이기 때문이다. 그것이 아니라면 어떤 사람들의 경우 담배를 피우는 시간과 시간 사이에 폐를 바쁘게 만드는 방법에 불과할 것이다. 이를 조사하기 위해서 이들은 생쥐와 새 같은 동물들을 대상으로 호흡 실험을 했다. 이 동물들은 밀봉된 용기에 들어가는 경우 숨쉬기를 힘들어하다가 결국 숨을 멈추는 것으로 관찰되었다.

보일의 실험이 보여주는 것은 무엇이었을까? 가장 뚜렷한 교훈이라면 만일 당신이 애완동물을 키운다면 보일은 당신이 집을 봐달라고 부탁할 만한 사람이 아니라는 점이다. 그러나 이 실험은 다음의 둘 중 하나이거나 둘 모두가 일어난다는 것을 보여주었다. 동물이 숨을 쉴 때면 공기의 어떤 성분을 흡수하는데, 이것이 소진되면 죽게 된다. 흡수가 아니라면, 어떤 기체를 배출하는 것인데 이 기체는 농도가 높아지면 치명적이다. 보일은 그중에서도 전자, 즉 흡수를 믿었다. 그러나 어느 쪽이든 그의 실험이 시사하는 바에 따르면 공기는 기본 원소가 아니라 다양한 성분으로 구성되어 있는 것이었다.

보일은 연소에서의 공기의 역할을 탐구했다. 이때 후크가 최근 발명한 진공 펌프를 크게 개량한 버전을 사용했다. 불타고 있는 물체가 들어 있는 밀봉된 용기에서 공기를 모두 뽑아내면 불이 꺼진다는 것을 그는 관찰했다. 따라서 보일은 연소할 때 호흡의 경우와 마찬가지로 그 과정이 일어나려면 공기 중에 존재하는 어떤 알려지지 않은 물질이 필요하다고 결론지었다.

보일의 작업의 핵심은 해당 원소들의 정체를 파악하는 것이었다. 아리스토텔레스와 그의 후계자들이 틀렸다는 것을 그는 이미 알고 있었다. 그러나 그가 사용할 수 있는 자원에는 한계가 있었다. 따라서 과거의 아이디어를 좀더 정확한 것으로 대체하는 데에 그가 이룩한 진보는 불완전할 수밖에 없었다. 그럼에도 불구하고 공기가 각기 다른 기체 성분으로 구성되어 있다는 것을 단순히 보여줄 수 있는 것만으로도 아리스토텔레스의 이론에 대한 효과적인 타격이었다. 마치 달에도 언덕과 크레이터가 있으며 목성에 위성이 있다는 것을 갈릴레오가 관찰했던 것이 그랬던 것과 마찬가지였다. 이런 작업을 통해서 보일은 화학이라는 신생 학문이 과거의 통념에 의존하지 않을 수 있도록 해방시켰으며 신중한 실험과 관찰로 이를 대체했다.

* * *

공기에 대한 화학적 연구에는 특히 어떤 의미 깊은 것이 있다. 초석이나 산화수은에 대한 지식은 우리 자신에 대해서 아무것도 알려주지 않지만, 공기는 우리 모두에게 생명을 준다. 그럼에도 불구하고 보일 이전에 공기는 인기 있는 연구 재료가 결코 아니었다. 기체는 연구하기 어려운 물질인데다 사용가능한 기술의 수준에 따라서 연구에 심각한 제약이 생기기 때문이다. 이런 상황은 18세기 후반까지 바뀌지 않을 예정이었다. 이때에 이르러서야 비로소 가스 채취용 물통이 발명되어 화학반응에서 생성되는 기체를 채취할 수 있게 된다.[12]

화학반응에서는 보이지 않는 기체가 흡수되거나 방출되는 일이 흔하기 때문에, 기체 상태에 대한 이해가 없는 화학자들은 공교롭게도 불완전하거나 오해의 소지가 있는 분석을 하게 되는 경우가 많았다. 특히 연소를 비롯해서 중요한 많은 화학반응을 분석할 때 그런 일이 일어났다. 화학이 중세를 벗어나 진정으로 무대에 등장하기 위해서는 불의 성질에 대한 이해가 필수적이었다.

보일로부터 1세기 후 연소에 필요한 기체—산소—가 마침내 발견되었다. 이 기체를 발견한 사람의 집이 1791년 성난 폭도들로 인하여 불타버린 것은 역사의 아이러니이다. 폭도들을 자극한 것은 그가 미국혁명과 프랑스 혁명을 지지했다는 점 때문이었다. 조지프 프리스틀리(1733-1804)는 다툼을 피해서 1794년 고향 영국을 떠나 미국으로 향했다.[13]

프리스틀리는 유니테리언(삼위일체론을 부정하고 신격의 단일성을 주장하는 기독교의 한 파/옮긴이) 교도였고, 종교의 자유를 열정적으로 옹호한 것으로 이름 높은 사람이었다. 그는 목사로 사회에 첫 발을 디뎠으나 1761년 비국교도(영국의 개신교도/옮긴이) 아카데미 중 한 곳의 유럽어 교사가 되었다. 이 아카데미들은 영국 성공회를 따르지 않는 사람들에게 대학과 같은 역할을 하는 곳이었다. 그곳에서 그는 동료 교사에게 영감을 받아 전기학이라는 새로운 학문의 역사를 쓰게 된다. 이 주제를 연구하던 그는 독창적인 실험을 하게 되었다.

프리스틀리의 삶과 배경은 보일과 극적으로 대비되는데, 이는 두 사람이 살던 시대를 반영하는 것이다. 보일은 계몽주의가 시작하던 초기에 사망했는데, 계몽주의는 대략 1685년에서 1815년에 사이의 서구 사상과 문화사의 특정 시기를 말한다. 한편 프리스틀리는 이 시기의 정점에서 연구를 수행했다.

계몽주의는 과학과 사회 모두에 극적인 혁명이 일어났던 시기이다. 임마누엘 칸트의 표현에 따르면 이 용어 자체가 "인간이 스스로 자초한 미성숙으로부터 벗어난다"는 것을 상징한다.[14] 계몽주의에 대한 칸트의 좌우명은 간단하다. "감히 알려고 하라(Sapere aude)." 그리고 사실 계몽주의를 두드러지게 만드는 것은 과학의 진보에 대한 감탄, 옛 교조에 대한 도전, 이성이 맹목적 종교에게 승리하는 것이 마땅하며 실질적인 사회적 혜택을 가져올 수 있다는 원칙이다.

이와 마찬가지로 중요한 점은 보일(그리고 뉴턴)의 시대에 과학은 소수 엘리트 사상가들만의 영토였다는 사실이다. 그러나 18세기에는 산업혁명이 시작되었고 지속적으로 중산 계급이 부상했으며 귀족의 지배가 쇠퇴했다. 그 결과 18세기 후반이 되자 과학은 상대적으로 규모가 큰, 교육받은 계층의 관심사가 되었다. 이 계층은 중산층 구성원을 포함하는 다양한 집단이었는데 이중 많은 사람이 학습을 자신의 경제적 지위를 향상시키는 수단으로써 활용했다. 특히 화학은 이처럼 새로 참여한 폭넓은 기반의 사람들—프리스틀리 같은—과 이들과 함께 들어온 독창적이고 기업가적인 정신에서 많은 도움을 받았다.

전기에 대한 프리스틀리의 책은 1767년에 발표되었다. 그러나 그해 그의 관심은 물리학에서 화학, 그 중에서도 특히 기체로 넘어갔다. 그가 영역을 바꾼 것은 화학에 대해서 대단한 통찰력을 조금이라도 가지고 있다거나 더욱 중요한 연구 영역이라고 믿게 된 탓이 아니었다. 이유는 그가 양조장 근처로 이사를 갔기 때문이다. 양조장에서는 나무통 속의 내용물이 발효되면서 많은 양의 가스가 격렬하게 뿜어져나왔는데, 이것이 그의 호기심을 자극했다. 결국 그는 많은 양의 기체를 채취한 뒤 보일의 것을 연상시키는 실험을 했다. 이 기체를 넣고 밀봉한 용기에 불타는 나무 조각을 집어넣으면 불이 꺼진다는 사실을 그는 발견했다. 그런 용기에 생쥐를 집어넣으면 곧 사망한다는 사실도 마찬가지이다. 이 기체가 물에 녹아들어가면 기분 좋은 맛이 나는 발포성 액체가 된다는 것도 그는 알아냈다. 오늘날 우리는 이 기체가 이산화탄소라는 것을 알고 있다. 프리스틀리는 탄산음료 제조법을 우연히 발명한 것이다. 그러나 안타깝게도 그는 가난한 사람이었기 때문에 자신의 발명을 상업화할 수 없었다. 이로부터 불과 몇 년 후에 요한 야콥 슈베페라는 인물이 이를 실행했다. 그의 탄산음료 제조사(Schweppes)는 오늘날까지도 영업 중이다.

프리스틀리가 상업적 부산물(이산화탄소)에 매혹되어서 화학을 연구하게 된 것은 그 시대에 어울리는 일이었다. 18세기 후반 산업혁명이 일어나면서 과학과 산업이 서로를 자극하며 점점 더 큰 성과를 내기 시작한 것이 바로 그 시기였기 때문이다. 그 이전 세기의 과학적 진보는 실용적 목적에 직접 이용되는 경우는 극히 드물었지만, 18세기 후반에 일어난 진보는 일상생활을 극적으로 변모시켰다. 과학과 산업이 협력한 직접적인 결과로는 증기 기관, 수력을 공장에서 사용할 수 있게끔 하는 방법들의 개선, 기계 공구의 발달이 있었고, 나중에는 철로, 전신, 전화, 전기, 전구가 등장했다.

1760년 매우 초기 단계였던 산업혁명에 기여한 것은 새로 발견된 과학 원리가 아니라 장인 발명가들이었다. 그럼에도 불구하고 산업혁명은 부자들 사이에서 어떤 운동이 일어나도록 자극했다. 과학을 제조업의 기술을 향상시키는 수단으로 보고 지원하자는 움직임이 그것이다. 과학에 그 같은 관심을 가진 부자 후원자들 중에는 셸번 백작인 윌리엄 페티가 있었다. 1773년 그는 프리스틀리에게 사서 겸 자기 아이들의 가정교사 자리를 주면서 실험실을 지어주었다. 그리고 여유시간에 연구를 마음껏 수행할 수 있게 해주었다.

프리스틀리는 똑똑하고 세심한 실험가였다. 새로운 실험실에서 그는 오늘날 우리가 산화수은, 다시 말해서 수은의 "녹"으로 알고 있는 금속회(金屬灰)를 가지고 실험을 시작했다. 당시 화학자들은 수은을 가열해서 금속회를 만들 때 그것이 공기 속에서 어떤 것을 흡수한다는 것을 알고 있었다. 그러나 그것이 무엇인지는 몰랐다. 호기심을 강하게 불러일으키는 사실은 금속회를 더욱 가열하면 수은으로 되돌아온다는 점이다. 생각건대 흡수한 무엇을 다시 배출하는 것 같았다.

금속회에서 배출된 기체가 눈에 확 띄는 성질을 가진다는 사실을 프리스틀리는 발견했다. "이 공기는 격상시키는 성질을 지닌다"고 그는 썼다.[15] "이 공기 속에서 불타는 양초는 엄청나게 강력한 불길을 내뿜는다……이 기체의 뛰어난 성질에 대한 증거를 완성하기 위해서 나는 생쥐 한 마리를 그 속에 집어넣었다. 이 기체는 보통의 공기였다면 15분 만에 사망했을 양이었다. 그런데 생쥐는 한 시간 뒤에 꺼냈을 때도 여전히 활기에 넘쳤다." 그는 한걸음 더 나아가 이 "고양된" 기체—오늘날 말하는 산소임은 물론이다—를 시험 삼아 들이마셨다. "폐에 와 닿는 느낌은 보통의 공기와 두드러지게 다르지 않았다. 하지만 나는 그 이후 한동안 나의 가슴이 특별히 가볍고 편안하다는 상상을 했다." 아마도 그는 이 신비한 기체가 게으른 부자들에게 인기 있는 새로운 악행이 되리라고 추측한 것 같다.

프리스틀리는 부자들에게 산소를 판매하는 업자가 되지는 않았다. 그 대신 이 기체를 연구했다. 그는 어두운 색으로 응고된 피를 그것에 노출시키면 피가 밝은 붉은 색으로 바뀐다는 사실을 발견했다. 또한 어두운 색의 피를 밀폐된 좁은 공간에 놓고 공기 중에서 이 기체를 흡수하게 만드는 실험도 했다. 그러자 피가 밝은 붉은 색으로 변한 후에 거기 있는 모든 동물이 급속히 질식했다는 사실도 그는 알아냈다.

이 같은 관찰결과에 대한 프리스틀리의 해석은 우리의 폐가 이 공기와 상호작용하여 혈액에 새로운 활력을 준다는 것이다. 그는 또한 박하와 시금치로도 실험을 했으며, 식물을 키우면 호흡과 불을 돕는 공기의 능력이 회복된다는 사실을 발견했다. 다시 말해서 그는 오늘날 우리가 광합성이라고 알고 있는 효과를 발견한 최초의 사람이다.

프리스틀리는 산소의 효과에 대해서 많은 것을 알아냈으며 산소를 발견한 사람이라는 평가를 흔히 듣는다. 그러나 연소 과정에서 산소가 중대한 역할을 한다는 사실을 이해하지 못했다. 그 대신 그는 당시에 유행하던 복잡한 이론을 지지했다. 물질이 타는 것은 공기 중의 어떤 것과 반응하기 때문이 아니라 "플로지스톤(phlogiston : 연소[燃素])"이라고 불리는 어떤 것을 **방출**하기 때문이라고 주장하는 이론이었다.

그는 흥미로운 사실을 보여주는 실험들을 했지만 거기 포함된 의미를 파악하는 데에는 실패했다. 그 진정한 의미를 설명하는 일은 나중에 프랑스의 앙투안 라부아지에(1743-1794)가 하게 된다. 호흡과 연소는 공기 중에 있는 어떤 것(산소)을 흡수하는 과정이지 공기 속에 "플로지스톤"을 배출하는 과정이 아니라는 설명이 그것이다.[16]

* * *

연금술로 시작된 분야가 뉴턴의 물리학과 같은 수학적 정확성과 엄밀함을 가지게 되리라는 꿈은 허황된 것일지도 모른다. 그러나 18세기 화학자들은 이것이 가능하다고 믿었다. 심지어 물질을 구성하는 원자들 사이의 인력이 본질적으로는 중력이며, 이를 기반으로 화학적 성질을 설명할 수 있을지도 모른다는 추측까지 있었다(오늘날 우리는 이 힘이 전자기력

[電磁氣力, electromagnetic force]이라는 것을 제외하면 해당 추측이 옳았다는 것을 알고 있다).이런 아이디어는 뉴턴에게서 비롯했다. 그는 "자연에는 매우 강한 인력을 통해 물체의 입재[예컨대 원재]를 서로 달라붙게 만들 능력이 있는 물질"이 존재하며 "이를 발견해내는 것이 실험 철학의 업무"라고 강력히 주장했다.[17] 이것은 화학에서 커져가는 괴로움 중의 하나였다. 어떻게 하면 정말로 뉴턴의 물리학적 아이디어를 잘 해석해서 다른 과학에 적용할 수 있을 것인가의 문제였다.

라부아지에는 뉴턴 혁명의 영향을 대단히 크게 받은 사람 중의 하나였다. 그는 당시 시행되던 화학에 대해서 "몇 가지 안 되는 사실을 기초로 세워져 있으며……완전히 앞뒤가 맞지 않는 아이디어와 증명되지 않은 가정으로 구성되어 있고……과학적 논리의 영향을 전혀 받지 않은"[18] 분야라고 생각했다. 그럼에도 불구하고 그는 화학으로 하여금 이론물리학의 순수한 수학적 체계 대신 실험물리학의 엄밀한 계량적 방법론을 모방하게 만들려고 노력했다. 그 시대의 지식과 기술적 능력을 감안할 때 이는 현명한 선택이었다. 결국 이론물리학자들은 물리방정식을 통해서 화학을 설명할 수 있게 될 터였지만, 그것은 양자론과 고성능 컴퓨터가 발달한 다음에야 비로소 이루어질 수 있는 일이었다.

화학을 이렇게 해석하는 것은 그가 화학과 물리학을 동시에 사랑했기 때문이다. 실제로는 물리학을 더 사랑했을지도 모른다. 그러나 그는 파리에서 부유한 변호사의 아들로 자랐으며 그의 집안은 스스로의 지위와 특권을 지키는 데에 매우 민감했다. 그 탓에 그는 물리학이 너무 거칠고 논란이 많다고 생각하게 되었다. 라부아지에의 집안은 그의 의욕을 격려했지만 그가 근면하면서도 사회적으로는 능수능란하기를 기대했으며 조심성과 절제를 강조했다. 이런 자질은 그와 정확히 맞는 것이 아니었다.

라부아지에가 진정 사랑한 것이 과학이라는 점은 그를 아는 모든 사람에게는 틀림없이 분명했을 것이다. 그에게는 이를 수행할 대담한 발상과 원대한 계획이 있었다. 그는 10대 때 이미 오랜 기간 우유만 섭취하는 방법으로 다이어트가 건강에 미치는 효과를 조사하려고 시도했다. 또한 빛의 강도 변화를 민감하게 알아차리는 능력을 갖추기 위해서 자신을 어두운 방속에 6주일 동안 감금해달라고 요구했다(그의 친구 중 한 명이 설득해서 자체 감금은 하지 않았다고 전해진다). 과학적 탐구에 대한 이런 정열은 그의 인생에 걸쳐서 반영되었다. 그는 과학의 수많은 선구자들처럼 뭔가를 알아내기 위해서 오랜 기간 지루한 작업을 할 수 있는 능력을 듬뿍 가지고 있었다.

돈은 전혀 문제가 안 되었다는 점에서 그는 행운아였다. 이미 20대 때 오늘날의 화폐가치로 1,000만 달러가 넘는 돈을 사전상속으로 받았다. 그는 이 돈을 징세 대행 회사라는 기관의 지분을 사들이는 데에 투자하여 많은 수익을 올렸다. 징세 대행업자(Ferme Générale : ferme는 프랑스어로 농장이라는 의미/옮긴이)들은 아스파라거스를 재배하지 않았다. 그들은 왕의 위임에 의해서 일부 세금을 대신 징수하는 사람들이었다.

라부아지에의 투자에는 직접적인 업무가 포함되어 있었다. 그에게는 담배 규제법규의 집행을 감독하는 책임이 주어졌다. 이 같은 노력의 대가로 그는 회사로부터 평균 250만 달러에 해당하는 액수를 매년 자신의 몫으로 지급받았다. 그는 이 돈으로 세계에서 그 당시 가장 수준 높은 사설 연구소를 세웠다. 이곳에는 유리 제품이 엄청나게 많아서 사람들은 그가 실험용 비커 컬렉션을 사용하기보다 쳐다보고 있기를 더 좋아한다고 생각했다. 그는 많은 인도주의적 사업에도 돈을 썼다.

라부아지에는 1774년 가을 프리스틀리의 실험에 대해서 당사자로부터 직접 들었다. 프리스틀리는 쉘번 경과 함께 일종의 과학 가이드역할을 하며 유럽을 여행하던 중에 파리에서 머무르고 있었다. 이 세 명과 파리 과학계의 일부 고위인사들은 함께 만찬을 한 뒤 전문 분야에 관한 이야기를 나누었다.

프리스틀리가 자신이 하고 있던 작업에 대해서 이야기하자 라부아지에는 즉각 깨달았다. 프리스틀리의 연소 실험은 자신이 녹에 관해서 연구했던 실험과 어떤 공통점이 있었다. 이것은 그를 놀라게 하면서도 동시에 기쁘게 만들었다. 그러나 그는 또한 프리스틀리가 화학의 이론적 원리뿐 아니라 심지어 스스로의 실험이 시사하는 바에 대해서 거의 모르고 있다는 것을 느꼈다. 라부아지에의 기록에 따르면 그의 작업은 "논리적 추론에 의한 방해는 전혀 받지 않은 채 실험으로 직조한 직물"[19]이었다.

과학을 하면서 실험과 이론의 두 영역에서 모두 뛰어나야 한다는 것은 물론 무리한 요구이다. 자신이 그러하다고 스스로 주장할 수 있는 정상급 과학자는 드물다. 내가 아는 바에 따르면 그렇다. 개인적으로 나는 초기에 신진이론가로 사람들에게 인식되었다. 그래서 대학에서 나에게 맡긴 물리실험실은 하나뿐이었다. 거기서 나는 완전히 기초부터 시작해서 라디오 수신기를 설계하고 만들어야 했다. 한 학기 전체가 소요되는 프로젝트였다. 결국 나의 라디오는 거꾸로 놓고 흔들었을 때만 작동했고 그나마 수신하는 방송도 하나뿐이었다. 보스턴 소재의 어느 방송국에서 귀에 거슬리는 전위 음악을 틀어주고 있었다. 그래서 나는 물리학에서 노동의 분업을 고맙게 여기고 있다. 이론가와 실험가를 막론하고 내 친구들도 대부분 마찬가지이다.

라부아지에는 화학의 이론과 실험 모두에서 대가였다. 그는 프리스틀리를 지적으로 부족한 사람이라고 무시하는 한편 녹이 스는 과정과 연소 과정의 유사성을 탐구할 수 있다는 가능성에 흥분했다. 다음날 아침 일찍 그는 수은과 그 산화물인 금속회를 이용해서 프리스틀리의 실험을 되풀이했다. 그는 모든 것의 무게를 세밀하게 측정하면서 실험을 개량했다. 그리고 프리스틀리의 발견에 대한 설명을 제시했는데 프리스틀리 본인은 결코 상상하지 못했던 내용이었다. 수은이 연소할 때(금속회가 된다) 하나의 기체와 결합하는데, 이 기체는 자연의 근본 원소의 하나이다. 이때 수은은 자신과 결합하는 기체의 무게만큼 무거워진다. 그는 이것을 측정을 통해서 확인했다.

라부아지에의 조심스러운 계량을 통해서 다른 사실도 드러났다. 금속회를 가열해서 수은으로 되돌리면 무게가 가벼워진다는 것이다. 추측하건대 흡수했던 기체를 방출하는 것이었다. 이때 줄어드는 무게는 수은이 금속회가 될 때 늘어났던 무게와 정확히 동일했다. 이런 과정에서 기체가 흡수되거나 방출된다는 사실을 발견한 공로는 프리스틀리의 것이다. 그러나 그 중요성을 설명하고 여기에 결국 산소라는 이름을 붙인 것은 라부아지에였다.*

라부아지에는 나중에 자신의 관찰을 과학 역사상 가장 유명한 법칙의 하나로 변환시켰다. "질량 보존의 법칙 : 화학반응에서 생성된 결과물의 전체 질량은 최초 반응물의 질량과 동일해야 한다." 이것은 아마도 연금술에서 현대 화학으로 향하는 도정에서 가장 위대한 이정표일 것이다. 화학적 변화란 원소들의 결합과 재결합이라는 것을 증명한 것이다.

라부아지에는 징세 대행 회사에서 받은 돈으로 중요한 과학적 업적을 남길 수 있다. 그러나 이는 그가 파멸한 원인으로 작용했는데, 프랑스 왕정을 전복한 혁명가들의 주목을 받게 되었기 때문이다. 시대와 장소를 막론하고 세금징수인이란 것은 기침을 심하게 하는 결핵 환자만큼이나 환영받지 못하는 존재이지만, 그 당시의 징수인들은 특히 경멸을 받았다. 그들이 징수를 담당했던 세금의 많은 부분이 특히 가난한 사람들에게 비합리적이고 불공정했기 때문이었다.

라부아지에는 자신의 의무를 모든 점에서 공정하고 정직하게 수행했으며 자신이 세금을 걷는 대상에게 동정심도 일부 가지고 있었다. 그러

---

* "산소(酸素, Oxygen)"란 "산을 만드는 것"이라는 뜻이다. 라부아지에가 이런 이름을 선택한 것은 그가 성분을 잘 알고 있었던 모든 산에 산소가 들어 있었기 때문이다. (실제로 모든 산에 들어 있는 성분은 수소 이온이다/옮긴이)

나 프랑스 혁명은 섬세한 판단으로 유명한 것이 아니었으며, 라부아지에
는 혁명가들이 미워할 만한 요인을 많이 가지고 있었다.

그의 가장 큰 죄는 파리를 둘러싼 거대한 벽을 정부로 하여금 만들게
했다는 것이다. 건설비용은 오늘날의 화폐 가치로 보면 수억 달러에 달
했다. 시내로 들어오거나 나가려면 벽에 있는 통행료 징수소 중 하나를
통과하는 방법 밖에 없었다. 무장 경비원이 순찰하는 이 검문소에서는
출입하는 모든 상품의 무게나 양을 측정, 기록했고 이 기록은 세금을
부과하는 근거로 쓰였다. 정밀한 측정을 좋아하던 라부아지에는 자신의
기호를 실험실 밖으로 가지고 나와 자신의 납세관리 업무에 적용했고,
이것은 대중의 미움을 샀다.

1789년 혁명이 시작될 당시 가장 먼저 공격을 당한 구조물이 라부아
지에의 벽이었다. 그는 1793년 공포 시대에 다른 징세대리인들과 함께
체포되어 사형선고를 받았다. 그는 자신이 진행하던 연구 작업을 완료할
수 있도록 처형을 연기해달라고 탄원했다. 판사는 다음과 같이 말했다고
전해진다. "공화국은 과학자를 필요로 하지 않는다."[20] 어쩌면 그랬을지
도 모르지만 화학 분야에는 그렇지 않았다. 다행히 라부아지에는 50년의
생애 동안 이 분야를 변화시키는 데에 이미 성공했다.

처형 당시 그는 이미 알려져 있는 물질 33건을 기본 원소라고 확인한
상태였다. 그가 옳았던 것은 이 가운데 10건뿐이다. 그는 또한 구성 원소
에 따라서 화합물에 이름을 붙이는 표준 체계를 발명했다. 당시까지 혼
란스럽고 계몽적이지 못했던 화학의 언어를 대신하는 명명법이었다. 나
는 물리학의 언어로서 수학의 중요성을 강조한 바 있다. 사용할 만한
언어는 이와 마찬가지로 화학에서도 매우 중요하다. 예컨대 라부아지에
이전에 hydrargyrum(수은)의 금속염(金屬鹽)과 quicksilver(수은)의 금속
염은 동일한 화합물의 다른 이름이었다. 라부아지에의 명명법에 따라서
이 화합물은 산화수은(mercuric oxide)이 되었다.

라부아지에는 현대의 화학방정식을 발명하는 데까지는 나아가지 않았다. 예컨대 산화수은의 생성을 "$2Hg + O_2 \rightarrow 2HgO$"와 같이 표현하는 방정식 말이다. 그러나 그는 실제로 그 토대를 닦았다. 그의 발견은 화학에 혁명을 일으켰고 산업에 커다란 열기가 집중되게 만들었다. 이는 역으로 새로운 물질을 다루면서 새로운 의문을 연구할 미래의 화학자들을 산업에 공급했다.

1789년 라부아지에는 자신의 생각을 종합한 책을 한 권 출간했다. 제목은 『화학에 관한 기초적 논문(*Traité élémentaire de chimie*)』이다. 오늘날 이 책은 최초의 근대적인 화학 교과서로 평가받는다. 원소는 더 이상 쪼갤 수 없는 물질이란 개념을 분명히 했고, 4원소 이론과 플로지스톤의 존재를 부정했으며, 자신의 합리적이고 새로운 명명법을 제시했다. 한 세대가 지나기 전에 이 책은 고전이 되어 이후의 수많은 선구자들에게 지식과 영감을 주었다. 그 즈음에는 라부아지에 자신은 이미 처형당하여 사체가 공동묘지에 버려진 다음이었다.

라부아지에는 평생 과학에 헌신했지만 명성에 심하게 목말라했으며 스스로 하나의 원소도 분리하지 못했음을 유감스럽게 생각했다(산소를 발견한 공로는 공유하려고 노력했지만). 마침내 1900년에 이르러 그의 조국은 파리에 청동으로 된 그의 동상을 세웠다. 프랑스가 과학자를 필요로 한다는 사실을 부정한 지 한 세기 후의 일이었다. 동상 제막식에 참가한 고위 인사들은 그가 "사람들의 존경을 받을 가치가 있으며", "인류의 위대한 은인"이었다고 말했다.[21] "화학 변환을 지배하는 근본법칙을 수립했기" 때문이라는 것이다. 한 연사는 이 동상이 "그의 힘과 지성이 지닌 모든 영광을" 잘 포착하고 있다고 주장했다.

이는 라부아지에가 그토록 받고 싶어하던 인정으로 보이지만 본인이 제막식을 즐거워했을지는 의심스럽다. 나중에 알고 보니 동상의 얼굴이 그의 것이 아니었기 때문이다. 얼굴은 라부아지에의 말년에 프랑스 과학

라부아지에 동상. 얼굴은 콩도르세의 것이다.

아카데미의 총무였던 철학자 겸 수학자 마르키 드 콩도르세의 것이었다. 조각가인 루이 어니스트 바리아스(1841-1905)가 다른 작가가 제작한 콩도르세 동상의 두상을 제대로 확인하지 않고 복제했던 탓이다.[22] 이런 사실이 폭로되었어도 프랑스 사람들은 개의치 않았던 것처럼 보인다. 이들은 잘못된 동상을 그대로 내버려두었다. 자신들이 기요틴에서 목을 자른 인물에 대한 기념물에 다른 사람의 머리를 달아놓은 채로 말이다.* 결국에 가서 이 조각은 라부아지에 본인의 생애만큼 밖에 존속하지 못했다. 본인과 마찬가지로 정치적 싸움에 희생되었던 것이다. 나치 점령기에 총알의 재료로 사용하기 위해서 분해되었다.[23] 그러나 라부아지에의 아이디어만은 세월을 견딘 것으로 증명되었다. 그의 아이디어들은 화학

---

* 아이러니하게도 필라델피아의 미국철학협회에 과거 기증되었던 콩도르세의 대리석 반신상이 실은 라부아지에의 것으로 드러났다는 보도가 1913년에 나왔다![24]

분야를 혁신했다.

* * *

사람들은 흔히 "과학의 행진"이라는 표현을 쓰지만 과학은 스스로의 힘으로 나아가지 않는다. 과학을 앞으로 밀고 나가는 것은 인간이며 우리의 전진은 행진보다는 릴레이 경주, 즉 계주에 가깝다. 게다가 이상하게 진행되는 계주이다. 배턴을 넘겨받은 주자가 달려가는 방향은 이전 주자가 예상하지 못했을 뿐 아니라 승인하려 하지 않았을 것인 경우가 많기 때문이다. 이것이 정확히 라부아지에 다음 세대의 위대한 화학의 선지자가 배턴을 이어받았을 때 일어난 일이었다.

라부아지에는 화학반응에서 원소가 담당하는 역할을 명확히 했으며 이를 서술하는 정량적 접근법을 장려했다. 오늘날 우리는 화학을 진정으로 이해하려면 원자를 이해할 필요가 있다는 사실을 알고 있다. 특히 화학반응을 **정량적**으로 이해하려 한다면 말이다. 그러나 라부아지에가 원자 개념에 대해서 보인 반응은 냉소밖에 없었다. 마음이 닫혀 있거나 식견이 짧아서가 아니었다. 그가 원자라는 측면에서 생각한다는 아이디어에 반대한 것은 완전히 실질적인 이유 때문이었다.

고대 그리스 이래 학자들은 원자에 대해서 추측을 해왔다. 호칭은 때에 따라서 "미립자"나 "물질 입자"로 달리 불렸지만 말이다. 그러나 이것들은 너무 작았던 탓에 이들을 관찰과 측정에 실제로 관련시키는 방법을 생각해낸 사람이 전혀 없었다. 그렇게 보낸 세월이 2,000년이 훨씬 넘었다.

원자가 얼마나 작은지 알고 싶다면 세상의 모든 바다를 자갈로 채운다고 생각해보자. 이 모든 자갈을 원자 크기로 축소한다면 어느 정도의 공간을 차지할까? 티스푼 하나보다도 작다. 이렇게 작은 것이 만들어내는 효과를 측정할 희망이 도대체 있을 수 있을까?

그런 방법은 많은 것으로 드러났다. 이런 기적 같은 업적을 처음 달성한 것은 퀘이커 교도였던 교사 존 돌턴(1766-1844)이었다.[25] 역사의 많은 위대한 과학자들은 변화가 많은 삶을 살았다. 그러나 가난한 직공의 아들이었던 돌턴은 여기에 속하지 않았다. 그는 과학을 비롯한 모든 분야에서 체계적이고 꼼꼼한 삶을 살았다. 매일 오후 5시에 차를 마시고 9시에 고기와 감자로 저녁식사를 하는 식이었다.

돌턴을 유명하게 만든 책 『화학 철학의 새로운 체계(*A New System of Chemical Philosophy*)』는 3부로 구성된 꼼꼼한 전문 서적이다. 이 책이 특히 놀라운 것은 돌턴이 순전히 여가시간에만 연구와 저술을 했다는 점에서이다. 1부는 그가 40대 중반이던 1810년 출간되었는데 916쪽에 달하는 엄청난 분량이었다. 여기 포함된 한 장(章)은 5쪽에 불과하지만 오늘날 그를 유명하게 만든 획기적인 아이디어를 담고 있다. 우리가 실험실에서 할 수 있는 측정을 통해서 원자의 상대적인 무게를 계산할 수 있는 방법이 그것이다. 이것이 바로 과학에서 아이디어가 가지는 힘이다. 2,000년간 이어진 오도된 이론을 5쪽으로 뒤집을 수 있는 것이다.

문제의 아이디어는 으레 그렇듯이 두루뭉술한 형태로 돌턴에게 떠올랐다. 당시는 19세기였는데도 불구하고, 돌턴이 영감을 얻은 것은 17세기 중반에 태어난 인물로부터였다. 여기에도 다시 한번 뉴턴의 영향력이 미치고 있었다.

산책을 좋아하던 돌턴은 젊은 시절, 잉글랜드에서도 가장 습한 지역인 컴벌랜드에서 살았는데, 그때 그는 기상학에 관심을 가지게 되었다. 또한 뉴턴의 『프린키피아』를 공부한 신동이기도 했다. 이 두 가지의 관심은 놀라운 잠재력을 가진 조합인 것으로 밝혀졌다. 그 덕분에 그는 컴벌랜드 지방의 눅눅한 공기를 비롯한 기체의 물질적 속성에 관심을 가지게 되었다. 돌턴은 뉴턴의 미립자 이론에 흥미를 느꼈는데, 이 이론은 본질적으로 고대 그리스의 원자론을 뉴턴이 힘과 운동에 대한 아이디어를 통해서 개선한 것이었다. 그 덕분에 돌턴은 기체마다 용해성이 각기 다른 것은 해당 원자의 크기가 각기 다르기 때문일지도 모른다고 생각하게 되었다. 이 생각은 결국 그로 하여금 원자의 무게를 고찰하게 만들었다.

돌턴의 접근법은 다음과 같은 아이디어를 기초로 했다. 만일 오로지 순수 화합물만 신중하게 고찰한다면, 이들 화합물은 언제나 정확히 동일한 비율의 구성요소로부터 형성될 것이다. 예컨대 구리의 산화물은 2종류가 존재한다. 이 산화물들을 개별적으로 검사하면 한 종류의 산화물을 만드는 데에는 산소 1그램당 구리 4그램이 소모되고 다른 종류에는 구리 8그램이 소모된다는 것이 확인된다. 이것이 의미하는 바는 후자의 산화물에는 전자에 비해서 산소 원자 한 개당 결합되는 구리 원자 개수가 두 배라는 것이다.

이제 단순화를 위해서 전자의 경우는 산소 원자 한 개당 구리 원자한 개, 후자는 구리 원자 두 개가 결합한다고 생각해보자. 그러면 전자의 경우 산소 1그램당 구리 4그램이 결합해서 산화물이 형성되었기 때문에 구리 원자 한 개의 무게는 산소 원자 한 개의 약 4배라는 결론을 내릴수 있다. 공교롭게도 이 가정은 사실이었다. 이것이 알려진 원소들의 상대적인 원자무게를 계산하기 위해서 돌턴이 사용한 추론 방식이었다.

그가 계산한 것은 상대적 무게였기 때문에 어딘가 출발점이 필요했다. 그래서 그는 알려진 가장 가벼운 원소, 즉 수소에 "1"이라는 무게를 할당하고 다른 원소들의 무게를 모두 이에 대한 상대적 비율로 계산했다.

그는 원소들이 가능한 가장 단순한 비율로 결합한다고 가정했지만 운나쁘게도 이것은 항상 들어맞지는 않았다. 예컨대 물에 할당된 공식은 HO이었다. 오늘날 우리가 아는 보다 복잡한 공식 H_2O가 아니었다. 그러므로 산소의 수소에 대한 상대 무게를 계산한 그의 결과는 실제 그랬어야 하는 것의 절반이 되었다. 돌턴은 이 같은 불확실성을 잘 인식하고 있었다. 물에 관해서 그는 HO_2와 H_2O가 모두 훌륭한 대안이 될 수 있음을 알고 있었다. 만일 일반 공식이 $H_{37}O_{22}$ 같은 것이었다면 상대 무게를 판독하기는 훨씬 더 어려웠을 것이다. 그러나 운 좋게도 이것이 사실은 아니었다.

돌턴은 그의 추정이 임시변통이며 아주 많은 종류의 화합물에서 얻은 자료를 기반으로 해야 한다는 점을 알고 있었다. 자신이 추정한 공식이 오류일 경우 이를 알려주는 비일관성이 드러날 수 있게 하기 위해서였다. 이 같은 어려움은 이후 50년간 화학자들을 괴롭히게 된다. 그러나 세부사항을 계산하는 데에 시간이 걸린다는 사실은 이 분야에서 그것이 미치는 영향력과는 관련이 없었다. 돌턴의 원자론은 마침내 실용성을 가지게 된 버전이었으며, 실험실에서의 측정과 연관될 수 있다는 점에서 그랬다. 게다가 라부아지에의 작업을 토대로 돌턴은 자신의 아이디어를 이용해서 화학의 계량적 언어를 처음으로 창조했다. 이것은 화학자들이 수행하는 실험을 분자들 사이의 원자 교환이라는 측면에서 이해하는 새로운 방식이었다. 예컨대 산소와 수소로부터 물이 생성되는 과정을 기술할 때 현대의 화학자(혹은 고교생)라면 "$2H_2 + O_2 \rightarrow 2H_2O$"라고 쓸 것이다.

화학의 새로운 언어 덕분에 화학자들이 이해하고 추론하는 능력에 혁명적 변화가 생겼다. 화학반응을 일으켰을 때 자신들이 무엇을 관찰하고 측정하고 있는지에 대해서 말이다. 그리고 돌턴의 아이디어는 그 이후 시대의 화학이론에서 중심적 역할을 하게 되었고, 돌턴은 이 연구로 세계적으로 유명해졌다. 그는 대중적 영예를 피하려고 했지만 그럴 수 없었다. 예를 들면, 자신의 격렬한 반대에도 불구하고 그는 왕립협회 회원으로 선출되었다. 1844년 그가 사망했을 때 본인이 희망했을 장례식은 조촐한 것이었을 테지만 조문객은 4만 명이 넘었다.

물질의 성질에 관한 인류의 생각은 돌턴의 노력을 통해서 크게 진보했다. 고대의 신비주의적 구전에서 제시하는 이론을 벗어나 우리의 감각 범위를 크게 뛰어넘는 수준으로까지 물질을 이해하게 된 것이다. 그러나 여전히 의문이 남는다. 개별 원소가 원자의 무게로 구별된다면 이 같은 원자의 속성은 우리가 관찰하는 화학적, 물리적 특성과 어떻게 연결되는가? 이것이 계주의 다음 단계이다. 그리고 이것이야말로 화학에 남아 있는 가장 심오한 질문이었다. 뉴턴의 과학을 뛰어넘지 않은 채 답할 수 있는 질문 중에서 말이다. 더욱 깊은 통찰이 등장하게 될 것이지만 그러려면 물리학의 양자혁명이 일어날 때까지 기다려야 했다.

* * *

스티븐 호킹은 질병 때문에 전신이 마비되었지만 수십 년간 살아남았다. 발병 후 몇 년 지나지 않아서 그를 죽게 만들 것으로 예상되었던 병을 거의 이겨낸 것이다. 언젠가 그는 완고함이 자신의 가장 큰 특징이라고 나에게 말한 적이 있는데 그 말이 옳을 수도 있다고 나는 믿는다. 이런 점 때문에 그는 함께 일하기 힘든 사람일 수도 있다. 그러나 그는 자신이 완고했던 덕분에 계속 살아 있으며 연구를 계속할 힘을 낼 수 있다는 사실을 알고 있다.

완성된 과학이론은 일단 정식화된 이후에는 거의 자명한 것처럼 보일 수 있다. 그러나 이를 창조하기 위한 투쟁에서 승리하려면 엄청난 끈기가 필요한 것이 보통이다. 심리학자들이 "불굴의 투지(grit)"라고 부르는 이 속성은 인내나 완고함뿐만 아니라 열정이라는 지금까지 우리가 이 책에서 보아온 모든 인물이 가진 자질과 연관이 있다. "장기적 목표를 달성하기 위해서 지속적인 관심을 가지고 오랜 시간 노력하는 성향"이라고 정의되는 이 성향은 결혼생활에서부터 미군 특수부대에 이르는 모든 분야의 성공과 관련되어 있다.[26] 이는 놀랄 일이 아니다. 우리가 지금까지 이 책에서 만나온 인물들 중 그렇게 많은 사람들이 고집 세고 심지어 오만한 이유도 아마 여기에 있을 것이다. 위대한 혁신가는 대부분 그렇다. 그들은 그럴 수밖에 없다.

우리의 다음 선구자는 러시아의 화학자 드미트리 멘델레예프(1834-

드미트리 멘델레예프

1907)이다.[27] 짜증과 분노로(그리고 머리와 수염을 일 년에 한 번만 손질한 것으로도) 유명했던 그는 앞서 말한 완고한 노새들의 만신전(萬神殿)에 꼭 들어맞는 인물이다. 사실 그의 개성은 너무나 강해서 그의 아내는 그를 피하려고 시골집으로 옮겨갈 정도였다. 어쩌다 그가 그곳에 나타나면 아내는 아이들의 손을 이끌고 다시 도시로 오고는 했다.

멘델레예프도 호킹과 마찬가지로 살아남은 자이다. 10대 후반에 결핵으로 입원했는데 살아남았을 뿐만 아니라 병원 근처에서 실험실을 찾아서 그곳에서 화학실험을 하면서 회복기를 보내기까지 했다. 나중에 그는 교사 자격증을 딴 뒤 교육부의 관료를 화나게 만들었고 그 여파로 머나먼 크리미아에 있는 어느 고등학교로 발령이 났다. 1855년 현지에 도착한 그는 해당 고등학교가 전투가 벌어지는 지역에 위치하고 있을 뿐만 아니라 오래 전에 문을 닫았다는 사실을 발견했다. 여기에 좌절하지 않고 고향으로 돌아온 그는 고등학교 교사로서의 직업적 전망을 포기했다.

그리고 상트페테르부르크 대학에서 객원 강사—팁을 받고 강의하는 사람—자리를 얻었다. 그는 결국 그곳의 교수가 되었다.

그가 화학자가 된 것, 아니 그 이전에 교육을 조금이라도 받을 수 있었던 것은 모두 어머니 덕분이었다. 그는 시베리아 서부의 가난한 집안에서 태어났다. 14명, 혹은 17명—설명이 각각 다르다—의 아이들 중 막내였다. 그는 학교 성적이 나빴지만 임시변통의 과학실험을 하는 것을 즐겼다. 어머니는 그의 재능을 신뢰했다. 아버지가 사망한 후, 그리고 그가 15세가 되었을 때 그녀는 그를 받아줄 대학교를 찾아서 여행을 떠났다.

여행 거리는 2,200킬로미터가 넘었으며 그 과정에서 마차를 공짜로 얻어 타는 일이 많았지만, 결국 그는 상트페테르부르크에 있는 중앙교육학 연구소에서 소액의 장학금을 얻을 수 있었다. 이곳의 책임자는 선친의 오랜 친구였다. 어머니는 곧이어 사망했다. 37년 후 그는 한 건의 과학 논문을 어머니에게 헌정했다. 논문에서는 그녀의 "신성한" 유언을 다음과 같이 인용했다. "환상을 가지지 말라. 일을 앞에 두고 고집을 피우지 말라. 신성한 과학적 진리를 꾸준히 추구하라." 멘델레예프는 그 이전의 수많은 위대한 과학자들과 마찬가지로 이 말들을 지키는 삶을 살게 될 예정이었다.

어떤 의미에서 멘델레예프는 그곳에서 태어난 것이 행운이었다. 사실상 모든 위대한 발견과 혁신은 인간의 통찰력과 행복한 환경이 결합해서 일어난다. 아인슈타인은 현대 전자기이론이 만들어진 직후에 학문적 경력을 시작했다는 점에서 운이 좋았다. 그 이론은 광속이 불변하다는 것을 암시했으며 이는 그의 상대성이론의 핵심이 될 예정이었다. 스티브 잡스도 이와 유사하게 운이 좋은 사람이었다. 유용한 개인용 컴퓨터가 개발될 수 있는 수준에 기술이 막 도달했을 때, 경력을 시작했기 때문이다. 한편 아르메니아 출신 미국인 루터 심지안은 많은 특허를 보유했지만 그가 가졌던 최고의 아이디어는 최소 10년가량 시대를 앞선 것이었다. 그는 1960년에 현금자동입출금기(ATM)를 생각해내고 뱅코그라프라는 이름을 붙였다.[28] 그는 뉴욕 시의 한 은행을 설득해서 몇 개를 설치하게 했지만 사람들은 이 기계를 불신해서 예금을 하려고 하지 않았다. 그러므로 이를 사용한 사람들은 창녀와 도박꾼 밖에 없었다. 은행 출납계원과 얼굴을 맞대고 싶지 않았던 사람들 말이다. 이로부터 10년 후 세월이 바뀌고 현금자동입출금기는 뜨기 시작했다. 하지만 다른 사람이 설계한 제품이었다.

심지안과 달리 멘델레예프의 경우는 시대정신이 자기편이었다. 원소들이 가족 단위로 체계적으로 구조화될 수 있다는 발상은 1860년대 유럽 전역에 소문나 있었다. 예컨대 불소, 염소, 브롬은 1842년 스웨덴의 화학자 옌스 야코브 베르셀리우스에 의해서 할로겐족 원소로 분류되었다. 이 원소들이 같은 그룹에 속해 있다는 사실은 이미 알려져 있었다. 모두가 극히 부식성이 강한 기체였으며 나트륨과 결합하면 성질이 순해져 소금과 비슷한 결정이 되었다(예컨대 식탁용 소금은 염화나트륨이다). 나트륨, 리튬, 칼륨 등의 알칼리 금속이 서로 비슷하다는 사실을 찾아내는 것도 어렵지 않았다. 모두가 반짝거리고, 물렀으며, 반응성이 컸다. 사실 알칼리 금속은 서로 너무나 비슷하다. 예컨대 소금의 나트륨을 칼륨으로 치환해도 그 결과물은 소금 대용품으로 쓰일 정도로 소금과 비슷하다.

생물을 분류하려는 칼 린네의 계획에 영감을 얻은 화학자들은 원소 사이의 관계를 설명하는 화학 나름의 포괄적인 가족 체계를 개발하려고 했다. 그러나 모든 그룹 만들기가 명백한 것은 아니었고 이들 그룹이 서로 어떤 관계에 있는지도 알려져 있지 않았다. 원자의 어떤 속성 때문에 그룹 간의 유사성이 생기는지 여부도 마찬가지였다. 이런 이슈들은 온 유럽의 사색가들을 매혹시켰다. 심지어 설탕 정제업자, 혹은 적어도 설탕 정제시설에 근무하는 화학자까지도 한 몫 끼려고 했다. 이렇게 해답을 찾아 문을 두드린 사람이 여럿이 있었지만 이를 정면으로 돌파한 사람은 단 한명, 멘델레예프뿐이다.

사실 원소들을 체계적으로 묶는다는 아이디어는 "소문"나 있었다. 그렇다면 여기에 성공한 사람은 환호를 받을 만하다. 그렇지만 그 사람이 해당 분야에서 작업한 사람 중에서 가장 위대한 인물에 속한다는 결론을 반드시 내릴 수는 없을 것이다. 그런데 멘델레예프는 그런 인물에 속한다. 무엇 때문에 그는 보일, 돌턴, 라부아지에와 같은 거인들과 같은 급에 들 수 있는 것일까?

멘델레예프가 개발한 "주기율표(periodic table)"는 휴대용 조류도감의 화학자 버전이 아니다. 이것은 뉴턴 법칙의 화학자 버전이다. 아니면 적어도 화학이 도달하기를 희망하는 것 중 뉴턴의 마술적 업적에 가장 가까운 것이라고 할 수 있다. 이것이 단순히 원소의 족(族)을 나타낸 표가 아니기 때문이다. 이것은 화학자들로 하여금 모든 원소의 성질을 이해하고 예측하게 해주는 참다운 심령술 점괘판이다. 아직 발견되지 않은 원소도 예외가 되지 않는다.

돌이켜보면 멘델레예프의 혁신적 업적에 대해서 말하기는 쉽다. 그가 알맞은 시기에 알맞은 질문을 던졌으며 근면하고 열정적으로 그리고 과도한 자기 확신으로 고집스럽게 문제를 파헤친 덕분이라고 말이다. 그러나 그의 지적 자질 못지않게 중요한 것은 우연의 역할이었다. 혹은 적어도 서로 관련이 없는 상황 덕분에 이런 자질들이 모여 승리를 거둘 수 있는 무대가 형성되었다고 말할 수 있다. 발견과 혁신이 이루어지는 경우 종종 이런 일이 생기며 우리 자신의 삶에서도 많이 일어나기도 한다. 이번 경우 화학 교과서를 쓰겠다는 것은 멘델레예프의 우연한 결정이었다.

결정을 내린 것은 1866년, 그가 32세의 나이로 상트페테르부르크 대학교의 화학과 교수로 임용된 다음이었다. 1세기 반전에 표트르 대제가 설립한 이 대학교는 마침내 유럽의 지적 중심으로 떠오르는 중이었다.

이 대학은 러시아 최고였지만 러시아는 유럽에 비해서 뒤떨어져 있었다. 러시아의 화학 문헌을 조사한 멘델레예프는 수업에서 쓸 만한, 제대로 된 최신 서적이 없다는 사실을 알게 되었다. 그래서 자신이 직접 쓰기로 결정했다. 이 교과서는 완성되는 데에 여러 해가 소요되며, 모든 주요 언어로 번역되고, 앞으로 수십 년 동안 여러 대학에서 널리 사용될 운명이었다. 일화와 추측, 괴팍함으로 가득 찬 비정통적인 책이었다. 이것은 사랑의 결실이었다. 그는 가능한 최선의 책을 만들려고 노력했는데, 그 목적을 위해서 그가 집중해야만 했던 주제들이 나중에 그를 위대한 발견으로 이끌었다.

책을 쓰면서 그가 마주쳤던 첫 번째 도전은 체제를 어떻게 구성하는가였다. 그는 원소와 그 화합물을 각기 다른 속성에 따라서 정의되는 그룹, 즉 족으로 취급하기로 결정했다. 할로겐과 알칼리 금속을 서술하는 일은 상대적으로 쉬웠다. 그 다음에는 어떤 그룹에 대해서 쓰느냐는 문제에 마주쳤다. 마음대로 순서를 정해도 될까? 아니면 혹시 이를 조직화하는 어떤 원리가 있어서 거기 따라야 하는 걸까?

멘델레예프는 이 문제와 씨름했다. 자신의 방대한 화학 지식을 깊이 들여다보며 각기 다른 그룹이 서로 어떤 관계를 맺고 있는지를 알아낼 단서를 찾았다. 어느 토요일 그는 문제에 너무나 집중한 나머지 밤을 꼬박 새고 아침을 맞이했다. 아무런 진전도 없었다. 그때 어떤 것에 홀린 그는 산소, 질소, 할로겐족에 속하는 원소의 이름들을 어느 봉투의 뒷면에 써내려갔다. 모두 12개의 원소를 원자량에 따라 오름차순으로 쓴 것이다.

그러자 갑자기 놀라운 패턴이 눈에 드러났다. 이 목록은 질소, 산소, 불소—각 그룹에서 가장 가벼운 원소—로 시작하여 그 다음으로 가벼운 원소들로 이어지고 이런 패턴은 그 다음, 그 다음 그룹으로 계속되었다. 다시 말해 이 목록은 반복되는, 즉 "주기적" 패턴을 형성했다. 패턴에 맞지 않는 원소는 오로지 2개뿐이었다.

멘델레예프는 각 그룹에 속하는 원소들의 이름을 한 줄로 쓰고 그 위에 다음 그룹의 원소들 이름을 쓰는 식으로 각 그룹을 배열해서 자신의 발견이 좀더 명백히 나타나도록 했다(오늘날 우리는 이 그룹들을 가로가 아니라 세로줄로 배열한다). 이 가운데 정말 뭔가가 있는 것일까? 그리고 만일 이 12개 원소들이 정말로 하나의 의미 있는 패턴을 형성한다면 당시 알려져 있던 51개의 원소는 그의 표에 맞아들어갈 것인가?

멘델레예프가 친구들과 자주 하던 카드 게임에 페이션스(patience)라는 것이 있었다. 바닥에 카드를 깔아놓고 이를 일정한 방식으로 배열하는 게임이다. 이 카드들은 하나의 표를 형성했는데 이것이 그날 그가 만들었던 원소 12개의 표와 매우 비슷했다. 그가 나중에 설명한 바에 따르면 그렇다. 그는 당시까지 알려진 모든 원소의 이름과 원자량을 카드에 쓰고 이것들을 표로 만들려는 시도를 했다. 오늘날 우리가 "화학 페이션스"라 부르는 게임을 했던 것이다. 그는 카드를 이리저리 옮기며 의미 있는 방식으로 배열하려고 노력했다.

멘델레예프의 접근법에는 심각한 문제가 있었다. 하나만 들면, 어느 그룹에 속해야 할지 분명하지 않은 원소들이 일부 있었다. 일부 원소는 속성이 제대로 파악되지 않은 상태였다. 원자량이 얼마인지 합의되지 않은 원소도 일부 존재했다. 그리고 오늘날 우리가 아는 바이지만 일부 원소에 할당된 원자량은 완전히 틀렸다.

이보다 더욱 심각한 것은 일부 원소가 아직 발견되지 않았다는 점이었다. 이 때문에 그의 배열방식이 맞지 않는 것처럼 보이는 결과가 생겼다. 이 모든 문제는 멘델레예프의 일을 힘들게 했다. 그러나 어떤 다른 것, 어떤 더욱 미묘한 문제가 또한 존재했다. 원자량을 기반으로 하는 기획이 작동해야 한다고 믿을 이유가 전혀 없었다. 당시에는 원자량에 원자의 어떤 화학적 속성이 반영되어 있는지 아무도 알지 못했기 때문이었다

(오늘날 우리는 원자핵의 양성자와 중성자 숫자가 원자량이며, 중성자의 무게는 원자의 화학적 성질과 무관하다는 것을 알고 있다). 멘델레예프가 정열적으로 자신의 발상을 밀고 나가는 데에 그의 고집스러움이 큰 몫을 한 것은 특히 이 지점에서이다. 그는 직관과 신념만으로 작업을 계속했다.

멘델레예프의 작업은 과학 연구의 과정이 수수께끼를 푸는 활동이라는 점을 어느 누구보다도 문자 그대로 보여주었다. 그러나 중요한 차이점도 드러낸다. 독자들이 가게에서 사는 조각그림 맞추기와 달리 멘델레예프의 퍼즐 조각은 맞아들어가지 않았다는 점이다. 일부 과학의 진전, 그리고 모든 혁신은 당신의 접근법이 작동하지 않을 수 있다고 시사하는 듯한 쟁점들을 가끔 무시하는 데에서 이루어진다. 문제를 우회하는 해결책을 끝내 찾아낼 수 있다거나 어쨌든 해당 쟁점이 본질과 무관한 것으로 드러날 것이라는 믿음을 가지고 말이다. 멘델레예프는 놀라운 재능과 엄청난 끈기를 발휘하여 자신의 그림을 만들었다. 퍼즐의 일부 조각을 다시 만들고 다른 조각들은 완벽하게 짜맞춘 것이다.

시간이 지나서 보면 멘델레예프의 업적을 영웅적인 것으로 간주하기는 쉽다. 아마 나 역시 그랬던 것 같다. 설사 당신의 아이디어가 미친 것처럼 보인다 할지라도 그것이 작동한다면 우리는 당신을 영웅으로 떠받들 수 있다. 하지만 여기에는 다른 면이 있다. 역사에는 오류로 판명된 미친 기획이 수없이 많았다는 점이다. 작동하는 기획은 그렇지 못한 기획에 비해서 극소수였으며 잘못된 것들은 빠르게 잊혀졌다. 이를 신봉한 사람들이 투입한 모든 시간과 날과 햇수는 결국 낭비된 것이다. 그리고 이런 결과를 낳은 기획을 주창한 사람들을 우리는 흔히 실패자, 미치광이라고 부른다. 그러나 영웅적 행위라는 것은 위험을 무릅쓰는 것이 핵심이다. 그러므로 연구에서 정말로 영웅적인 것은 우리 과학자들이나 기타 혁신가들이 무릅쓰는 위험에 있다. 치열하게 지적으로 분투하면서

252

수개월, 수년, 심지어 수십 년을 보내는 것이다. 쓸모 있는 결론이나 제품이 나올 수 있을지 그렇지 않을지 모르는 상태에서 그렇게 하는 것이다.

멘델레예프가 시간을 투자한 것은 분명하다. 그리고 어떤 원소가 자신이 원하는 자리에 맞아떨어지지 않자, 그는 자신의 기획이 틀렸다는 것을 인정하기를 거부했다. 그 대신 그는 자신의 입장을 고수하면서 원자량을 측정했던 사람이 오류를 저질렀다는 결론을 내렸다. 그는 대담하게도 기존에 측정된 무게를 지워버리고 해당 원소를 자신이 원하는 자리에 오게 할 수 있는 값을 써넣었다. 그는 자신이 표의 어느 곳에 빈 칸이 생겼을 때, 즉 그 칸에서 요구되는 속성을 가진 원소가 존재하지 않을 때, 가장 대담한 선언을 했다.

그는 자신의 아이디어를 포기하거나 표를 조직하는 원리를 수정하려고 하지 않았다. 그 대신 이 빈칸들이 미처 발견되지 않은 원소들을 대표한다고 확고하게 주장했다. 그는 심지어 새 원소의 성질도 예측했다. 무게, 물리적 특성, 다른 어떤 원소들과 결합하는지, 그들이 만드는 화합물의 종류……오로지 해당 빈칸이 나타나는 자리만을 기반으로 해서 말이다.

예를 들면, 알루미늄 다음에 빈 칸이 존재한다면, 멘델레예프는 이 자리에 이카-알루미늄이라고 자신이 명명한 원소를 채워넣은 다음에, 더 나아가 다음과 같이 예측했다. 나중에 어느 화학자가 마침내 발견한다면, 이 원소는 빛나는 금속으로서 열을 매우 잘 전도하며 녹는점이 낮으며 1세제곱센티미터당 정확히 5.9그램일 것이라고 말이다. 몇 년 후 프랑스 화학자인 폴 에밀 르코크 드 부아보드란이 여기에 들어맞는 광석 표본 속에서 이 원소를 발견했다. 차이점은 무게가 1세제곱센티미터당 4.7그램이라는 것뿐이었다. 멘델레예프는 즉시 르코크에게 편지를 보내 그의 표본이 순수하지 못한 것이 틀림없다고 썼다. 르코크는 새로운 표본으로 다시 분석하면서 엄밀하게 정제했다. 이번에는 정확히 멘델레예프가 예측한 무게가 나왔다. 1세제곱센티미터당 5.9그램이었다. 르코크는 이 원소에 갈륨이라는 이름을 붙였다. 프랑스의 옛 이름 갈리아에서 딴 것이다.

멘델레예프는 그의 표를 1869년 이름 없는 러시아 저널에 발표했다가 이름난 독일 저널에 다시 발표했다.[29] 제목은 「원소의 성질과 원자량과의 관계에 대하여(*On the Relationship of the Properties of the Elements to their Atomic Weights*)」였다. 그의 표에는 갈륨을 포함해서 다른 미지의 원소들이 차지할 자리가 있었다. 이들은 오늘날 스칸듐, 게르마늄, 테크니튬이라고 불린다. 테크니튬은 방사성을 띤 데다 너무나 희귀해서

1869년 멘델레예프가 원래 발표했던 주기율표와 현대의 주기율표

1937년까지 발견되지 않았다. 그해에 입자 가속기의 일종인 사이클로트론에서 합성되었다. 멘델레예프가 사망한 지 30년쯤 후의 일이다.

노벨 화학상이 처음 시상된 것은 1901년, 멘델레예프가 사망하기 6년 전이었다. 그가 수상하지 못한 것은 노벨상의 역사상 가장 큰 실수 중의 하나로 꼽힌다. 그의 원소 주기율 표는 현대화학의 중심 조직 원리이자 물질의 과학을 우리가 통달할 수 있게 해준 발견이며 방부처리자와 연금술사의 실험에서 시작된 2,000년에 걸친 작업의 절정이었기 때문이다.

그러나 멘델레예프는 결국 좀더 엄선된 클럽의 회원이 되었다. 1955년 미국 버클리의 과학자들은 사이클로트론에서 새로운 원소 원자 10여 개를 만들어냈다. 그리고 1963년 멘델레예프의 빛나는 업적을 기려서 여기에 멘델레븀이라는 이름을 붙였다. 노벨상 수상자는 800명이 넘지만 원소에 이름이 붙은 과학자는 16명에 불과하다. 그리고 멘델레예프가 그중 한 명이 되었다. 자신의 표에 자기 자신의 이름을 가지게 된 것이다. 원소 번호는 101, 아인슈타이늄 및 코페르니쿠스르니슘과 아주 가까운 곳이다.

9

살아 있는 세계

학자들은 물질이 기본적인 벽돌로 이루어져 있다는 추측을 아득한 옛날부터 해왔지만 생물도 그럴 것이라고 짐작하는 사람은 아무도 없었다. 그러므로 1664년 우리의 오랜 친구 로버트 후크의 발견은 놀라운 것이었다. 그는 작은 주머니칼을 "면도날처럼 날카롭게" 갈아서 코르크 한 조각을 얇게 베어낸 다음, 자신이 집에서 만든 현미경을 통해서 들여다보았다.[1] 후에 그는 자신이 "세포(cell)"라는 이름을 붙이게 될 것을 목격한 최초의 사람이 되었다. 그가 이런 이름을 택한 것은 수도원에서 수도사들에게 배정하는 조그만 침실을 연상시켰기 때문이다.

세포는 생명의 원자라고 생각할 수도 있지만 실은 원자보다 더욱 복잡한 것이다. 이를 처음 인식한 사람들에게는 더더욱 놀랄 일이지만 이것들은 하나하나가 살아 있다. 하나의 세포는 생기가 넘치는 살아 있는 공장이다. 에너지와 원자재를 소비하고 이로부터 수많은 생산품을 다양하게 만들어낸다. 제품은 주로 단백질인데, 이것은 중요한 생물학적 기능거의 전부를 담당한다. 하나의 세포가 기능을 수행하려면 많은 지식이 필요하다. 그러므로 세포는 뇌를 가지지 않음에도 불구하고 많은 것을 "안다." 우리가 성장하고 기능하는데 필요한 단백질을 비롯한 여러 물질을 만들어내는 법을 알며 또한 번식할 줄 안다. 아마도 후자가 가장 중요할 것이다.

세포가 생산하는 가장 중요한 제품을 하나만 꼽으라면 세포 자신이다.

이런 능력을 가진 우리 인간들은 하나의 세포에서 출발해서 40여 차례의 분열을 거친 다음 마침내 약 30조 개의 세포로 구성된 존재가 된다.[2] 은하수의 별보다 100배 많은 숫자이다. 우리 세포들의 활동의 총합이, 생각하지 않는 개체들로 이루어진 거대한 집단의 상호작용이 합쳐져서 우리라는 전체가 된다는 사실은 엄청나게 놀라운 일이다. 이 모든 것이 어떻게 작동하는지 그 복잡한 과정을 우리가 마치 스스로를 분석하는 컴퓨터처럼 풀어낼 수 있으리라는 인식 역시 또한 충격적이다. 이 컴퓨터에 지시를 내리는 어떤 프로그래머도 존재하지 않는 상황에서 말이다. 이것이 생물학의 기적이다.

생물학 세계의 대부분은 눈에 보이지 않는다는 점을 생각하면 이 기적은 더욱 위대하게 느껴진다. 보이지 않는 이유는 부분적으로는 세포들이 작기 때문이기도 하고 또한 생명의 어마어마한 다양성 때문이기도 하다. 만일 박테리아 같은 존재를 제외하고 오로지 핵이 있는 세포를 가진 생물의 숫자만 센다면 우리 행성에는 약 1,000만 종이 존재할 것으로 과학자들은 추산한다.[3] 이중 우리가 발견하고 분류한 것은 1퍼센트 가량에 불과하다. 개미만 따져도 최소 2만2,000종에 이르며 지구상에 있는 인간 한 명당 100만-1,000만 마리의 개미가 살고 있다.

우리는 뒤뜰에 있는 곤충들의 노래에 익숙하다. 그러나 풍요로운 땅에서 작은 삽으로 흙을 떠내면 그 속에 있는 동물의 유형은 우리가 평생 동안 세도 전부 셀 수 없을 정도로 많다. 수백, 혹은 수천 종의 무척추동물, 현미경으로만 볼 수 있는 수천종의 회충, 수만 가지 유형의 박테리아들. 생명체는 지구의 구석구석에 모두 존재하기 때문에 우리는 사실 의도적으로는 먹지 않으려고 하는 생명체들을 계속해서 섭취하고 있다. 곤충 부스러기가 섞여 있지 않은 땅콩버터를 사려고 해보라. 이는 불가능하다. 곤충이 들어 있지 않은 땅콩버터를 만드는 것은 비현실적이라는 사실을 정부는 알고 있다. 그래서 31그램당 곤충 부스러기 10개까지를 허용하는 규제를 한다.[4] 한편 브로콜리 한 접시에는 60마리의 진딧물과 진드기가 각각, 혹은 합쳐서 들어 있으며, 계피 가루 한 단지에는 400개의 곤충 조각이 들어 있을 수 있다.[5]

이 모든 것은 밥맛을 떨어뜨리는 이야기일지 모른다. 그러나 심지어 우리의 몸 자체도 외부 생명체로부터 자유롭지 못하다는 것을 기억해두는 것이 좋다. 우리 각자가 생명체의 생태계에 해당한다. 예컨대 과학자들은 당신의 팔뚝에서 44속(屬 : 종의 집단)의 현미경으로만 볼 수 있는 생명체를 확인했다. 그리고 장 속에서는 최소한 160종의 박테리아를 발견했다.[6] 발가락 사이에는? 곰팡이 40종. 사실 이 모두를 더하면 우리 몸에는 체세포보다 훨씬 더 많은 미생물 세포가 존재한다.

우리의 신체 부위는 각각이 서로 구별되는 서식지이다. 그리고 독자의 장속이나 발가락 사이에 사는 존재들은 독자의 팔뚝에 사는 생명체보다 내 몸의 해당 부위에 사는 것들과 공통점이 더욱 많다. 미국 노스캐롤라이나 주립대학교에는 심지어 "배꼽 생물 다양성 프로젝트(Belly Button Biodiversity project)"이라는 이름의 학술 센터까지 존재한다. 그 어둡고 고립된 영역에 존재하는 생명체들을 연구하기 위해서 설립된 곳이다. 그리고 악명 높은 피부 진드기도 있다. 동물 진드기와 거미, 전갈의 친척인 이것들은 길이가 1밀리미터의 3분의 1도 되지 않는다. 사는 곳은 당신의 얼굴의 모낭이나 모낭과 연결된 분비샘 근처이다. 주로 코, 속눈썹, 눈썹근처이며 거기서 즙이 풍부한 세포의 속을 빨아먹는다. 하지만 걱정말라. 이것들은 아무런 해를 끼치지 않는 것이 정상이다. 그리고 당신이 낙관주의자라면, 그런 것을 가지고 있지 않은 성인 인구의 절반에 당신이 속하리라는 희망을 품을 수 있다.

생명체는 복잡하고 그 크기와 형태와 서식지는 다양하며, 우리에게는 스스로가 "단지" 물리법칙의 산물일 뿐이라는 사실을 믿지 않으려는 자연스러운 경향이 있다. 생물학이 과학으로서 발전하는 데에 물리학과 화학보다 뒤쳐져왔다는 것은 놀라운 일이 아니다. 다른 과학과 마찬가지로 생물학이 발전하는 데에 인간이 가진 자연스러운 성향을 극복할 필요가 있었다. 우리는 특별하다거나 신 그리고 / 혹은 마법이 세상을 지배한다고 느끼는 성향 말이다. 그리고 다른 과학에서와 마찬가지로 이것은 가톨릭 교회의 신 중심 교리와 아리스토텔레스의 인간 중심 교리를 극복하는 것을 의미한다.

아리스토텔레스는 열정적인 생물학자로, 지금껏 남아 있는 그의 저술 중 거의 4분의 1은 이 분야와 관련이 있다.[7] 그의 물리학이 지구를 우주의 중심에 놓았던 반면, 그의 생물학은 좀더 개인적이며 인간, 특히 남성을 더 찬양했다.

아리스토텔레스는 신의 지성이 모든 생명체를 창조했다고 믿었는데, 생명체는 그것이 죽으면 떠나버리거나 사라지는 특별한 성질이나 정수(精髓)를 가지고 있다는 점에서 무생물과 다르다고 했다. 이 모든 생명의 청사진 중에서 인간이 가장 높은 곳에 위치한다고 그는 주장했다. 이 점을 너무나 강하게 믿은 나머지 어떤 종의 특징을 설명하면서 그것이 그에 상응하는 인간의 특징과 다른 경우 기형이라고 불렀다. 이와 비슷하게 그는 인간 여성은 불구이거나 손상된 남성이라고 보았다.

이처럼 전통적이지만 잘못된 믿음이 부식되면서부터 현대 생물학이 탄생할 여건이 마련되었다. 옛 발상에 대한 초기의 중요한 승리는 자연발생이라는 아리스토텔레스 생물학의 원리가 깨어졌다는 것이다. 자연발생이란 생명체가 먼지 같은 무생물로부터 생겨난다는 이론이다. 이와 비슷한 시기에 현미경이라는 신기술이 과거의 사고방식에 의심을 제기했다. 심지어 단순한 생명체도 우리와 마찬가지로 기관을 가지고 있으며, 우리도 다른 식물과 동물처럼 세포로 만들어져 있다는 사실을 현미경이 보여준 덕분이다. 그러나 생물학은 그 위대한 조직 원리가 밝혀지기 전까지는 과학으로서 진정한 성숙을 시작할 수 없었다.

물체들의 상호작용에 관심을 두는 물리학은 자체의 운동법칙을 가지고 있다. 원소와 그 화합물의 상호작용에 관심을 가지는 화학은 주기율표를 가지고 있다. 생물학은 종들이 기능하고 상호작용하는 방식에 관심을 가진다. 이것이 성공하기 위해서는 이 종들이 왜 현재와 같은 특성을 지니는지를 이해할 필요가 있었다. "신이 이들을 그런 식으로 창조했기 때문"이라는 것 이외의 설명 말이다. 이 같은 이해에 마침내 도달한 것은 자연선택을 기초로 하는 다윈의 진화론 덕분이었다.

* * *

생물학이 존재하기 훨씬 전부터 생물을 관찰하는 사람들이 있었다. 농부, 어부, 의사, 철학자 모두가 바다와 시골의 생명체들에 대해서 배웠다. 그러나 생물학은 식물도감이나 휴대용 조류도감에 있는 상세한 설명 이상의 것이다. 과학은 조용히 앉아서 세상을 서술하는 것이 아니기 때문이다. 과학은 벌떡 일어서서 우리 눈에 보이는 것을 설명해주는 아이디어를 외치는 것이다. 하지만 설명하는 것은 서술하는 것보다 훨씬 더 어렵다. 그 결과 과학적 방법이 발전하기 전의 생물학은 다른 과학들과 마찬가지로 그럴듯하지만 잘못된 설명과 발상으로 얼룩지게 되었다.

고대 이집트 시대의 개구리를 보자. 매년 봄 나일 강이 범람하고 나면 주변의 대지에는 비옥한 진흙이 남는다. 농부들이 힘들게 농사를 지으면, 온 나라를 먹여 살릴 수 있는 그런 흙 말이다. 진흙땅은 마른 땅에는 존재하지 않는 또다른 것인 개구리를 낳았다. 이 시끄러운 동물들은 너무나 갑자기 너무나 많은 수로 등장했기 때문에, 마치 진흙 자체에서 생겨난 것 같았다. 이것은 고대 이집트인들이 자신들이 생겨난 방식이라고 믿는 것과 정확히 동일했다.

이집트인들의 이론은 칠칠치 못한 추론의 산물이 아니었다. 역사의 기간 대부분 동안 꼼꼼한 관찰자들 대부분이 동일한 결론에 이르렀다. 푸줏간 주인은 고기에서 구더기가 "나타난" 것에 주목했고 농부는 밀을 저장한 통에서 생쥐들이 "나타나는" 것을 발견했다. 17세기 얀 밥티스타 판 헬몬트(1579-1644)라는 화학자는 일상적 재료로 생쥐를 만드는 비결을 제시하는 데까지 나아갔다. 식품 저장용 통에 밀 몇 알갱이와 더러운 속옷을 넣고 21일간 기다리라는 것이다. 이 비법은 가끔 효과가 있는 것으로 알려졌다.

판 헬몬트가 꾸며낸 이야기의 배경에 있는 이론은 자연발생설이다. 단순한 생명체가 모종의 무생물을 토대로 저절로 생겨날 수 있다는 것이다. 고대 이집트 이래 그리고 아마도 그 이전부터 사람들은 모든 생명체 속에 모종의 생명력이나 에너지가 존재한다고 믿었다.[8] 세월이 흐르면서 이런 견해의 부산물로 나타난 것이 생명력이 어떻게든 무생물에 주입되어서 새로운 생명을 만들어낸다는 믿음이었다. 이 같은 교리는 아리스토텔레스에 의해서 일관성 있는 이론으로 통합되면서 특별한 권위를 가지게 되었다. 그러나 17세기에 모종의 핵심적인 관찰과 실험이 이루어지면서 아리스토텔레스 물리학의 종말이 시작된다. 이와 함께 같은 세기에 생물학에 대한 그의 아이디어를 마침내 강력하게 공격하는 과학이 부상하게 된다. 가장 주목할 만한 도전은 1668년 이탈리아의 의사 프란체스코 레디가 수행한 자연발생설 시험이었다. 이것은 생물학 최초의 진정한 과학적 실험으로 꼽힌다.

레디의 방법은 단순했다. 그는 입구가 넓은 항아리를 여럿 만들고 그 속에 신선한 뱀 고기, 물고기, 송아지 고기의 표본을 넣었다. 그리고 일부 항아리는 열어두고 일부는 거즈 비슷한 물질이나 종이로 덮었다. 만일 자연발생이 정말로 일어난다면 이 세 가지 상황에 있는 고기들 모두에서 파리와 구더기가 발생해야 한다는 것이 그의 가설이었다. 그러나 만일 파리가 낳은, 눈에 보이지 않는 작은 알에서 구더기가 생기는 것이라면 덮지 않은 항아리의 고기에서는 생기고 종이로 덮은 곳에서는 나타나지 않을 것이라고 그는 추측했다. 그는 또한 나머지 항아리를 덮고 있는 거즈에서 구더기가 생길 것으로 예측했다. 배고픈 파리들이 고기에 다가갈 수 있는 가장 가까운 곳이기 때문이다. 이 같은 예측은 실제 일어난 일과 정확히 일치했다.

레디의 실험은 복합적인 반응을 받았다. 일부는 이를 자연발생의 오류를 폭로하는 것으로 받아들였다. 다른 사람들은 이를 무시하거나 흠을 잡으려고 했다. 아마도 많은 사람들이 후자에 속했을 것이다. 이미 가지고 있던 믿음을 그냥 유지하고 싶은 편견이 있었기 때문이다. 어쨌든 이 문제에는 신학적 시사점이 있었다. 일부 사람들은 자연발생론이 생명을 창조하는 신의 역할을 포함하고 있다고 믿었다. 그러나 레디의 결론을 의심할 만한 과학적인 근거도 있었다. 예를 들면, 그의 실험이 가지는 유효성을 그가 연구한 생물을 넘어서 외삽(外揷)하는 것은 오류일 수도 있었다. 어쩌면 그가 보여준 것은 자연발생이 파리에게는 적용되지 않는다는 사실이 전부일지도 몰랐다.

칭송받을 만한 일은 레디 자신이 열린 마음을 유지했다는 점이다. 그는 심지어 자연발생이 **실제로** 일어나는 것으로 자신이 의심하는 다른 사례들도 발견했다. 결국 이 문제는 19세기 후반 루이 파스퇴르가 세심한 실험으로 이 문제를 영원히 잠재울 때까지 이후 200년간 논쟁이 계속될 예정이었다. 그는 심지어 미생물도 저절로 생기지 않는다는 사실을 실험으로 보여주었다. 레디의 작업은 결정적이지는 않았지만 그럼에도 불구하고 멋진 것이었다. 이 실험이 두드러지는 이유는 누구든 이와 비슷한 실험을 할 수 있었지만 아무도 그럴 생각을 하지 못했다는 데에 있다.

위대한 과학자들은 비범한 지능을 가졌다고 사람들은 흔히 생각한다. 그리고 사회, 그중에서도 사업 영역에서 우리는 다른 사람들과 잘 섞이지 않는 사람을 피하는 경향이 있다. 그러나 다른 사람이 보지 못하는 것을 흔히 보는 사람은 바로 이처럼 별난 사람들이다. 레디는 복잡한 인물이었다. 과학자이면서도 미신을 믿었다. 병에 대항하기 위해서 온몸에 기름을 발랐다. 그는 또한 의사이자 박물학자인 동시에 토스카나 포도주를 찬양하는 고전적 작품을 쓴 시인이기도 했다. 자연발생과 관련해서 오직 레디만이 상자 밖에서 생각할 수 있을 괴짜였으며, 과학적 추론이 일반화되기 이전의 시대에 그는 과학자처럼 추론하고 행동했다. 그과정에서 그는 근거 없는 이론에 의문을 제기했을 뿐 아니라 아리스토텔레스를 정면으로 공격했으며 생물학 문제에 답하는 새로운 접근법을 뚜렷하게 제시했다.

* * *

레디의 실험은 현미경 연구에 큰 영향을 받은 것이었다. 미세한 생물도 번식 기관을 갖출 수 있을 정도로 충분히 복잡하다는 사실이 현미경 연구를 통해서 새로 밝혀졌었다. "하등 동물"은 너무 단순해서 번식이 불가능하다는 것이 자연발생을 옹호하는 아리스토텔레스의 주장 중 하나였다.

사실 현미경은 그보다 수십 년 먼저 발명되었다. 망원경이 발명되던 즈음이었는데 정확히 언제 누가 처음 만들었는지는 아무도 모른다. 우리가 알고 있는 것은 처음에는 동일한 라틴어 페르스피실룸(perspicillum)이 두 가지 용도로 같이 쓰였다는 점과 갈릴레오 역시 동일한 기구—자신의 망원경—로 미시세계와 지구 밖 세계, 양쪽을 관찰했다는 것이다. 1609년 그는 한 방문객에게 말했다. "이 통으로 보니 파리가 양만큼 크게 보였다."[9]

현미경은 망원경과 마찬가지로 고대인들은 결코 상상할 수 없었던—그들의 이론으로 결코 설명할 수 없었던—자연의 한 영역을 상세하게 드러내주었다. 현미경 덕분에 마침내 학자들은 자신들의 분야를 지금까지와는 다른 방식으로 생각할 수 있는 마음을 열 수 있게 되었다. 여기에서부터 만들어진 지적 진보의 흐름은 나중에 다윈에게서 정점에 이르게 되었다. 그러나 현미경은 망원경과 마찬가지로 초창기에 강력한 반대에 부딪혔다. 중세학자들은 "시각적 환상"을 경계했고, 자신과 지각 대상 사이에 들어서는 장치 모두를 불신했다. 그리고 망원경에게는 갈릴레오가 있어서 비판자들에게 맞서서 이 장치를 채택했지만, 현미경의 대표선수가 나타나서 업적을 낼 때까지는 반세기가 걸렸다.

가장 위대한 옹호자 중의 한 명은 로버트 후크였다.[10] 그는 왕립협회의 주문에 따라 현미경을 사용한 연구를 수행했으며, 이를 통해서 생물학의 뿌리에 기여했다. 화학과 물리학에 기여했듯이 말이다. 1663년 왕립협회는 후크에게 회의 때마다 새로운 관찰결과를 하나 이상씩을 발표하라고 주문했다. 후크는 눈이 병약해서 렌즈를 오래 들여다보기가 힘들고 고통스러웠지만, 도전에 잘 맞서서 자신이 스스로 설계한 개선된 기구를 이용한 수많은 관찰을 비범하게 해냈다.

1665년 30세의 후크는 『마이크로그래피아(*Micrographia*)』 즉 "작은 그림들"이라는 뜻의 책을 펴냈다. 이 책은 여러 분야에 걸친 그의 작업과 아이디어를 섞은 좀 잡식적인 성격이 있었지만 큰 인기가 있었다. 그가 직접 그린 57장의 놀라운 일러스트는 이상하고도 새로운 세계를 잘 보여주었다. 벼룩의 해부도, 이의 몸체, 파리의 눈, 벌의 침이 이 일러스트들을 통해서 인간의 지각에 처음 드러났다. 모든 그림이 한 쪽을 가득 채우는 크기였으며 일부는 두 쪽을 펼쳐야 한꺼번에 볼 수 있기도 했다. 심지어 단순한 동물들에게도 우리처럼 신체 부위와 기관이 있다는 사실은 충격적인 폭로 이상이었다. 확대된 곤충을 처음 목격하는 세상에게는 그랬다. 이것은 또한 아리스토텔레스 교리에 대한 직접적인 반박이었다. 갈릴레오가 달에도 지구와 똑같은 언덕과 계곡이 있다는 것을 발견한 것과 비슷한 정도의 폭로였다.

『마이크로그래피아』가 출간된 해는 대대적인 흑사병이 절정에 달했을 때였다. 이 병은 런던 주민 7명 중 1명을 죽이게 된다. 이듬해 런던은

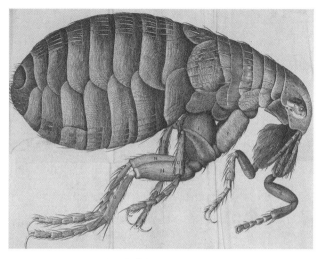

후크의 『마이크로그래피아』

대화재에 휩쓸리게 된다. 이 모든 혼란과 고통 속에서도 사람들은 후크의 책을 읽었고, 이 책은 베스트셀러가 되었다. 저명한 일기작가이자 해군 행정관이며 나중에 의원이 되었던 새뮤얼 피프스는 이 책에 너무 몰두한 나머지 새벽 2시까지 게걸스럽게 읽은 다음 "평생 내가 읽은 것 중에 가장 독창적인 책"[11]이라고 평가했다.

후크는 새로운 세대의 학자들을 흥분시켰지만 또한 의심하는 자들에게 조롱도 받았다. 자신들이 신뢰하지 않는 기구를 사용한 관찰을 기반으로 그려진 후크의 그림들은 때로는 기괴했으며 받아들이기 어려웠다. 후크에게 최악의 대목은 영국 극작가 토머스 섀드웰이 당대의 과학을 대상으로 쓴 풍자극을 관람하던 중에 일어났다. 후크는 자기 눈앞의 무대에서 조롱당하는 실험들이 대부분 그의 것이라는 점을 깨달으면서 모욕을 느꼈다.[12] 이 실험들은 그가 사랑하는 책으로부터 이끌어낸 것이었다.

후크의 주장을 의심하지 않았던 사람 중에는 아마추어 과학자 안톤 판 레이우엔훅(1632-1723)이 있었다.[13] 그는 네덜란드의 델프트에서 바구니를 만드는 사람의 아들로 태어났다. 세계 도처로 실려갈, 희고 푸른

색의 그 유명한 델프트 도자기를 포장하는 바구니였다. 그의 어머니는 델프트의 또다른 특산인 맥주의 양조와 관련된 가문의 출신이었다. 안톤은 16세 때 어느 옷감가게에서 출납과 장부정리를 하는 직업을 가졌다. 그리고 1654년 자신의 사업을 시작해서 직물, 리본, 단추를 팔았다. 여기에 그는 관련이 없는 직업 한 가지를 곧이어 추가했다. 델프트 시청을 유지 보수하는 일이었다.

레이우엔훅은 대학 문턱에도 가보지 않았으며 학자들의 언어인 라틴어를 알지 못했다. 그리고 90세 넘게 살면서도 네덜란드를 떠난 일은 두 차례뿐이었다. 한번은 벨기에 안트베르펜을, 또 한번은 잉글랜드를 방문하기 위해서였다. 그러나 그는 책을 읽었다. 그를 가장 고무시킨 책은 후크의 베스트셀러였다. 이 책은 그의 삶을 바꿔놓았다.

『마이크로그래피아』는 서문에서 단순한 망원경을 만드는 법을 설명하고 있다. 레이우엔훅은 직물 상인으로서 아마도 렌즈 연마에 경험이 좀 있었을 것이다. 린넨 샘플을 검사하는 데에 렌즈가 필요했을 것이기 때문이다. 그런데 『마이크로그래피아』를 읽게 된 후 그는 광적인 렌즈 제작자가 되었고, 새로운 현미경을 만들고 이를 이용해서 관찰하는 것에 수많은 시간을 보내게 되었다.

처음에 그는 후크의 실험을 단순히 되풀이했지만 곧바로 이를 무색하게 하는 결과를 만들어냈다. 후크의 현미경은 그 시대에선 기술적으로 뛰어난 것이었고 20-50배에 이르는 확대율로 왕립협회를 열광시켰다. 그러므로 협회의 비서였던 헨리 올덴버그가 1673년 누군가의 편지를 받았을 때 얼마나 놀랐는지를 우리는 상상해볼 수 있다. 교육을 받지 않은 네덜란드의 어느 섬유업자가 "우리가 지금까지 보아온 것을 훨씬 능가하는 현미경을 만들었다"는 내용이었다.[14] 사실 41세의 레이우엔훅은 후크가 달성한 배율의 10배를 구현하고 있었다.

그의 현미경을 그토록 강력하게 만들어준 것은 우수한 설계가 아니라 뛰어난 가공솜씨였다. 이 현미경들은 사실 단순한 기구였다. 선별된 유리 조각이나 심지어 모래 알갱이들을 빻아서 만든 단 하나의 렌즈를 금과 은으로 만든 판에 장착한 것이었다(현미경은 두 개의 렌즈로 만드는 것이 보통이고 당시에도 이미 그랬다. 단일 렌즈 현미경은 극히 독특한 것이다/옮긴이). 레이우엔훅 자신이 광석에서 금과 은을 직접 추출한 적도 있었다. 그는 각각의 표본을 매번 영구히 고정했고 연구를 할 때마다 새로운 현미경을 제작했다. 아마도 표본을 적당한 자리를 놓는 것이 렌즈를 제작하는 것만큼 힘들었기 때문에 그랬을 것이다. 이유가 무엇이었든지 그는 이 기술을 누구와도 공유하지 않았으며, 대체적으로 자신의 방법에 대해서 매우 비밀스러운 태도를 취했다. 그도 뉴턴처럼 "타인의 반박이나 비판"을 꺼려했기 때문이다. 오랜 생애 동안 500개가 넘는 렌즈를 만들었지만, 오늘날까지도 그가 정확히 어떤 방법으로 제작했는지는 아무도 모른다.

레이우엔훅의 업적이 영국에 전해졌을 무렵에 영란전쟁(英蘭戰爭)이 발발해서 영국과 네덜란드의 해군이 서로를 향해서 대포를 쏘고 있었지만, 이런 시대적 상황은 올덴버그를 막지 못했다. 그는 레이우엔훅에게 발견 내용을 알리라고 했고, 이는 그대로 실행되었다. 첫 편지에서 레이우엔훅은 저명한 왕립협회에서 관심을 가지는 것에 겁을 먹은 나머지 자신의 작업에서 무슨 단점이라도 적발한 것인가 염려해서 사과부터 했다. 그는 이렇게 썼다. 그것은 "다른 누구의 도움 없이 나 자신의 충동과 호기심만으로 벌인 일의 결과입니다. 제가 사는 동네에는 이 분야를 연구하는 철학자가 없기 때문입니다. 그러므로 저의 두서없는 생각을 부족한 글 솜씨로 마음대로 적어놓은 것을 불쾌하게 받아들이지 않으시기를 바랍니다."[15]

레이우엔훅의 "생각"은 후크의 것보다 더욱 크고 중요한 것들을 드러내고 있었다. 후크는 작은 곤충들의 신체 부위를 상세하게 목격했다면,

레이우엔훅은 너무 작아서 육안으로는 볼 수 없었던 생물 전체를 보았다. 그 이전에는 아무도 존재를 추정하지 못했던 생물들의 사회 전체를 말이다. 이 중에는 맨눈으로 볼 수 있는 가장 작은 동물의 1,000분의 1, 심지어 1만 분의 1 크기인 것도 있었다. 그는 이것들을 "극미동물(animalcules)"이라고 불렀다. 오늘날에는 "미생물(microorganism)"이라고 불린다.

갈릴레오가 달의 경치를 보고 토성의 고리를 발견하고 크게 기뻐했다면, 레이우엔훅은 자신의 렌즈를 통해서 작고 기괴한 존재들의 새로운 세계를 관찰하는 데에서 똑같은 기쁨을 누렸다. 한 편지에서 그는 물 한 방울 속에 존재하는 세계에 대해서 기술했다. "나는 이것들이 작은 뱀장어나 벌레로서 우글우글 모여서 꿈틀거리는 것을 매우 분명하게 보았습니다. 다양한 형태를 가진 이 극미동물들로 인해서 물 전체가 살아 있는 것처럼 보였습니다. 내 입장에서는 이 수천 마리의 살아 있는 존재들보다 더 즐거운 광경을 눈으로 본 일이 없다고 말해야겠습니다. 모두가 살아 있는 채로 이 작은 물방울 속에 있는 존재들 말입니다."[16]

그는 가끔 전체 세계에 대해서 전지적 관점으로 개관했지만, 다른 보고서에서는 개별 표본들을 필요한 만큼 확대해서 많은 새로운 종들에 대해서 엄청나게 상세하게 서술하기도 했다. 예를 들면, 그는 어떤 생물에 대해서 "튀어나온 작은 뿔 두개가 말의 귀와 같은 방식으로 끊임없이 움직이고……(둥근 몸통을 가지고) 다만 이 뿔은 몸통의 뒤쪽 끝의 어느 지점에 다다를 정도로 길고, 몸통의 뾰족한 끝에는 꼬리가 있다"[17]고 묘사했다. 레이우엔훅은 왕립협회 회의에 참석한 일은 한 번도 없었지만, 50년에 걸쳐 그곳으로 수백 통의 편지를 썼으며 그 대부분은 보존되어 있다. 올덴버그는 사람들을 시켜 이것을 편집하고 영어나 라틴어로 번역하도록 했으며 왕립협회는 이를 출판했다.

레이우엔훅의 작업은 큰 화제를 불렀다. 세계는 경악했다. 연못 물 한 방울마다에 생명체로 구성된 하나의 세계가 들어 있으며, 우리의 감각으로는 알 수 없는 각종 생명체가 가득 차 있었다. 거기에서 더 나아간 레이우엔훅은 정자나 모세혈관 같은 인간 조직으로 현미경을 돌려서 인체 구조를 밝혔고 그것이 전혀 예외적인 것이 아님을 밝혔다. 우리와 여타의 생물 형태 간에 공통점이 매우 많았던 것이다.

후크와 마찬가지로 레이우엔훅에게도 모든 것이 조작이라고 의심하는 무리가 있었다. 그는 목격자들이 서명한 증명서를 제시함으로써 그들에게 대항했다. 목격자에는 사회 저명인사, 공증인, 심지어 델프트에 있는 교회 신자들의 주임 사제도 포함되어 있었다. 대부분의 과학자는 그의 말을 믿었으며 후크는 심지어 레이우엔훅의 연구 중 일부를 재현하기도 했다. 소문이 퍼지면서 온 세상의 방문객이 레이우엔훅의 가게에 나타나서 그의 작은 짐승들을 보여달라고 청했다. 왕립협회의 창립자이자 후원자인 찰스 2세는 후크에게 그가 재현한 레이우엔훅의 실험의 하나를 보여달라고 부탁했다. 러시아의 표트르 대제는 레이우엔훅 본인을 직접 만나러왔다. 그것은 직물 가게를 운영하는 인물에게 더없는 영광이었다.

1680년 레이우엔훅은 출석하지 않은 채로 왕립협회 회원에 선출되었다. 그는 그로부터 40년이 지나 91세의 나이로 사망할 때까지 작업을 계속했다. 그에 비견할 만한 미생물 사냥꾼은 그후 150년간 나타나지 않을 예정이었다.

레이우엔훅이 임종할 때 마지막으로 한 일은 친구에게 자신의 편지 두 장을 라틴어로 번역해서 협회로 보내달라고 부탁한 것이었다. 그는 또한 회원들에게 줄 선물도 준비했다. 그의 가장 좋은 현미경들로 가득 차 있는, 검은색과 금색으로 치장된 캐비닛이었다. 그중 일부는 누구에게도 보여준 일이 없는 것이었다. 오늘날까지 온전히 남아 있는 그의 현미경은 몇 대 되지 않는다. 2009년 경매에서 한 대가 1만2,000파운드에 팔렸다.[18]

레이우엔훅은 자신의 오랜 생애 동안 미생물학, 발생학, 곤충학, 조직학 등 나중에 생물학이 될 것의 씨앗을 뿌렸다. 21세기 생물학자 중의 한 명은 그의 편지를 "역사상 과학 단체가 받았던 것들 중에서 가장 중요한 일련의 연락이었다"[19]고 말했다. 이에 못지않게 중요한 사실은 레이우엔훅이 생물학 분야에서 과학적 전통이 수립되는 데에 기여했다는 점이다. 갈릴레오가 물리학에서, 화학에서 라부아지에가 그랬듯이 말이다. 1723년 그가 사망하자 델프트 소재 뉴처치 교회의 한 사제는 왕립협회에 이런 편지를 보냈다. "자연철학의 진리는 감각적 증거의 뒷받침을 받는 실험적 방법으로 연구하는 것이 가장 성과가 크다고 안톤 판 레이우엔훅은 생각했습니다. 그가 지칠 줄 모르는 근면과 노력으로 가장 뛰어난 렌즈를 손수 제작한 것은 그런 이유에서입니다. 이 렌즈들의 도움을 받아서 그는 대자연의 수많은 비밀을 발견했으며, 이제 그 내용은 철학계 전체에 잘 알려져 있습니다."[20]

* * *

후크와 레이우엔훅이 어떤 의미에서 생물학의 갈릴레오였다면 생물학의 뉴턴은 찰스 다윈(1809-1882)이었다.[21] 그가 웨스트민스터 성당에, 뉴턴으로부터 몇 피트 떨어지지 않은 곳에 묻힌 것은 적절했다. 그의 관을 운구한 사람 중에는 왕립협회의 과거, 현재, 미래의 회장뿐 아니라 두 명의 공작과 한 명의 백작이 포함되어 있었다. 다윈이 성당에 묻힌다는 것이 앞뒤가 맞지 않는다고 생각하는 사람도 일부 있을지도 모른다. 그러나 칼라일 주교가 추도 연설에서 한 말을 들어보자. "지식과 신앙이 반드시 충돌한다는 바보 같은 관념을, 강화하거나 이를 유포하는 일이 조금이라도 발생했다면 불행한 일이었을 것이다."[22] 그의 주된 과학적 업적은 처음에는 무시당했고 그 다음에는 양심과 회의의 대상이 되었었지만 나중에 그는 영광스러운 곳에 묻히는 결말을 맞았다.

처음에 심드렁했던 사람 중 하나는 다윈의 책을 출판한 존 머리 본인이었다. 그는 다윈이 자신의 이론을 상세하게 밝힌 책을 출간하는데 동의했지만 초판을 1,250부밖에 찍지 않았다. 머리가 걱정한 데에는 그럴 만한 이유가 있었다. 다윈의 책을 미리 읽어본 사람들의 반응이 시큰둥했기 때문이었다. 초기에 책을 검토한 사람 중 한 명은 심지어 책을 아예 출간하지 말 것을 권했다. 그는 "이론의 설명이 불완전하고 상대적으로 부실하다"고 적었다. 이어 그는 다윈에게 그 대신 비둘기에 대한 책을 쓰고 그 책 속에 자신의 이론을 간략히 서술하라고 제안했다. 검토자는 다음과 같이 조언했다. "모든 사람이 비둘기에 관심이 있다. 이 책은 아마도……모든 사람의 책상에 놓이게 될 것이다."[23] 이 조언은 다윈에게 전달되었지만 거부당했다. 이 책이 잘 팔릴 것이라고 다윈 자신이 확신해서가 아니었다. 그는 "대중이 어떻게 생각할지는 아무도 모른다"[24]고 언급했다.

다윈은 걱정할 필요가 없었던 것으로 밝혀졌다. 『자연선택에 의한 종의 기원에 대하여 ; 즉 생존 경쟁에서 선호되는 품종의 보존에 대하여 (On the Origin of Species by Means of Natural Selection; or, the Preservation of Favoured Races in the Struggle for Life)』는 생물학계의 『프린키피아』가 되었다. 1859년 11월 24일 출간된 1,250부는 열광적인 책 판매상들에 의해서 순식간에 동났고 그 이후 지금까지 계속해서 인쇄되고 있다(그러나 이 책이 출간 당일 매진되었다는 전설 같은 이야기는 사실이 아니다). 인내심과 열정을 가지고 자신의 아이디어에 대한 증거를 20년 동안 축적한 보람이 있었던 것이다. 그의 업적은 너무나 기념비적이기 때문에 따개비류에 대한, 684쪽에 이르는 그의 논문은 수많은 부산물 중의 하나에 불과할 뿐이다.

다윈의 전임자들은 박테리아에서 포유동물에 이르는 생물의 수많은 형태를 서술하는 세부사항은 많이 알았다. 그러나 그보다 근원적인 질문에 대한 단서는 가지고 있지 못했다. 무엇이 종(種)으로 하여금 현재의 특성을 가지게끔 몰고 갔느냐에 대한 단서 말이다. 뉴턴 이전의 물리학자나 주기율표가 생기기 이전의 화학자와 마찬가지로 다윈 이전의 생물학자들은 자료를 모았더라도 이를 어떻게 맞추어야 할지를 몰랐다. 이들에게는 그럴 능력이 없었다. 다윈 이전 시대에 생물학이라는 신생 분야는 신앙의 속박을 받고 있었기 때문이다. 생물의 각기 다른 형상의 기원과 상호관계는 과학을 넘어선다는 믿음, 성서의 창조 이야기를 문자 그대로 받아들였기 때문에 생긴 확신이 발목을 잡았다. 이에 따르면, 지구와 모든 생명 형태는 6일 만에 창조되었으며 그 이후 종은 변하지 않았다.

종이 진화한다는 아이디어를 곰곰이 생각해본 사상가들이 아예 없었다는 말이 아니다. 멀리는 고대 그리스 시대에도 있었다. 다윈의 할아버지인 에라스무스 다윈도 여기 포함된다. 다만 다윈 이전의 진화론은 막연했으며, 그것이 대체하게 될 종교 교리보다 크게 과학적이지도 않았다. 진화라는 아이디어를 언급하는 사람들은 있었지만 과학자를 포함한 대부분의 사람들의 생각은 정체되어 있었다. 인간은 보다 원시적인 종들로 구성된 피라미드의 정점에 존재한다는 관념을 받아들였다. 이 종들의 특성은 창조주가 설계한 것 고정불변의 것이며 창조주의 생각을 아는 것은 우리에게 결코 허용될 리 없다고 생각했다.

다윈은 이런 생각을 바꿔놓았다. 그 이전에 진화에 대한 고찰이 작은 숲으로 존재했다면 그의 이론은 다른 나무들을 압도했다. 그것은 세심한 과학의 장엄한 표본이었다. 선구자들이 내놓은 주장이나 증거 하나하나마다 그는 그 100배를 제시했다. 더욱 중요한 것은 진화의 배후에 있는 메커니즘—자연선택—을 발견했다는 점이다. 그는 이를 통해서 진화론을 검증 가능하며 과학적으로 훌륭한 이론으로 만들었으며, 또한 생물학을 신에 대한 의존으로부터 해방시켜 진정한 과학, 물리학이나 화학처럼 물질적 법칙에 뿌리내린 과학이 될 수 있게 해주었다.

* * *

찰스 다윈은 1809년 2월 12일 잉글랜드 슈르즈베리에 있는 부모님의 집에서 태어났다. 아버지 로버트 다윈은 읍내의 의사였다. 어머니는 수잔나 웨지우드, 그런 이름을 가진 도자기 회사를 세운 사람의 딸이었다. 집안은 부유하고 저명했지만 찰스는 학업성적이 나빴으며 학교를 혐오했다. 그는 판에 박힌 학습에 대한 나쁜 기억을 가지고 있으며 "특별한 재능이 없었다"고 나중에 썼다. 스스로를 낮게 평가했지만, 자신의 장점은 자각하고 있었다. 자신이 "사실과 그것이 가지는 의미에 대한 엄청난 호기심"과 "동일한 주제를 오랜 시간 계속해서 활발하게 연구할 수 있는 심적 에너지"를 가지고 있다는 점을 말이다.[25] 이 두 가지 특질은 과학자, 그리고 모든 혁신가에게 정말로 특별한 재능이며, 다윈에게 큰 도움을 주게 된다.

다윈의 호기심과 과감성을 잘 보여주는 사례가 있다. 케임브리지에 다닐 때 그는 딱정벌레를 수집하는 취미에 푹 빠져 있었다. 그의 기록을 보자. "어느 날 오래 된 나무껍질을 떼어내다가 나는 두 마리의 희귀한 딱정벌레를 발견하고 한 손에 한 마리씩 잡았다. 그 다음에 나는 새로운 종류를 한 마리 더 발견했는데, 그것을 놓치고 싶지 않았다. 그래서 나는 오른손에 있던 한 마리를 입 속에 집어넣었다."[26] 따개비류를 가지고 684쪽이나 되는 글을 쓰는 집요함을 가진 성인으로 자랄 수 있으려면 오직 그런 성격을 소유한 소년이라야만 할 것이다(문제의 논문을 마치기 전에 "나는 과거 존재했던 어떤 인물보다 더 따개비류를 싫어한다"[27]라고 쓰게 되기는 하지만 말이다).

다윈이 자신의 소명을 발견하기까지는 오랜 세월이 걸렸다. 그의 여행이 시작된 것은 1825년 가을, 16세 때였다. 아버지가 의학 공부를 시키려고 케임브리지가 아니라 에든버러 대학교에 보냈다. 자신과 다윈의 할아버지와 같은 길을 가게 하기 위함이었다. 그것은 잘못된 결정으로 판명되었다.

하나의 예를 들면, 다윈은 비위가 약한 것으로 유명했다. 그리고 당시는 수술할 때 다량의 피가 튀고 마취제가 없이 절개를 당하는 환자의 비명소리가 드높을 때였다. 그럼에도 불구하고 여러 해가 지난 후, 찰스는 이를 극복한다. 자신의 진화론을 뒷받침하는 증거를 찾기 위해서 개와 오리를 여러 마리 해부한 것이다. 그가 의학 공부를 망친 결정적 이유는 흥미와 동기 부족일 것이다. 나중에 서술한 바에 따르면 그는 아버지에게서 "어느 정도 편안하게 살 수 있는" 유산을 물려받으리라고 확신하게 되었다. 이 같은 기대는 "의학을 배우려고 고생할 의욕을 꺾기에 충분했다."[28] 그래서 1827년 봄에 그는 학위를 받지 못한 채 에든버러를 떠났다.

찰스 다윈의 두 번째 정거장은 케임브리지였다. 그의 아버지의 생각은 이제 신학을 공부해서 사제의 길을 가라는 것이었다. 이번에 찰스는 학위를 받았는데 졸업생 178명 중 10등이었다. 그는 자신의 등수가 높은 데에 스스로 놀랐다. 그러나 아마도 이런 성적은 딱정벌레 수집에서 보듯이 그가 지질학과 자연사에 진정한 흥미를 가지게 된 덕분이었을 것이다. 그렇지만 그는 과학이 기껏해야 취미가 되는 삶으로 향하고 있는 것처럼 보였다. 직업적 에너지를 교회에 바치면서 말이다. 하지만 졸업 후 북웨일스 지방으로 지질 탐사 도보여행을 마치고 집으로 돌아온 그는 편지 한 통을 확인하게 되었다. 여기에 또다른 선택지가 들어 있었다. 바로 로버트 피츠로이 선장이라는 사람 밑에서 군함 비글(Beagle) 호를 타고 세계 여행을 할 수 있는 기회였다.

이 편지는 케임브리지의 식물학과 교수인 존 헨슬로가 보낸 것이었다. 다윈은 학업등수는 높았지만 케임브리지의 많은 사람들에게서 두드러지는 존재가 아니었다. 그러나 헨슬로는 그에게서 잠재력을 발견했다. 그는 "질문을 제기하는 다윈의 능력은 감탄스럽다"[29]고 말한 적이 있다. 겉으로는 그냥 칭찬처럼 들리지만 실은 헨슬로가 보기에 다윈이 과학자의 정신을 가지고 있다는 의미였다. 호기심 많은 이 학생의 친구가 된 헨슬로는 비글 호를 탈 젊은 박물학자를 추천해달라는 의뢰를 받자 그를 추천했다.

헨슬로의 편지는 있을 법 하지 않은 일들 중에서도 정점을 찍는 것이었다. 모든 일은 비글 호의 전 선장인 프링글 스토크스가 총으로 자신의 머리를 쏜 데에서 시작되었다. 그는 총상에서는 살아났으나 괴저로 사망했다. 스토크스의 갑판사관이었던 피츠로이는 배를 몰고 고국으로 돌아왔지만 한 가지 생각을 확실히 가지게 되었다. 스토크스의 우울증은 선장으로서 선원들과 교제하는 것이 금지된 상태로 여러 해 동안 바다를 외롭게 항해해야 되는 외로움에서 비롯되었다는 것이다. 피츠로이 자신의 삼촌도 몇 년 전에 면도날로 목을 그었고, 약 40년 후에는 본인도 그 전철을 밟게 될 예정이었다. 그러므로 전임 선장의 운명이야말로 자신이 최선을 다해서 피해야 할 최후라는 것을 그가 느꼈을 것임에 틀림없다. 그래서 26세의 나이로 스토크스의 후임 자리를 수락했을 때, 그는 동료가 필요하다는 마음을 굳혔다. 당시의 관행은 배의 의사가 박물학자를 겸하는 것이었다. 그러나 그는 젊고 사회적 지위가 높은 "신사-박물학자"를 찾는다고 말했다. 본질적으로 친구 역할을 해줄 고용인이라는 말이었다.

다윈은 피츠로이가 그 자리에 선택한 첫 번째 인물이 아니었다. 다른 사람들에게 먼저 제안이 갔다. 그중 어느 누구라도 이를 수락했더라면 다윈은 교회에서 조용한 삶을 보내게 되었을 가능성이 매우 컸으며, 진화론은 결코 창시되지 못했을 것이다. 만일 핼리가 방문해서 역제곱법칙에 대해서 물어보지 않았더라면 뉴턴이 결코 자신의 위대한 작업을 완성해 출판하지 않았을 것과 흡사하다. 그러나 피츠로이가 제안하는 자리는 무보수였다. 보상은 항해 도중에 방문하는 해변에서 수집하는 표본을 나중에 판매하는 데에서 올 예정이었다. 그리고 요청을 받은 사람들 중에서 자비로 바다에서 몇 해나 보낼 의사나 그런 능력이 있는 사람은 없었다. 그 결과 선택권은 22세의 다윈에게 결국 떨어졌다. 모험을 할 기회가 주어진 것이다. 지구는 기원전 4004년 10월 23일 전날 밤에 창조되었다고(17세기에 출간된 성경 분석결과이다) 설교하게 될 직업을 피할 기회이기도 했다. 다윈은 기회를 움켜잡았고 이에 따라서 그의 운명과 과학의 역사는 바뀌게 되었다.

비글 호는 1831년 출항하여 1836년까지는 돌아오지 않을 예정이었다. 편안한 여행은 아니었다. 다윈은 배에서 가장 요동이 심한 구역의 작은 선실에서 거주하며 작업했다. 다른 두 명과 함께 방을 썼으며 해도(海圖)가 높이 걸려 있는 탁자 위에 걸어놓은 그물침대에서 잠을 잤다. "공간이라고는 몸을 뒤척거릴 자리 밖에 없어요. 그것이 전부입니다."[30] 다윈이 헨슬로에게 쓴 편지의 내용이다. 그가 뱃멀미에 시달렸다는 것은 놀랄 일도 아니다. 다윈은 모종의 친구관계를 피츠로이와 맺기는 했다. 그는 배에서 선장과 조금이라도 친분이 있는 유일한 인물이었고, 둘은 통상 저녁을 함께 먹었다. 그러나 둘을 특히 노예 제도를 두고 말다툼을 자주 했다. 다윈은 이를 경멸했지만 그 시대 해변에서 노예무역이 벌어지는 것을 두 사람은 자주 목격했다.

그럼에도 불구하고 항해의 불편함은 해안을 방문할 때의 더할 수 없는 흥분으로 상쇄되었다. 예컨대 다윈은 브라질의 카니발에 참석했고, 칠레 오소르노 외곽에서 화산이 분출하는 것을 보았으며, 칠레의 콘셉시온에서 지진을 경험하고 그것이 남긴 폐허 속을 걸었으며, 몬테비데오와 리마에서는 당시에 일어났던 혁명을 보았다. 이 모든 과정들 속에서 그는 표본과 화석을 수집하여 포장한 뒤, 대형 상자에 담아 영국의 헨슬로가 보관하도록 배편으로 보냈다.

나중에 다윈은 이 항해가 자신의 삶을 형성하는 주요 행사였다고 여겼다. 자신의 성격에 미친 영향으로 보나 자연계에 대해서 새롭게 감탄하게 되었다는 점에서 보나 모두 그렇다는 것이다. 그러나 다윈이 진화를 발견한 것은 여행 중에 일어난 일이 아니었다. 심지어 진화가 일어났다는 것을 받아들이게 된 것조차 마찬가지였다.[31] 실상 그는 여행을 끝냈을 때나 시작했을 때나 동일한 사람이었다. 그는 성경의 도덕적 권위를 의심하지 않았다.

그러나 미래를 향한 그의 계획은 정말로 달라졌다. 항해가 끝나자 그는 교회에서 성직을 시작한 사촌 한 명에게 편지를 썼다. "네 상황은 질투가 날 정도야. 그렇게 행복한 장면은 나로서는 생각도 하기 힘들어. 그 자리에 맞는 사람에게 성직자의 삶은……존경받을 만하고 행복할 거야."[32] 이와 같은 격려의 말에 불구하고 다윈은 자신이 그런 삶과 맞지 않는다는 판단을 내리고, 그 대신 런던 과학계에서 길을 개척하기로 마음먹었다.

* * *

잉글랜드로 돌아온 다윈은 자신이 헨슬로 교수에게 보낸 격식 없는 편지에서 자세하게 묘사한 관찰결과가 과학계의 주의를 약간 끌었다는 사실을 알게 되었다. 특히 지질학과 관련한 부분이 그랬다. 곧 다윈은 유명한 런던 지질학협회에서 "모종의 화산 현상과 산맥의 형성 및 대륙 상승의 연관성" 등의 주제로 강의를 하게 되었다. 그동안 그는 아버지로부터 연간 400파운드의 돈을 받으며 잘 지냈다. 이 액수는 뉴턴이 조폐국에 근무를 시작할 때 받은 돈과 우연히도 똑같았다. 그러나 영국 국립문서보관소에 따르면, 1830년대에 이 액수는 숙련공이 받는 급여의 5배밖에 되지 않았다(그렇지만 말 26마리나 암소 75마리를 살 수 있는 액수이기는 했다). 이 돈 덕분에 다윈은 자신의 비글 호 일기를 책으로 만들고 자신이 수집한 많은 동식물 표본을 분류하는 일에 시간을 들일 수 있게 되었다. 이런 노력은 생명의 본질에 대한 우리의 생각을 바꾸게 될 것이었다.

다윈은 항해 도중 생물학에 대한 어떤 대단한 통찰을 얻지는 못했다. 아마도 자신이 보냈던 표본을 정밀조사하면 탄탄하기는 하지만 혁명적이지는 않은 결과물이 나오리라고 짐작했을 것이다. 그러나 그의 조사가 예상보다 더욱 흥분되는 것일지도 모른다는 징조가 머지않아 나타났다. 그는 이 표본들을 전문가들에게 보내 분석하게 했는데 그들이 보낸 보고서 중 많은 부분은 그를 경악시켰다.

예를 들면, 한 무리의 화석은 "천이의 법칙(a law of succession)"을 암시했다. 남미의 멸종한 포유동물들은 그들과 같은 포유류인 다른 동물들에 의해 대체되었다는 것이다. 갈라파고스 제도의 흉내지빠귀에 대한 보고서가 그에게 알려준 바에 따르면 이 새는 자신이 믿었던 것과 달리 4개 종이 아니라 3개 종이었으며 그곳에서 발견된 대형거북들과 마찬가지로 섬에 고유한 종들이었다(그가 각기 다른 갈라파고스 섬에 있는 핀치[참새목의 작은 새 일반/옮긴이]들의 부리를 관찰해서 진화에 대한 깨달음의 순간을 맞이했다는 이야기는 미심쩍다.[33] 핀치들의 표본을 가져온 것은 사실이지만 그는 조류학 교육을 받지 못했으며 여기에 핀치와 굴뚝새, 콩새류, 찌르레기사촌이 섞여 있는 것으로 오인했다. 그리고 이 표본들에는 섬 별로 라벨이 붙어 있지도 않았다).

전문가 보고서 중에서 가장 눈에 띄는 것은 레아, 즉 남미 타조의 표본에 대한 것이었다. 다윈과 그의 팀은 그 잠재적 중요성을 알아차리지 못하고 이 새를 요리해서 먹은 뒤 남은 것을 배로 부쳤다. 이 표본은 새로운 종에 속하는 것으로 드러났다. 이 새는 보통 레아처럼 나름의 주요한 분포 영역이 있지만 중간지대에서 보통 레아와 경쟁하기도 하는 것으로 나타났다. 이는 당시의 통념에 반하는 것이었다. 통념에 따르면 모든 종은 그것이 사는 특정 거주지에 최적화되어 있어서 유사한 종이 경쟁하는 모호한 영역은 없어야 했기 때문이다.

이렇게 자극적인 연구결과들이 입수되면서 창조에서 신의 역할에 대한 다윈 자신의 생각도 진화하고 있었다. 그에게 주요한 영향을 끼친 인물은 찰스 배비지였다. 케임브리지에서 과거 뉴턴이 맡았던 루카스 석좌교수직을 가진 그는 기계식 계산기를 발명한 것으로 특히 이름이 높았다. 그는 자유사상가들이 참석하는 격식 있는 파티를 집에서 자주 열었다. 또한 그 자신이 신은 명령이나 기적이 아니라 물리법칙을 통해서 역사한다는 생각을 담은 책을 쓰는 중이었다. 종교와 과학이 공존할 수 있는 가장 유망한 기반을 제공하는 이 아이디어는 젊은 다윈의 관심을 끌었다.

종은 어떤 원대한 계획에 맞추어서 신이 설계한 불변의 생명 형태가 아니라는 것을 다윈은 점차 확신하게 되었다. 그것이 아니라 각자의 생태적 지위에 맞추어서 스스로 어떻게든 적응했다는 것이다. 1837년 여름, 비글 호가 항해를 끝낸 이듬해가 되자 다윈은 진화 사상으로 전향했다. 아직 자신의 독특한 진화이론을 만들어내는 데에는 훨씬 못 미친 상태였지만 말이다.

곧이어 다윈은 인간이 우월하다는, 사실대로 말하면 어느 동물이 다른 동물보다 우월하다는 생각을 거부하고 있었다. 그 대신 그는 모든 종이 똑같이 훌륭하며 자신의 환경이나 그 속에서의 역할에 완전하거나 거의 완전하게 적응했다는 확신을 그 즈음에 가지게 되었다. 다윈이 볼 때 이중 어떤 것도 신의 직접적 역할을 배제하는 것이 아니었다. 신은 번식을 관장하는 법칙을 설계했다고 그는 믿었다. 종이 환경 변화에 적응하기 위해서 필요에 따라 스스로를 변화시키는 것을 허용했다고 말이다.

만일 종이 스스로의 환경에 적응할 수 있도록 허용하는 번식의 법칙을 신이 창조했다면 그 내용은 무엇일까? 뉴턴은 물질세계에 대한 신의 계획을 자신의 수학적 운동법칙을 통해서 이해했다. 마찬가지로 다윈 역시 —최소한 처음에는—생물세계에 대한 신의 계획을 그 법칙들이 설명할 수 있으리라고 생각하면서 진화의 메커니즘을 발견하려고 했다.

뉴턴과 마찬가지로 다윈은 일련의 노트를 자신의 생각과 아이디어로 채워나가기 시작했다. 그는 자신이 여행에서 관찰한 표본과 화석들 사이의 관계를 분석했다. 런던 동물원에서는 유인원, 오랑우탄, 원숭이를 연구하면서 이들의 인간 비슷한 감정에 대해서 적었다. 그는 비둘기, 개, 말 육종가들의 작업을 검토하고 이들의 "인위선택" 방법을 통해서 얼마나 커다란 특성 차이가 만들어질 수 있는지를 곰곰히 생각했다. 그리고 그는 형이상학적 질문과 인간의 심리에 진화가 어떻게 영향을 미칠 것인가에 대해서 원대한 규모로 사색했다. 그러다가 1838년 9월경 다윈은 맬서스의 유명한 『인구론(Essay on the Principle of Population)』을 읽게 되었다. 그 덕분에 들어선 길에서 그는 마침내 진화가 일어나는 과정을 발견할 수 있게 된다.

맬서스의 책은 기분 좋은 것이 아니었다. 비참함은 그가 보기에는 인간의 자연스럽고도 궁극적인 상태였다. 인구증가는 식량을 비롯한 기타 자원을 향한 격렬한 경쟁을 필연적으로 부르기 때문이다. 그의 주장에 따르면 인구는 세대마다 1, 2, 4, 8, 16 하는 식으로 증가하는데 토지와 생산량의 한계 때문에 식량을 비롯한 자원은 1, 2, 3, 4, 5처럼 산술적으로 증가할 수밖에 없다.

오늘날 우리는 오징어 한 마리가 한 계절에 3,000마리의 알을 생산할 수 있다는 것을 안다. 만일 모든 알이 자라나 오징어가 된다면 7세대 만에 오징어의 부피는 지구 전체의 부피와 맞먹게 될 것이다. 그리고 30세대가 되기 전에 관측 가능한 우주 전체를 알만으로도 가득 채우게 될 것이다.

다윈은 이 같은 특정 데이터를 가지고 있지 않았으며, 산수에 능하지도 않았다. 그러나 그는 맬서스의 시나리오가 일어날 수 없다는 정도로는 충분히 알고 있었다. 그 대신 그는 이렇게 생각했다. 자연은 막대한 숫자의 알과 후손을 생산하지만 경쟁을 통과해서 살아남는 것은 소수이다. 평균적으로 보아 가장 잘 적응한 것만 살아남는다. 그는 이 과정을 "자연선택"이라고 불렀다. 종축업자들이 실행하는 인위선택과 비교된다는 점을 강조하기 위해서였다.

나중에 다윈은 자서전에서 자신이 계시와 같은 깨달음이 찾아왔다고 썼다. "이런 상황하에서 유리한 변이는 보존되는 경향이, 불리한 변이는 사라지는 경향이 있을 것이라는 깨달음이 갑자기 찾아왔다."[34] 그러나 새로운 아이디어가 발견자의 마음에 그처럼 갑자기, 혹은 깔끔한 형태로 떠오르는 일은 드문 법이다. 그리고 다윈의 설명은 뒤늦은 깨달음을 행복한 방향으로 왜곡한 것이었다. 그가 당시에 기록하던 수첩을 검토하면 이야기가 달라진다. 처음에 그는 희미하게 떠오른 아이디어의 냄새를 킁킁 맡을 뿐이다. 그리고 여러 해가 지나서 그것을 종이에 기록할 정도로 명확하게 인식하게 된다.

자연선택이라는 아이디어가 개발되는 데에 시간이 걸린 이유 중의 하나를 살펴보자. 다윈은 매 세대에서 부적응 개체를 골라내면 한 종의 특질을 가다듬을 수 있다고 인식했다. 그러나 그렇게 해서는 새로운 종이 만들어질 수 없다고 생각했다. 새로운 종이란 원래의 종과 너무나 달라진 나머지 서로 교배해서 번식 가능한 후손을 더 이상 낳지 못하게 된 개체들을 말한다. 이런 일이 일어나려면 기존의 특질이 도태된 자리가 **새로운** 특질을 낳는 원천에 의해서 반드시 보충되어야 한다. 이런 일은 순수한 우연에 의해서 일어난다고 다윈은 결국 결론지었다.

예를 들면, 금화조의 부리 색은 연한 붉은 색에서 진한 붉은 색까지 변이가 있는 것이 정상이다. 주의 깊게 교배를 하면 특정한 정도의 붉은 색을 가진 개체군을 만들어낼 수는 있을지는 몰라도 부리가 새로운 색—예컨대 푸른 색—인 금화조는 오늘날 우리가 돌연변이라 부르는 것을 통해서만 생겨날 수 있다. 유전자 구조의 우연한 변화가 해당 생물의 새로운 변이형을 낳는 것이다.

이제 다윈의 이론은 최종적으로 구체화될 수 있게 되었다. 무작위적 변이와 자연선택이 함께 작용하여 새로운 특질을 가진 개체들을 만들어내며, 유리한 특질에게는 퍼져나갈 기회를 더 많이 제공한다. 그 결과 종축업자들이 자신들이 원하는 특질을 가진 동식물을 만들어내듯이 자연 역시 자신들의 환경에 잘 적응한 종들을 만들게 된다.

무작위성이 어떤 역할을 한다는 깨달음은 과학 발전에서 중요한 이정표를 상징한다. 다윈이 발견한 메커니즘 때문에 진화는 신의 설계라는 사상, 그리고 실질적으로 그런 내용을 담고 있는 어떤 사상과도 서로 어울리기 어렵게 되었다. 물론, 진화라는 개념 자체가 성서의 창조 이야기와 상반된다. 그러나 이제 다윈의 **특정** 이론은 아리스토텔레스 학파와 전통 기독교의 견해를 정당화하기 어렵게 만들었다. 무심한 물리법칙이 아니라 목적에 의해서 사건이 전개된다는 견해 말이다. 이런 점에서 우리가 일상세계를 이해하는 데에 다윈이 끼친 영향은 갈릴레오와 뉴턴이 무생물계를 이해하는 데에 끼친 영향과 같다. 종교적 심문이나 고대 그리스 전통으로부터 과학을 뿌리째 결별시킨 것이다.

* * *

다윈은 갈릴레오나 뉴턴과 마찬가지로 신심이 깊은 사람이었다. 그래서 진화이론이 자신의 신념 체계와 모순을 일으켰을 때 그는 양자를 적극적으로 조화시키기보다 신학적 견해와 과학적 시각 모두를 각자의 고유한 맥락에서 수용함으로써 충돌을 피하려고 했다. 그러나 문제를 완전히 피하지 못했다. 그는 1839년 1월에 사촌 에마 웨지우드와 결혼을 했는데, 신앙심이 깊은 기독교인이었던 그녀는 그의 견해에 혼란을 느꼈다. 그는 아내에게 이런 편지를 쓴 일도 있다. "내가 죽고 나면 알아주오. 내가 이 문제 때문에 여러 차례 눈물을 흘렸다는 점을 말이오."[35] 두 사람은 서로 달랐음에도 불구하고 사이가 아주 좋았다. 그들은 평생 서로에게 헌신했으며 10명의 자녀를 두었다.

애니 다윈(1841-1851)

　진화와 기독교를 조화시키는 문제에 대해서 쓰인 글은 많다. 그러나 다윈의 신앙을 최종적으로 파괴시킨 것은 진화에 대한 그 자신의 작업뿐만이 아니었다. 수년 뒤 다윈의 두 번째 자녀 애니가 10살에 사망한 것도 그에 못지않은 영향을 끼쳤다.[36] 사망 원인은 분명하지 않지만 죽기 직전에 애니는 고열과 심각한 소화 장애로 1주일 이상 고통을 겪었다. 나중에 다윈은 이렇게 회고했다. "우리는 가정의 기쁨과 노년의 위안을 모두 잃었다. 그 애는 우리가 얼마나 사랑했는지 알았을 것이 분명하다. 오, 그 애가 지금 알 수 있다면 얼마나 좋을까. 기뻐하는 그 애의 사랑스런 표정을 우리가 얼마나 다정스런 마음으로 깊게 사랑했으며, 지금도 사랑하고 앞으로도 영원히 사랑할 것이라는 것을."[37]

　부부의 첫 아이는 1839년에 태어났다. 당시 30세에 불과하던 다윈은 그때부터 몸을 쇠약하게 만드는 (오늘날까지도) 정체불명의 병을 앓기 시작했다. 그는 가정과 과학 연구에서 평생 기쁨을 누리며 살았지만, 잦은 병치레로 고통을 겪었다. 병이 한번 도지면 어떤 때는 몇 개월을 계속해서 일하지 못했다.

다윈의 증상은 성경에 나오는 역병처럼 걸치지 않는 데가 없었다. 복통, 구토, 헛배부름, 두통, 심계항진(심장이 과도하게 뛰는 증세/옮긴이), 오한, 발작적 울음, 이명, 탈진, 불안, 우울. 거기에 시도했던 치료법도 이와 마찬가지로 다양했다. 다음 치료법의 일부는 자포자기한 다윈이 자신의 올바른 판단과는 반대로 승인한 것이었다. 차가운 젖은 수건으로 몸을 강하게 문지르기, 족욕, 얼음으로 문지르기, 얼음처럼 차가운 샤워, 전기 허리띠를 이용하는 당시 유행하던 전기 충격, 동종요법 약물(질병과 비슷한 증상을 일으키는 물질을 극소량 사용하여 병을 치료하는 방법/옮긴이), 그리고 빅토리아 왕조 시대의 표준이었던 비스무트(금속 원소의 일종/옮긴이). 아무것도 듣지 않았다. 그래서 20세 때 다부지게 생긴 모험가였던 남자는 30세에 은둔생활을 해야 하는 허약한 무능력자가 되었다.

새로운 아이가 생겼고 연구도 해야 하고 수시로 병치레도 했던 탓에 다윈은 점차 파티와 옛 동료들을 포기하고 움츠리게 되었다. 다윈은 조용하고 판에 박힌 세월을 보내기 시작했다. "두 알의 콩처럼" 어제와 오늘이 같은 생활이었다.[38] 1842년 6월 다윈은 진화론에 대한 35쪽짜리 요약문을 마침내 완성했다. 그해 9월 아버지를 설득하여 돈을 빌린 그는 런던에서 26킬로미터 떨어진 켄트 주의 다운 지역에 15에이커의 조용하고 고립된 지역을 샀다. 400명의 주민이 사는 (잉글랜드에서 자체의 선출 정부를 둔 작은) 행정교구였다. 다윈은 이곳을 "세계의 극단적인 가장자리"[39]라고 불렀다. 그곳에서의 삶은 그가 한 때 되고 싶어했던, 지방의 잘나가는 교구 목사와 비슷한 것이었다. 그리고 1844년 2월이 되자 그는 조용한 시간을 이용해서 원래의 개요를 231쪽짜리 원고로 확장했다.

다윈의 원고는 출간을 위한 것이 아닌 과학적 유언이었다. 그는 이것을 자신이 "급사"할 경우에 읽으라는 편지와 함께 에마에게 맡겼다. 그는 지병 때문에 죽을 날이 임박했다는 두려움을 가지고 있었다. 편지에 따르면 그가 죽은 다음 해당 원고가 출간되는 것은 그의 "가장 엄숙한 마지막 요청"[40]이었다. "설사 단 한명의 유능한 심사위원에 의해서만 받아들여진다 하더라고 그것은 과학의 중요한 한 단계가 될 것이다"고 그는 썼다.[41]

다윈에게는 생전에 자신의 견해가 출간되는 것을 원하지 않을 이유가 충분히 있었다. 그는 과학 학회의 최고위 집단 내에서 최고의 명성을 얻었지만, 그의 새로운 아이디어는 반드시 비판을 부르게 되어 있었다. 게다가 그에게는 부인은 차치하고라도 성직자 친구가 많았다. 신이 애초에 세상의 동식물을 지금과 같은 형상으로 창조했다고 믿는 사람들 말이다.

그해 가을 『자연사에 나타난 창조의 자취(Vestiges of the Natural History of Creation)』라는 책이 출간되었을 때, 다윈의 망설임에 대한 근거가 입증된 것처럼 보였다.* 설득력 있는 진화론을 제시하지는 않았지만 종의 변환을 포함한 여러 과학적 아이디어를 짜깁기한 이 책은 국제적 베스트셀러가 되었다. 그러나 종교기관들은 익명의 저자를 비난했다. 예컨대 한 서평자는 그가 "과학의 기초에 독을 뿌리고 종교의 기반을 약화시킨다"[42]고 비난했다.

과학계의 일부 인사들도 이보다 우호적이지 않았다. 과학자들은 언제나 거친 청중이었다. 심지어 통신과 교통이 편리해진 덕분에 협력과 협업이 과거 어느 때보다 쉬워진 오늘날에도 그렇다. 새로운 아이디어를 발표하면 거친 공격을 받기 쉽다. 과학자들은 자신의 연구 주제와 아이디어에 대한 열정을 가지고 있지만, 이와 함께 자신들이 보기에 방향이 잘못되었거나 혹은 그저 흥미롭지 못한 연구결과에 반대하는 일에도 열정을 나타내는 일이 때때로 있다. 연구 세미나에 참석한 발표자가 자신

---

* 대중 잡지를 발행하는 에든버러의 출판업자인 로버트 체임버스가 사망한 지 13년 후인 1884년 공식적으로 이 책의 저자로 지목되었다. 그러나 다윈은 체임버스가 1847년 자신을 만난 뒤 이 책을 쓴 것으로 추정했다.

의 연구를 설명하는 내용이 흥미롭지 못할 때, 내가 아는 어느 유명물리학자는 신문을 꺼내 활짝 펼친 다음, 신문을 읽기 시작하는 행태를 자주 보인다. 따분하다는 표시를 눈에 띄게 나타내는 것이다. 희의실 맨 앞쪽에 즐겨 앉던 어떤 사람은 상대가 말하는 도중에 벌떡 일어나 반대 의견을 발표한 다음 퇴장해버리곤 했다. 그러나 가장 나에게 인상적이었던 것은 또다른 유명 과학자의 사례이다. 그는 대학원생을 위한 표준 전자기 교재의 저자라서 신구세대의 물리학자 모두에게 친숙한 인물이다.

좌석이 기껏해야 12줄 밖에 되지 않는 세미나실 맨 앞에 앉았던 이 교수는 일회용 커피컵을 머리 위로 높이 들어올려서 앞뒤로 조금씩 돌렸다. 컵에는 "이 얘기는 헛소리야!"라고 대문자로 씌어 있었는데, 앞에서 어리둥절하고 있는 연사는 읽을 수 없고 청중들만 볼 수 있었다. 이렇게 이 논의에 대한 기여를 마친 그는 일어나서 퇴장해버렸다. 아이러니하게도 발표 주제는 「참-반참 입자의 분광학(*The Spectroscopy of Charm-Anticharm Particles*)」이었다. 여기서 "참(charm)"이라는 일상적 의미(매력적이라는 뜻/옮긴이)와 아무 관계없는 전문 용어지만 그 교수는 "반참(Anticharm)" 범주에 속한다고 평하는 것이 공정하다고 나는 생각한다. 그렇게 신비로운 분야에서 의심스러운 것으로 판단되는 아이디어가 이런 대접을 받는다면, 통념에 도전하는 "큰 아이디어들"에는 얼마나 야만적인 공격이 가해질지 상상할 수 있다.

과학의 새 아이디어에 반대하는 것은 종교 애호가들만이 아니다. 사실 과학자 본인들도 반대의 강한 전통을 가지고 있다. 이것은 보통 좋은 일이다. 어떤 아이디어의 방향이 잘못되어 있을 경우 과학자들의 회의주의는 이 분야가 잘못된 방향으로 달려가는 것을 막아주는 역할을 하기 때문이다. 게다가 적절한 증거를 보고 나면 과학자들은 다른 누구보다도 빨리 생각을 바꾸고 이상한 새 개념을 받아들인다.

그럼에도 불구하고 변화한다는 것은 누구에게나 어려운 일이다. 그리고 특정 사고방식을 심화시키기 위하여 평생을 바친 기성 과학자들은 거기에 반대되는 사고방식에 매우 부정적으로 반응하는 일이 가끔 있다. 그 결과로 놀랄 만한 과학이론을 새로 제시하는 일은 공격을 받을 위험을 감수하는 행동이 된다. 현명하지 못하다거나 방향을 잘못 잡았거나, 혹은 명백히 무능하다는 공격 말이다. 혁신을 장려하는 확실한 방법은 많지 않지만 이것을 없앨 분명한 방법이 하나 있다. 통념을 공격하는 일을 위험한 것으로 만드는 것이다. 그럼에도 불구하고 혁명적 진전은 이런 분위기 속에서 일어나야만 하는 경우가 많았다.

진화의 경우 다윈은 두려워할 것이 많이 있었다. 예컨대 케임브리지 대학교의 저명한 교수인 애덤 세즈윅이 『자연사에 나타난 창조의 자취』에 대해서 보인 반응이 그런 증거였다. 그의 친구이자 대학에서 그에게 지질학을 가르쳤던 세즈윅은 "역겨운 책"[43]이라며 85쪽에 달하는 통렬한 리뷰를 썼다. 그 같은 공격에 스스로를 노출시키기 전에 다윈은 자신의 이론을 뒷받침할 수 있는 믿을 만한 증거들을 산더미같이 쌓아놓게 된다. 이런 노력에는 이후 15년이 소요되지만 결국에는 성공의 원동력이 되었다.

* * *

1840년대와 1850년대를 거치면서 다윈의 집안은 번성했다. 그의 아버지는 1848년 사망하면서 큰 유산을 남겼다. 다윈이 수십 년 전에 의학을 공부하면서 생각해보았던 돈이었다. 약 5만 파운드, 오늘날의 화폐 가치로 보면 수백만 달러에 해당하는 액수였다. 그는 이것을 현명하게 투자했고 매우 부유해졌다. 자기네 대가족을 보살피기에 충분한 액수였다. 그러나 위장 관련 질환이 계속해서 괴롭히는 바람에 그는 더더욱 은둔하게 되었다. 심지어 병 때문에 아버지의 장례식에도 가지 못할 정도였다.

그동안 다윈은 자신의 아이디어를 계속 발전시켰다. 동물을 조사하고 실험했으며 여기에는 그의 동료가 관련 서적을 써보라고 했던 비둘기,

그리고 물론 따개비류도 포함되었다. 식물을 대상으로도 실험을 했다. 이런 일련의 연구 중에는 통념에 도전하는 것도 있었다. 발아할 수 있는 씨는 먼 대양의 섬에까지 도달할 수 없다는 것이 그 당시의 통념이었다. 그는 이 문제를 여러 각도에서 공략했다. 정원의 식물의 씨를 간수에(바닷물을 모방하기 위해서) 몇 주일씩 적셔두기도 했다. 새의 다리와 변에서 식물의 씨를 찾아보았다. 씨를 잔뜩 먹은 참새들을 런던 동물원의 올빼미와 수리에게 먹인 다음 그들이 배출한 변을 검사했다. 모든 연구는 동일한 결론을 가리켰다. 씨앗들은 사람들이 생각했던 것보다 더욱 강하며 이동성이 더욱 크다.

다윈이 상당한 시간을 투자한 또다른 이슈는 다양성이었다. 자연선택이 종 사이에 그렇게 다양한 변이를 만들어내는 이유는 무엇인가? 이 지점에서 그는 "노동의 분업"이라는 개념을 흔히 언급하던 당시의 경제학자들로부터 영감을 얻었다. 사람들이 각자가 완제품을 만들려고 노력하기보다 분야별로 특화하면 생산성이 더 높아진다는 것을 애덤 스미스는 이미 보여주었었다. 여기에 자극을 받은 다윈은 다음과 같이 이론화했다. 일정한 면적의 토지가 더욱 많은 생명체를 부양하려면 그 거주자들이 각기 다른 자원을 이용하는 데에 고도로 특화되어 있는 편이 낫다.

만일 자신의 이론이 맞다면 제한된 자원을 두고 격심한 경쟁이 일어나는 지역에서 더욱 다양한 생명체가 발견될 것이라고 다윈은 예상했다. 그리고 그는 자신의 아이디어를 지지하거나 반박할 증거를 찾으려고 했다. 이런 사고방식은 진화에 대한 다윈의 새로운 접근법의 전형이었다. 다른 박물학자들은 화석과 살아 있는 생명체를 연결시키는 생명의 나무가 시간을 두고 뻗어나가는 데에서 진화의 증거를 찾으려고 했다. 이에 비해서 다윈은 그 시대의 종들의 분포와 종들 간의 관계에서 이를 찾으려고 했다.

증거를 검토하기 위해서 다윈은 다른 사람들에게 접근할 필요가 반드시 있었다. 그래서 그는 물리적으로는 고립되어 있었지만 많은 사람들에게 조언을 요청했다. 방법은 뉴턴과 마찬가지로 우편이었다. 그는 특히 새로 등장한 "1페니 우편제" 프로그램을 활용해 전대미문의 광대한 네트워크를 구축했다. 박물학자, 육종사업자를 비롯한 통신원들로부터 변이와 유전에 대한 정보를 제공받았다. 물리적인 거리를 둔 사이에서 벌어지는 결론 없는 논쟁 덕분에 다윈은 자신의 아이디어를 그들의 실질적 경험에 비추어 검토할 수 있었다. 자신의 최종 목적을 드러내서 스스로 조롱거리가 되는 위험을 무릅쓰지 않으면서도 말이다. 그러면서 또한 그는 동료 중에서 자신의 견해에 동조할 가능성이 있는 사람들을 점차 골라낼 수 있었다. 결국 그는 자신의 비정통적인 아이디어를 이 그룹들과 공유하게 된다.

1856년이 되자 다윈은 자신의 이론을 소수의 가까운 친구들에게 자세하게 공개한 상태였다. 여기에는 당대의 가장 중요한 지질학자인 찰스 라이엘, 세계에서 가장 저명한 비교 해부학자이자 생물학자인 T. H. 헉슬리 등이 포함되어 있었다. 그의 절친한 친구들 중에서도 특히 라이엘은 다른 사람들보다 발표가 늦어지지 않도록 책을 출간하라고 그를 설득하고 있었다. 당시 다윈은 47세였고 자신의 이론에 18년째 공을 들이고 있는 중이었다.

1856년 5월 다윈은 동료 학자들에게 보여줄 전문적 논문을 출간하기로 하고 작업을 시작했다. 그는 제목을 「자연선택(*Natural Selection*)」으로 하기로 했다. 1858년 3월이 되자 책은 3분의 2쯤 완성되었고, 분량은 25만 단어에 이르러 있었다. 그러던 6월에 그는 극동에서 연구 중인 지인 알프레드 러셀 월레스로부터 원고와 함께 동봉된 편지를 받았다.

월레스는 다윈이 진화이론에 공을 들이고 있다는 것을 알고 있었고, 그가 라이엘에게 자신의 원고를 전달해주기를 희망하고 있었다. 원고는 월레스가 독자적으로 생각해낸 자연선택이론의 개요를 담고 있었다. 다원과 마찬가지로 그는 맬서스의 인구포화이론에서 영감을 얻었었다.

다윈은 공황상태에 빠졌다. 그의 친구들이 경고해왔던 최악의 일이 실현된 것 같았다. 또다른 박물학자가 그의 작업의 가장 중요한 부분을 재생산한 것이다.

뉴턴은 누가 자신과 비슷한 일을 했다는 주장을 듣자 심술궂게 나왔다. 그러나 다윈은 그와는 질이 다른 사람이었다. 그는 상황에 대해서 고민했지만 좋은 대안이 떠오르지 않았다. 원고를 묻어버리거나 서둘러서 자신이 먼저 출판할 수도 있었지만 이런 방법은 비윤리적인 것이었다. 혹은 월레스의 출판을 도와주고 자신이 평생 지속해온 연구를 인정받는 것을 포기할 수도 있었다.

다윈은 1858년 6월 18일 월레스의 원고에 자신의 편지를 동봉하여 라이엘에게 보냈다.

"동봉한 원고를 [월레스가] 최근 내게 보내고, 이를 자네에게 전달해달라고 요청했네. 내가 보기에 읽을 가치가 충분하네. 자네가 했던 말들이 호되게 진짜가 되었네. 다른 사람이 선수를 칠 위험이 있다고 자네는 말했었지. 내가 1842년에 쓴 초고의 개요를 월레스가 만일 가지고 있다고 해도 이보다 더 나은 짧은 요약문을 쓰지는 못했을 걸세! 심지어 그의 용어들은 내가 쓴 여러 장(章)의 첫머리에 여기저기 나온다네. 원고는 내게 돌려주게. 나더러 그걸 출판해달라고 말하지는 않았네만, 나는 어느 학술지에든 보내자고 그에게 제안하는 편지를 당장 쓸 걸세. 그러면 나의 모든 독창성은 그게 무엇에 해당하는지에 상관없이 산산조각이 나버리겠지. 나의 책이 만일 어떤 가치를 가지게 된다면, 그 가치가 악화되지는 않겠지만 말이네. 나의 모든 수고는 이론이 실제로 적용되는 사례에 집중되어 있으니까. 자네가 월레스의 개요를 승

인해줄 것을 희망하네. 그래야 내가 자네의 말을 그에게 전달해
줄 수 있지."[44]

* * *

후에 알고 보니 누가 그 이론의 창시자로 인정받을 것인가의 핵심은 다
윈의 관측에 이미 들어 있었다. 그의 책의 가치는 상세하게 묘사한 그
적용 사례에 있다는 관측 말이다. 월레스는 다윈처럼 자연선택의 증거를
포괄적으로 연구하지 못했을 뿐만 아니라 변이에 대한 다윈의 상세한
분석을 복제하지도 못했다. 단순한 새로운 "변종(變種, variety)"이 아니
라 새로운 종을 만들어낼 정도로 변화가 어떻게 그렇게 거대한 규모로
일어날 수 있는가에 대한 분석 말이다. 변종은 오늘날 아종(亞種, sub-
species)이라고 불린다.

라이엘은 답장에서 타협안을 제시했다. 그와 다윈의 또다른 절친한
친구인 식물학자 조지프 돌턴 후커가 저명한 런던 린네 협회에서 월레스
의 논문과 다윈의 아이디어의 요약문을 모두 읽는다는 것이다. 논문과
요약문은 협회의 학술지에 동시에 실리게 된다. 다윈이 이 계획에 대해
서 고뇌하던 때는 이보다 더 나쁠 수가 없는 시기였다. 평소의 병치레를
다시 하고 있었을 뿐 아니라 그의 오랜 친구인 로버트 브라운이 최근에
사망했고, 18개월밖에 안된 그의 10번째 자녀이자 막내인 찰스 웨어링
다윈이 성홍열을 심하게 앓고 있었다.

다윈은 그 문제를 라이엘과 후커가 적절하다고 생각하는 방식대로 다
루도록 내버려두었다. 그래서 1858년 7월 1일 린네 협회의 간사는 30명
남짓한 회원들 앞에서 다윈과 월레스의 논문을 읽었다. 청중들은 읽는
동안 야유도 칭찬도 하지 않았으며, 싸늘한 침묵만이 흘렀다. 그 다음
6편의 다른 학술적 논문이 읽혀졌다. 처음 5편을 읽는 동안 잠들지 않은
사람이 하나라도 남았을까봐 마지막 순서에는 앙골라의 식생을 설명하
는 기나긴 논문이 낭독되었다.

행사에는 다윈도 월레스도 참석하지 않았다. 월레스는 아직도 극동에 있었고 런던에서 열린 회의에 대해서는 모르고 있었다. 나중에 사태를 알게 되었을 때 그는 이 일이 공정하게 정리된 데에 대해서 감사하게 받아들였다. 그 후에도 그는 항상 다윈을 존경과 심지어 애정을 가지고 대했다. 당시 다윈은 아팠기 때문에 어쨌든 회의에 참석하기 위해서 여행을 하지는 않았을 터이다. 그러나 나중에 밝혀진 바에 따르면 다윈과 그의 부인 에마는 회의가 열리던 시기에 찰스 웨어링을 교회 부속묘지에 묻고 있었다. 자녀들 중에서 두 번째로 사망한 아이였다.

린네 협회에서 발표를 계기로 다윈은 마침내 자신의 아이디어를 대중에 공개했다. 이론을 발전시키고 뒷받침하느라 20년에 걸쳐 힘들게 연구한 결실이었다. 즉각적인 반응은 조금도 과장 없이, 실망스러운 것이었다. 회의 참석자 중 아무도 자신들이 들은 것에 대한 중요성을 파악하지 못했다. 이 같은 사실은 회장인 토머스 벨이 회의장을 나가면서 개탄스럽게 논평한 내용에 반영되어 있다. "말하자면 [우리의] 과학 영역에 즉시 혁명을 일으킬 놀라운 발견은 전혀 없었던" 한 해였다.[45]

린네 협회에서의 발표 이후 다윈은 신속하게 행동을 취했다. 1년 이내에 그는 자신의 「자연선택」을 다시 작업해서 『종의 기원(On the Origin of Species)』이라는 걸작으로 탄생시켰다. 길이가 더 짧고 대중을 겨냥한 책이었다. 원고를 마무리한 것은 1859년 4월이었다. 그 무렵 그는 탈진해서 자신의 표현에 따르면 "어린이처럼 연약한"[46] 상태였다.

자신에게 우호적인 여론을 키워야 할 필요가 있다는 사실을 항상 인식하고 있었던 다윈은 자신의 출판업자인 머리에게 증정본을 아주 많이 배포하게 했다. 자신은 그 책을 받을 많은 사람들에게 자기비하적인 편지를 개인적으로 발송했다. 그러나 다윈은 책을 쓰면서 신학적인 반대를 최소한으로만 받도록 매우 조심했다. 자연법칙의 지배를 받는 세계는 자의적인 기적이 지배하는 세계보다 우월하다고 그는 주장했다. 하지만 그는 멀리 있는 신의 존재를 여전히 믿었다. 그리고『종의 기원』에서는 자신의 이론이 무신론을 향한 한 걸음이 아니라는 인상을 만들어내기 위해서 무진 노력을 했다. 그보다 그는 자연이 생물의 장기적인 편익을 위한 방향으로 작동한다는 것을 보여주기를 희망했다. 종들로 하여금 자애로운 창조주라는 개념과 일치하는 방식으로 정신적, 육체적 "완성"을 향해서 나아가도록 자연이 인도한다는 것이었다.

그는 다음과 같이 썼다. "생명에 대한 이런 견해에는 장엄함이 있다……원래는 몇 안 되거나 하나인 형태로 생기가 불어넣어졌다……이 행성이 중력이라는 확고한 법칙에 따라 회전하는 동안 그렇게 단순한 시작으로부터 가장 아름답고 놀라운 형태들이 끝없이 진화해왔으며 현재도 진화 중이다."[47]

* * *

그러나 그의 노력에도『종의 기원』에 대한 반응은 부드러워지지 않았다. 한 예로 그의 오랜 멘토인 케임브리지의 세즈윅 교수가 보낸 편지를 보자. "기쁨보다는 고통을 느끼며 자네의 책을 읽었네……어떤 대목들은 절대적인 슬픔을 가지고 읽었네. 이것들은 완전히 오류이고 통탄할 정도로 해롭다고 내가 생각하기 때문이지."[48]

그럼에도 불구하고 종의 기원은 창조의 자취 만큼의 분노를 유발하지는 않았다. 좀더 나은 이론을 제시했고 증거도 더 풍부했으며 어느 정도는 좀더 부드러운 시대에 출간된 덕분이었다. 10년이 채 되지 않아서 과학자들 사이의 논쟁은 대체로 종결되었다. 그리고 그로부터 10년이 지나서 다윈이 사망할 때쯤이 되면 진화는 거의 보편적으로 받아들여져 있었고 빅토리아 시대의 중심 주제가 되었다.

다윈은 이미 존경받는 과학자였었지만 책이 출간되면서 그는『프린키피아』를 출간한 이후의 뉴턴처럼 대중적인 명사가 되었다. 그는 국제적인 인정과 영예를 듬뿍 받았다. 왕립협회에서 명망 높은 코플리 메달을

다윈의 1830년대, 1850년대, 1870년대 모습

받았고, 옥스퍼드와 케임브리지 양쪽에서 명예박사학위를 제안받았다. 프로이센의 왕으로부터 메릿 훈장을 받았고, 상트페테르부르크의 제국 과학 아카데미와 프랑스 과학 아카데미 두 곳의 통신회원으로 선출되었으며, 모스크바의 제국박물학자협회와 영국 국교회 남미선교협회의 명예회원으로 선출되었다.

다윈의 영향력은 뉴턴의 경우와 마찬가지로 과학이론을 훨씬 넘어서서, 전혀 연관이 없는 생명의 여러 측면에 대해서 새롭게 생각하는 방식을 아우르게 되었다. 한 무리의 역사학자들이 썼듯이 "모든 곳에서 다윈주의는 자연주의, 물질주의, 혹은 진화 철학과 동의어가 되었다. 그것은 경쟁과 협력, 해방과 종속, 진보와 비관주의, 전쟁과 평화를 상징한다. 그것의 정치학은 자유주의, 사회주의, 보수주의가 될 수 있고 그것의 종교는 무신론이나 정통파가 될 수 있다."[49]

그러나 과학의 견지에서 보면 다윈의 작업은 뉴턴의 것과 마찬가지로 시작에 지나지 않았다. 종의 특성은 환경의 압력에 반응하여 세월이 흐르면서 달라지는데 이 과정을 지배하는 근본 원리를 그의 이론은 제시했다. 하지만 당시의 과학자들은 유전이 어떻게 기능하는지 그 작동 원리는 전혀 모르고 있었다.

다윈의 작업이 린네 협회에서 발표되고 있던 시기는 아이러니했다. 이때 그레고르 멘델(1822-1884)은 8년 계획의 실험을 진행하고 있었다.[50] 유전의 메커니즘을 추상적으로라도 밝히게 될 실험 말이다. 멘델은 오늘날 체코 공화국의 일부인 브르노의 수도원에 있는 과학자이자 수도사였다. 그가 제시한 아이디어에 따르면 단순한 특성은 부모로부터 각각 물려받은 두 개의 유전자에 의해서 결정된다. 그러나 멘델의 작업은 사람들이 이해하기에는 진척 속도가 느렸으며 다윈은 그에 대한 소식을 전혀 접하지 못했다.

어쨌든 멘델의 법칙을 물질 수준에서 이해할 수 있으려면 20세기 물리학이 발전해야 했다. 특히 양자역학과 그 산물인 X선 회절 기법, 전자현미경, 디지털 컴퓨터의 제조를 가능하게 하는 트랜지스터 등을 필요로 했다. 이 기술들 덕분에 결국 DNA 분자 및 유전체의 상세한 구조가 파악되었고 유전학을 분자 수준에서 연구하는 것이 가능해졌다. 마침내 과학자들은 유전과 진화가 어떻게 일어나는지를 상세하게 이해하는 초입에 도달할 수 있게 되었다.

그러나 심지어 그것조차도 시작에 불과했다. 생물학은 세포 내의 구조와 생화학반응에 이르는 모든 수준에서 생명의 속성을 이해하려는 목표를 가지고 있다. 그 속성은 우리가 지닌 유전정보의 가장 직접적인 결과이다. 이와 같은 원대한 목표는 생명을 역설계하는 것과 마찬가지로 —물리학자들의 만물에 대한 통일이론처럼— 먼 미래의 것임이 틀림없다. 하지만 생명의 메커니즘을 우리가 얼마나 잘 이해하게 될지라도 생물학을 조직하는 근본 원리는 아마도 여전히 19세기의 통찰인 진화론으로 남아 있을 것이다.

다윈 본인은 우리 종의 최적의 표본은 아니었지만 노인이 될 때까지 살아남았다. 그는 지속적으로 피로를 느끼기는 했지만 말년에는 만성적인 건강 문제는 개선되었다. 그는 끝까지 작업을 계속해서 1881년 마지막 논문인 「지렁이의 활동에 의한 식생 토양의 형성(*The Formation of Vegetable Mould through the Action of Worms*)」을 출간했다. 그후 그는 운동을 할 때 가슴에 통증을 느끼기 시작했으며 크리스마스에는 심근경색을 겪었다. 이듬해 봄 4월 18일 그는 다시 한번 심근경색을 일으켰다가 간신히 의식을 회복했다. 그는 죽음이 두렵지 않다고 중얼거렸고, 몇 시간 뒤인 다음날 오전 4시경 정말로 사망했다. 향년 73세였다. 그는 거의 마지막 무렵 월레스에게 쓴 편지에서 말했다. "나는 행복하고 만족할 만한 모든 것을 가지고 있네. 하지만 삶은 매우 피곤해졌네."[51]

제3부

인간의 감각을 넘어서

살아 있기에 최선의 시기는 당신이 안다고 생각했던 모든 것이 오류인 시기이다.

—톰 스토파드, 「아르카디아(*Arcadia*)」, 1993년

10

인간 경험의 한계

200만 년 전 인간은 최초의 위대한 혁신을 이룩했다. 돌을 절단용 도구로 바꾸는 법을 배운 것이다. 이것은 자연을 활용해서 우리의 필요에 부응하게 만든 첫 경험이었다. 그 이후 이루어진 어떤 발견도 여기에 비견할 만한 통찰을 보여주거나 우리의 생활양식에 더욱 커다란 변화를 초래하지는 못했다. 그러나 100년 전 그에 못지않은 힘과 중요성을 지닌 또다른 발견이 이루어졌다. 돌의 사용과 마찬가지로 이것은 어디에나 존재하는 무엇과 관련되어 있었다. 시간이 시작된 이래 언제나 우리의 눈앞에 존재해왔지만 보이지 않았던 것 말이다. 내가 말하는 것은 원자, 그리고 이를 지배하는 이상한 양자법칙이다.

원자에 대한 이론은 화학을 이해하는 핵심임이 분명하지만 원자의 세계를 연구해서 얻은 통찰은 물리학과 생물학에도 혁명을 일으켰다. 원자가 실재한다는 것을 받아들이고 그 법칙이 어떻게 작용하는지를 파악하기 시작하면서 과학자들은 사회를 변화시키는 대단한 통찰을 하게 되었다. 이 통찰은 자연의 근본 힘과 입자에서 DNA와 생명의 생화학에 이르는 다양한 주제들에 해결의 실마리를 던져주었다. 또한 현대생활의 근본을 제공하는 새로운 기술을 창조할 수 있게 해주었다.

사람들은 기술혁명, 컴퓨터 혁명, 정보혁명, 핵 시대를 운운하지만, 이 모든 것은 결국 단 하나, 원자를 변환시켜 도구로 만드는 것으로 요약된다. 오늘날 텔레비전에서 광섬유 케이블, 전화에서 컴퓨터, 인터넷 기술에서 MRI 장비에 이르는 모든 것은 원자를 조작하는 우리의 능력 덕분에 가능해진 것이다. 원자에 대한 지식은 심지어 빛을 밝히는 데에도 사용된다. 예를 들면, 형광등이 빛을 내는 것은 전류에 의해서 들뜬 상태가 된 원자 속의 전자가 더 낮은 에너지 상태로 "양자 도약(quantum jump)"을 하기 때문이다. 오늘날 전자레인지, 시계, 자동 온도조절기처럼 우리가 쓰는 도구 중에서 가장 평범해 보이는 것조차, 핵심 부품은 양자에 대한 이해에 기반을 두고 설계된 것이다.

우리로 하여금 원자와 원자세계의 양자법칙이 어떻게 기능하는지를 이해할 수 있게 해준 위대한 양자혁명이 시작된 시기는 20세기 초로 거슬러올라간다. 그로부터 수년 전부터, 오늘날 우리가 고전역학(양자법칙이 아니라 뉴턴의 운동법칙에 기반을 둔 물리학)이라고 부르는 것이 흑체복사 현상을 설명하는 데에 실패했다는 것이 분명해졌다. 오늘날 우리는 흑체복사가 원자의 양자적 속성에 의존한다는 사실을 알고 있다. 뉴턴 이론의 실패는 다른 문제와 관련 없이 고립된 것이어서 당장에는 적신호로 보이지 않았다. 그 대신 사람들은 이렇게 생각했다. "물리학자들은 뉴턴 물리학을 이 문제에 적용하는 데에 뭔가 혼동을 일으킨 것뿐이다. 제대로 된 방법을 알게 되면 흑체복사는 전통적인 틀 안에서 이해가 가능해질 것이다." 그러나 물리학자들은 뉴턴 이론으로는 설명될 수 없는 또다른 원자 현상을 결국 발견했고, 드디어 그들은 깨달았다. 그 이전 세대들이 과거의 아리스토텔레스 물리학을 버려야 했던 것과 마찬가지로 자신들도 뉴턴의 많은 것을 포기해야만 한다는 사실을 말이다.

양자혁명은 20년에 걸친 투쟁을 통해서 탄생했다. 이 혁명이 수백, 수천 년이 아니라 20년밖에 걸리지 않은 것은 이 문제를 연구하는 과학자들의 숫자가 엄청나게 많았던 덕분이지, 새로운 사고방식이 받아들이는 것이 쉬워서가 아니었다. 사실 양자론의 배후에 있는 새로운 철학은 어떤 영역에서는 아직도 활발한 토론의 대상이다. 문제의 20년이 지난 뒤에 생겨난 세계의 모습은 이단적이었기 때문이다. 아인슈타인처럼 우연이 사건의 결과를 결정하다는 관점을 혐오하는 사람과 통상적인 인과율을 신봉하는 사람에게는 틀림없이 그랬다.

* * *

양자세계의 인과율이라는 곤란한 쟁점이 유발된 것은 양자혁명이 끝날 무렵이었다. 이 대목은 나중에 살펴볼 것이다. 그러나 애초에 출발점에서부터 방해가 된 또다른 이슈가 있었다. 이것은 철학적이면서 실질적인 문제였는데, 원자는 너무 너무 작아서 볼 수가 없었고 개별적인 측정조차 불가능했다. 과학자들이 처음으로 분자의 형상을 "본" 것은 20세기 후반에 이르러서였다.[1] 그 결과 원자에 대한 19세기의 모든 실험은 기껏해야 엄청나게 많은 원자의 평균적인 행태로 인하여 벌어지는 현상밖에 드러낼 수 없었다. 관찰이 불가능한 물체를 실재한다고 간주하는 것이 타당한가?

원자에 대한 돌턴의 작업에도 불구하고 그렇다고 생각하는 과학자는 드물었다. 심지어 자신들이 관찰, 측정할 수 있는 현상을 이해하는 데에 도움이 되기 때문에 원자 개념을 받아들였던 과학자들도 이를 단순히 작업가설로 사용하는 경향이 있었다. 예를 들면, 화학반응은 화합물을 구성하는 원자들이 다시 섞이는 것이 마치 원인인 것처럼 진행된다는 것이다. 다른 사람들은 원자가 철학에는 어울릴지 모르지만 과학에는 그렇지 않다고 생각하고 이 개념 자체를 금지하려고 들었다. 독일 화학자 프리드리히 빌헬름 오스트발트는 말했다. 원자는 "검증 가능한 결론으로 결코 이어지지 못하는 가상의 추측이다."[2]

원자 개념을 받아들이기를 주저하는 것은 이해할 수 있는 일이다. "자연에 관한 개념들은 반드시 실험과 관찰에 의해서 뒷받침되어야만 하는가?" 정확히 이 주제를 놓고 여러 세기에 걸쳐 과학은 철학과 다른 길을 걸어왔다. 과학자들은 검증 가능성이 가설의 수용 여부를 결정하는 기준이라고 주장함으로써 고대의 추측들을 폐기할 수 있었다. 그 근거는 그것이 검증할 수 없는 것이거나—아리스토텔레스의 이론 중 많은 것을 검증했을 때 드러난 것처럼—그것이 오류라는 것이었다. 그 대신 그 자리에는 정확한 정량적 예측을 내놓는 수학적 법칙이 들어섰다.

원자의 존재는 직접적인 확인이 가능하지 않았지만 원자 가설은 검증 가능한 법칙을 정말로 내놓았고 이 법칙들은 타당한 것으로 입증되었다. 예를 들면, 원자 개념은 기체의 온도와 압력 사이의 관계를 수학적으로 유도하는 데에 사용될 수 있다. 그러면 원자란 무엇이라고 이해할 것인가? 그 시대로서 이것은 메타 질문이었다. 그에 대한 답은 불분명했고 그 결과 19세기 대부분의 기간 동안 원자는 물리학자의 어깨에 얹힌 유령 같은 존재로 취급받았다. 자연의 비밀을 귀에 속삭이는, 무엇이라고 꼬집어 말할 수 없는 그런 존재 말이다.

오늘날 원자는 전혀 문제가 되지 않는다. 너무나 강력한 답이 결국 나왔기 때문이다. 과학이 진보하려면 직접적인 감각적 경험을 넘어선 곳에 초점을 맞춰야 한다는 것을 우리는 알고 있다. 21세기 초에 사는 우리는 보이지 않는 세계를 너무나 깊이 받아들이고 있다. 그 덕분에 유명한 "힉스 입자(Higgs particle)"가 발견되었다는 발표가 있었을 때 아무도 주춤하지 않았다. 실제로 이 입자를 본 사람이 없었음에도 불구하고 말이다. 심지어 힉스 입자를 **간접적으로** 보이게 만들어주는 어떤 장치와 힉스 입자가 상호작용한 유형의 결과를 관찰하지 않았음에도 그랬다. 예를 들면, 형광 스크린이 전자가 부딪치면 빛을 냄으로써 전자를 "보이게" 만드는 식의 간접적 관찰조차 없었다.

힉스 입자가 존재한다는 증거는 그와 달리 수학적인 것으로서, 전자 데이터의 수치적 특성에 나타난 모종의 특징으로부터 추론된 것이다. 이 데이터는 300조 회 이상의 양성자-양성자 충돌의 결과로 나타난 잔해—예를 들면, 복사—로부터 생성된 뒤 그로부터 오랜 시간 뒤에 36개국에 있는 200개에 가까운 컴퓨팅 설비를 이용해서 통계적으로 분석된 것이다. 오늘날 물리학자가 "우리는 힉스 입자를 보았다"고 하는 것은 이런 의미이다.

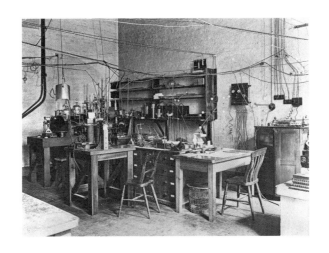

물질의 기본 입자를 연구하기 위한 1926년의 물리학 실험실과 오늘날의 실험실.
지하 100미터에 자리잡은 가속기 터널은 둘레가 27킬로미터에 이른다.
사진에서 흰 원으로 표시되어 있다.

과학자들은 힉스를 비롯한 모든 아원자 입자를 이와 유사한 방식으로 "보았다." 이에 따라 한때 보이지 않던 원자는 이제 물체의 우주 그 자체처럼 보이게 되었다. 그런 우주가 물 한 방울에 수십억의 수십억 배 들어 있다. 우리 눈에 보이지 않는 것은 물론, 인간의 직접적인 관찰로부터 여러 단계 떨어져 있는 작은 세계 말이다. 그러므로 힉스 보손 이론을 19세기 물리학자에게 설명하는 시도는 생각도 하지 않는 것이 좋다. 우리가 해당 입자를 "보았다"고 하는 것이 무슨 뜻인지 설명하는 것조차 힘들기 때문이다.

인간의 감각 경험으로부터 분리된 새로운 방식의 관찰 때문에 과학자들에게는 새로운 부담이 생겨났다. 뉴턴의 과학은 감각으로 인식될 수 있는 것을 기반으로 했다. 아마도 현미경이나 망원경의 도움을 받았겠지만 장비의 한 쪽 끝에는 여전히 인간의 눈이 있었다. 20세기 과학은 관찰에 몰두한 상태로 계속 남아 있을 예정이었지만, "본다"는 것에 대한 훨씬 더 폭넓은 정의를 받아들이게 된다. 힉스 입자의 경우처럼 간접적인 통계적 증거를 포함하는 정의 말이다. "본다"는 것의 의미를 새롭게 받아들여야 했던 20세기 과학자들은 양자 같은 기괴하고 전위적인 개념을 포함하는 이론에 적합한 마음속의 영상을 개발해야만 했다.

물리학을 하는 새로운 방식은 물리학자들 사이의 분업의 강화로 나타났다. 한편으로는 물리이론에서 불가사의한 수학의 역할이 점점 커졌고, 다른 한편으로는 실험 기법이 급속히 정교해졌다. 이에 따라서 실험물리학과 이론물리학이 각자 점점 더 전문화되면서 양자의 사이가 더욱 멀어졌다. 이와 거의 비슷한 시기에 시각예술도 이에 비견할 만하게 진화하여 전통 구상예술 작가와 입체파 및 추상화의 선구자들이 갈라졌다. 후자에 속하는 세잔, 브라크, 피카소, 칸딘스키는 새로운 양자론자들과 마찬가지로 세상을 근본적으로 새로운 방식으로 "보았다."

음악과 문학에서도 새로운 정신이 융통성 없는 19세기 유럽의 견고한 규범에 도전하고 있었다. 스트라빈스키와 쇤베르크는 전통적 유럽 음률에 깔려있는 전제에 의문을 품었다. 제임스 조이스와 버지니아 울프, 그리고 유럽 대륙에 있는 이들과 비슷한 인물들은 서사의 새로운 형식을 실험했다. 1910년 철학자이자 심리학자 겸 교육학자인 존 듀이는 썼다. 비판적 사고에는 "정신적 불안 및 동요 상태를 기꺼이 견뎌낼 의사"[3]가 흔히 포함된다는 것이다. 이것은 비판적 사고에 대해서만 아니라 창조적 노력에도 마찬가지로 적용된다. 예술에서든 과학에서든 선구자들이 편안하게 지낸 예는 없다.

* * *

방금 내가 그린 20세기 과학의 초상화에는 지금 시점에서 그때를 되돌아보고 깨달은 바를 반영했다는 이점이 있다. 19세기 말 원자를 연구하던 물리학자들은 무슨 일이 다가오는지 알아차리지 못하고 있었다. 당시는 원자라는 시한폭탄이 문간의 층계에 놓여 있던 시기였는데도 불구하고 그들은 자신들의 분야가 거의 안정되어 있다고 보았다. 그래서 물리학에는 흥미로운 일들이 전혀 남아 있지 않으니 전공을 피하라고 젊은 학생들에게 조언하고 있었다. 지금 돌이켜보면 놀랄 일이다.

하버드의 학과장은 중요한 것은 이미 모두 발견되었다고 말하며 유망한 학생들을 쫓아내는 것으로 유명했다. 1875년에 바다 건너 뮌헨 대학교의 물리학과장은 "물리학은 완성을 눈앞에 둔 지식 분과"[4]이기 때문에 뛰어들 가치가 더 이상 없는 분야라고 경고했다. 그것은 타이타닉호를 건조한 사람이 이 배는 "인간의 두뇌가 만들 수 있는 것 가운데 거의 가장 완벽한 수준"이라고 발표한 것과 선견지명적인 면에서 대동소이하다.

뮌헨 대학교의 물리학과장으로부터 잘못된 조언을 받은 사람 중의 한 명이 바로 막스 플랑크(1858-1947)였다.[5] 말라서 거의 수척할 지경인 이 젊은이는 심지어 어렸을 때부터 앞머리가 점점 빠지면서 안경을 썼고,

나이를 착각하게 만드는 진지한 분위기를 풍겼다. 독일의 킬에서 태어난 그는 목사, 학자, 법률가들로 죽 이어진 가문 출신으로 19세기 물리학자의 틀에 완벽히 들어맞는 인물이었다. 근면하고 착실하며 본인의 표현에 의하면 "미심쩍은 모험은 꺼리는"[6] 성향이었다. 나중에 뉴턴을 거꾸로 뒤집는 업적을 이룩하게 될 인물에게서 예상할 만한 표현은 아니다. 사실 플랑크에게는 혁명을 시작할 계획이 없었다. 실제로 그는 자신의 발견이 불붙인 운동을 오랜 기간 지원조차 하지 않았다.

모험을 꺼리는 성격이었지만 플랑크는 운에 맡기고 직업적 경력을 시작했다. 학과장의 조언을 무시하고 물리학 프로그램에 등록한 것이다. 그가 물리학을 연구하게 된 것은 고교 시절의 강사가 열정을 전해주었기 때문이다. "수학의 엄밀성과 수많은 자연법칙 사이를 지배하는 조화를 탐구한다"[7]는 열정 말이다. 그리고 플랑크는 자신의 열정을 추구하기 충분할 만큼 스스로를 신뢰했다. 세월이 지난 뒤 그는 자신의 학생 중 한 명에게 이렇게 말하게 된다. "나의 좌우명은 언제나 이것이다. 모든 단계를 미리 주의 깊게 살펴라. 그런 후 네가 그것을 책임질 수 있다고 믿는다면 무슨 일이 있어도 중단하지 말라."[8] 이 진술은 나이키의 고전적 광고 캠페인 "그냥 하라(Just do it)"나 스포츠 스타들에게서 우리가 늘 듣는 대담한 선언처럼 뻐기며 걷는 분위기는 없다. 하지만 조용하고 평범한 플랑크는 이와 다르지 않은 내면의 힘을 나름의 방식으로 표현한 것이다.

물리학으로 진로를 결정한 플랑크는 박사과정에서 연구할 주제를 선택해야 했다. 여기서 다시 한번 그는 대담하고 결정적인 선택을 하는데, 열역학(熱力學, thermodynamics)을 고른 것이다. 이것은 물리학에서 상대적으로 주의를 끌지 않는 분야였지만 고교 시절의 그에게 애초에 영감을 불어넣어준 것이기도 했다. 그리고 플랑크는 유행하는 최신 분야보다 다시 한번 자신의 관심사를 따라가기로 선택했다.

306

당시 원자 개념을 받아들인 소수의 과학자들은 열역학의 배후에 있는 메커니즘을 개별 원자들의 운동의 통계적인 결과라고 이해하기 시작했던 상태였다. 예컨대 실내의 작은 공간에 갇힌 연기구름이 있다면 시간이 경과한 다음 이 구름은 더더욱 농축되기보다는 널리 퍼질 것이라고 열역학은 말해준다. 이 과정은 물리학자들이 "시간의 화살"이라고 부르는 것을 정의한다. 미래는 연기가 확산되는 쪽의 시간 방향이고, 과거는 연기가 농축되는 방향이다. 사실 이것은 곤혹스러운 이야기이다. 왜냐하면 **개별** 연기(그리고 공기) 원자에게 적용되는 운동법칙은 시간의 어느 쪽 방향이 미래이고 어느 쪽이 과거인지에 관해서 알려주는 바가 전혀 없기 때문이다. 그러나 이 현상은 원자들에 대한 통계적 분석을 이용하면 설명될 수 있다. "시간의 화살"은 수많은 원자들이 일으키는 누적적인 효과를 관찰할 때만 명백한 것이기 때문이다.[9]

플랑크는 이런 종류의 논쟁을 좋아하지 않았다. 그는 원자를 하나의 환상으로 보고 원자 개념을 사용하지 않고 열역학 원리를 이용해서 구체적이고 검증 가능한 결과를 추출해내는 것을 박사학위 연구의 목표로 삼았다. 그는 "원자이론은 그것이 지금껏 누려온 커다란 성공에도 불구하고 결국에는 폐기되어야 할 것이다. 물질은 연속적이라는 가정이 그 자리를 차지해야 한다"[10]라고 썼다.

플랑크는 날카로운 통찰력을 가진 사람은 아니었다. 종국적으로 포기되어야 할 것은 원자이론이 아니라 이 이론에 대한 그의 저항이었다. 사실 그의 작업은 원자의 존재를 **부정**하는 것이 아니라 **긍정**하는 증거로 결국 받아들여졌기 때문이다.

내 이름은 철자로 쓰기도 발음하기도 워낙 어렵다. 그래서 식당 예약을 할 때면 나는 막스 플랑크라는 이름으로 하는 일이 흔하다. 이 이름을 알아보는 경우는 매우 드물지만 한 번 그런 일이 있었는데, 그때 상대방은 나에게 "양자론을 발명한 사람"과 관련이 있느냐고 물었다. 나는 "내가 그 사람"이라고 대답했다. 20대 초반이던 지배인은 내 말을 믿지 않았다. 내가 너무 어리다는 것이었다. 그는 말했다. "양자론은 1960년경 발명되었소. 제2차 세계대전 도중 맨해튼 프로젝트의 일환이었지요."

우리는 더 이상 이야기를 하지 않았지만, 내가 화제로 삼고 싶었던 것은 역사에 대해서 그가 잘못 알고 있다는 점이 아니라 물리학에서 어떤 이론을 "발명한다"는 것이 가지는 의미의 모호성에 대해서였다. "발명한다"라는 말은 과거 존재하지 않던 뭔가를 창조해낸다는 의미이다. 한편 발견한다는 것은 과거 알려지지 않았던 뭔가를 알게 되었다는 의미이다. 이론을 보는 시각은 어느 쪽도 될 수 있다. 세계를 기술하기 위해서 과학자들이 발명하는 수학적 구조로 볼 수도 있고, 과학자들이 발견하는 우리와 별개로 존재하는 자연법칙의 표현이라고 볼 수도 있다.

부분적으로는 형이상학적 질문이기도 하다. 어느 정도까지 우리가 이론을 이용해서 그린 그림을 문자 그대로의 실재(우리가 발견한 것)로 받아들여야 할 것인가, 혹은 세계에 대한 모델(우리가 발명하는)에 불과하다고 볼 것인가. 예컨대 우리와 다른 방식으로 생각하는 사람들(혹은 외계인)에 의해서 다른 방식으로도 훌륭하게 모델화될 수 있는 것이 아닌가. 그러나 철학은 제쳐놓더라도, 발명과 발명을 구별하는 또다른 차원이 존재하는데 이것은 과정과 관련이 있다. 발견은 탐사를 통해서 하는 것이며 우연히 이루어지는 경우가 흔하다. 발명은 계획적인 설계와 구축을 통해서 이루어지며 우연은 시행착오보다도 작은 역할을 한다.

아인슈타인은 상대론을 찾아냈을 때, 자신이 무엇을 하려고 하는지 알고 있던 것이 분명하고 실제로 그 일을 했다. 그러므로 상대론은 발명이라고 부를 수 있다. 그러나 양자론은 다르다. 양자론의 발달로 이어지는 단계들은 대개 "발명"이라기보다는 "발견", 혹은 심지어 "우연한 발견"이라고 하는 것이 더 나은 표현이다. 그리고 (많은) 발견자들이 우연히 찾아낸 것은 플랑크의 경우가 그렇듯이 자신이 희망하고 찾아내리라 기대한 것과 정반대의 것이었다. 마치 에디슨이 인공 조명을 발명하려고 연구를 시작했는데, 그 대신 인공 어둠을 발견했다고나 할까. 게다가 플랑크의 운명이 그랬듯이 그들은 자신의 작업이 가지는 의미를 실제로 이해하지 못하는 경우가 때때로 있었다. 다른 사람들이 그 의미를 대신 해석해주면 거기에 반대하는 주장을 펼치는 것이다.

열역학에 대한 플랑크의 1879년 박사학위 논문은 원자의 존재나 부존재를 옹호하는 어느 쪽으로도 성공하지 못했다. 설상가상으로 이 논문은 그가 학계에서 자리를 잡는 데에 아무런 도움이 되지 못했다. 뮌헨 대학교의 교수들은 내용을 이해하지 못했고, 베를린 대학교의 열역학 전문가인 구스타프 키르히호프는 논문이 틀렸다는 판정을 내렸으며, 이 분야의 개척자들인 헤르만 폰 헬름홀츠와 루돌프 클라우지우스는 논문을 읽어보기를 거절했다. 플랑크는 클라우지우스에게 두 차례의 편지를 보냈으나 답장이 없자 본에 있는 그의 집을 찾아가기까지 했지만, 클라우지우스는 그를 상대해주지 않았다. 불행히도 열역학이라는 분야에 대해서 몇 명되지 않는 물리학자들을 제외하면 플랑크의 동료가 표현한 대로 "아무도 관심이 전혀 없었다."[11]

관심의 결여는 플랑크를 괴롭히지는 않았지만, 암울한 시절이 몇 년씩 계속되어야 했다. 그는 부모님의 집에서 살면서 대학에서 무급 강사로 일해야 했다. 과거 멘델레예프처럼 자신의 수업을 듣는 학생들에게서 직접 수업료를 받아 근근이 연명하는 정도였다.

이 이야기를 들려주면 다들 놀란 표정을 짓는다. 어떤 까닭인지 사람들은 예술가라고 하면 그가 자신의 예술을 너무나 사랑한 나머지 어떤 희생이라고 불사할 것이라고 기대한다. 작업을 계속하기 위해서 다락방 중에서도 가장 허름한 곳에서 심지어 최악의 경우인 부모와 함께 사는 상황까지도 말이다. 그런데 사람들은 물리학자들이 그렇게 열정적이리라고 보지 않는다. 그러나 나는 플랑크가 겪었던 것과 같은 실패를 당한 대학원 시절의 동료 학생 두 명을 알고 있다. 한 사람은 슬프게도 자살을 기도했다. 다른 한 사람은 하버드 물리학과를 설득하여 비좁은 사무실에 책상 하나를 놓고 무급으로 일했다(1년 후에 학과에서는 그를 채용했다). 내가 직접 알지는 못하는 다른 한 사람은 몇 년 전에 낙제한 뒤 자신이 개인적으로 좋아하는(하지만 완전히 틀린) 이론들을 여러 교수들에게 제시했고 이를 무시당했다. 그 다음에는 어느 날 나타나서 칼을 휘두르며 그들을 납득시키려고 했다. 그는 안전요원에게 체포되었으며 다시는 돌아오지 않았다. 인정받지 못하는 외톨이 물리학자가 자신의 귀를 자른다는 식의 유명한 이야기는 이 분야에는 없지만, 버클리 대학교의 대학원에 다니는 3년 동안 이곳에는 위의 세 가지 이야기가 있었고 모두 물리학에 대한 열정 때문에 일어난 일들이었다.

플랑크는 월급을 받는 직업을 구하려면 그의 "자원봉사" 시기에 충분히 훌륭한 연구를 해야 했다. 자리가 없어서 하버드 대학교를 무급으로 다녔던 나의 대학원 친구처럼 말이다. 플랑크가 그런 결과를 내는 데에는 5년이 걸렸다. 마침내 순수한 끈기와 행운, 그리고—일부 사람들에 따르면—아버지의 개입 덕분에 그는 킬 대학교의 교수로 어찌어찌 자리를 잡을 수 있었다. 그로부터 4년 뒤 그는 충분히 인상적인 연구를 한 공로를 인정받아 베를린 대학교의 초청을 받게 된다. 1892년에는 정교수로 임명되어 열역학 엘리트라는 작은 핵심그룹의 일원이 된다. 그러나 그것은 시작에 지나지 않았다.

* * *

베를린 대학교에서 플랑크의 연구 열정은 전과 마찬가지로 원자라는 개념에 의지하지 않는 맥락에서 열역학을 이해하는 데에 초점이 맞춰져 있었다. 다시 말해서 물질이 서로 분리된 벽돌로 구성된 것이 아니라 "무한히 분할할 수 있는" 것으로 간주되는 상황 말이다. 이것이 성사될 수 있는가의 문제는 그가 보기에 물리학 전체에서 가장 화급한 주제였

막스 플랑크, 1930년경

다. 그리고 학계의 일원이었던 플랑크에게는 적어도 직접적으로는 그에게 다른 말을 할 수 있는 상사가 없었다. 이것은 좋은 일이었다. 그의 사고방식은 주류 물리학계와 너무나 동떨어져 있었다. 그것이 어느 정도였던지는 그가 세상을 뒤흔드는 발견을 발표하기 불과 몇 개월 전인 1900년 여름 파리에서 열린 국제물리학회 회의에서 드러났다. 이곳에 참석한 공인된 역사학자의 견해를 살펴보면, 이 문제가 검토할 만한 가치가 있다고 생각하는 사람은 플랑크 외에 세계에 기껏해야 3명밖에 없었다는 것이다. 플랑크가 박사 논문을 제출한 지 21년이 지났지만 바뀐 것은 거의 없었다.

과학에는 다른 분야와 마찬가지로 평범한 질문을 제기하는 보통 사람이 다수이며 이들 중 많은 사람들은 잘 살아간다. 그러나 가장 성공한 연구자는 이상한 질문을 제기하는 사람인 경우가 흔하다. 아무도 생각하지 않은 질문, 혹은 다른 사람들이 흥미롭다고 보지 않는 질문들 말이다. 이런 사람들은 천재로 인정받는 시기가 오기 전까지는, 이상하고 괴짜이며 심지어 미쳤을지 모른다는 평가를 받게 마련이다.

물론, "태양계가 거대한 사슴의 등에 자리잡고 있는가?"같은 질문을 제기하는 과학자도 역시 내가 좀 전에 언급했던 칼을 휘두른 사람처럼 독창적인 사상가일 것이라고 나는 짐작한다. 그러므로 자유로운 사상가 그룹을 바라볼 때는 까다로워야 하며, 괴상할 **뿐**인 아이디어를 가진 사람과 괴상하지만 **진실**인 아이디어를 가진 사람은 구별하기 쉽지 않을 때가 많다는 것이 문제이다. 혹은 괴상하기는 하지만 아마도 오랜 시간과 많은 실수를 거친 다음에는 진실된 어떤 것에 이르게 될 운명의 사람일 수도 있다. 플랑크는 동료 물리학자들에게는 흥미롭다고 여겨지지 않을 정도의 질문을 제기한 독창적인 사상가였다. 그러나 이 질문들은, 고전물리학으로는 대답할 수 없는 바로 그런 질문이라는 사실이 밝혀질 운명이었다.

18세기 화학자들은 기체를 연구하다가 일종의 로제타 석, 중요한 과학 원리의 판독으로 이르는 열쇠를 발견한 적이 있었다. 플랑크는 1860년에 구스타프 키르히호프가 발견하고 이름붙인 열역학적 현상인 흑체복사에서 자신의 로제타 석을 찾으려고 했다. 오늘날 "흑체복사(黑體輻射, blackbody radiation)"는 물리학자들에게 친숙한 용어로, 완전히 검으면서 어떤 고정된 온도로 유지되는 물체에서 나오는 전자기 복사의 한 형태를 말한다.

"전자기 복사(電磁氣 輻射, Electromagnetic radiation)"라는 말은 이해하기 어려울 뿐만 아니라 알 카에다 기지에 폭격을 가하는 뭔가처럼 위험해 보인다. 그러나 이것은 에너지 파동의 계통 전체—예컨대 극초단파, 라디오파, 가시광선, 자외선, X선, 감마선 복사—를 의미한다. 이를 활용하면 다양한 실질적인 효과를 일으킬 수 있는데, 일부 효과는 치명적이기는 하지만 그 모든 것이 우리가 당연하게 받아들이고 있는 세계의 매우 많은 부분을 차지한다.

키르히호프의 시대에 전자기 복사란 아직도 새롭고 신비한 개념이었다. 이를 서술하는—뉴턴 법칙의 맥락에서—이론은 스코틀랜드 물리학자인 제임스 클러스 맥스웰의 업적에서 나왔다. 맥스웰은 오늘날에도 여전히 물리학의 영웅이며, 대학 캠퍼스에서 물리학 전공자들의 티셔츠에서 그의 얼굴이나 방정식을 흔히 찾아볼 수 있다. 이런 동경을 받는 이유는 그가 1860년대에 물리학 역사상 가장 큰 통합을 달성했기 때문이다. 그는 전기력과 자기력이 "전자기장(電磁氣場, electromagnetic field)"이라는 동일한 현상이 나타나는 두 가지 방식이라고 설명했으며, 빛을 비롯한 다양한 형태의 복사는 전자기 에너지의 파동이라는 사실도 밝혀냈다. 맥스웰이 그랬던 것처럼, 물리학자에게는 각기 다른 현상 사이에 깊은 연결성이 있음을 밝혀내는 일이 한 사람이 할 수 있는 가장 신나는 일이다.

언젠가 맥스웰 같은 사람이 나타나리라는 것은 뉴턴의 희망이자 꿈이었다. 뉴턴은 자신의 이론이 불완전하다는 것을 알고 있었기 때문이다. 그는 물체가 힘에 반응하는 방식을 설명하는 **운동법칙**을 제시했지만, 이 법칙들이 사용될 수 있으려면 이와 별개로 고찰 대상인 물체에 작용하는 모든 종류의 힘을 서술하는 법칙, 즉 **힘의 법칙**(laws of force)에 의한 보충이 필요했다. 뉴턴은 한 가지 종류의 힘—중력—에 관한 법칙을 제시했지만 다른 종류의 힘들도 역시 존재하는 것에 틀림없다는 사실을 알고 있었다.

뉴턴 이후의 몇 세기 동안 두 종류의 자연의 힘이 차츰 물리학에 스스로의 모습을 드러냈다. 그 힘은 전기와 자기이다. 맥스웰은 이 힘들에 대한 정량적 이론을 창조함으로써 뉴턴의(예컨대 "고전적") 프로그램을 어떤 의미에서 완성했다. 뉴턴의 운동법칙에 더해서 이제 과학자들은 일상생활에서 스스로 모습을 드러내는 모든 힘에 대한 이론을 가지게 되었다(나중에 20세기가 되면 "강력"과 "약력"이라는 두 가지 힘을 더 발견하게 된다. 일상생활에서는 겉으로 드러나지 **않지만** 원자핵이라는 작은 영역에서 작용하는 힘이다).

과거에 과학자들이 뉴턴의 중력법칙과 운동법칙을 함께 사용함으로써 서술할 수 있었던 것은, 행성의 궤도나 포탄의 궤적과 같은 중력 현상 뿐이었다. 이제 맥스웰의 전자기력이론을 뉴턴의 운동법칙과 함께 적용시키면서 과학자들은 광범위한 현상을 분석할 수 있게 되었다. 그런 예로는 복사 및 그것이 물질과 일으키는 상호작용이 있다. 맥스웰의 이론을 무기고에 추가시키게 된 물리학자들은 세상에서 관찰할 수 있는 모든 자연적인 현상 하나 하나를 원리적으로는 설명할 수 있게 되었다고 믿었다. 19세기 말 물리학에 낙관주의가 만연한 것은 이 때문이었다.

일찍이 뉴턴은 다음과 같이 기술한 적이 있다. 세상에는 "물질 입자들로 하여금 현재까지는 알려지지 않은 어떤 이유로 서로에게 끌려서 질서 있는 모습으로 결합시키거나 서로를 밀어내서 멀어지게 만드는 모종의 힘"이 존재한다.[12] 이 힘들은 "국지적 운동"을 유발하는데 "이 운동은 해당 입자들이 너무 작아서 탐지는 불가능하다……[하지만] 만일 누군가가 이 모든 힘을 발견하는 행운을 누린다면, 그는 물체의 성질 전체를 발가벗긴 셈이라고까지 나는 거의 말할 수 있을 것이다."[13] 전자기에서 물리학자들이 발견한 것은 물체의 미세한 입자―원자―사이에서 작용하는 힘들을 이해한다는 꿈을 실현하게 해주었다. 하지만 자신의 이론이 그에 따라 물질적 대상의 속성을 설명할 수 있게 되리라는 뉴턴의 꿈은 결코 실현될 수 없는 것이었다. 왜냐하면 물리학자들이 전자기법칙을 발견했다고 하더라도, 이 법칙들을 원자에게 적용해보니 이번에는 운동법칙이 성립하지 않는 것으로 드러났기 때문이다.

당시에는 누구도 그것을 깨닫지 못했지만 뉴턴 물리학의 단점은 플랑크가 연구하기로 선택한 바로 그 현상―흑체복사―에서 가장 극적으로 드러났다. 흑체에서 각기 다른 주파수의 복사가 얼마나 방출되어야하느냐에 대해서 물리학자들이 계산했을 때를 보자. 계산 결과는 틀렸을 뿐만 아니라 말도 안 되는 것으로서, 흑체가 무한한 양의 고주파 복사를 내놓으리라는 것이었다.

만약 이런 계산이 맞는 것이었다면, 흑체복사 현상이 무엇을 의미하게 되는 지를 살펴보자. 따스한 벽난로 가에 앉아 있거나 뜨거운 오븐의 문을 열면 어떻게 될까. 당신은 따스한 적외선 복사, 혹은 좀더 높은 주파수의 적색광의 부드러운 빛을 쬘 뿐만 아니라 주파수가 높아 위험한 자외선, X선, 감마선의 폭격을 받게 된다. 그리고 당시 발명된 전구는 인공 조명을 제공하는 유용한 도구라기보다 대량 살상 무기임이 드러났을 것이다. 이는 작동 온도가 높아진 결과로 생기는 복사 때문이다.

플랑크가 이 분야의 연구를 시작했을 때 흑체 계산이 틀렸다는 것은 모두가 알고 있었지만 이유를 아는 사람은 아무도 없었다. 이 문제에 관심을 가진 대부분의 물리학자들이 머리만 긁적이고 있는 동안, 실험 관찰결과를 서술하는 수학 공식을 즉석에서 만들어내는 데에 집중하는 사람이 몇몇 있었다. 이 공식들은 주어진 모든 온도에서 흑체가 방출하는 복사의 강도를 주파수별로 내놓을 수 있었다. 그러나 이것은 이론적 이해를 바탕으로 도출된 것이 아니라, 필요한 데이터를 산출하기 위해서 만들어진 그저 서술적인 것에 불과했다. 그리고 모든 주파수에 대해서 정확한 공식은 하나도 없었다.

1897년 플랑크는 흑체가 방출하는 복사에 대한 정확한 설명을 마련하기 위한 도전을 시작했다. 그는 다른 사람들처럼 이 문제가 뉴턴 물리학에 어떤 오류가 있다는 것을 시사한다는 의심을 전혀 하지 않고, 흑체의 재료에 대한 물리적 묘사에 근본적인 흠이 있는 것이 틀림없다고 의심했다. 몇 년이 지난 후, 그는 오리무중에 빠졌다.

마침내 그는 일을 거꾸로 하기로 결정했다. 다른 응용물리학자들처럼, 실제 작동하는 공식을 그저 찾기로 한 것이다. 그는 두 개의 임시 공식에 매달렸다. 하나는 흑체복사에서 방출되는 저주파 광선을 정확하게 기술하는 것이었고, 다른 하나는 고주파 광선에 대해서 정확한 것이었다. 적지 않은 시행착오를 거친 후에 그는 이를 자신만의 임시 공식 하나로 "짜깁기"하는 데에 어찌어찌하여 성공했다. 두 공식의 올바른 측면을 합치기 위한 목적만으로 우아한 수학적 표현을 만들어냈다.

당신은 혹시 이렇게 생각할지도 모른다. 수년간 한 문제에만 몰두하는데 결국에는 중요한 발견을 해야 마땅하다고 말이다. 전자레인지나 그렇지 않으면 최소한 팝콘을 만드는 새로운 방법이라도 말이다. 플랑크의 손에는 매우 잘 작동하는 것처럼 보이는—모종의 알려지지 않은 이유로—하나의 공식이 남아 있었다. 자신의 방정식이 가진 예측력을 철저히 검사할 만큼의 충분한 데이터는 가지고 있지 못했지만 말이다.

플랑크는 이 공식을 1900년 10월 19일 베를린 물리학회의 한 회의에서 발표했다. 회의가 끝나자마자 하인리히 루벤스라는 이름의 실험과학자가 집으로 돌아가 이 공식에 숫자를 계속 집어넣어서 자신이 가진 방대한 데이터와 비교해보기 시작했다. 그 결과는 루벤스를 놀라게 했다. 플랑크의 공식은 그럴 수 있는 범위를 넘어서서 너무나 정확했다.

흥분한 루벤스는 밤을 새다시피 하면서 플랑크의 공식에 따른 계산을 각기 다른 주파수마다 하나하나 수행하고 그 결과를 자신이 가진 데이터와 비교했다. 다음날 아침 그는 플랑크의 집으로 달려가 그 충격적인 소식을 전했다. 예측과 측정값은 **모든** 주파수에서 기묘할 정도로 정확하게 일치했다. 플랑크의 공식은 단순한 임시적 추측이라기에는 너무나 정확했다. 그것은 어떤 뜻을 가져야만 했다. 유일한 문제는 그것이 무엇을 **의미**하는지 아는 사람이 플랑크를 포함한 그 누구도 없었다는 것이었다. 그것은 마치 마술 같았다. 추측컨대 깊고 신비한 원리를 뒤에 감추고 있는 공식인데, 실제로는 오로지 추측을 통해서 "도출된" 것이다.

* * *

플랑크가 흑체복사를 연구하기로 결심할 때의 목표는 원자 개념에 의지하지 않고 이를 설명하는 것이었다. 어떤 의미에서는 그가 이를 해내었다. 그러나 이 공식은 마술을 부리듯이 무(無)로부터 끄집어낸 것이었다. 그래서 그는 "왜 이것이 제대로 작동하는가?"라는 의문에 답을 해야 한다는 것을 계속 느끼고 있었다. 그의 성공은 흥분되는 것이 틀림없었지만 스스로의 무지는 분명히 좌절스러운 것이었을 것이다.

끈기의 과학자인 플랑크는—아마도 오로지 좌절감 때문이겠지만—원자의 옹호자로 유명한 오스트리아 물리학자 루트비히 볼츠만(1844-1906)이 수행한 연구에 관심을 가지게 되었다. 볼츠만은 플랑크가 증명하려고 노력했던 것의 정확히 반대—원자는 진지하게 받아들여야 한다는 것—를 달성하기 위해서 수십 년째 노력하고 있었다. 그 과정에서 볼츠만은 오늘날 통계물리학이라고 불리는 것의 개발에 많은 진전을 이룩했다(다만 그는 자신의 작업이 가진 중요성을 사람들에게 납득시키는 데에 별로 진전을 보지 못했다).

플랑크가 아무리 억지라고 해도 볼츠만의 연구에 관심을 가지려고 했다는 사실은, 시간을 들여서 칭찬할 만한 가치가 있다. 원자 개념 없이 물리학을 하려는 전도사가, 오랫동안 자신이 반대해온 이론을 옹호해온 인물의 연구에서 지적인 해결책을 찾고 있는 것이다. 자신의 선입견에 반하는 아이디어에도 이처럼 마음을 열어놓는 개방성은 과학이 마땅히 수행되어야 하는 방식이다. 그리고 이는 나중에 아인슈타인이 플랑크에게 크게 탄복하는 하나의 이유이기도 하지만, 과학이 **통상** 수행되는 방식은 아니다. 사실, 인간이 하는 대부분의 사업이 이루어지는 방식은 이렇지 않다. 예를 들면, 인터넷, 스마트폰을 비롯한 뉴 미디어가 뜨기 시작할 때를 보자. 기존에 확고히 자리잡은 기성 회사들은 삶과 비즈니스를 영위하는 새로운 방식을 받아들이지 못하고 저항했다. 블록버스터 비디오, 음반사, 주요 서점 체인, 기성 언론매체 등의 행태는 과거 원자나 양자를 받아들이기 어려웠던 기성 물리학자들과 마찬가지였다. 결국 이 회사들은 넷플릭스, 유튜브, 아마존처럼 좀더 유연한 생각을 가진 회사와 젊은 사람들에 의해서 대체되었다. 사실, 나중에 플랑크 자신이 과학에 대해서 말한 내용은 모든 혁명적 아이디어에 두루 해당되는 것처럼 보인다. "새로운 과학적 진실은 반대파들을 설득하고 이들로 하여금 마침내 이해하게 만듦으로써 승리하는 것이 아니라, 반대파가 결국 사망하고 새로운 진실과 친숙한 새로운 세대가 성장하면서 승리하는 것이다."[*14]

볼츠만의 연구결과를 읽으면서 플랑크는 열역학에 대한 그의 통계적 서술방식에 주목했다. 에너지가 마치 불연속적인 단위로 구성되어 있는 것처럼 취급하는 수학적 기교를 적용할 필요가 있다는 사실을 볼츠만은 발견했던 것이다. 무한히 분할할 수 있는 가루 같은 것이 아니라 예를 들면 달걀을 이어서 늘어놓은 것과 비슷하다는 것이다. 달걀은 1개, 2개, 200개처럼 정수 개수만 있을 뿐이지만 밀가루는 27.1828그램이라는 식으로 원하는 만큼의 양을 얼마든 측정할 수 있다. 적어도 요리사에게는 이런 것처럼 보인다. 실상 밀가루는 무한히 자르는 것은 불가능하며 불연속적인 벽돌로 구성되어 있는 것이 사실이다. 밀가루가 미세한 개별적인 알갱이로 구성되어 있다는 것은 현미경으로 확인할 수 있다.

볼츠만의 트릭은 단순한 계산상의 편의에 불과했다. 결국에 그는 언제나 각각의 부분이 차지하는 크기를 0으로 수렴하게 만들었다. 이는 에너지가 불연속적인 양이 아니라 어떤 양이라도 될 수 있다는 의미이지만, 플랑크는 볼츠만의 기법을 흑체 문제에 적용하면서 놀라지 않을 수 없었다. 이 방법으로 자신의 공식을 유도할 수 있기는 했다. 다만 이럴 때는 마지막 단계를 반드시 생략해야만 했다. 에너지를 달걀처럼 모종의 기본적인(매우 작은) 단위의 배수로만 분할될 수 있는 양인 것처럼 계속

---

* 이 말은 "과학은 장례식을 한 번 할 때마다 그만큼 진보한다"라는 좀더 간결한 형태로 잘못 인용되는 경우가 많다.

해서 취급해야 했던 것이다. 요리사 플랑크는 에너지의 이런 기본적 단위를 "양자(量子, quantum)"라고 불렀다. "얼마나 많은"이라는 뜻을 가진 라틴어에서 따온 것이다.

한마디로, 이것이 양자 개념의 기원이다. 양자론은 심원한 원리를 논리적 결론에 이르기까지 추구하는 어느 과학자의 끈질긴 노력에서 생겨난 것이 아니다. 물리학을 보는 새로운 철학을 발견하려는 충동에서 기원한 것도 아니다. 그보다는 요리사와 비슷한 인물에서 비롯되었다. 망원경을 통해서 밀가루를 처음 들여다보고, 이것이 결국은 계란과 비슷하게 불연속적인 개별 단위로 구성되어 있으며, 이것이 어떤 기본 단위의 배수로만 존재할 수 있다는 것을 발견하고, 이에 놀란 요리사 말이다.

플랑크는 이 단위, 즉 양자의 크기가 빛의 주파수에 따라서 각각 다르다는 사실을 발견했다. 주파수는 가시광선의 경우 각기 다른 색에 대응한다. 특히 빛의 양자 한 개의 에너지는 해당 빛의 주파수에 특정한 상수를 곱한 것과 동일하다는 사실을 그는 발견했다. 플랑크가 h 라고 부른 이 상수는 오늘날 플랑크 상수라고 불린다. 만일 플랑크가 볼츠만의 마지막 단계를 밟았더라면, 한마디로 h 를 0으로 설정했다면 에너지는 무한히 분할 가능한 것이라고 묘사되었을 것이다. 그러나 플랑크는 그렇게 하는 대신 실험 데이터와 자신의 공식을 비교해서 h 값을 고정시키고, 이를 통해서 에너지가 아주 작은 기본적 꾸러미로 존재하며 아무 값이나 가질 수 있는 것이 아니라고 단언한 것이다. 적어도 흑체복사와 관련해서는 말이다.

그의 이론은 어떤 의미를 가질까? 플랑크는 전혀 알지 못했다. 어떻게 보면 그가 이룩한 결과라고는 자신의 수수께끼 같은 추측을 설명하기 위해서 수수께끼 같은 이론을 발명한 것뿐이라고 할 수 있다. 그럼에도 불구하고 플랑크는 자신의 "발견"을 1900년 12월 베를린 물리학회 회의에서 발표했다. 오늘날 우리는 그날을 양자론이 탄생한 날이라고 부른

루트비히 볼츠만 1900년경

다. 실제로 그의 새로운 이론은 그를 1918년 노벨상을 받게 했고, 그것은 마침내 물리학에 혁명적 변화를 일으켰다. 그러나 발표 당시에는 플랑크 자신을 포함한 그 누구도 이를 알지 못했다.

흑체복사에 대한 플랑크의 오랜 연구는 그의 이론을 더욱 종잡기 어렵고 신비하게 만들었을 뿐이었다. 그 이론의 장점이 무엇이라는 말인가? 이것이 당시 대부분의 과학자들이 받은 인상이었다. 그러나 플랑크 자신은 이 경험으로부터 어떤 중요한 것을 배웠다. 그는 마침내 흑체복사를 "이해했다." 그가 이해한 그림에 따르면 흑체는 용수철 비슷한 작은 진동자로 만들어져 있었다. 결국 그는 이 진동자가 원자나 분자라는 것을 믿게 된다. 원자가 실재한다고 확신하게 된 것이다. 그럼에도 불구하고 당시 그가 서술한 양자가 자연의 근본적인 특성이 될지도 모른다고 깨달은 사람은 그를 포함해서 아무도 없었다.

플랑크의 동시대 사람 중 일부는 양자를 도입하지 않고 플랑크의 흑체복사 공식을 도출하는 경로를 반드시 찾을 수 있을 것이라고 생각했다. 또다른 사람들은 양자는 자연의 근본 원리가 아니라 아직 알려지지 않은 물질의 어떤 속성의 결과인 것으로 언젠가는 확인될 것이라고 생각했다. 자신들이 알고 있는 물리학과 완전히 일치하는 속성, 예를 들면 원자의 내부구조나 상호작용 방식으로부터 유래하는 평범한 기계적 속성일 것이라고 말이다. 그리고 일부 물리학자들은 플랑크의 작업을, 실험 데이터와 일치하는데도 불구하고 그냥 무시했다.

예컨대 저명한 물리학자 제임스 진스 경은 플랑크를 다음과 같이 공격했다. 이 문제를 연구했지만 플랑크처럼 완전한 공식을 유도하지 못했던 그는 다음과 같이 썼다. "플랑크의 법칙이 실험과 잘 일치한다는 사실을 물론 나는 알고 있다……이에 비해서 $h = 0$이라고 놓음으로써 [플랑크의 법칙으로부터] 구한 나의 공식과 실험이 일치할 가능성이 없다는 것도 알고 있다. 그렇다고 $h = 0$이 h가 취할 수 있는 유일한 값이라는 나의 신념은 바뀌지 않는다."[15] 그렇다, 이 귀찮은 실험 관측들은 너무나 번거로워서 무시해버리는 것이 낫다. 1914년 로버트 프로스트는 "왜 신념을 포기하는가/ 단지 그것이 더 이상 진실이 아니라는 이유만으로 말이다"[16]라고 썼다.

요컨대 플랑크의 연구는 제임스 진스를 곤혹스럽게 만든 것 외에는 그다지 동요를 일으키지 못했다. 사람들은 그의 작업을 터무니없는 것으로 치부하거나 이보다 평범한 설명이 있으리라고 생각했다. 어느 쪽이든 물리학자 공동체의 사람들은 흥분하지 않았다. 마약단속법이 시행 중인 록 페스티벌의 팬들처럼 말이다. 마약은 상당 기간 동안 도착하지 않을 예정이었다. 사실 그의 아이디어를 진전시키는 또다른 연구는 그에 의해서나 다른 누구에 의해서나 그후 5년간 등장하지 않았다. 1905년까지는 그랬다.

* * *

플랑크가 양자 아이디어를 제시했을 때 그것이 자연의 근본 원리라고 깨달은 사람은 아무도 없었다고 나는 앞에서 말했었다. 그러나 그로부터 얼마 지나지 않아서 이 분야에 들어온 새로운 한 연구자는 매우 다른 태도를 가지고 있었다. 플랑크의 발표가 있었을 당시 대학을 갓 졸업한 이 무명의 인물은 양자에 대한 플랑크의 업적을 심원하며 심지어는 곤혹스러운 것으로 보았다. 나중에 그는 이렇게 썼다. "우리 아래에 있던 발판을 누가 빼내버린 것과 같았다. 아무 곳에서도 든든한 토대가 보이지 않았다."[17]

양자에 대한 플랑크의 연구를 흡수하고 거기에 어떤 가치가 있는지를 보여준 이 인물은 대중문화에서는 이 작업으로 유명하지 않지만, 그보다는 양자에 반대하는 입장을 결국 가지게 된 것으로 이름 높다. 그리고 진스의 전통에 따라서 그것이 진실임을 드러내는 것으로 보이는 많은 관찰이 있음에도 불구하고 어떤 아이디어(불확정성 원리를 말한다/옮긴이)를 부정한 것으로 유명하다. 그는 알베르트 아인슈타인(1879-1955)이다.

아인슈타인이 플랑크의 양자 개념을 받아들이고 이용하기 시작한 것은 아직은 박사학위를 마치기 전인 25세 때부터였다. 그러나 50세가 되었을 때, 그는 자신이 초래했던 것에 반대하게 되었다. 양자론에 대해서 아인슈타인이 마음을 바꾸게 된 이유는 결국 과학적인 것이 아니라 철학적, 형이상학적인 것이었다. 그가 25세 때 제시한 아이디어는 "빛＝양자 입자로 된 에너지"라고 이해하는 새로운 방법에 "국한된" 것이었다. 그의 말년에 등장하고 그가 거부했던 양자론은 이와 대조적으로 **실재**를 바라보는 근본적으로 새로운 방법과 관련되어 있었다.

다시 말해서 양자론이 발전하면서, 이를 받아들이려면 새로운 견해를 채택해야만 한다는 사실이 분명해진 것이다. 존재한다는 것은 어떤 의미인가, 특정한 장소에 존재한다는 것은 어떤 의미인가, 심지어 어떤 사건이 다른 사건을 유발한다는 것은 무엇을 뜻하는가. 새로운 양자세계관은 직관적인 뉴턴적 세계관과의 결별을 의미했다. 그 헤어짐의 강도는 기계적인 뉴턴적 세계관이 아리스토텔레스의 목적론적 세계관을 탈피했을 때보다도 더욱 컸다. 그리고 아인슈타인은 물리학(physics)에 대해서는 재편하려고 했지만, 자신의 작업이 유발시킨 형이상학(metaphysics)의 급격한 재편을 받아들이지 않고 무덤으로 가게 된다.

내가 양자론을 처음 접한 것은 아인슈타인이 사망한 지 20년밖에 지나지 않았을 때였다. 아인슈타인이 좋아하지 않았던 급진적 아이디어가 모두 반영된 현대의 공식적 이론을 배운 것은 물론이다. 나의 학부 시절 이 이론들에 대한 강의는 따분한 내용이라는 식으로 진행되었다. 기묘한 측면이 있기는 했지만 이미 잘 개발되고 실험 검증이 잘 이루어진 이론이었던 것이다. 사람들이 가끔 이야기하는 "양자적 기묘함"—본질적으로 말해서 어떤 것이 동시에 두 장소에 있을 가능성—은 당시 오래 전에 확립된 사실이었다. 술자리의 흥미로운 토론에는 가끔 기여했지만 학부생들이 잠 못 이루고 걱정할 무엇은 전혀 아니었다. 그럼에도 불구하고 아인슈타인은 나의 영웅 중의 한 명이었기 때문에, 그가 받아들이기를 그렇게 힘들어했던 아이디어를 나는 저항 없이 받아들이고 있다는 점에서 마음이 불편했다. 나는 내가 아인슈타인이 아니라는 사실은 알고 있었다. 그렇다면 내가 보지 않고 있던 것은 무엇일까.

내가 이 문제를 해결하려고 노력하는 동안 아버지는 나에게 한 이야기를 들려주었다. 제2차 세계대전 이전의 폴란드에서 아버지와 몇 명의 친구들이 자동차에 치여서 죽은 사슴의 사체가 길가에 놓여 있는 것을 보았다. 식량이 귀할 때여서 그들은 사슴을 집으로 가져와 먹었다. 아버지는 "차에 치여서 죽은 동물"을 먹는 데에 아무런 잘못을 느끼지 못했다고 말했다. 그러나 나를 포함한 미국인들은 그것이 구역질난다고 느끼는데, 그 이유는 그것에 구역질난다고 느끼게끔 키워졌기 때문이라는 것이다. 그때 나는 사람들이 받아들이기 어려워하는 아이디어를 찾으려면 우주에 대한 심원한 질문이나 강력히 신봉하는 도덕적 신념에 의지할 필요가 없다는 것을 깨달았다. 그런 아이디어들은 도처에 있고, 대개 사람들은 자신들이 항상 믿어온 것을 계속 믿어온 경향이 있기 때문이다.

양자론의 형이상학적 함의는 로드킬(roadkill)의 아인슈타인 버전이었다. 전통적인 인과개념을 믿으면서 성장한 아인슈타인은 암시하는 바에 너무나 큰 차이가 있는 개념을 받아들이기가 싫었을 것이다. 그러나 그가 80년 뒤에 태어나 나의 급우였다면 그는 양자론의 기묘함과 함께 성장했을 것이고 아마도 나를 비롯한 학생들과 마찬가지로 양자론을 무덤덤하게 받아들였을 것이다. 그때쯤이면 양자론은 정당한 지적 환경의 일부로 이미 자리잡았을 터이다. 그러면 양자세계가 새롭다는 것을 깨달을 수는 있다고 해도 이를 반박하는 실험이 없는 한, 뒤돌아볼 생각은 하지 않을 것이다.

* * *

아인슈타인은 뉴턴식 세계관의 핵심적 측면을 유지하기 위해서 결국 싸우게 되지만 그는 인습적인 생각을 하는 사람도, 권위적 위치에 있는 인물을 부당하게 신뢰하는 인물도 결코 아니었다. 사실 그는 남과 다르게 생각하고 권위에 도전하려는 의사가 너무나 뚜렷한 나머지 10대 시절 뮌헨 김나지움—독일에서 고등학교에 해당—에 다닐 때 어려움을 겪었었다. 15세 때 그는 한 선생으로부터 자신이 결코 아무것도 되지 못할 것이고 그러므로 강제로 학교를 떠나거나 혹은 떠나도록 "정중한 권유"를 받을 것이라는 말을 들었다. 선생을 존경하지 않고 다른 학생들에게 나쁜 영향을 미치는 인물로 비춰진 탓이었다. 나중에 그는 김나지움을 "교육 기계"라고 불렀는데, 학교가 쓸모 있는 기능을 한다는 것이 아니라 정신을 질식하게 만드는 오염물질을 내뿜는다는 의미에서였다.

우주를 이해하려는 아인슈타인의 욕망이 공식 교육에 대한 반감보다

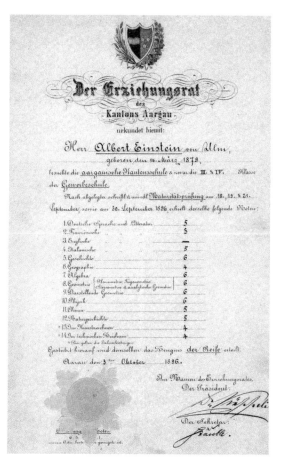

아인슈타인의 1896년 스위스 고등학교 성적표. 성적은
1-6등급으로 나뉘는데 6등급이 가장 높다.

컸던 것은 물리학을 위해서 다행스러운 일이었다. 그는 고등학교에서
쫓겨난 다음, 취리히에 있는 스위스 연방 공과대학교에 지원했다. 입학
시험에서 낙방했지만 스위스 고등학교에서 보충 수업을 간단히 받은 뒤
1896년에 입학허가를 받았다. 그는 대학을 김나지움보다도 더 좋아하지
않았고 강의를 많이 듣지도 않았지만, 간신히 졸업하는 데에 성공했다.
그의 친구가 된 학생이 써놓은 노트를 이용해서 벼락치기 공부를 한 덕
분이었다. 나중에 아인슈타인이 쓴 바에 따르면, "마르셀 그로스만은 흠

잡을 곳이 없는 학생이고 나는 무질서한 몽상가였다. 그는 선생들과 관계가 좋았고 모든 것을 이해하는 데에 반해 나는 따돌림당하는, 불만이 많은, 사랑받지 못하는 학생이었다."[18] 그로스만을 만난 것은 아인슈타인의 대학 경력에 단순한 행운 정도가 아니었다. 나중에 그는 수학자가 되어서 아인슈타인에게 상대성이론을 완성하기 위해서 필요했던 색다른 수학을 가르쳐 주게 된다.

아인슈타인의 대학학위는 그에게 성공에 이르는 쉬운 길을 열어주지 않았다. 사실 그의 대학 교수 중 한 사람은 악의적으로 추천서를 나쁘게 써주었다. 적어도 부분적으로는 그런 이유 탓에 아인슈타인은 대학교를 졸업한 뒤 전통적인 직장에 취직할 수가 없었다. 그는 대학교의 물리학이나 수학 담당으로 임용되기를 희망했었지만 실제로는 김나지움 학생 두 명의 개인교사가 되었다.

그 자리를 수락한 지 얼마 지나지 않아서 아인슈타인은 그의 고용주에게 이 두 학생이 학교에서 파괴적인 영향을 받지 않기 위하여 학교를 완전히 그만두는 것이 좋겠다고 제안했다. 교육 시스템에 관련된 그의 불만은, 시험 준비에 과도하게 집중되기 때문에 진정한 호기심이나 창의력이 조금이라도 있으면 완전히 파괴시킨다는 것이었다. 역설적인 것은 이로부터 한 세기쯤 뒤에 공표된 조지 부시 대통령의 학업 부진아 방지법이 미친 영향이다. 사실을 암기하는 능력에 중점을 둔 시험 위주의 교과과정이 미국 교육정책의 주요 특징이 된 것이다. 부시가 아인슈타인이 아니라는 것은 모두가 안다. 그러나 사람들로 하여금 자신의 견해를 받아들이게 하는 정치인의 능력에 관해서는 아인슈타인은 부시에 못 미쳤다. 김나지움이 치명적인 폐해를 가져온다는 지적을 들은 고용주는 그를 해고했다.

그의 투쟁에 대해서 아인슈타인의 아버지는 이렇게 썼다. "내 아들은 현재의 실업 상태에 큰 불행감을 느끼고 있습니다. 자신의 경력이 나날이 목표에서 멀어지고 있다는 느낌은 그 아이 속에서 나날이 커지고 있습니다……수입이 없는 사람으로서, 자신이 우리에게 부담이 된다는 자각이 그를 짓누르고 있습니다."[19] 이 편지는 독일 라이프치히 대학교의 물리학자 프리드리히 빌헬름 오스트발트에게 부쳐졌다. 예전에 알베르트가 일자리를 요청하면서 자신의 첫 논문 복사본을 보냈었던 인물이었다. 알베르트도 그의 아버지도 답장을 받지 못했다. 10년 후 오스트발트는 알베르트의 노벨상 수여를 추천하는 첫 인물이 된다. 그러나 1901년에는 어느 누구도 아인슈타인에게 어떤 식으로든 그의 능력에 맞는 일자리를 줄 만큼, 충분히 좋은 인상을 받은 사람이 없었다.

아인슈타인의 직업적인 삶은 1902년에 비로소 안정되었다. 마르셀 그로스만의 아버지는 베른에 있는 스위스 특허국의 국장에게 그를 소개했는데, 국장은 그에게 필기시험을 치라고 했다. 아인슈타인은 시험을 잘치렀고 국장은 그에게 자리를 제공했다. 업무는 고도로 기술적인 특허출원을 읽고 이것을 자신보다 지적이지 못한 상관이 이해할 수 있을 정도의 단순한 언어로 번역하는 일이었다. 그해 여름 그는 시보로서 그자리에서 업무를 시작했다.

아인슈타인은 일을 잘했던 것 같지만 그는 1904년 3급 특허서기에서 2급으로의 승진 신청에서 거부당했다. 그동안 그의 물리학 연구는 스스로는 보람을 느낄 정도였지만 뛰어나지는 못했다. 1901년과 1902년 쓰인 첫 논문 두 건은 분자 사이에 작용하는 보편적 힘에 대한 가설을 다룬것이었는데 자신이 나중에 설명한 바에 의하면 쓸모없는 내용이었다.[20] 이후에 쓰인 세 건의 논문은 수준이 제각각이었으나 물리학계에 미친영향이 거의 없었다. 이듬해 그는 첫 아들을 얻었으나 물리학 논문은한 건도 발표하지 못한 상태였다.

만성적인 돈 문제와 지지부진한 물리학계 경력은 틀림없이 낙담스러웠을 테지만 아인슈타인은 자신의 직업에서 지적인 자극을 느끼며 즐겁게 일했다. 일이 끝난 다음에는 물리학에 대한 열정의 표현과 물리학을 생각할 수 있는 "8시간의 게으름"을 가질 수 있다고 언급하기도 했다. 그는 또한 방과후 연구를 진전시키기 위해서 특허국의 근무시간을 훔칠 때도 있었다. 누가 다가오면 급하게 자신의 계산결과를 서랍에 쑤셔넣었던 것이다. 이 모든 일은 결국 아주 극적인 방식으로 성공했다. 1905년에 그는 본질적으로 다른 세 편의 혁명적 논문을 발표했고 그 덕분에 3급 특허서기에서 1급 물리학자로 승진하게 된다.

이 논문들은 각각 노벨상 감이었지만 그는 한 차례밖에 상을 받지 못했다. 아마 노벨상 위원회가 동일한 사람에게 여러 차례 상을 수여하는 것을 꺼릴 법하다고 이해해줄 수도 있다. 하지만 세월이 흐르면서 이보다 더욱 이해하기 어려운, 간과한 사례들이 많은 것으로 위원회가 유명해진 것은 불행한 일이다. 물리학자들만 보더라도 아르놀트 조머펠트, 리제 마이트너, 프리먼 다이슨, 조지 가모프, 로버트 디키, 짐 피블스를 그냥 지나치는 실수를 범했다.*

마이트너에게 상을 주지 않은 것은 특히 어처구니없는 일이다. 수천 년간 거의 보편적으로 여성은 고등교육을 받지 못했으며 세상에 대한 우리의 이해에 기여할 수 있는 일자리를 얻을 기회도 없었다. 이것이 바뀌기 시작한 것은 불과 100여 년밖에 되지 않았으며, 사회적 변화는 아직도 진행 중이다. 마이트너는 과학자로서나 여성으로서나 선구자였다. 비엔나 대학교에서 물리학 박사학위를 받은 역사상 두 번째 여성이었다. 졸업 후에 그녀는 막스 플랑크를 설득해서 함께 연구할 수 있는 허락을 받았다. 플랑크는 심지어 자신의 강의에 여성이 방청하는 것조

---

* 조머펠트는 양자 분야의 중요한 선구자였다. 마이트너는 내가 말했듯이 핵융합을 비롯한 많은 발견을 했다. 다이슨은 양자 전자기 이론에 주요한 역할을 했다. 가모프, 디키, 피블스 는 우주배경 복사를 설명하고 그 존재를 예측했지만, 이에 대한 노벨상은 이 복사를 우연히 탐지한, 자신들이 무엇을 발견했는지도 몰랐던 아노 펜지어스와 로버트 윌슨에게 돌아갔다.

차 허락하지 않던 사람이었다. 결국 그녀는 베를린 대학교의 젊은 화학자 오토 한과 공동 연구를 시작했다. 두 사람은 많은 혁신적 업적을 함께 이룩했다. 이중 가장 중요한 것은 핵융합을 발견한 것이었다. 그러나 슬프게도 1944년 노벨 화학상은 마이트너가 아니라 한이 수상했다.*

***

이론물리학의 치명적 매력 중의 하나는 자신의 아이디어가 사람들이 생각하는 방식과 심지어 삶의 방식에까지 커다란 영향을 끼칠 가능성이 이 있다는 점이다. 이 분야를 이해하고 소화하고 관련 기술과 이슈를 이해하려면 여러 해가 걸리는 것이 사실이다. 당신이 공략하는 많은 문제들이 해결 불가능한 것으로 판명되는 것도 사실이다. 그리고 당신이 내는 아이디어의 대부분은 이치에 맞지 않으며 연구 전체에 아주 작은 기여라도 하려면 여러 달이 걸리는 것이 보통이다. 이론물리학자가 되고자 한다면, 불굴의 의지와 끈기가 있어야 하며 사소한 발견에도 스릴을 느끼는 편이 좋다. 그리고 마술적으로 작동하면서 자연의 비밀을 당신에게 알려주는 수학, 그것이 발표되기 전까지는 당신만 아는 수학 공식 같은 것을 구하는 것이 좋다. 그러나 또다른 가능성도 항상 존재한다. 자연의 작은 비밀보다 훨씬 더 강력한 아이디어, 동료 학자들이나 심지어 인류 전체가 우주를 보는 방식에 변화를 일으키는 어떤 것을 당신이 생각해내거나 우연히 떠올릴 가능성 말이다. 아인슈타인이 특허국에서 일 년 동안에 대량으로 만들어낸 아이디어가 그런 종류였다.

이 획기적인 이론 셋 중에 아인슈타인을 가장 유명하게 만들어준 것은 상대성이론(相對性理論, theory of relativity)이다. 이 분야에서 그의 연구는 시간과 공간에 대한 우리의 개념에 혁명을 일으켰다. 그에 따르면 시간과 공간이 서로 긴밀하게 연결되어 있으며, 이들에 대한 우리의 관

---

* 그러나 마이트너는 멘델레예프와 마찬가지로 국제 순수 응용 화학협회의 인정을 받았다. 1997년 협회는 109번 원소에 마이트너륨이란 이름을 붙였다. 마이트너는 1968년 사망했다.

측은 절대적인 것이 아니라 관측자의 상태에 따라 달라진다는 것이다.

아인슈타인이 상대론으로 해결하려던 문제는 맥스웰의 전자기 이론에서 발생한 역설이었다. 빛의 속도를 관측하는 모든 관측자는 광원에 대한 자신의 상대속도와 무관하게 동일한 결과를 얻게 된다는 문제였다.

위의 진술은 우리의 일상 경험과 배치된다. 왜 그런지 알기 위해서 갈릴레오의 정신에 따라서 사고실험을 해보자. 기차역에 노점상이 서 있는데 기차가 쌩하고 지나간다고 생각해보자. 움직이는 기차의 승객이 앞을 향해서 던진 공(혹은 어떤 물체)은 노점상의 눈에는 자신이 동일한 힘으로 던진 공보다 더욱 빠르게 보일 것이다. 노점상의 입장에서 보면, 기차에 있는 공은 승객이 던진 속도 + 기차의 속도로 움직일 것이기 때문이다. 그러나 맥스웰의 이론에 따르면, 움직이는 기차에서 앞쪽으로 비춘 빛은 조금도 더 속도가 빨라지지 **않는다.** 승객의 눈에나 상인의 눈에나 동일한 속도로 나아가는 것으로 관측될 것이다. 모든 것을 원리의 문제로 환원하고 싶어하는 족속인 물리학자에게 이것은 설명을 필요로 하는 현상이다.

빛과 물질을 구분하는 원리는 무엇인가? 이것은 여러 해에 걸쳐서 물리학자들이 접근해온 문제이다. 가장 인기 있는 접근법은 해당 원리가 빛이 퍼져나가는 매질과 관련이 있는데, 이 매질이 아직 발견되지 않고 있다는 주장이다. 그러나 아인슈타인은 다른 생각을 가지고 있었다. 빛의 전파에 관한 아직 알려지지 않은 속성이 아니라 빛의 **속도**가 설명의 핵심이어야 한다는 것을 그는 깨달은 것이다. 광속이 고정되어 있다는 맥스웰의 이론은 시간과 거리를 측정하는 데에 보편적 합의가 존재할 수 없다는 것을 의미한다고 아인슈타인은 추론했다. 보편적인 시계나 보편적인 척도는 존재하지 않으며, 시간과 거리에 관한 모든 측정은 관찰자의 운동에 의존한다는 것을 아인슈타인은 보여주었다. 모든 경우에 광속이 동일한 값으로 측정되는 데에 필요한 바로 그런 방식으로 시간과

거리의 측정값이 연동되어 변화한다는 것이다. 우리 각자가 관찰하고 측정한 결과는 그러므로 우리 개인의 견해일 뿐 모든 사람이 동의할 수 있는 실체가 아니다. 이것이 아인슈타인의 특수상대성이론(特殊相對性理論, special theory of relativity)의 핵심이다.

상대론은 뉴턴 이론을 대체하는 것이 아니라 보완하는 것으로, 뉴턴의 운동법칙은 아인슈타인의 새로운 시공간 프레임 속에서 편안히 쉴 수 있도록 수정, 재구축되어야 했다. 그 프레임에 따르면, 측정값은 관찰자의 운동에 따라서 달라진다. 서로에 대해서 상대적으로 느린 속도로 움직이는 물체와 관찰자의 경우에는 아인슈타인의 이론은 본질적으로 뉴턴의 것과 동등하다. 상대성의 효과가 눈에 띄기 시작하는 것은 문제의 속도가 빛의 속도에 근접할 때뿐이다.

새로운 상대성 효과는 극한 상황에서만 눈에 띄기 때문에 일상생활에서 가지는 중요성은 양자론보다 훨씬 더 약하다. 양자론은 우리를 구성하는 원자의 안정성을 설명하는 이론이다. 그러나 당시에는 양자론이 가지게 될 깊은 함의를 아는 사람은 아무도 없었던 한편 상대론은 물리학 공동체를 지진처럼 강타했다. 뉴턴의 세계관은 과학을 200년 이상 지배해왔지만, 이제 그 구조에 첫 번째 금이 생긴 것이다.

뉴턴 이론은 하나의 객관적 실재가 존재한다는 것에 기반을 두고 있다. 시간과 공간은 하나의 고정된 틀로, 세계의 사건이 발생하는 무대였다. 관찰자는 자신의 위치나 운동방식에 상관없이 모두가 똑같은 연극을 관람하게 된다. 마치 신이 외부에서 우리 모두를 관찰하는 것과 마찬가지인 방식이다. 상대성은 이런 관점을 반박했다. 단일한 연극이란 없다는 것이다. 우리 각자가 경험하는 실재는 개인적이며 우리의 위치와 운동에 따라서 달라진다는 것이다. 이렇게 단언한 아인슈타인은 뉴턴의 세계를 파괴하기 시작했다. 마치 갈릴레오가 아리스토텔레스의 세계관을 해체하는 일을 시작했던 것과 같은 방식이었다.

아인슈타인의 작업은 물리학의 문화에 중대한 시사점을 가지고 있다. 여러 세대에 이르는 새로운 사상가들에게 용기를 주었고 구시대의 아이디어에 쉽게 도전할 수 있게 해주었다. 우리가 곧 만나게 될 베르너 하이젠베르크에게 물리학의 길을 가도록 영감을 준 것은 아인슈타인이 고등학생을 위해서 저술한 상대론 책이었다. 우리가 또한 곧 만나게 될 닐스 보어 역시 상대성에 대한 아인슈타인의 접근법에서 용기를 얻어서 원자들이 따르는 법칙과 우리가 일상생활을 규율하는 법칙이 완전히 다를 수도 있다고 상상할 수 있었다.

역설적인 것은 상대성이론을 흡수하고 이해한 모든 위대한 물리학자 중에 가장 작은 감명을 받은 사람이 아인슈타인 본인이었다는 점이다. 본인의 견해에 따르면 그는 뉴턴 세계관의 주요 측면을 전복하는 것을 지지하지 않으며 그저 약간의 수정을 가한 정도였을 뿐이라는 것이다. 이 수정은 당시에 벌어지는 대부분의 실험 관찰에 영향을 거의 미치지 못했지만, 이론의 논리적 구조에 있는 결함을 수리했다는 점에서 중요하다는 입장이었다. 게다가 뉴턴 이론을 상대성과 양립할 수 있도록 수학적으로 변경하는 것은 매우 쉬웠다. 그래서 물리학자이자 전기작가인 에이브러햄 파이스에 따르면 아인슈타인은 "상대론은 전혀 혁명이 아니라고 생각했다."[21] 아인슈타인은 후에 양자론이 뉴턴 물리학을 해체하는 것이라고 간주하지만 상대론은 그렇게 생각하지 않은 것이다. 아인슈타인에게 상대론은 그의 1905년 논문 중 가장 중요성이 작은 것이었다. 그가 보기에 이보다 훨씬 더 심원한 것은 원자와 양자에 대한 다른 논문 두 편이었다.

원자에 대한 아인슈타인의 논문은 브라운 운동을 분석한 것이다. 이는 다윈의 오랜 친구인 로버트 브라운이 1827년에 발견한 현상이다. "운동"이란 물에 띄운 꽃가루 알갱이 같은 작은 입자들이 무작위적으로 이리저리 움직이는 신비한 현상을 말한다. 아인슈타인의 설명에 따르면,

이 현상은 극히 미세한 분자들이 물에 떠 있는 입자에 모든 방향에서 무작위적으로 매우 높은 빈도로 충돌하는 데에 따른 결과이다. 아인슈타인은 관찰된 입자들의 이리저리 움직이는 강도와 빈도를 통계적으로 설명할 수 있었다. 개개의 충돌은 너무 미약해서 해당 입자를 움직일 수 없다. 하지만 해당 입자에 대해서 한쪽 방향으로 충돌하는 분자가 그 반대 방향으로 충돌하는 분자보다 엄청나게 많으면 움직임이 가능하다는 것이다. 순수한 우연에 의해서 브라운 운동이 생길 수 있다는 것을 통계적으로 보인 것이다.

이 논문은 곧바로 세상을 놀라게 했고, 엄청난 설득력을 가지고 있었다. 심지어 원자 개념 최대의 적인 프리드리히 빌헬름 오스트발트도 아인슈타인의 논문을 읽은 후 원자가 정말 존재한다고 확신한다고 말할 정도였다. 한편 원자론의 대표적인 대변자였던 볼츠만은 불가해하게도 아인슈타인의 작업이나 그것이 일으킨 사고방식의 변화에 대해서 전혀 언급하지 않았다. 이듬해 그는 자살했는데, 자신의 아이디어가 받아들여진 데에 대해서 낙담한 것이 부분적인 이유로 꼽힌다. 이것은 특히 슬픈 일이다. 브라운 운동에 대한 아인슈타인의 논문과 그가 1906년 쓴 또 하나의 논문 덕분에 물리학자들은 자신들이 볼 수도 만질 수도 없는 대상의 실재를 마침내 믿게 되었기 때문이다. 이것은 볼츠만이 1860년대부터 계속 설교해왔지만 별로 성공을 거두지 못했던 바로 그 아이디어였다.

그로부터 30년 내에 과학자들은 원자를 기술하는 새로운 방정식을 가지고 화학의 기초 원리에 대한 설명을 시작할 수 있게 된다. 돌턴과 멘델레예프의 아이디어에 대한 설명과 증거를 마침내 제공하게 된 것이다. 그들은 또한 물질의 속성을 그 구성 입자—예컨대 원자—사이에 작용하는 힘을 기반으로 이해한다는 뉴턴의 꿈을 해결하기 위해서 애쓰기 시작하게 된다. 1950년대가 되면 과학자들은 더욱 나아가서 원자에 대한 지식을 활용하여 생물학을 더욱 깊이 이해할 수 있게 된다. 그리고 20세기후반이 되면 원자이론은 기술혁명, 컴퓨터 혁명, 정보혁명의 안내자가된다. 꽃가루의 운동에 대한 분석으로 시작되었던 연구는 현대 세계를 형성하는 도구로 자라났다.

이 모든 실용적 시도가 기반으로 삼은 법칙, 즉 원자의 속성을 기술하는 방정식은 그러나 뉴턴의 고전물리학이나 심지어 이를 수정한 "상대론적" 형태로부터 오지 않았다. 원자를 기술하기 위해서는 새로운 자연법칙—양자법칙—이 필요하게 되는데, 1905년에 아인슈타인이 발표한 또다른 혁명적 논문의 주제가 바로 양자 개념이었다.

논문의 제목은 「빛의 생성과 변화에 대한 발견적 학습의 관점에 대해서(On a Heuristic Viewpoint Concerning the Production and Transformation of Light)」였다. 이 논문에서 아인슈타인은 플랑크의 아이디어를 채택해서 이를 보다 깊은 물리학적 원리로 변화시켰다. 아인슈타인은 양자론이 상대론과 마찬가지로 뉴턴에 대한 도전이라는 것을 의식하고 있었다. 그러나 당시 양자론은 이 도전이 어느 정도의 규모가 될 것인가에 대한 단서를 주지 않았다. 이것이 더욱 발달하면 생기게 될 골치 아픈 철학적 시사점에 대해서도 마찬가지였다. 그래서 아인슈타인은 자신이 만들어놓은 것이 무엇인지를 알지 못했다.

아인슈타인이 제시한 "관점"은 빛을, 파동이 아닌 입자로 취급하는 것이었다. 그 탓에 해당 논문은 1905년 그가 발표한 다른 획기적인 논문들과 달리 환영을 받지 못했다. 빛이 파동이라는 사실은 이미 맥스웰의 이론이 대단히 성공적으로 기술된 적이 있었다. 그래서 물리학자 사회는 그의 아이디어를 받아들이는 데에 10년이 넘는 시간을 필요로 했다. 이 문제에 대한 아인슈타인 자신의 감상은 그가 1905년 자신의 논문 3편을 발표하기 전에 한 친구에게 쓴 편지를 보면 잘 나타나 있다.[22] 상대론 논문에 대해서 아인슈타인은 그 일부가 "네게 흥미로울 것"이라고 언급

334

했다. 한편 양자 논문에 대해서 그는 "매우 혁명적"이라고 서술했다. 그리고 가장 충격적이었던 것은 결국 이 연구였고, 그에게 1921년 노벨상을 안겨준 것도 바로 이 논문이었다.

* * *

아인슈타인이 플랑크가 떠난 자리에서 양자를 주운 것은 우연이 아니었다. 플랑크는 침체된 영역이던 열역학에서 원자의 역할에 관한 이슈를 연구하면서 물리학자로서의 경력을 시작했다. 그러나 플랑크와 달리 아인슈타인은 외부자였고 당대의 물리학 대부분과 격리되어 있었다. 그리고 원자에 대해서 아인슈타인과 플랑크는 완전히 반대되는 목표를 가지고 있었다. 플랑크의 박사학위 연구는 물리학에서 원자를 제거하는 것을 목표로 삼고 있었다. 이에 반해서 아인슈타인은, 1901년에서 1904년 사이에 쓰인 초기 논문들의 목표가 "명확하게 유한한 크기의 원자가 존재한다는 사실을 가능한 최대로 보증해줄 사실들을 찾는 것"[23]이라고 말했다. 그는 이 목표를 1905년 최종적으로 완수했다. 원자들의 무작위운동이 어떻게 브라운 운동을 일으키는가를 분석한 덕분이었다.

앞에서 아인슈타인은 물리학자들을 원자와 친숙하게 만들어주었지만, 플랑크의 양자 아이디어에 대한 자신의 연구에서 **새로운** "원자 비슷한" 빛 이론을 도입했고 물리학자들은 이를 받아들이는 것을 과거 원자 때보다도 더욱 힘들어 했다. 아인슈타인이 이런 이론에 다다르게 된 것은 흑체복사에 대한 플랑크의 연구를 검토한 후였다. 플랑크의 분석에 만족하지 못한 그는 현상을 분석하기 위해서 자신의 수학적 도구를 개발했다. 그리고 그는 흑체복사가 양자 개념을 통해서만 설명이 가능하다는 동일한 결론에 도달했다. 그렇지만 그의 설명에는 겉으로는 기술적으로 보이는, 중대한 차이가 존재했다. 플랑크의 가정에 따르면 그가 분석한 에너지의 불연속성은 흑체 내의 원자나 분자가 빛을 방출할 때 진동하는 방식 때문이었지만, 이와 달리 아인슈타인은 불연속성을 **복사** 그 자체의 고유한 속성이라고 본 것이다.

아인슈타인은 흑체복사를 혁신적으로 새로운 자연 원리의 증거라고 보았다. 모든 전자기 에너지는 불연속적인 덩어리로 존재하며 복사는 빛의 원자와 유사한 입자로 구성되어 있다는 것이다. 양자 원리가 혁명적이라고 깨달은 첫 번째 인물이 아인슈타인이 될 수 있었던 것은 이런 통찰 덕분이었다. 양자 원리는 우리가 사는 세계의 근본적인 양상이며 흑체복사를 설명하기 위한 임시방편의 수학적 트릭이 아니었던 것이다. 그는 이 복사 입자를 "빛 양자(light quantum)"라고 불렀는데 1926년에 오늘날의 이름인 광자(光子, photon)로 바뀌었다.

만일 그 자리에 내버려두었더라면 아인슈타인의 광자이론은 플랑크의 것과 마찬가지로 흑체복사를 설명하기 위해서 만들어낸 또 하나의 모델에 지나지 않았을 것이다. 그러나 광자 개념이 정말로 혁명적이라면 그것이 설명하기로 되어 있던 것을 넘어서는 다른 현상들의 속성을 밝혀줄 수 있는 것이어야만 한다. 아인슈타인은 광전 효과(photoelectric effect)라고 불리는 현상에서 이런 속성 중 하나를 발견했다.

광전 효과란 금속에 부딪치는 빛이 금속으로 하여금 전자를 방출하게 만드는 과정을 말한다. 이 전자들은 전류로서 포획되어 다양한 장치에 사용될 수 있다. 이 기술은 텔레비전이 발전하는 데에 중요한 역할을 하며 지금도 여전히 연기 감지장치나 당신이 걸어들어갈 때 엘리베이터 문이 닫히지 않게 만드는 센서에 쓰이고 있다. 후자의 경우 광선 빔이 출입구를 가로지르며 비쳐서 다른 편에 있는 광전자 수용체에 부딪치고 수용체는 전기를 발생시킨다. 어떤 사람이 엘리베이터에 들어서면 빔, 따라서 전류가 차단된다. 그리고 엘리베이터 제조사는 전기의 흐름이 중단되면 문이 열리도록 미리 장치해둔다.

금속에 비친 빛이 전류를 만들 수 있다는 사실은 1887년 독일 물리학자 하인리히 헤르츠가 발견했다. 그는 가속하는 전하로부터 방출되는 전자기파를 의도적으로 만들어내고 탐지한 최초의 인물이다. 주파수 단위인 헤르츠는 그의 이름을 딴 것이다. 그러나 헤르츠는 광전 효과를 설명하지 못했다. 당시까지 전자는 발견되지 않고 있었기 때문이다. 이 발견이 이루어진 것은 1897년 영국 물리학자 J. J. 톰슨의 연구실에서였다. 헤르츠가 혈관을 감염시키는 희귀병에 걸려 36세로 사망한 지 3년 후의 일이었다.

전자의 존재는 광전 효과를 간단하게 설명해준다. 빛의 파동 에너지가 금속을 때리면 금속 내의 전자가 들뜨게 되며, 이들이 공중으로 날아가 불꽃이나 광선이나 전류로 나타나는 것이다. 톰슨의 작업에서 영감을 얻은 물리학자들은 이 효과를 더욱 상세하게 연구하기 시작했다. 그러나 오래 기간 어려운 실험을 수행한 결과 결국 드러난 광전 효과 중 여러 측면들은 이론적 그림과 맞지 않았다.

예를 들면, 빛의 강도를 증대시키면 금속이 방출하는 전자의 수가 늘어났지만 개별 전자가 가진 에너지의 크기는 달라지지 않았다. 이것은 전통 물리학의 예측과 상충된다. 더 강한 빛은 더 많은 에너지를 운반하므로 이것이 흡수되면 더 속도가 빠른 전자가 더 많이 만들어져야 하기 때문이다.

아인슈타인은 이 문제를 여러 해에 걸쳐서 숙고한 끝에 1905년 마침내 이것이 양자와 연관되어 있다는 이론을 만들어냈다. 만일 빛이 광자로 구성되어 있는 것이라면 이 데이터를 설명할 수 있었다. 광전 효과에 대한 아인슈타인의 그림은 다음과 같다. 금속을 때리는 개별 광자는 특정 전자에게 그 에너지를 전달한다. 개별 광자가 운반하는 에너지는 그 빛의 주파수, 즉 색에 비례한다. 만일 광자 하나가 충분한 에너지를 운반하면 전자로 하여금 자유비행을 하게끔 만들 것이다. 주파수가 더 높은 빛은 에너지가 더 큰 광자로 구성되어 있다. 한편, 만일 빛의 **강도만** 증대된다면(주파수는 높아지지 않고) 그 빛은 더 많은 숫자의 광자로 구성되어 있을 것이지만, 개별 광자들의 에너지가 더욱 크지는 않을 것이다. 그 결과 더 강한 빛은 더 많은 전자를 방출하게 하지만 개별 전자의 에너지는 변함이 없게 된다. 이는 관찰결과와 정확히 동일하다.

빛이 광자—입자—로 만들어져 있다는 발상은 맥스웰의 매우 성공적인 전자기 이론과 상충된다. 이에 따르면 빛은 파동으로 움직인다. 아인슈타인은 빛이 고전적 "맥스웰적인" 파동 비슷한 속성을 나타내는 이유를 매우 많은 수의 광자가 가져오는 순효과를 포함하는 광학적 관찰을 할 때 나타나는 결과라고 제시했다. 보통의 경우라면 사실이 그렇다.

예를 들면, 100와트 전구는 1초의 10억 분의 1동안 약 10억 개의 광자를 방출한다. 이와 대조적으로 빛의 광자적 성질이 나타나는 것은 매우 약한 빛으로 작업할 때나 혹은 광자의 불연속적 성질에 의존하는 메커니즘을 가진 특정 현상(광전 효과처럼)에서이다. 그러나 아인슈타인의 고찰은 다른 사람들에게 자신의 급진적 발상을 확신시킬 정도로 충분하지 않았다. 거대하고 거의 전반적인 회의에 부딪혔던 것이다.

아인슈타인의 작업에 대한 논평 중에서 내가 가장 좋아하는 것은 1913년 플랑크를 비롯한 1류 물리학자들이 그를 유명한 프러시아 과학 아카데미의 회원으로 추천할 때 공동으로 쓴 추천사이다.[24] "현대물리학에 풍부하게 내재된 중요 문제 중에 아인슈타인이 현저하게 기여하지 않은 것은 하나도 없다. 예컨대 빛 양자 가설처럼 그가 엉뚱한 방향으로 추론하는 일이 가끔 있다고 해서 이것이 그를 지나치게 나쁘게 보는 근거가 될 수 없다. 위험을 가끔 무릅쓰지 않고 정말로 새로운 개념을 도입하는 것은 심지어 가장 정확한 과학 분야에서조차 불가능하기 때문이다."

* * *

방출된 광전자의 에너지를 기술하는 아인슈타인의 법칙을 확인하는 측정을 정확하게 수행한 사람은 누구일까. 아이러니하게도 그것은 광자이론의 초기 반대자 중 한 명이었던 로버트 밀리컨이었다. 그는 이 공로로(또

알베르트 아인슈타인, 1921

한 전자의 전하를 측정한 공로를 포함해서) 1923년 노벨상을 받았다. 아인슈타인이 1921년 노벨상을 받았을 때 언급된 공적은 간략했다. "이론 물리학에 기여하고, 특히 광전 효과의 법칙을 발견한 아인슈타인에게."[25]

노벨상 위원회는 아인슈타인의 공식을 인정하되 이를 통해서 그가 불러일으킨 지적 혁명은 무시하기로 선택했던 것이다. 빛 양자나 혹은 양자론에 대한 아인슈타인의 기여를 칭송하는 문구는 전혀 없었다. 이에 대해서 에이브러햄 파이스는 "역사에 남을 절제된 표현이지만 또한 물리학 공동체의 여론을 정확하게 반영한 것이기도 했다"[26]고 평가했다.

광자 및 양자론 일반에 대한 의심이 땅에 묻힌 것은 그로부터 10년 내에 "양자역학(量子力學, quantum mechanics)"이라는 공식 이론이 만들어지면서이다. 이로써 뉴턴의 운동법칙은 물체가 움직이고 힘에 반응하는 방식을 관장하는 기본법칙의 자리를 내놓게 된다. 이 이론이 마침내 등장했을 때 아인슈타인은 그것이 성공적임을 받아들이게 되지만 또한 이번에는 그가 양자론에 반대하게 된다.

양자론을 최종 결론으로 받아들이기를 거부한 아인슈타인은 그것이 고전적인 인과 개념을 회복시킨 더욱 근본적인 이론으로 결국 대체될 것이라고 끝까지 믿었다. 1905년 그가 발표한 세 편의 논문 하나하나는 물리학의 진로를 바꿔놓았다. 그로부터 그는 그런 일을 다시 하려고 평생을 바쳤으나 무위에 그쳤다. 자신이 시작한 것을 **되돌리려고** 했던 것이다. 1951년 그가 쓴 거의 마지막 편지들 중, 친구 미첼 베소에게 보낸 편지에서 아인슈타인은 자신이 실패했음을 인정했다. 그는 "50년에 걸친 숙고에도 불구하고 나는 빛 양자가 무엇인가 하는 질문에 대한 해답에 조금도 다가서지 못했다"[27]라고 적었다.

11

눈에 보이지 않는 영역

나는 박사학위를 마치자마자 캘리포니아 공과대학의 박사후 연구원으로 채용되었는데, 대학에서 밀려나지 않고 교수 클럽의 대기자 명단에서 좀더 좋은 자리를 차지하기 위해서 바로 다음 연구과제 찾기 시작했다. 어느 날 오후 세미나가 끝난 뒤 나는 물리학자 리처드 파인만과 끈 이론에 대해서 대화를 나누기 시작했다. 당시 60대였던 파인만은 동료 교수들 중에서 가장 존경받는 과학자였다. 오늘날 많은 사람들이(전부와는 거리가 멀다) 끈 이론(string theory)을 자연의 모든 힘을 아우르는 통일이론, 이론물리학의 성배가 될 선두 주자라고 보고 있다. 그러나 당시만 해도 이 이론을 들어본 사람은 드물었고, 파인만을 포함해서 이를 들어본 사람도 대부분 관심을 두지 않았다. 그가 끈 이론에 대해서 불만을 표시하자 캐나다 몬트리올의 어느 대학교에서 온 방문교수가 끼어들었다. 그 교수는 "기성 물리학 체제에서 받아들여지지 않는다는 이유만으로 젊은이들에게 새 이론을 연구하지 못하게 막아서는 안 된다고 나는 생각합니다"[1]라고 말했다.

파인만이 끈 이론을 거부한 이유는 무엇일까. 자신의 기존 신념 체계와 너무나 동떨어진 내용이라 스스로의 생각을 바꾸는 것이 거의 불가능했기 때문일까? 설사 이 이론이 기존 이론과 그렇게 큰 차이를 보이지 않는다고 하더라도 그는 동일한 결론에 이르렀을까? 알 수 없는 일이다. 그러자 파인만은 자신이 나에게 어떤 새로운 것을 연구하지 말라고 하는 것은 아니라고 그 교수에게 말했다. 만일 그 이론이 제대로 작동하지 않으면 결국 많은 시간을 낭비하는 결과로 끝날 것임을 내가 경계해야 한다고 말하는 것뿐이라고 했다. 그 방문자는 "음, 나는 내 이론을 12년째 연구하는 중입니다"라고 말하며, 자신의 연구를 괴로울 정도로 상세하게 설명했다. 그가 말을 마치자 파인만은 나에게 돌아서며 말했다. 방금 자신의 연구를 자랑스럽게 설명한 사람 앞에서 말이다. "이게 내가 시간낭비라고 말한 바로 그거야."

연구의 변경 지역은 안개 속에 숨겨져 있으며, 활발히 연구하는 과학자라면 누구나 흥미롭지 못하거나 막다른 길을 따라가느라 노력을 낭비하는 것을 피할 수 없다. 그러나 성공하는 과학자를 구별하는 특징 중의 하나는 계몽적이면서 동시에 해결 가능한 문제를 선택하는 요령에 있다.

나는 물리학자의 열정을 예술가의 열정과 비교해왔는데, 예술가들은 물리학자에 비해서 커다란 장점을 누리고 있다고 항상 생각해왔다. 예술에서는 아무리 많은 당신의 동료와 비평가들이 당신의 작품이 구리다고 말해도 아무도 이를 **증명**할 수는 없지만, 물리학에서는 증명이 가능하다. 물리학에서는 "아름다운 아이디어"가 있다고 생각하는 것으로는 거의 위로를 받을 수 없다. 그 아이디어가 올바른 것이 아니라면 말이다. 물리학에서는 혁신을 추구하는 다른 모든 분야와 마찬가지로 쉽지 않은 균형을 계속 유지해야 한다. 자신의 연구 주제를 조심스럽게 선택하되 조심이 지나쳐서 새로운 것은 무엇이든지 피할 정도가 되어서는 안 된다는 뜻이다. 과학에서 종신교수 제도가 그토록 소중한 이유가 여기에 있다. 연구에 실패해도 안전할 수 있게 보장해주는 것은 창의성을 키우는 데에 필수적이다.

돌이켜보면, 광자 즉 빛 양자에 대한 아인슈타인의 흥미로운 이론은 양자론이라는 신생 분야에 대한 즉각적인 새로운 연구를 수없이 많이 유발시켰어야 하는 것처럼 보인다. 그러나 광자가 존재한다는 증거들을 아직 접하지 못했던 아인슈타인의 동시대 사람들에게는 회의주의를 채택할 훌륭한 이유가 많이 있었다. 광자를 연구하려면 커다란 지적 대담성과 용기가 필요했을 것이다.

젊은 물리학자들은 어땠을까. 성과가 없거나 비웃음을 살 우려가 있는 문제를 연구하는 데에 가장 열린 마음을 가졌으며, 아직은 세계관이 유연한 사람들이었지만, 그들도 심지어 이 분야에 진입했다가 도로 나갔다. 박사학위나 박사후 과정의 연구 주제로 아인슈타인의 미친 광자론을 선택하지 않았다.

사실상 아무런 진전이 없는 채 거의 10년이 지나갔다. 아인슈타인 자신의 30대도 쏜살같이 지나갔다. 선구적 이론가로는 이미 나이가 든 것이다. 그리고 그는 또다른 혁명적 아이디어에 많은 시간을 소비하고 있었다. 1905년 자신이 발표한 특수상대론이 중력을 포함하도록 확장, 즉 일반화하려는 것이었다(특수상대론은 뉴턴의 운동법칙의 수정이다. 일반상대론은 뉴턴의 중력법칙을 대체하게 될 예정이었고, 이를 위해서 아인슈타인은 특수상대론을 수정할 필요가 있었다). 아인슈타인이 광자론을 무관심하게 대한 것을 본 로버트 밀리컨은 다음과 같이 썼다. "아인슈타인의 [광자에 대한] 방정식이 완전히 성공을 거두었음에도 불구하고 이 방정식이 나타내고 있는 물리이론을 방어하는 것은 너무나 힘들기 때문에 아인슈타인 본인 역시 더 이상 이를 견지하지 않고 있는 것으로 나는 생각한다."[2]

밀리컨의 생각은 틀렸다. 아인슈타인은 광자를 포기하지 않았었다. 다만 그의 관심은 다른 곳에 있었기 때문에 밀리컨이 왜 그렇게 생각했는지는 이해할 만하다. 그러나 광자도, 광자를 낳은 양자 개념도 죽지 않았을 뿐만 아니라 마침내 주역으로 떠오르게 되었다. 이는 20대 청년이었던 닐스 보어(1885-1962) 덕분이다. 그는 사고방식이 굳어 있지도 않았고, 경험이 충분하지도 않았다. 즉 우주를 지배하는 법칙에 대한 우리의 관념에 도전하기 위하여 시간을 낭비하는 위험을 무릅써서는 안 된다는 것을 알 만큼의 경험이 없었다는 말이다.

* * *

닐스 보어는 고교 시절에 그리스인들이 자연철학을 발명했다는 것을 배웠을 것이다. 또한 물체가 중력에 어떻게 반응하는가에 대해서 서술하는 뉴턴의 방정식이, 세계의 작동방식을 이해하려는 목표에 다가가는 커다란 걸음이라는 사실도 학습했을 것이다. 이 방정식들 덕분에 과학자들은 낙하하거나 궤도를 도는 물체의 운동에 대해서 정확한 양적인 예측을 할 수 있었다.[3] 보어는 또한 자신이 태어난 직후에 맥스웰이 뉴턴의 업적에 스스로의 이론을 보탰다는 것도 배웠을 것이다. 물체가 전자기력에 어떻게 반응하며 어떻게 전자기력을 발생시키는가에 관한 이론 말이다. 이 이론이 뉴턴식 세계관을 발전시켜서 그 정점에 올려놓았다는 것을 이제 우리는 알고 있다.

보어가 성장하던 시절의 물리학자들은 당시까지 알려져 있던 자연의 모든 상호작용을 포함하는 힘 / 운동이론을 모두 가지고 있는 것처럼 보였다. 보어가 코펜하겐 대학교 학부에 입학하던 20세기 초반 모르고 있었던 것이 있다. 지난 200여 년 동안 더없는 성공을 누려온 뉴턴적 세계관이 붕괴하고 있었다는 사실이다.

처음에는 맥스웰의 새로운 이론 덕분에 뉴턴의 운동법칙을 완전히 새로운 현상들에도 적용될 수 있게 확장하는 것이 가능한 것 같았다. 그러나 결국 흑체복사나 광전 효과 같은 현상은 뉴턴의 (고전)물리학의 예측에 위배되는 것으로 드러났다. 이런 식으로 뉴턴에 대한 도전이 시작되었다는 것은 우리가 본 바와 같다. 하지만 아인슈타인과 플랑크의 이론적 진보가 가능했던 것은 오로지 기술적 혁신 덕분이었고, 그 때문에 실험 연구자들이 원자가 포함된 물리 과정을 탐구할 수 있게 된 것이었다. 그리고 보어에게 영감을 준 것은 이런 사건들의 전개 덕분이었다.

그는 실험적 연구를 잘 이해했고 여기에 상당한 안목이 있었다.

보어가 박사 논문에 이르는 몇 년의 세월은 실험물리학에 관심이 있는 사람에게는 정말로 흥미로운 것이었다. 이 시기에 구식 텔레비전의 스크린에 사용된 브라운관의 전신에 해당하는, 전자총을 장착한 유리 진공관이 개발되었다. 이를 포함하는 기술적 진보 덕분에 수많은 중요한 돌파구들이 만들어졌다. 예를 들면, 빌헬름 뢴트겐의 X선 발견(1895)과 톰슨의 전자 발견(1897)이 있었고 또한 뉴질랜드에서 온 물리학자 어니스트 러더퍼드가 우라늄과 토륨 같은 특정 화학 원소들이 어떤 신비한 것을 방출한다고 깨달은 것(1899-1903)이 있었다. 러더퍼드(1871-1937)는 실제로 문제의 신비한 광선 무리를 하나가 아닌 알파, 베타, 감마선, 이 세 종류로 분류했다. 이 방사선들은 하나의 원소가 저절로 쪼개져서 다른 원소의 원자가 되는 과정에서 생성되는 파편이라고 그는 추측했다.

특히 톰슨과 러더퍼드의 발견은 원자와 그 구성부분에 관한 것이기 때문에 중대한 의미를 가진다. 이것들이 뉴턴 법칙에서는 물론이고 심지어 뉴턴의 개념틀을 이용해서는 기술될 수도 없다는 사실이 드러난 것이다. 그러므로 그들이 관찰한 것을 이해하려면 물리학에 대한 완전히 새로운 접근법이 필요하다는 사실을 결국 깨닫게 되었다.

당시의 이론과 실험은 현기증 나는 수준으로 발전하고 있었지만, 대다수의 물리학 공동체의 초기 반응은 진정제를 먹고 이런 일이 전혀 일어난 적이 없는 척을 하는 것이었다. 그래서 플랑크의 양자와 아인슈타인의 광자뿐 아니라 이 혁명적인 실험들까지도 묵살되었다.

1905년 이전 원자를 형이상학적 난센스라고 생각하던 사람들은 소위 원자의 구성요소라는 전자(電子, electron)를 어떻게 취급했을까. 그들의 태도는 신이 남자냐 여자냐에 관한 토론을 대하는 무신론자보다도 더 진지하지 않았다. 더욱 놀라운 것은 원자가 정말 존재한다고 믿는 사람들도 전자를 좋아하지 않았다는 사실이다. 전자는 원자의 "일부"라고 추

어니스트 러더퍼드

정되었는데 원자는 "분할 불가능하다"고 되어 있었기 때문이다. 톰슨의 전자는 너무나 이상하게 보여서 어느 저명한 물리학자는 그의 주장을 듣자마자 그 사람에게 톰슨이 "그 사람들을 놀리고 있다"고 말했다.[4]

이와 유사하게 한 원소의 원자가 다른 원소의 원자로 붕괴될 수 있다는 러더퍼드의 아이디어는 기다란 수염을 기르고 연금술사의 긴 가운을 입은 남자의 입에서 나온 말과 같은 취급을 받으며 묵살당했다. 1941년에 이르러 과학자들은 수은을 금으로 변환시키는 법—문자 그대로 연금술사의 꿈—을 배우게 된다. 방법은 원자로에서 수은에 중성자 폭격을 가하는 것이었다.[5] 그러나 1903년의 러더퍼드의 동료들은 원소가 변환된다는 대담한 주장을 받아들일 만큼 용기를 가지지 못했다(역설적인 것은 그들은 러더퍼드가 그들에게 제공한, 빛을 내는 방사성 장신구들을 가지고 놀 만큼 대담했다는 것이다. 스스로 일어나지 않는다고 생각한 과정에서 생긴 빛으로 자신들을 비추었다니 말이다).

이론 및 실험물리학 분야에서 홍수처럼 쏟아져나오는 이상한 연구 논문들에 대해서 사람들은 어떻게 생각했을까. 오늘날 사람들이 사회심리학 문헌들을 대할 때 느끼는 것과 비슷했을 것이다. 이 분야 연구자들은 터무니없는 발견을 했다고 정기적으로 주장한다. 예를 들면, "포도를 먹는 사람들은 교통사고를 더 많이 당한다"는 식의 발견이 그렇다. 그러나 물리학자들이 내린 결론은 희한해보였지만 실제로 올바른 것이었다. 그리고 계속 축적되는 실험 증거들과 아인슈타인의 이론적 주장은 물리학자들로 하여금 원자와 그 구성부분이 존재한다는 것을 받아들이지 않을 수 없게끔 했다.

톰슨은 원자를 발견한 공로로 1906년 노벨 물리학상을 수상했다. 한편 러더퍼드는 1908년 노벨 화학상을 받았다. 가운을 걸친 연금술사들이 이루려고 했었던 큰 발견에 해당하는 공적 덕분이었다.

이런 분위기가 닐스 보어가 물리학 연구를 시작했을 때인 1909년의 상황이었다. 그는 아인슈타인보다 5살밖에 어리지 않았지만 두 명 사이에는 큰 세대 차이가 있었다. 물리학에서 원자와 전자의 존재가 마침내 받아들여진 다음에 입문했기 때문에, 그는 새로운 세대라고 할 수 있다. 광자는 아직 받아들여지지 않았다.

보어가 박사 논문으로 선택한 주제는 톰슨의 이론에 대한 분석과 비평이었다. 논문을 마친 그는 케임브리지 대학교에서 연구할 수 있는 장학금을 신청해서 받게 되었다. 자신의 이론에 대해서 이 위대한 인물의 반응을 얻기 위해서였다. 아이디어를 놓고 토론하는 것이 과학의 주요 특징이다. 보어가 톰슨에게 말을 걸어 자신의 비평을 내놓는다는 것은 어떤 상황일까. 그것은 미술을 배우는 학생이 피카소에게 말을 걸어 당신이 그린 얼굴에는 너무 많은 관점이 들어 있다고 비판하는 것과 같지는 않지만, 그것에 가까운 것이기는 했다. 그리고 실제로 톰슨은 자신을 비평하는 신참에게 알현을 허락하고 싶어서 애쓰지 않는 것으로 드러났다. 보어는 그곳에 1년 가까이 머물렀지만 톰슨은 보어의 박사 논문 내용을 두고 토의를 하려 들지 않았으며, 심지어는 그 논문을 읽으려고도 하지 않았다.

톰슨의 무관심은 변장으로 정체를 숨긴 축복이었던 것으로 밝혀졌다. 보어는 케임브리지에서 톰슨과 한판 붙으려는 계획을 실행하지 못한 채 시간을 보내고 있었는데, 그곳에 러더퍼드가 방문한 것이다. 러더퍼드는 젊은 시절 톰슨 밑에서 일했지만 이제는 세계적인 실험물리학자로서 영국 맨체스터 대학교에서 복사를 연구하는 센터의 소장을 맡고 있었다. 톰슨과 달리 러더퍼드는 보어의 아이디어를 높이 평가했고 자신의 연구실에서 일해달라며 그를 초대했다.

러더퍼드와 보어는 너무나 짝이 맞지 않는 한 쌍이었다. 러더퍼드는 덩치가 크고 에너지가 넘치는 사람이었고, 뚱뚱하고 키가 크고 얼굴은 강인했고 우렁찬 그의 목소리는 가끔 민감한 장치에 간섭을 일으키곤 했다. 러더퍼드는 강한 뉴질랜드 억양으로 말하고, 보어는 덴마크어처럼 들리는 서툰 영어를 썼다. 러더퍼드는 대화에서 반박을 당하면 흥미를 가지고 귀를 기울이지만 답변을 하지 않은 채로 대화를 끝내고는 했다. 보어는 토론을 위해서 사는 사람이었다. 자신이 제시한 아이디어에 의견을 내놓고 함께 토론할 상대방이 같은 공간 안에 있지 않으면 창의적인 생각을 해내지 못했다.

러더퍼드와 짝이 된 것은 보어에게는 행운이었다. 보어는 당초 원자에 대한 실험을 할 수 있으리라고 기대하면서 맨체스터로 갔다. 그러나 막상 그곳에 가서는 러더퍼드가 자신의 실험결과를 기반으로 만들고 있던 이론적 원자 모형에 홀딱 빠졌다. 보어는 "러더퍼드의 원자"를 이론적으로 연구한 끝에 당시까지 휴면 상태에 있던 양자 개념을 되살리고 아인슈타인의 광자가 달성하지 못한 것을 해내었다. 바로 양자 개념을 중요한 것으로 만든 것이다.

* * *

보어가 맨체스터에 도착했을 당시 러더퍼드는 전자 내의 전하 분포를 조사하기 위한 실험을 진행 중이었다. 그는 하전 입자들이 원자를 향해서 총알처럼 발사되었을 때 그 궤도가 휘는 방식을 통해서 이 문제를 연구하기로 이미 결정한 상태였다. 하전 입자로는 자기 자신이 발견한 알파 입자—요즘은 그냥 양전하를 띤 헬륨 핵이라고 부른다—를 선택했다.

러더퍼드는 아직 자기 자신의 원자 모형을 만들어내지 못했지만 톰슨이 개발한 또다른 모형과 원자의 실제 모습이 잘 맞아떨어지리라고 가정하고 있었다. 당시 양성자와 원자핵의 존재는 알려지지 않은 상태였다. 톰슨의 모형에서 원자의 모습은 양전하를 띤 유체가 널리 퍼져 있고 그 속에서 많은 수의 작은 전자가 순환하며 양전하를 상쇄한다.[6] 전자의 무게는 매우 작기 때문에 이것들은 무거운 알파 입자의 진로에 영향을 거의 미치지 않을 것이라고 러더퍼드는 예상했다. 포탄의 진행경로에 있는 자갈이 그렇듯이 말이다. 러더퍼드가 연구하고 싶었던 것은 전자보다 훨씬 더 무거운, 양전하를 띤 유체와 그것의 분포 양상이었다.

러더퍼드의 장비는 단순했다. 라듐 같은 방사성 물질에서 만들어진 알파 입자 빔이 얇은 금박을 향하게 하는 것이다. 금박 뒤에는 표적 역할을 하는 작은 스크린이 있었다. 금박을 통과한 알파 입자는 스크린에 부딪쳐 매우 희미한 빛을 아주 작게 만들어낼 것이다. 확대경을 들고 스크린 앞에 앉아 노력을 좀 기울이면, 빛이 나는 곳과 알파 입자의 경로가 금박에 있는 원자에 의해서 휘는 정도를 기록할 수 있을 것이다.

러더퍼드는 세계적으로 유명한 인물이었지만 그의 작업과 작업환경은 화려함의 정반대였다. 실험실은 어둡고 습기 찬 지하에 있고, 바닥과 천정에는 관들이 지나가고 있었다. 천정은 하도 낮아서 머리를 부딪칠 위험이 있었고 바닥은 너무 울퉁불퉁해서 머리의 통증이 가시기도 전에 관에 발이 걸려 넘어질 수 있었다. 러더퍼드 자신은 관측을 할 만한 인내심이 없었다. 그는 처음에 불과 2분간 시도하다가 욕을 하고 포기해버렸다. 한편 그의 조수였던 독일인 한스 가이거는 지루한 일을 하는 데에는

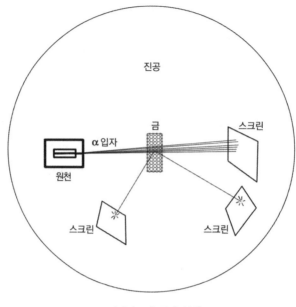

러더퍼드의 금박 실험

귀재였다. 그가 나중에 가이거 계수관을 발명하여 자신의 기술이 가진 가치를 부정한 것은 역설적인 일이다.

러더퍼드는 양전하를 띤 무거운 알파 입자 대부분은 금박의 금원자 사이에 있는 넓은 공간을 통과할 것이고 원자와는 멀리 떨어진 관계로 궤도가 눈에 띄게 휘지는 않을 것이라고 예상했다. 그러나 일부 입자는 하나 이상의 원자를 통과하면서 그 속에 퍼져 있는 양전하의 반발력 때문에 궤도가 아주 조금 틀어지게 될 것이라고 이론을 세웠다.

처음에는 가이거가 수집한 모든 데이터가 러더퍼드의 예상과 일치하며 톰슨의 모형과도 들어맞는 것 같았다. 그러던 1909년의 어느 날, 가이거는 어니스트 마스든이라는 학부생을 위해서 "조그만 연구" 프로젝트를 시작해보자고 러더퍼드에게 제안했다. 러더퍼드는 수학과 강의인 확률론에 대한 수업을 청강하고 있었던 터라 다른 가능성에 눈을 뜨게 되었다. 몇 개의 알파 입자가 그의 장치가 탐지하도록 설계된 것보다 더욱 크게 휘어졌을지도 모를 가능성이 약간 있다는 것이었다. 그래서 그는 마스든에게, 가이거에게 이런 가능성을 조사해보게 하고, 기존 실험에 약간 변화를 준 실험을 시키는 것이 어떻겠냐고 제안했다.

마스든은 작업에 착수해서 가이거가 예전에 찾고 있던 것보다 더욱 크게 궤도가 휘어진 입자들을 찾기 시작했다. 심지어 러더퍼드가 원자의 구조에 대해서 "알고 있는" 모든 것을 위배할 정도로 매우 크게 휘어진 사례가 혹시나 있을 가능성도 염두에 두었다. 이 과업은 대대적인 시간 낭비가 될 것이 거의 확실하다고 러더퍼드는 보았다. 다시 말해서 학부생이 수행하기에 적당한 프로젝트였다.

마스든은 알파 입자가 하나하나 예상했던 대로 금박을 뚫고 지나가는 것을 성실하게 관찰했다. 극적으로 휘는 입자는 없었다. 그러던 와중에 상상할 수도 없는 일이 결국 일어났다. 중심에서 멀리 떨어진 위치에 있는 감지 스크린에서 섬광이 일어난 것이다. 마침내 마스든이 관찰한 수천수만 개의 알파 입자 중 크게 휜 것은 소수였지만 이중 한두 개는 부메랑처럼 뒤로 튕겨져나갔다는 것이 사실로 드러났다. 그것으로 충분했다.

이 소식을 들은 러더퍼드는 이것이 "내 생애에 일어난 일 중에서 가장 믿을 수 없는 사건이다. 마치 15인치 대포탄을 휴지 한 장에 대고 발사했는데 포탄이 튕겨나와서 당신을 맞추었다는 이야기에 버금간다"[7]고 말했다. 그가 이렇게 반응한 데에는 이유가 있다. 드물게라도 그것처럼 크게 궤도가 휠려면 금박 속에 상상할 수 없을 정도로 작지만 강력한 뭔가가 있어야 한다는 수학적 계산결과가 나오기 때문이다. 그리하여 결국 러더퍼드는 톰슨 모형의 세부사항을 밝힌 것이 아니라 톰슨 모형이 틀렸다는 사실을 발견했다.

마스든의 실험은 이루어지기 전에는 기이한 프로젝트처럼 보였다. 파인만이 나더러 관여하지 말라고 경고하던 그런 종류의 활동과 같은 것이었다. 그러나 실제로 수행되고 나자 이 실험은 이구동성으로 훌륭하다는 평가를 받았다. 실로 이 실험이 없었다면 "보어의 원자"는 없었을 가능성이 크다. 이 말은 양자에 대한 일관성 있는 이론이 나타나려면—어쨌든 나타날 것이라고 가정했을 때—오랜 세월이 걸렸을 것이라는 의미이다. 그러면 우리가 오늘날 기술적 진보라고 부르는 것들에 커다란 영향이 있었을 것이다. 예를 들면, 원자폭탄의 개발이 늦어져 일본에서 사용되지 않았을 것이고 수없이 많은 무고한 민간인이 희생되지도 않았을 것이다. 그러나 그 대신 연합국이 일본을 침략하는 과정에서 수없이 많은 군인이 아마도 희생되었을 것이다. 또한 트랜지스터를 비롯한 여타의 수많은 발명이 늦어지고 따라서 컴퓨터 시대도 늦게 시작되었을 것이다. 학부생이 수행했던 단 한번의 무의미한 실험이 없었더라면 어떤 영향이 생겼을 것인지를 정확하게 말하는 것은 쉽지 않지만, 오늘날의 세상은 크게 달라졌을 것이라고 말해도 무방하다. 여기에서도 우리는 기이하고 터무니없는 프로젝트와 모든 것을 바꾸는 혁신적인 아이디어를 구별하기가 쉽지 않다는 것을 볼 수 있다.

결국 러더퍼드는 수많은 추가 실험을 감독했고 가이거와 마스든은 100만 건이 넘는 섬광을 관찰한다. 이 데이터로부터 그는 원자의 구조에 대해서 톰슨의 것과는 다른 이론을 구축하게 된다. 전자들이 동심원 궤도를 도는 것은 마찬가지였지만, 양전하가 퍼져 있지 않고 원자의 아주 작은 중심에 집중되어 있다는 점이 다르다. 그러나 가이거와 마스든은 곧 각기 다른 길을 가게 된다. 제1차 세계대전에서는 서로 반대편에서 싸우고 제2차 세계대전에서는 서로 반대편에서 자신들의 과학을 응용하게 된다. 마스든은 새로운 레이더 기술을 연구했고 가이거는 나치 지지자로서 독일의 원자폭탄 개발에 참여했다.[8]

우리 모두는 러더퍼드의 원자 모형을 초등학교에서 배운다. 행성이 태양 중심 궤도를 도는 것과 똑같이 전자가 핵 주위를 도는 모형이다.

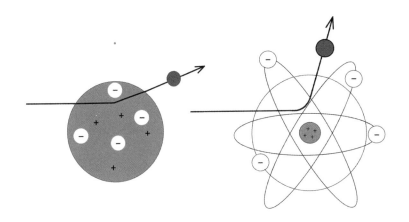

톰슨(왼쪽)과 러더퍼드의 모형이 예측하는 알파 입자의 산란 경로

여타의 많은 과학 개념들과 마찬가지로 수업시간에 쓰는 이런 일상적인 비유로 요약하면, 이야기는 복잡해 보이지는 않지만 이 아이디어의 진정한 탁월함은 "기술적" 복잡성에 있다. 이런 단순한 그림을 만들어내는 정제 과정에서 이 같은 복잡성은 사라져 버리게 된다. 그러므로 물리학자는 몽상가뿐 아니라 기술자도 되어야 한다.

몽상가 러더퍼드에게 실험이 말해준 것은 원자 질량의 거의 대부분과 양전하의 전부가 그 중심에 몰려 있어야만 한다는 것이다. 전하를 띤 물질이 뭉쳐진 극미한 이 공은 어찌나 밀도가 높은지 한 컵만 있어도 그 무게는 에베레스트 산의 100배에 이를 것이다(독자와 나의 무게가 그리 무겁지 않은 것은 핵이 원자 중심에 있는 극히 미세한 점에 불과하다는 사실을 증언한다. 다시 말해서 원자 내부의 공간은 대부분이 텅비어 있다는 말이다).[9] 나중에 그는 원자의 중심에 있는 핵심을 "핵(nucleus)"이라고 부르게 된다.

기술자 러더퍼드는 복잡하고 전문적인 수학을 힘들여 풀어낸 끝에 알게 되었다. 만일 자신이 상상한 그림이 맞으면, 그 실험은 정말로 자신의 팀이 관찰한 바로 그런 결과를 정확히 내놓게 될 것이다. 빠른 속도로 움직이는 무거운 알파 입자 대부분은 원자의 미세한 핵과 부딪치지 않고 금박을 통과할 것이고 따라서 그 궤도는 아주 작은 영향밖에 받지 않을 것이다. 한편 핵에 가까운 곳을 지나가는 소수의 입자는 강력한 역장(力場, force field)에 마주쳐 진로가 크게 휘어질 것이다. 이 역장의 강력한 정도는 러더퍼드에게 공상과학처럼 느껴졌을 것임이 틀림없다. 오늘날 우리가 영화에 등장하는 역장을 볼 때처럼 말이다. 우리가 거시세계에서 이와 같은 장을 아직 만들어내지 못한다고 할지라도 원자 내에는 그것이 정말로 존재한다.

러더퍼드의 발견의 핵심은 원자핵의 양전하는 퍼져 있는 것이 아니라 중심에 집중되어 있다는 것이다. 한편 마치 행성이 태양 중심 궤도를 도는 것처럼 전자가 핵 주위를 돈다고 묘사한 그의 그림은 완전히 틀린 것이었고 그는 그 사실을 알고 있었다.

우선, 태양계 비유에서는 태양계 내 행성들 사이의 상호작용이 무시되며 이와 마찬가지로 원자 내의 각기 다른 전자들 사이의 상호작용도 무시된다. 행성들은 상당한 질량을 가지지만 총체적으로 볼 때 전하는 띠지 않고 중력을 통해서 상호작용한다. 전자는 전하를 띠지만 질량은 미약하므로 전자기력을 통해서 상호작용한다. 중력은 극단적으로 약한 힘이기 때문에 행성들 간에 작용하는 인력은 실질적으로 무시해도 좋을 정도이지만 전자는 서로에게 막대한 전자기 반발력을 발휘하기 때문에 멋진 원형 궤도는 급격히 교란될 것이다.

그밖에 두드러지는 문제는 원형 궤도를 도는 행성과 전자가 에너지 파(wave of energy)를 내놓을 것이라는 점이다. 행성은 중력 에너지를, 전자는 전자기 에너지를 방출할 것이다. 다시 말하건대 중력은 너무나 작은 힘이기 때문에 태양계가 존재해 온 수십억 년 동안 행성이 잃은 에너지는 몇 퍼센트되지 않는다(사실 이 같은 효과는 1916년 아인슈타인의 중력이론이 이를 예측하기 전에는 알려지지조차 않았었다). 이와 대조적으로 전자기력은 너무나 강력하다. 맥스웰의 이론에 따르면 원운동을 하는 러더퍼드의 전자들은 1억 분의 1초 만에 모든 에너지를 방출하고 핵으로 빨려들어갈 것이다. 다시 말해서 만일 러더퍼드의 모형이 사실이라면 우리가 아는 우주는 존재하지 않을 터이다.

하나의 이론을 침몰시킬 것으로 확실시되는 예측이 있다면 그것은 우주가 존재하지 않는다는 예측일 것이다. 그렇다면 앞서의 이론은 왜 진지하게 받아들여졌을까?

이는 물리학의 진보에 관한 요체를 보여 준다. 대부분의 이론은 광대한 영역을 다루는 포괄성을 가지지 않는다. 그보다는 특정 상황을 설명하기 위한 특정한 모형인 경우가 많다. 그러므로 이론에 설사 결점이 있더라도, 그리고 어떤 모형이 일부 상황에서 맞지 않는다는 사실을 연구자가 알고 있다면 그 모형은 그럼에도 불구하고 쓸모가 있을 수 있다.

러더퍼드 원자 모형의 경우 원자를 연구하는 물리학자들은 해당 모형이 핵에 관해서 정확한 예측을 내놓았다는 점을 높이 평가하며, 다음과 같이 추정했다. 장래에는 그동안 놓치고 있던 모종의 핵심적 사실이 모종의 실험을 통해서 확인될 것이며, 이에 따라 전체 그림에서 전자가 어떤 모습으로 등장하며 원자는 왜 안정되어 있는가 하는 문제가 해결될 것이라고 말이다. 당시 명백하지 **않았던** 것은 원자에게 필요한 것은 좀더 재치 있는 설명이 아니라 혁명적인 설명이라는 점이었다. 그러나 창백한 안색을 지닌 겸손한 인물인 닐스 보어는 사물에 대해서 다른 입장을 가지고 있었다. 젊은 보어에게 러더퍼드의 원자 모형과 그것이 품은 모순은 황금바늘을 품고 있는 건초더미였다. 그는 이를 찾아내기로 결심했다.

* * *

보어는 스스로에게 물었다. 원자는 고전이론이 요구하는 (최소한 러더퍼드 모형에 따르면) 에너지 파를 방출하지 않는다. 그렇다면 그 이유는 원자가 고전법칙을 따르지 않기 때문일 수 있을까? 이 같은 추론을 밀고 나가는 과정에서 보어는 광전 효과에 대한 아인슈타인의 연구에 주목했다. 만일 양자 아이디어를 원자에도 적용한다면 그것이 어떤 의미가 되는지를 그는 물었다. 만일 원자가 아인슈타인의 빛 양자처럼 특정한 에너지밖에 가질 수 없다면 어떤 일이 일어날까? 이 아이디어 덕분에 그는 러더퍼드의 모형을 수정해서 보어의 원자 모형이라고 불리는 것을 만들어낼 수 있었다.

보어는 가장 단순한 원자인 수소에 집중하면서 자신의 아이디어를 탐구해나갔다. 수소는 한 개의 양성자로 구성된 핵 주위를 도는 한 개의 전자로 구성되어 있다. 보어의 프로젝트가 지닌 어려움은 수소가 실제로 그렇게 단순한 구조로 되어 있는지조차 당시에는 명백하지 않았다는 사실에서 잘 나타난다. 보어는 수소가 전자를 한 개밖에 가지지 않는다는 점을 톰슨이 수행한 일련의 실험으로부터 추론해야만 했다.[10]

뉴턴 물리학의 예측에 따르면 전자는 하나의 핵(수소의 경우 단순히 양성자) 주위를 어떤 거리에서든지 선회할 수 있다. 속도와 에너지가 적절한 값을 가지기만 하면 가능한데, 그 값은 거리에 의해서 결정된다. 양성자로부터 전자까지의 거리가 짧을수록 원자가 가진 에너지는 작아야 한다. 그러나 아인슈타인의 정신에 따라 뉴턴 이론을 반박한다고 해보자. 원자가 어떤 에너지 값이나 자유롭게 가지는 것이 아니라—아직 알려지지 않은 모종의 이유에 의해서—어떤 불연속적인 가능성의 조합에 속하는 값만 가질 수 있다는 새로운 법칙을 추가해보는 것이다. 궤도의 반지름은 에너지에 의해서 결정되므로, 원자에게 허용되는 **에너지** 값이 제한된다는 것은 전자가 선회할 수 있는 궤도들의 **반지름**이 제한된다는 의미가 된다. 이와 같은 가정을 할 때 우리는 원자의 에너지와 전자 궤도들의 반지름이 "양자화"되었다고 말한다.

만일 원자의 속성이 양자화된다면 전통적 뉴턴 이론의 예측과 달리

356

원자는 핵을 향해서 **연속적으로** 나선형 하강을 할 수 없을 것이라고 보어는 가정했다. 그것이 아니라 원자는 하나의 궤도에서 또다른 궤도로 점프하면서 에너지를 "덩어리"로만 잃을 수 있는 것이었다. 보어의 모형에 따르면, 에너지가 투입되어—예컨대 광자로부터—원자가 들뜨게 되면 흡수된 에너지 때문에 전자는 더 바깥에 있는 높은 에너지 궤도로 점프하게 된다. 그리고 전자가 더 작고, 에너지가 더 낮은 궤도로 점프할 때마다 빛 양자—광자—하나가 방출된다. 이 광자의 주파수는 두 궤도의 에너지 차이에 비례한다.

이제, 또다시 뭔가 아직 알려지지 않은 이유로, 허용된 가장 낮은 궤도가 존재한다고 가정하자. 보어가 "바닥 상태(ground state)"라고 명명한, 에너지가 가장 낮은 궤도 말이다. 이 경우 전자가 그 상태에 도달하면 에너지를 더 잃을 수가 없고, 따라서 러더퍼드 모형의 예측과 달리 핵을 향해서 곤두박질치지 않는다. 여러 개의 전자를 가진 다른 원소의 경우에도 좀더 복잡하지만 이와 유사한 과정이 작동할 것이라고 보어는 예상했다. 러더퍼드 원자 모형의 안정성, 따라서 우주 내 모든 물질의 안정성에는 양자화가 핵심이라고 그는 생각했다.

플랑크의 흑체복사 연구나 아인슈타인의 광전 효과에 대한 설명과 마찬가지로 보어의 아이디어는 양자에 대한 일반이론으로부터 도출된 것이 아니고, 단 하나의 사실—이 경우 러더퍼드 원자의 안정성—을 설명하기 위해서 임시변통으로 만들어진 개념이었다. 보어가 그린 그림은 해당 모형을 낳을 "모태 이론"이 없었음에도 불구하고 플랑크나 아인슈타인의 것처럼 본질적으로 옳은 것이었다. 인간의 창의력을 증언해주는 사례이다.

나중에 보어가 말한 바에 따르면 원자에 대해서 그가 깊이 생각해온 개념이 구체화한 것은 1913년 2월 한 친구와 우연히 대화를 나눈 다음이었다. 그 친구는 보어에게 분광학(分光學, spectroscopy)이라는 분야의 법칙을 상기시켜 주었다. 분광학은 방전이나 강한 열에 의해서 "들뜬" 상태의 가스 원소가 내놓는 빛을 연구한다. 들뜬 상태의 개별 가스 원소는 한정된 주파수 세트를 가진 특정한 그룹의 전자기파를 방출한다는 사실은 오래 전부터 알려져 있었다. 그 이유는 아직 알려지지 않고 있었지만 말이다. 이 주파수들은 스펙트럼 선(spectral line)이라고 불리며 해당 원소를 식별할 수 있는 일종의 지문 역할을 했다. 친구와 대화를 나눈 뒤 보어는 깨달았다. 자신의 원자 모형을 이용하면, 수소의 지문이 어떤 모양이어야만 하는지를 예측할 수 있다는 것을, 그러므로 실험 데이터로 자신의 이론을 검증할 수 있다는 사실을 말이다. 하나의 과학 아이디어가 유망하거나 "아름다운" 생각에서 진지한 이론으로 격상되는 것은 물론 이 단계에서이다.

보어는 계산을 마친 뒤 그 결과에 스스로 놀랐다. 자신이 제시한 "허용된 궤도들" 사이의 에너지 차이는 이미 관찰된 수많은 일련의 스펙트럼 선의 주파수를 정확하게 재현했던 것이다. 이를 깨달았을 때 보어는 27세였고, 그가 느꼈을 희열을 상상하기란 어렵다. 그는 자신의 단순한 모형을 통해서 분광학자들을 곤혹스럽게 하던 모든 공식을 재현하고 그 기원을 설명했다.

보어는 1913년 7월 원자에 대한 그의 걸작을 발표했다. 그는 이 승리를 위해서 열심히 연구했다. 1912년 여름부터 1913년 2월 영감이 떠오르던 순간까지 밤낮으로 자신의 아이디어와 씨름했다. 얼마나 많은 시간을 거기에 쏟았는지 부지런한 그의 동료들도 외경심을 가질 정도였다. 사실 동료들은 그가 너무 지쳐서 쓰러질 수도 있다고 생각했다. 대표적인 사례를 보자. 그는 1912년 8월 1일에 결혼할 예정이었고 실제로 했지만, 풍광이 뛰어난 노르웨이 신혼여행을 취소하고 케임브리지에 있는 호텔 방에 머물며 자신의 작업에 대한 논문을 신부에게 받아적게 하면서 시간을 보낸 것이다.

보어의 새 이론은 너무나 잡탕이었기 때문에 시작에 불과한 것이 분명했다. 예를 들면, 그는 전자에게 허용된 궤도들을 "정상 상태들(stationary states : 정지 상태라는 것이 영어의 원래 뜻이지만 한국물리학회의 공식 표기에 따랐다/옮긴이)"이라고 불렀다. 전자들이 고전이론이 요구하는 바와 달리 복사를 방출하지 않아서 마치 움직이지 않는 것과 같은 행태를 보였기 때문이다. 한편 그는 전자의 "운동 상태"를 자주 언급했다. 전자가 핵 주위의 허용된 궤도를 돌다가 낮은 에너지 궤도로 점프하거나 복사를 받아들여 높은 에너지 궤도로 점프하는 것으로 묘사한 것이다. 내가 이런 이야기를 하는 것은 보어가 두 개의 상충되는 이미지를 원용하고 있다는 점을 보여주기 위해서이다. 이론물리학의 많은 선구자들이 사용하는 접근법이 이것이다. 문학에서는 비유를 뒤섞지 말라는 교육을 받지만 물리학에서는 하나의 비유가 완전히 적절하지 않다면 다른 비유를 (조심스럽게) 섞는 것이 일반적이다.

이번 사례에서 보어가 원자의 고전적인 태양계 모형을 특별히 좋아한 것은 아니었지만 그 모형이 그의 출발점이었다. 그리고 자신의 새 이론을 창조하기 위해서 정상 상태의 원칙 같은 새 양자 아이디어를 전개하면서, 전자 궤도의 반지름과 에너지를 연결짓는 고전물리학 방정식을 이용했다. 이렇게 해서 수정된 그림을 만들어낸 것이다.

보어의 원자 모형에 대한 초기의 반응은 상반되는 것이었다. 보어의 작업이 과학의 획기적인 사건이라고 즉각 알아차렸던 것은 뮌헨 대학교의 영향력 있는 물리학자 아르놀트 조머펠트(1868-1951)였다. 그는 자신이 이 아이디어를 연구하기 시작했는데, 특히 상대론과의 연관성을 탐구하기 위한 것이었다. 한편 아인슈타인은 보어의 연구가 "[역사상] 가장 위대한 발견의 하나"[11]라고 말했다. 그러나 보어의 원자 모형이 당대의 물리학자들에게 얼마나 충격적이었는지는 아인슈타인의 또다른 언급에서 가장 잘 드러난다. 아인슈타인은 빛 양자가 존재한다고 제시했을 뿐만 아니라 시공간과 중력이 서로 얽혀 있다고 주장할 정도로 대담한 인물이었다. 하지만 자신 역시 보어와 유사한 아이디어를 가졌었지만 "너무 극단적으로 새로워서" 발표할 용기를 내지 못했다고 말했다.

발표에 용기가 필요했다는 사실은 보어가 받은 여타의 일부 반응에서도 나타난다. 예컨대 독일 유수의 연구기관인 괴팅겐 대학교에서는 "모든 것이 사기에 가까운 엄청난 헛소리"라는 완전한 합의가 있었다고 보어는 나중에 회상했다. 분광학 전문가인 괴팅겐의 한 과학자가 쓴 글은 현지의 태도에 대해서 이렇게 표현했다. "해당 문헌이 그토록 형편없는 정보에 의해서 오염되고 그토록 커다란 무지를 드러낸다는 점은 더할 나위 없이 유감스럽다."[12] 한편 영국 물리학계의 원로인 레일리 경은 자신으로 하여금 "자연이 이런 방식으로 행동한다"[13]는 것을 믿게 할 수는 없었다고 말했다. 그러나 선견지명이 있던 그는 다음과 같이 덧붙였다. "70세가 넘은 사람은 새 이론에 대한 의견을 서둘러 발표해서는 안 된다."[14] 영국의 또다른 주요한 물리학자인 아서 에딩턴 역시 열렬하지 않았는데, 그는 플랑크와 아인슈타인의 양자 개념을 "하나의 독일산 발명품"이라며 이미 일축한 바 있다.[15]

심지어 러더퍼드도 부정적이었다. 우선 한 가지 이유를 들면 그는 이론물리학에 취미가 없었다. 그러나 보어의 모형—어쨌든 자신의 원자 모형의 개정판이었음에도—에서 그가 불편하게 생각한 점은 다음과 같다. 보어는 스스로가 제시한 에너지 준위 사이에서 전자가 점프를 수행하는 메커니즘을 전혀 제시하지 않았다. 예컨대 만일 전자가 더 작은 궤도에 상응하는 에너지 준위로 이동할 때 중심을 향해서 연속적인 "나선운동"을 하지 않고 "점프"한다면, 이 "점프"는 도대체 어떤 경로를 취하며 무엇이 이를 유발할 수 있는가에 대한 질문이다.

나중에 드러나게 되지만 러더퍼드의 반론은 문제의 핵심을 정확하게 지적한 것이다. 이런 메커니즘은 나중에도 결코 발견되지 않는다. 그뿐 아니라 양자이론이 자연에 대한 일반이론으로 성숙될 때도 마찬가지였다. 이런 질문에는 답이 없으며 따라서 현대 과학 속에 설 자리가 없다는 해석을 양자론은 강요하게 된다.

물리학계에서 보어의 아이디어—따라서 플랑크와 아인슈타인의 초기 연구 역시—가 정확하다는 것을 결국 확신하게 되는 데에는 10년이 걸렸다. 1913년에서 1923년 사이의 일이었다.[16] 보어는 자신의 이론을 포함한 여러 이론들을 수소보다 무거운 원소의 원자에 적용하는 과정에서 깨달았다. 멘델레예프가 했던 것과 달리 원자량이 아니라 원자 번호에 따라서 원소들을 배열하면 멘델레예프의 주기율표에 있는 일부 오류를 제거할 수 있다는 것을 말이다.

원자량은 원자핵에 있는 중성자와 양성자의 숫자로 결정된다. 이와 대조적으로 원자수는 양성자 수와 같다. 그런데 원자는 전체적으로 전하를 띠지 않으므로 양성자 수는 원자가 가진 전자 수와 같다. 양성자를 많이 가진 핵은 중성자도 많이 가지는 것이 일반적이지만 항상 그런 것은 아니다. 따라서 이 두 가지의 기준은 원소를 배열하는 데에 시사점이 다를 수 있다. 주기율표는 원자수를 주된 기반으로 하는 것이 더 적절하다는 것을 보어의 이론은 보여주었다. 원소의 화학적 성질을 결정하는 것은 중성자가 아니라 양성자와 전자이기 때문이다. 멘델레예프의 신비한 주기율표가 왜 작동하는지를 과학으로 설명할 수 있게 된 것은 보어 덕분이었다. 이렇게 되기까지는 50년이 넘게 걸렸다.

양자 개념이 뉴턴의 법칙을 대체하는 보편적 체계로 성숙하면서 물리학자들은 마침내 보편적 방정식, 원론적으로는 그로부터 원자의 모든 행태를 도출할 수 있는 방정식을 결국 쓸 수 있게 되었다. 실제로 이를 도출하려면 대부분의 경우 슈퍼컴퓨터의 기술이 필요하겠지만 말이다. 그러나 원자수가 중요하다는 보어의 아이디어를 검증하는 데에는 슈퍼컴퓨터를 기다릴 필요가 전혀 없었다. 그는 멘델레예프의 전통에 따라서 아직 발견되지 않은 원소의 성질을 예측했다. 역설적이게도 그 원소는 멘델레예프가 자신의 원자량 시스템을 기초로 잘못 예측했던 것이었다.

해당 원소는 곧이어 1923년에 발견되어 하프늄이라는 이름이 붙었다. 보어의 고향 코펜하겐의 라틴어 이름인 하프니아에서 따온 것이다. 이로 써 어떤 물리학자(나 화학자)도 보어의 이론이 옳다는 것을 다시는 의심하지 않게 되었다.[17] 약 50년 후 보어의 이름은 주기율표에 멘델레예프와 같이 오르게 된다. 1997년 발견된 원소번호 107번 보륨이었다. 그해에 그의 옛 멘토이자 가끔은 비판자였던 인물도 영예를 함께 얻었다. 원소 번호 104번 러더포듐이었다.*

---

* 원소에 이름이 붙은 과학자는 앞에서 언급했던 멘델레예프, 보어, 러더퍼드, 리제 마이트너 외에 12명이 더 있다. 바실리 사마스키-비쇼베츠(사마륨) 요한 가돌린(가돌리늄), 마리 퀴 리와 피에르 퀴리(퀴륨), 알베르트 아인슈타인(아인슈타이늄), 엔리코 페르미(페르뮴), 알프 레드 노벨(노벨륨), 어니스트 로런스(로렌슘), 글렌 시보그(시보귬), 빌헬름 뢴트겐(뢴트게 늄), 니콜라우스 코페르니쿠스(코페르니슘), 게오르기 플료로프(플레로븀)이 있다.

12

양자혁명

그 모든 명석한 인물들이 양자에 초점을 맞추고 열심히 연구했음에도 불구하고 1920년대 초반까지만 해도 양자 일반이론은 아직 존재하지 않았으며, 그런 이론이 가능하리라는 단서조차 전혀 없었다. 그들이 짐작하거나 발견한 진리가 일부 있기는 했지만 이는 고립된 진리였다. 보어가 모종의 원리를 만들어냈던 것은 사실이다. 만일 그것이 사실이라면 원자가 왜 안정적인지를 설명하고 원자의 선 스펙트럼을 해설할 수 있는 내용이었다. 그런데 이 원리들은 왜 진리이며, 다른 시스템을 분석하는 데에 이를 어떻게 적용할 것인가? 아무도 알지 못했다.

많은 양자 물리학자들이 낙담하기 시작했다. 머지않아 "광자"라는 용어를 도입하고 향후 노벨상을 받게 되는 막스 보른(1882-1970)은 이렇게 썼다. "나는 헬륨을 비롯한 여러 원소에 대해서 계산하는 비결을 찾으려고 애쓰면서 양자론을 생각하고 있지만 희망이 보이지 않는다. 나는 이 과업에서 성공하지 못하고 있다……양자는 정말로 희망 없는 혼란 상태에 있다."[1] 그리고 스핀이라고 불리는 속성에 대한 수학적 이론을 제시하고 이를 만들어냈으며 나중에 노벨상을 탄 볼프강 파울리(1900-1958)는 당시 상황을 다음과 같이 표현했다. "현재 물리학은 큰 혼란 상태에 있다. 어쨌든 나에게는 지나치게 어렵다. 내가 영화에 나오는 희극배우나 그와 비슷한 누군가였으면 좋겠다. 그리고 내가 물리학에 대해서는 들어본 일도 없는 사람이었으면 한다."[2]

자연은 우리에게 수수께끼를 제시하고, 이를 반드시 이해해야 하는 것은 우리이다. 물리학자들의 공통점은 이 수수께끼들에 심원한 진리가 포함되어 있다는 것을 누구나 깊이 믿는다는 점이다. 자연은 일반적 규칙의 지배를 받는 것이지 서로 연관 없는 현상의 잡탕이 아니라는 것을 우리는 믿는다. 초기의 양자 연구자들은 양자 일반이론이 어떤 것일지는 몰랐으나 그런 이론이 존재하리라고 믿었다. 그들이 탐색 중인 세계는 설명되기를 완강히 거부하지만 그것을 이해하는 것은 가능하다고 그들은 상상했다. 이런 꿈이 그들에게 자양분을 공급했다. 그들은 우리와 마찬가지로 의심과 절망의 순간에는 취약했지만 그럼에도 불구하고 여러 해가 소모되는 힘든 여정을 계속했다. 이 길의 끝에는 진리라는 보상이 있으리라는 믿음이 그들을 앞으로 나아가게 만드는 동기였다. 매우 힘든 노력이 모두 그렇듯이, 성공하는 사람은 매우 강한 확신을 가진 사람이었다. 신념이 약한 사람은 성공하기 전에 탈락했다.

보른이나 파울리 같은 사람들의 절망을 이해하기는 쉽다. 양자론은 그 자체가 원래 간단하지 않을 뿐만 아니라 어려운 시기에 등장했다. 양자론의 선구자들은 대부분 독일에서 연구했거나 독일과 보어의 연구소를 오가며 연구를 진행했다. 이 연구소는 보어가 자금을 모아 코펜하겐 대학교에 1921년에 설립한 것이다. 따라서 그들은 자신들을 둘러싼 정치 사회적 질서가 붕괴해서 혼돈으로 진입하던 시기에 새로운 과학적 질서를 찾기 위한 연구를 수행해야 하는 운명이었다. 1922년 독일의 외무장관이 암살되었다. 1923년 독일 마르크화의 가치는 전쟁 전의 1조분의 1로 추락했고 빵 1킬로그램을 사는 데에는 5,000억 "독일 달러"가 필요했다. 그럼에도 불구하고 새 양자물리학자들은 원자를 이해하는 데에, 좀더 일반적으로는 미세한 척도에 적용되는 근본적인 자연법칙을 이해하는 데에 필요한 자양분을 찾고 있었다.

마침내 자양분이 등장하기 시작한 것은 1920년대 중반이었다. 그것은 주기적으로 왔고, 그 시작은 1925년에 베르너 하이젠베르크(1901-1976)라는 23세의 청년이 발표한 논문이었다.

* * *

독일 뷔르츠부르크에서 태어난 하이젠베르크는 고전어 교수의 아들이었다. 어린 나이부터 명석함이 두드러졌으며 경쟁심이 강했다.[3] 그의 아버지는 경쟁 정신을 부추겼고 하이젠베르크는 자신보다 몇 살 많은 형과 자주 싸웠다. 이 싸움은 결국 서로를 나무 의자로 치고받는 유혈극으로 치달았고, 그 다음에는 휴전이 있었다. 이 휴전이 계속된 주된 이유는 이들이 각자의 길을 떠났기 때문이다. 집을 떠난 형제는 평생 서로 말을 하지 않았다. 나중에 하이젠베르크는 자신의 연구에서 맞닥뜨린 난관을 이와 똑같은 격렬함으로 공략했다.

하이젠베르크는 경쟁을 언제나 개인적 도전으로 받아들였다. 그는 스키에 별다른 소질이 없었음에도 불구하고 스스로 훈련해서 뛰어난 스키 선수가 되었다. 장거리 달리기 선수가 되었으며 첼로와 피아노를 배웠다. 그러나 가장 중요한 것은 초등학교 시절 자신이 산수에 재능이 있음을 발견했다는 점이다. 이에 따라서 그는 수학과 그 응용분야에 커다란 관심을 가지게 되었다.

1920년 여름 하이젠베르크는 수학과 박사과정을 밟기로 결심했다. 입학을 위해서는 교수 한 명이 자신을 후원하도록 설득하는 것이 필요했다. 그리고 아버지의 인맥을 통해서 그는 뮌헨 대학교의 저명한 수학자인 페르디난트 폰 린데만과 만날 기회를 어찌어찌 잡게 되었다. 그런데 이 인터뷰는 차와 케이크가 나오고 네가 얼마나 뛰어난지에 대해서 이야기를 들었다는 식이 아니었다. 연줄을 통해서 하게 되는 그런 종류의 좋은 분위기가 아니었던 것이다. 만남은 좋은 쪽으로 진행되지 못했다. 린데만—은퇴가 2년 남아 있었고, 귀가 부분적으로 먹었으며, 박사과정 초년생들에게 별로 관심이 없던—은 책상 위에 푸들 한 마리를 올려놓 있는데, 푸들이 하도 크게 짖어서 하이젠베르크가 하는 말을 잘 들을 수 없었다. 그러나 하이젠베르크의 기회가 정말 끝장난 것은 그가 수학자 헤르만 바일이 쓴 아인슈타인의 상대론에 관한 책을 읽었다고 언급했기 때문인 것으로 보인다. 정수론 연구자인 린데만은 이 젊은이가 물리학 책에 관심이 있다는 사실을 알게 되자마자, "그렇다면 자네는 수학에 전혀 신경을 쓰지 않는구만"[4]이라며 갑자기 인터뷰를 끝냈다.

린데만이 이렇게 말한 것은 물리학에 관심을 나타내는 것이 좋지 못한 취향임을 가리킨다는 의미였을지도 모른다. 물론 물리학자인 나로서는 그가 하는 말의 실제 의미를 달리 해석하고 싶다. 훨씬 더 흥미로운 주제를 접한 이상 하이젠베르크는 이제 수학을 전공할 만한 인내심을 결코 가지지 못할 것이라고 말이다. 어느 경우가 되든지 린데만의 교만함과 편협함 덕분에 역사의 진로는 바뀌게 되었다. 만일 그가 하이젠베르크를 받아들였다면 물리학은 양자론의 핵심이 될 아이디어를 제시할 인물을 잃었을 것이기 때문이다.*

린데만에게 거절당한 하이젠베르크에게는 선택지가 많지 않았다. 그는 아르놀트 조머펠트 아래에서 물리학 박사학위를 받는다는, 아차상 쪽으로 시도해보기로 했다. 조머펠트는 보어의 원자 모형을 강력히 지지했으며 그때쯤에는 이 이론의 발전에 자신이 이미 기여한 상태였다. 작고 여윈 체구에 머리가 벗겨지기 시작하던 그는 커다란 수염을 기르고 있었으며 푸들은 없었다. 그는 젊은 하이젠베르크가 바일의 책을 공략했었다는 데에서 감명을 받았다. 그를 즉각 받아들일 정도는 아니었지만 조건부로 그를 후원하겠다고 제안할 정도는 되었다. 그는 말했다. "자네가 뭔가를 알고 있을지도 모르지. 아무것도 모르고 있을 수도 있어. 한번

---

* 린데만이 한때 물리학에 손을 댔지만 별로 성공하지 못했다는 사실이 아이러니하다. 그는 "원과 면적이 같은 사각형을 만들 수 없다"는 것을 증명한 인물로 가장 잘 알려져 있다. 이는 자와 컴퍼스만 가지고는 주어진 원과 같은 면적의 사각형을 작도할 수 없다는 의미이다.

알아보자고."[5]

　물론 하이젠베르크는 정말로 뭔가를 알고 있었다. 1923년 조머펠트 아래에서 박사학위를 받았고, 그 이듬해에는 괴팅겐의 보른 밑에서 "대학교수 자격(Habilitation)"이라는 더욱 높은 학위를 받았다. 그러나 불멸을 향한 그의 길이 정말 시작된 것은 그해 가을 코펜하겐에 있는 닐스 보어를 방문하면서였다.

　하이젠베르크가 도착할 당시 보어는 자신의 원자 모형을 수정하기 위해서 잘못된 방향으로 애쓰고 있었다. 하이젠베르크는 거기에 합류했다. 내가 "잘못된 방향"이라고 말한 것은 그 노력이 실패했기 때문만이 아니라 목표도 잘못되었기 때문이다. 보어는 자신의 모형에서 광자, 즉 아인슈타인의 빛 양자를 제거하고 싶어했다. 이것은 이상한 이야기로 들릴 수도 있다. 애초에 보어로 하여금 원자에게는 모종의 불연속적인 에너지 값밖에 가지지 못한다는 제한이 있을지 모른다는 생각을 하게 만든 것이 빛 양자 개념이었기 때문이다. 그럼에도 불구하고 보어는 대부분의 물리학자와 마찬가지로 광자가 실재한다는 것을 받아들이기를 꺼렸다. 그래서 그는 다음과 같이 자문했다. 광자를 포함하지 않도록, 자신의 원래 모형에 대한 변종을 만드는 것이 가능할까?[6] 보어는 자신이 이를 할 수 있다고 생각했다. 우리는 보어가 오랫동안 열심히 아이디어를 연구해서 마침내 성공하는 것을 보았다. 그러나 이번 경우는 그럼에도 불구하고 실패하는 쪽이었다.

　학생 시절 나와 나의 친구들은 많은 물리학자를 우상화했다. 아인슈타인은 치밀한 논리와 급진적 아이디어 때문이었다. 파인만과 영국 물리학자 폴 디랙(1902-1984)은 불법적으로 보이는 수학적 개념들을 발명하고 이를 적용해서 놀라운 성과를 냈기 때문이었다(나중에 수학자들은 이 개념들을 정당화할 방법을 결국 찾아내게 된다). 그리고 보어는 뛰어난 직관 때문이었다. 우리는 그들이 영웅이자 초인적 천재로서 항상 명확하게 사고하며 언제나 올바른 아이디어를 낼 것이라고 생각한다. 그런 생각은 드문 일은 아니다. 예술가, 기업가, 스포츠팬들은 자신들이 실제보다 대단하게 생각하는 인물의 이름을 항상 댈 수 있을 것이다.

학창시절에 우리가 들은 이야기로는 양자물리학에 대한 보어의 직관은 너무나 인상적이어서 그가 "신과 직접 연결되는 회선"을 가지고 있는 것처럼 보였다고 한다. 그러나 양자론의 초창기를 논할 때 사람들은 보어의 위대한 통찰에 대해서 흔히 말하지만, 그의 수많은 잘못된 아이디어에 대해서 언급하는 일은 드물다. 이는 자연스러운 일이다. 시간이 지나면서 좋은 아이디어는 살아남고 잘못된 아이디어는 잊히기 때문이다. 불행하게도 이 때문에 우리는 과학—적어도 어떤 "천재들"에게는—이 실제보다 쉽고 간단한 것이라는 잘못된 인상을 가지게 될 수 있다.

농구의 위인 마이클 조던은 한때 이렇게 말했다. "나는 평생 9,000개의 슛을 실패하고 300개 가까운 게임에서 졌다. 게임의 승부를 가르는 슛을 맡았으나 실패한 것이 26회이다. 나는 삶에서 실패하고, 실패하고 또 실패했다. 그것이 내가 성공한 이유이다."[7] 그는 이 이야기를 나이키의 광고에서 했다. 심지어 전설적인 인물도 실패를 겪었으며 실패를 헤치고 끈질기게 전진했다는 사실은, 사람들에게 영감을 준다. 그러나 발견이나 혁신 분야에 종사하는 사람들에게는, 보어의 방향을 잘못 잡은 개념이나 뉴턴의 연금술 분야에서의 헛된 노력에 대한 이야기를 듣는 것도 마찬가지의 효과가 있다. 우리의 지적인 우상들이 우리 자신이 그랬던 것만큼이나 크게 잘못된 아이디어를 가졌고 큰 실패를 겪었다는 사실을 깨달을 수 있기 때문이다.

보어가 자신의 원자 모형을 너무 급진적인 아이디어라고 생각한 것은 흥미롭지만 놀랍지는 않은 일이다. 왜냐하면 과학은 사회와 마찬가지로 여럿이 공유하는 모종의 생각과 신념을 기반으로 세워져 있기 때문이다. 보어의 원자는 여기에 맞지 않는 것이었다. 그 결과 갈릴레오와 뉴턴에

368

서 보어와 아인슈타인—그리고 그 이후의 인물들—에 이르는 선구자들은 과거에 한쪽 발을 담그고 있었다.

자신들의 상상력이 미래를 창조하는 데에 도움을 주었음에도 그랬던 것이다. 그 점에서 과학의 "혁명가들"은 다른 분야의 진보적인 사람들과 다르지 않다. 예컨대 에이브러햄 링컨을 생각해보자. 그는 미국 남부의 노예들을 해방시키는 데에 앞장선 인물이다. 그럼에도 불구하고 그는 서로 다른 인종이 결코 "사회적, 정치적으로 평등하게" 함께 살 수는 없으리라고 믿었다.[8] 시대착오적인 생각을 버리지 못했던 것이다. 링컨 자신은 노예 제도에 대한 그의 입장과 인종불평등을 용인하는 그의 신념이 서로 모순된다고 생각하는 사람이 있을 수 있다는 점을 알고 있었다. 하지만 그는 백인의 우월성을 인정하는 자신의 입장을 다음과 같이 방어했다. 그것이 "정의에 부합하느냐" 여부는 핵심 주제가 아니다. 백인의 우월성은 "근거가 있든 그렇지 않든지 간에 무시하고 넘어갈 수 있는 것이 아닌 보편적 정서"[9]이기 때문이다. 다시 말해서 백인 우월주의를 포기하는 것은 그에게도 지나치게 과격한 조치였다.

만일 당신이 사람들에게 왜 이것이나 저것을 믿느냐고 물어본다면 그들은 링컨만큼의 개방성이나 자기 인식을 가지고 있지 않을 것이다. 다른 사람 모두가 그것을 믿기 때문에 자신도 믿는다고 대답하는 사람은 거의 없을 것이다. 링컨의 대답은 본질적으로 그런 뜻이다. 혹은 "예전부터 그렇게 믿어왔다"라거나 "그렇게 믿도록 학교와 집에서 가르침을 받았기 때문"이라고 말하는 사람도 드물 것이다. 그러나 링컨이 언급했듯이, 이것이 이유의 대부분을 차지하는 경우가 흔하다. 사회에서 공통의 신념은 문화를 만들어내고 이것은 때로 불평등을 만들어낸다. 과학과 예술, 기타 창의와 혁신이 중요한 분야에서 공통의 신념은 진보를 막는 정신적 장애물을 만들어낼 수 있다. 변화가 일어나다가 마는 일이 흔한 이유가 여기에 있다. 보어가 자신의 이론을 수정하려는 진창에 빠진 이

유도 마찬가지이다.

보어의 새 이론이 실패할 운명이었다고는 하지만 거기에는 한 가지의 커다란 긍정적 효과가 있었다. 젊은 하이젠베르크로 하여금 보어의 원래 원자 모형이 주는 시사점에 대해서 깊이 생각하지 않을 수 없게끔 만든 것이다. 그의 분석은 그로 하여금 과격하게 새로운 물리적 견해를 가지는 쪽으로 점차 몰아가기 시작했다. 원자의 내부가 어떻게 작동하느냐를 물리적으로 형상화한다는 발상을 포기하는 것이 가능할 뿐 아니라 심지어 바람직하다는 것이다. 예컨대 우리가 마음속으로 상상하지만 실제로는 관찰 불가능한 전자의 궤도운동이 그에 해당한다.

보어의 이론은 고전물리이론과 마찬가지로 전자의 위치나 궤도, 속도 같은 특징에 할당하는 수학적 값을 기초로 하고 있다. 뉴턴이 연구한 물체의 세계—발사체, 진자, 행성—에서는 위치와 속도를 관찰하고 측정할 수 있다. 그러나 실험실에서는 원자의 전자가 여기 있는지 저기 있는지, 얼마나 빨리 움직이는지 관찰하는 것이 불가능하다. 정말로 움직이고 있다고 하더라도 말이다. "고전적 개념인 위치, 속도, 경로, 궤도, 궤적이 원자 수준에서 관찰이 불가능하다면 이를 기초로 하는 원자의 과학, 혹은 여타의 시스템을 창조하려는 시도는 중단되어야 하는 것이 아닐까." 이것이 하이젠베르크의 추론이었다. 이런 과거의 아이디어에 집착할 필요가 무엇인가? 이런 것들은 너무나 17세기적인, 마음의 안정을 주는 바닥짐에 불과하다고 하이젠베르크는 결론지었다.

원자가 방출하는 복사의 주파수나 진폭처럼 직접 관측할 수 있는 데이터만을 기반으로 하는 이론을 개발하는 것은 가능할까? 하이젠베르크는 스스로에게 물어보았다.

러더퍼드가 보어의 모형에 반대한 것은, 원자가 각각의 에너지 레벨 사이에서 어떻게 점프하는지 그 메커니즘을 보어가 제공하지 않았기 때문이었다. 하이젠베르크는 문제의 메커니즘을 제시하는 방법으로 이런 비판에 답하는 대신에 다음과 같이 단언했다. 우리가 전자에 대해서 이야기할 때는 메커니즘이나 경로 같은 것은 없다. 혹은 적어도 이런 질문은 물리학 영역 밖에 있는 것이다. 물리학자는 그런 과정에서 흡수되거나 방출되는 빛을 측정할 뿐이지 과정 자체를 목격할 수가 없기 때문이다. 하이젠베르크가 1925년 봄에 괴팅겐으로 돌아가 보른의 연구소에서 강사로 일하게 될 즈음 그의 꿈—목표—은 오로지 측정 가능한 데이터만을 기반으로 하는, 물리학에 대한 새로운 접근법의 발명이 되어 있었다.

급진적인 새로운 과학을 창조하는 일은 하이젠베르크 같은 23세의 청년은 물론이요, 누구에게라도 대담한 목표이다. 실재에 대한 뉴턴의 직관적 기술을 포기하고 우리가 모두 마음속으로 그리며 연관을 짓는 위치나 속도 같은 개념을 부정하는 과학 말이다. 그러나 22세에 세계의 정치적 지도를 바꾼 알렉산드로스처럼 젊은 하이젠베르크는 세계의 과학 지도를 개조하는 행진을 선도하게 된다.

* * *

하이젠베르크가 자신의 영감으로부터 창조한 이론은 뉴턴의 운동법칙을 대체하고 자연의 근본이론으로 자리잡게 된다. 막스 보른은 여기에 "양자역학(量子力學, quantum mechanics)"이라는 이름을 붙였다.[10] 흔히 뉴턴 역학, 혹은 고전역학(古典力學, classical mechanics)이라고 불리는 뉴턴의 법칙과 구별하기 위해서였다. 그러나 물리이론은 공통의 합의나 취향이 아니라 예측의 정확성에 의해서 정당성이 입증된다. 따라서 사람들은 의문을 가질 수 있다. 하이젠베르크의 것처럼 기묘한 이론이 뉴턴 이론처럼 수많은 성공을 거두고 잘 확립된 이론을 "대체할" 수 있었을까.

그 대답은 다음과 같다. 양자역학의 배후에 있는 개념틀은 뉴턴의 것과 크게 다르기는 하지만 이론이 내놓는 수학적 예측이 달라지는 것은 원자나 그보다 작은 입자를 대상으로 하는 시스템에서뿐이다. 뉴턴의 법칙이 들어맞지 않는 영역 말이다. 그러므로 양자역학이 일단 완전히 발전한 다음에는 뉴턴 이론이 제공하는 일상적 현상에 대한 잘 확립된 설명과 배치되지 않으면서도 원자의 기묘한 행태를 설명할 수 있을 터이다. 하이젠베르크를 비롯해서 양자론의 개발에 힘써왔던 사람들은 양자론이 사실이어야만 한다는 것을 알고 있었다. 그리고 그들은 해당 아이디어를 수학적으로 표현하는 수식을 개발했고, 이 수식은 자신들이 발전시키고 있던 이론을 검증하는 유용한 방법을 제시했다. 보어는 여기에 "상보성 원리(相補性原理, correspondence principle)"라는 이름을 붙였다.

어떻게 해서 하이젠베르크는 당시 철학적 취향에 지나지 않던 것에서 구체적인 이론을 만들어낼 수 있었을까? 물리학에는 "관측 가능한" 양—우리가 측정하는 양—을 기반으로 해야 한다는 관념이 있다. 하이젠베르크의 과제는 이 관념을 뉴턴의 것처럼 실제 세계를 묘사하는 데에 사용할 수 있는 수학적인 틀로 번역하는 것이었다. 그가 발명한 이론은 어떤 물리적 시스템에도 적용될 수 있는 것이었지만, 이를 개발한 것은 원자의 세계라는 맥락 속에서였다. 그의 원래 목표는, 보어의 임시적인 원자 모형이 성공하는 이유를 일반적인 수학이론을 통해서 설명하려는 데에 있었다.

하이젠베르크의 첫 번째 단계는 원자에 적합한 관측 가능성을 확인하는 것이었다. 원자 세계에서 우리가 측정하는 것은 원자가 방출하는 빛의 주파수와 그 스펙트럼 선의 진폭, 즉 강도이므로 그는 이런 속성들을 선택했다. 그런 다음 그는 전통적인 수리물리학 기법을 사용하여 위치 및 속도와 같은 전통적인 뉴턴의 "관측 가능한 값들"과 스펙트럼 선의 데이터 사이의 관계를 유도하는 일에 착수했다. 그의 목표는 뉴턴식 물리학의 관측 가능한 값 각각을 그 양자적 대응물로 교체하는 데에 있었다. 이는 창의성과 용기가 동시에 필요한 단계인 것으로 드러나게 된다. 하이젠베르크로 하여금 위치와 운동량을 새롭고도 기괴하게 보이는 수학적 존재로 바꿀 것을 요구했기 때문이다.

새로운 유형의 변수가 필요했던 것은, 예를 들면, 위치는 단일한 점을 특정하는 것으로 정의되는 데에 반해서 스펙트럼 데이터는 이와 다른 방식으로 기술되어야 한다는 사실 때문이다. 색상 및 강도와 같이 원자가 방출하는 빛이 가지는 다양한 속성들은 각각이 단일 숫자가 아니라 하나의 전체적인 숫자 배열을 형성한다. 데이터가 하나의 배열을 형성하는 것은, 원자가 어떤 초기 상태에서 최종 상태로 점프하는 모든 경우에 그에 해당하는 스펙트럼 선이 하나 존재하기 때문이다. 이에 따라서 보어의 에너지 레벨이 가질 수 있는 가능한 모든 쌍에 대응하는 항목이 하나씩 생성되는 것이다. 이 이야기가 어렵게 들리더라도 걱정할 것은 없다. 실제로 어려우니까 말이다. 사실 하이젠베르크가 처음으로 이와 같은 계획을 세웠을 때, 그 자신이 이를 "매우 이상한 것"이라고 불렀다.[11] 그러나 그가 한 일의 요지는 자신의 이론에서 사람들이 시각화할 수 있는 전자 궤도를 제거하고 이를 순수한 수학적인 양으로 대체하는 것이었다.

하이젠베르크 이전에 원자이론을 연구한 사람들은 러더퍼드처럼 원자 과정의 뒤에 있는 메커니즘을 발견하고 싶어했다. 그들은 접근 불가능한 원자의 내용들이 실제로 존재한다고 생각했었으며, 관찰된 스펙트럼선의 속성을 그 속에서 이루어지는 행태에 대한 추측—전자가 궤도를 돌고 있다는 식의—을 기반으로 해서 그것을 유도하려고 시도했다. 그들의 분석에서 언제나 기반으로 두는 가정은, 원자의 구성요소가 일상생활 속에서 우리에게 익숙해진 것들과 동일한 기본 속성을 가질 것이라는 점이었다. 오직 하이젠베르크만이 이와 달리 생각하고 다음과 같이 대담하게 선언할 용기를 가지고 있었다. 전자의 궤도는 우리가 관찰할 수 있는 영역 너머에 있고 그러므로 실체가 아니며 이론에서 설 자리가 없다. 이것은 원자뿐 아니라 모든 물질세계에 두루 통용되는 하이젠베르크의 접근방식이 된다.

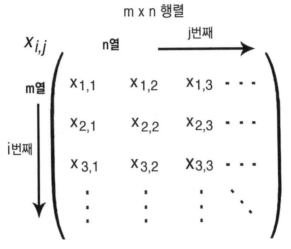

m x n 행렬

$X_{i,j}$

$$\begin{pmatrix} X_{1,1} & X_{1,2} & X_{1,3} & \cdots \\ X_{2,1} & X_{2,2} & X_{2,3} & \cdots \\ X_{3,1} & X_{3,2} & X_{3,3} & \cdots \\ \vdots & \vdots & \vdots & \ddots \end{pmatrix}$$

하이젠베르크의 이론에서 위치는 우리에게 친숙한 공간좌표가 아니라
무한한 숫자의 배열, 즉 행렬로 표시된다.

이런 분석을 주장하면서 하이젠베르크는 뉴턴식의 세계관을 버린다. 세계는 물체의 배열인데 이 물체들이 개별적으로 존재하며 위치나 속도와 같은 한정된 속성을 가진다는 세계관 말이다. 이제 완성된 그의 이론은 다른 개념적 틀을 기반으로 한 세계를 받아들이라고 우리에게 요구한다. 그 틀에 따르면 어떤 물체의 경로와 심지어는 그것의 과거와 미래까지도 정확히 결정되지 않는다.

오늘날 많은 사람들이 문자 메시지와 소셜 미디어와 같은 신기술에 적응하는 데에 어려움을 겪는다. 이를 감안하면 당신을 구성하는 전자와 원자핵이 구체적으로 존재하지 않는다고 말하는 이론을 받아들이기 위해서 얼마나 마음을 크게 열어야 할지 상상만 해볼 수 있는 영역일 것이다. 그러나 하이젠베르크의 접근법은 바로 그것을 요구했다. 그것은 그저 일종의 새로운 물리학 정도가 아니라 실재에 대한 완전히 새로운 인식이었다. 이 문제 때문에 막스 보른은 몇 세기 넘게 이어져 온 물리학과 철학 사이의 구분에 의문을 품게 되었다. 그는 "이제 나는 확신한다. 이론물리학은 실제로 철학이다"[12]라고 썼다.

이런 아이디어가 하이젠베르크 안에서 자리를 잡기 시작하면서, 그리고 자신의 수학적 계산이 진전되면서 그는 점점 더 흥분했다. 그러나 그는 건초열에 걸리게 되었고, 증세가 너무 심한 나머지 괴팅겐을 떠나서 북해의 바위가 많은 섬에 칩거해야 했다. 그곳은 거의 아무것도 자라지 않는 황량한 섬이었다. 그의 얼굴 전체가 끔찍하게 부풀어올랐다. 그럼에도 불구하고 그는 밤낮으로 일해서 자신의 첫 논문이 될 연구를 완성했다. 이 논문에 들어 있는 아이디어는 물리학을 전복시키게 된다.

하이젠베르크는 집으로 돌아온 뒤 자신의 연구 결과를 글로 써서 한 복사본은 파울리에게 다른 하나는 보른에게 주었다. 논문은 하나의 방법론에 대한 개요를 서술하고 이를 단순한 문제 두 건에 적용하는 것이었다. 그러나 하이젠베르크는 자신의 아이디어를 적용해서 실질적으로 흥미로운 뭔가를 계산해내지는 못했다. 그의 작업은 매우 거칠고, 끔찍하게 복잡하며 극단적으로 신비로웠다. 보른에게 이런 아이디어와 직면하는 것은 파티에서 만난 사람이 뭐라고 계속 떠드는데 무슨 내용인지 도저히 이해할 수 없는 것과 비슷한 상황이었을 것이다. 대부분의 사람은 이렇게 어려운 논문을 읽게 되면 몇 분간 보다가 던져버리고 포도주 한 잔을 할 것이지만 보른은 계속 읽었다. 그리고 마침내 그는 하이젠베르크의 작업에 너무나 큰 감명을 받은 나머지 아인슈타인에게 편지를 써서 이 젊은 과학자의 아이디어가 "틀림없이 타당하며 심원하다"라고 전했다.[13]

보어, 하이젠베르크와 마찬가지로 보른 역시 아인슈타인의 상대론에서 영감을 얻은 적이 있었다. 그가 주목한 점은, 하이젠베르크가 측정 가능한 것에 초점을 맞춘 것이 아인슈타인이 상대론을 창조할 때 시간을 측정하는 조작적 측면에 세심한 주의를 기울였던 것과 유사하다는 점이었다.[14]

그러나 아인슈타인은 하이젠베르크의 이론을 좋아하지 않았고, 이것은 양자이론의 진화에서 아인슈타인과 양자가 갈라서는 시작점이 된다. 아인슈타인은 잘 정의된 객관적 실체의 존재를 포기하는 이론을 지지할 수 없었다. 물체는 위치와 속도 같은 확정된 속성을 가져야만 했다. 원자의 속성이 그 궤도를 참조하지 않는 임시적 이론에 의해서 설명될 수 있다는 것은 참을 수 있었다. 그러나 그러한 궤도가 존재하지 않는다고 주장하는 **근본**이론은 도저히 지지할 수 없었다. 그가 나중에 쓴 대로이다. "내 마음은 실재를 간접적으로 기술하는 데 물리학자들이 영구히 만족하지는 않을 것이라는 믿음 쪽으로 기운다."[15]

하이젠베르크 자신은 스스로가 만든 것을 확신하지 못했다. 나중에 그는 자신이 얼마나 들떠 있었는지 자세히 설명했다. 발견의 문턱에 있던 어느 날은 밤 3시까지 일하다가 자신의 새로운 발견에 너무 흥분하여 잠을 이루지 못했다는 것이다. 그럼에도 불구하고 그는 자신의 아이디어를 제시하는 첫 논문의 원고 작업을 하면서 아버지에게 이렇게 썼다. "내 연구는 현재 썩 잘 진행되고 있지는 못해요. 성과가 별로 없어요. 다른 논문을 쓸 때면 이런 현실을 벗어날 수 있을지 여부도 모르겠어요."[16]

한편 보른은 하이젠베르크의 이상한 수학에 대해서 골똘히 생각하고 있었다. 그러던 어느 날 그는 갑작스런 통찰을 얻었다. 그는 하이젠베르크의 것과 같은 기획을 다른 곳에서 본 적이 있었다. 그 배열은 수학자들이 "행렬(行列, matrix)"이라고 하는 것과 비슷했다.

당시 행렬 대수학은 모호하고 눈에 띄지 않는 주제였고 하이젠베르크는 외관상 그것을 재발명했다. 보른은 하이젠베르크의 논문을 수학자의 행렬언어로(그리고 이 언어를 확장해서 하이젠베르크의 발상대로 무한한 수의 행과 열을 가질 수 있게 하도록) 번역하도록 도와달라고 파울리에게 부탁했다. 미래의 노벨 수상자인 파울리는 불안해했다.[17] 그는 보른

이 "쓸데없는 수학"과 "지루하고 복잡한 형식주의"를 도입함으로써 친구의 아름다운 "물리적 아이디어"를 망치려한다고 비난했다.

실제로 행렬의 언어는 커다란 단순화인 것으로 나타났다. 보른은 행렬대수학을 도와줄 또다른 사람을 찾아냈다. 자신의 학생인 파스쿠알 요르단이었다. 그리고 그로부터 몇 개월이 지난 1925년 11월에 하이젠베르크와 보른 그리고 요르단은 하이젠베르크의 양자론에 대한 논문을 제출한다. 오늘날 이 논문은 과학의 역사에서 획기적인 사건으로 꼽힌다. 이로부터 얼마 지나지 않아서 파울리는 그들의 작업을 완전히 이해하고 새 이론을 적용해서 수소의 스펙트럼 선을 도출하고 이 선들이 어떻게 전기장과 자기장의 영향을 받았는지를 보여주었다. 과거에는 가능하지 않던 일이었다. 머지않아 뉴턴의 역학을 자리에서 밀어내게 될 신생 이론이 실질적으로 적용된 최초로 사례였다.

* * *

원자 개념이 처음 나타난 지 2,000여 년이 흐른 뒤, 그리고 뉴턴이 수리역학을 발명한 지 200여 년 후, 그리고 플랑크와 아인슈타인이 양자 개념을 도입한 지 20여 년 후의 일이었다. 하이젠베르크의 이론은 어떤 측면에서는 이 모든 과학적 사고의 길고 긴 맥락의 정점이었다.

문제는 완전히 개발된 하이젠베르크의 이론으로 원자의 에너지 수준을 설명하려면 30쪽이 필요하다는 데에 있었다. 보어의 이론은 몇 줄안 되는 분량으로 이를 설명할 수 있었는데 말이다. 이 이야기를 극단적 실용주의자인 양복장이 내 아버지가 들었더라면 이렇게 말했을 터이다. "이것을 이루기 위해서 그 모든 세월을 공부해야 했다고?" 그럼에도 불구하고 하이젠베르크의 이론은 실제로 우월했다. 보어의 임시적 가정이 아니라 깊은 원리를 기반으로 해서 결과를 만들어냈다는 점에서 그렇다. 이런 이유에서 이 이론은 곧바로 수용되었을 것이라고 당신은 생각할 것이다. 그러나 대부분의 물리학자들은 양자론을 찾기 위하여 직접 관여

베르너 하이젠베르크(왼쪽)와 닐스 보어

하고 있지 않았고 나의 아버지처럼 생각하는 것 같았다. 설명을 위하여 3줄이 아니라 30쪽이 필요하다는 것은 이들이 보기에는 한 걸음 더 전진한 것처럼 보이지 않았다. 특히 러더퍼드를 필두로 하는 이들은 감명을 받지도 흥미를 느끼지도 못했다. 이들이 하이젠베르크를 보는 시각은 당신이 자동 온도조절기를 새 것으로 교체하면 문제를 해결할 수 있지만, 차를 바꾸는 것이 더 나을 것이라고 이야기하는 수리공을 보는 시각과 비슷한 것이었다.

그러나 소수의 양자론 감정가 그룹은 이와 다르게 반응했다. 그들은 거의 예외 없이 어안이 벙벙해했다. 수소 원자에 대한 보어의 임시적 이론이 왜 작동했는지를 하이젠베르크의 겉보기에 복잡한 이론이 깊은 의미에서 설명해주었기 때문이다. 또한 관측된 데이터 역시 완벽하게 설명해주었기 때문이기도 하다.

특히 보어에게 이 일은 보어 자신이 그 시작에 도움을 주었던 탐구의 정점에 해당했다. 그는 자신의 원자 모형이 결국에는 좀더 일반적인 이론에 의해서 설명되어야 하는 임시변통의 잠정적인 모형에 불과하다는 것을 알고 있었다. 그리고 이것이 바로 그 이론이라고 그는 확신했다. "하이젠베르크의 최근 연구 덕분에 오랫동안 우리의 핵심 소원이었던 가능성이 단번에 실현되었다."[18]

물리학계는 한동안 이상한 상태에 있었다. 월드컵 경기장에서 결승골이 기록되었는데도 이를 알아차린 팬은 극소수에 불과한 것이나 마찬가지인 상황이었다. 마침내 양자론은 소수의 전문가만이 흥미를 가지고 있던 이론에서 모든 물리학의 배후에 있는 근본이론으로 인식되도록 지위가 격상되었다. 이런 결과를 낳게 된 것은 아이러니하게도 몇 개월 후인 1926년 1월과 2월에 각각 발표된 두 편의 논문 때문이었다. 이 논문들은 완전히 다른 개념과 방법론을 사용하는 또다른 양자의 일반이론을 함께 서술하고 있었는데 겉보기에는 실재에 대한 또다른 견해인 것처럼 보였다.

새로운 경쟁이론은 원자 속의 전자를 파동으로 서술했다. 파동은 물리학자들이 익숙하게 시각화하던 개념이지만 전자라는 맥락에서 그렇게 한 적은 분명히 없었다. 이상하게도 이 이론은 차이가 있었음에도 하이젠베르크의 이론과 마찬가지로 보어의 원자를 설명해주었다. 고대 그리스 이래 과학자들은 원자를 서술하는 이론이 없는 채로 견뎌야만 했다. 이제는 이론 두 개가 생긴 것 같았다. 그리고 이 이론들은 양립불가능한 것처럼 보였다. 한 이론은 자연이 물질과 에너지의 파동으로 구성되었다고 하고, 다른 한 이론은 자연이 뭔가로 구성되었다는 관점은 무의미한 것이라고 주장했다. 후자는 오로지 데이터 사이의 수학적 관계만이 고려 대상이라는 지침을 내놓고 있었다.

새로운 양자이론은 오스트리아의 물리학자 에르빈 슈뢰딩거(1887-1961)의 작품이었다. 그 이론은 하이젠베르크의 것과는 여러 면에서 달랐다. 두 사람은 성격이 완전히 달랐으며 이론의 돌파구를 만들어낸 장소 또한 크게 달랐다. 하이젠베르크가 부비동이 부풀어오른 채 돌섬에 혼자 처박혀서 연구를 했다면, 슈뢰딩거는 알프스의 휴양도시 아로자에서 크리스마스 휴가를 정부와 함께 보내면서 자신의 연구를 했다. 그가 "자신의 삶에서 뒤늦게 폭발한 욕정의 와중에 위대한 일을 했다"[19]고 수학자 친구가 말했다. 수학자가 사용한 "뒤늦게"라는 말은 당시 슈뢰딩거가 38세의 고령이었다는 의미에서이다.

슈뢰딩거가 고령이라고 그 수학자가 말했던 것은 일리가 있을지도 모른다. 젊은 물리학자들이 새로운 아이디어를 잘 받아들이는 데에 반해서 나이 든 학자들은 전통적인 방식에 매달리는 것을 그동안 우리는 여러 차례 보아왔다. 마치 나이가 들수록 변화하는 세상에서 변화를 받아들이기 힘든 것처럼 말이다. 슈뢰딩거의 작업은 실제로 이런 경향의 또 다른 사례인 것으로 드러났다. 이는 역설적인 일로, 슈뢰딩거가 새 이론을 구축하려 했던 동기는 하이젠베르크의 것과 달리 전통적인 물리학처럼 보이는 양자론을 가지고 싶었던 데에 있기 때문이다. 슈뢰딩거는 친숙한 것을 유지하려고 노력한 것이지, 이를 전복시키려고 노력한 것이 아니었다.

슈뢰딩거는 자신보다 훨씬 어렸던 하이젠베르크와 달리 원자 속 전자의 움직임을 마음속으로 정말로 상상했다. 그리고 그의 새로운 "파동이론(波動理論, wave theory)"은—정확히 어떻게 해석해야 할지 처음에는 아무도 몰랐지만—하이젠베르크의 이론이 요구하는 실재에 대한 불쾌한 견해를 피할 수 있다는 가능성을 가지고 있었다. 그의 색다른 "물질파(物質波, matter wave)"는 보어의 궤도와 달리 전자에게 직접적으로 뉴턴적 속성을 부여하지는 않았지만 말이다.

그것은 물리학자들이 환영하는 하나의 대안이었다. 슈뢰딩거 이전에는 양자역학의 수용 속도가 느렸었다. 하이젠베르크의 낯선 수학은 무한한 숫자의 행렬 방정식을 포함하고 있어서 끔찍하게 복잡해 보였다. 그리고 물리학자들은 자신들이 시각화할 수 있는 변수를 포기하고 상징적인 숫자열을 택한다는 것이 불편했다. 한편 슈뢰딩거의 이론은 사용하기 쉬웠으며 물리학자들이 학부시절 음파와 물결파와 관련해서 이미 배운 것과 유사한 방정식을 기반으로 하고 있었다. 이 방법론은 고전물리학자들에게 가장 기본적인 것이었고 그 덕분에 양자물리학으로의 이행이 상대적으로 쉬워지게 되었다. 이와 마찬가지로 중요한 점은 슈뢰딩거가 양자이론을 좀 더 구미에 맞는 것으로 만들었다는 사실이다. 그 내용은 하이젠베르크가 양자론에서 추구하고 있었던 것의 정반대에 해당하는 것이었다. 뉴턴 식의 궤도 개념 같은 것을 여전히 사용하지 않으면서도 원자를 시각화하는 방법을 제공한 것이다.

심지어 아인슈타인도 슈뢰딩거의 이론을 사랑했다. 처음에는 그랬다. 그는 스스로 물질파 개념을 고려했었고 과거에 슈뢰딩거와 함께 일했던 적이 있다. 그는 1926년 4월 슈뢰딩거에게 "귀하의 연구 아이디어는 진정한 천재성의 발로일세"[20]라고 썼다. 그로부터 열흘 후 그는 다시 썼다. "귀하는 양자 조건을 공식함으로써 결정적인 진전을 이루어냈다고 나는 확신하네. 또한 나는 하이젠베르크-보른 방법이 오도된 것이라고 이와 같은 정도로 확신하네."[21] 그는 5월 초에 슈뢰딩거의 업적을 극찬하며 이렇게 썼다.

그러나 같은 달인 1926년 5월 슈뢰딩거는 또 하나의 폭탄을 떨어뜨렸다. 자신에게는 매우 실망스럽게도 자신의 이론과 하이젠베르크의 이론이 수학적으로 동등하다는 것을 보여주는 논문을 발표한 것이다. 그 내용은 두 이론이 모두 옳다는 것이었다. 말하자면, 이 두 이론이 서로 다른 개념틀을 이용하고 있지만—자연이 쓰고 있는 복면 밑에 어떤 일이 진행되고 있는지에 관한 다른 시각(실제로 하이젠베르크는 복면을 들쳐 보기를 거부했다)—이는 단지 언어의 차이인 것으로 입증되었다. 우리가 관찰하는 것에 대해서 두 이론이 말하는 것은 동일했던 것이다.

20년 후에 파인만이 제3의 양자론을 만들게 되면서 사태를 더욱 복잡해졌다(혹은 더욱 흥미로워졌다). 이 이론에서 사용된 수학이나 개념들은 하이젠베르크나 슈뢰딩거의 것과 완전히 달랐지만 수학적으로는 동등했다. 앞의 이론들과 동일한 물리 원리를 응용해서 똑같은 예측을 내놓았던 것이다.

시인 월리스 스티븐스는 "나에게는 세 개의 마음이 있었다 / 찌르레기 세 마리를 품고 있는 / 한그루 나무처럼"이라고 썼다.[22] 이런 상황을 물리학에 적용시키면 괴상하게 보일 수 있다. 만일 물리학이 "진실"이라는 것을 품고 있다면 어떻게 하나 이상의 "올바른" 이론이 존재할 수 있는가? 그렇다. 심지어 물리학에서조차도 사물을 바라보는 방식은 여러 가지일 수 있는 것이다. 이는 현대물리학에서는 특히 진실이다. 우리가 "들여다 보는" 것은 실제로 "보여질" 수 없는 것이다. 원자나 전자, 힉스 입자 모두가 그렇다. 이에 따라서 물리학자들은 마음에 드는 실재가 아니라 수학으로부터 정신적 그림을 창조하게 되는 것이다.

물리학에서는 한 사람이 하나의 개념 세트를 이용해서 하나의 이론을 표현할 수 있고, 또다른 사람이 동일한 현상에 대해서 또다른 세트를 이용해서 다른 이론을 나타낼 수도 있다. 앞에서의 사례들은 정치학에서의 좌파와 우파의 싸움보다 높은 단계에 있다. 물리학에서는 어떤 관점이 타당한 것으로 받아들여지려면 실험이라는 관문을 통과해야 한다. 그 의미는 엇갈리는 이론들이 동일한 결론에 이르러야만 한다는 것이다. 이런 일은 정치 철학에서는 거의 일어나지 않는다.

이는 우리로 하여금 이론이란 발견되는 것인가 발명되는 것인가라는 문제로 되돌아오게 만든다. 외부의 어떤 물체가 정말로 존재하는 것인가의 여부에 대한 철학적 질문으로 들어가지 않은 채로 우리는 말할 수 있다. 양자론을 창조하는 과정은 발견의 과정이었다. 물리학자들이 자연을 탐사하다가 그렇게 많은 원리들과 우연히 마주쳤다는 의미에서 그렇다. 그러나 양자론은 **발명된** 것이기도 하다. 과학자들이 여러 개의 각기 다른 개념틀을 설계하고 창조했는데 이 모두가 똑같은 역할을 하고 동일한 결과를 내놓았다는 점에서 그렇다. 물질이 입자로도 파동으로도 행세할 수 있는 것과 마찬가지로, 물질을 기술하는 이론 역시 겉보기에는 상충되는 특성을 가질 수 있는 것 같다.

슈뢰딩거가 자신의 이론과 하이젠베르크의 것이 동등하다는 내용의 논문을 발표했을 때, 그의 공식을 적절히 해석한 사람은 아직 아무도 없었다. 그럼에도 불구하고 그의 증명 덕분에 명백해진 사실이 있다. 그의 접근법이 하이젠베르크의 연구에서 이미 뚜렷하게 드러났던 철학적 문제점을 똑같이 제기했다는 것이다. 앞으로의 연구에서는 이런 사실이 드러나게 되어 있었다. 그리하여 이 논문이 발표된 후에 아인슈타인은 양자론을 인정하는 글을 다시는 쓰지 않게 된다.

심지어 슈뢰딩거 본인도 곧 양자론에 등을 돌렸다. 만일 자신의 논문들이 "어떤 결과를 풀어놓게 될지"[23] 알았더라면 논문들을 발표하지 않았을지도 모른다고 그는 말했다. 그가 겉보기에는 무해한 자신의 이론을 창조한 것은 하이젠베르크의 불쾌한 대안을 밀어내기 위해서였다. 그러나 두 이론이 동등하다는 사실은, 자신의 연구에 포함된 유쾌하지 못한 시사점을 자기 스스로가 이해하지 못했었다는 것을 의미했다. 따지고 보면 그는 타는 불에 부채질을 한 셈이며, 자신이 받아들이지 않으려했던 양자 개념을 발전시키는 데에 기여한 것이다.

슈뢰딩거는 자신의 동등성 논문에 이례적으로 감정적인 각주를 달았다. 자신에게 하이젠베르크의 방법이 "매우 어려워 보였으며 시각화가 결여된 이론이라는 점에서" 자신이 "혐오감까지는 아니라도 좌절감을 느꼈다"는 내용이었다.[24] 반감은 양쪽 모두 가지고 있었다. 하이젠베르크는 슈뢰딩거가 자신의 이론을 보여주는 논문을 읽은 뒤 파울리에게 다음과 같이 썼다. "슈뢰딩거의 이론의 물리적 측면은 돌아보면 볼수록 혐오스럽다……슈뢰딩거가 쓴 자신의 이론의 시각화에 대한 내용은 헛소리이다."[25]

두 사람의 경쟁은 일방적이었다. 슈뢰딩거의 방법은 대부분의 물리학자들이 선호하면서 대부분의 문제를 푸는 데에 사용하는 공식으로 자리잡았다. 양자론을 연구하는 과학자들의 수는 급격히 늘었지만 하이젠베르크의 공식이 사용되는 횟수는 줄었다.

심지어 하이젠베르크가 이론을 개발하는데 도움을 주었던 보른도 슈뢰딩거의 방법에 설득당했다. 또한 하이젠베르크의 친구인 파울리조차도 슈뢰딩거의 방정식을 사용하면 수소 스펙트럼을 유도하기가 얼마나 쉬운지를 보고 이에 놀랄 지경이었다. 이중 어느 것도 하이젠베르크의 마음에 들지 않았다. 한편 보어는 이론들 사이의 관계를 더욱 깊이 이해하는 데에 몰두했다. 마침내 영국인 물리학자 폴 디랙이 이 이론들 사이의 깊은 관련성에 대한 결정적 해석을 내놓았다. 그는 심지어 스스로 두 이론을 섞은 자신만의 공식도 발명했다. 오늘날 선호되는 이 공식을 이용하면 관련된 이슈에 맞게 양쪽 이론을 쉽게 오갈 수 있다. 1960년이 되자 양자론의 응용을 기반으로 하는 논문의 숫자는 10만 편이 넘었다.[26]

* * *

양자론이 아무리 발전했어도 하이젠베르크의 접근법은 언제까지나 그 핵심에 자리잡고 있을 것이다. 그는 입자들이 공간 속에서 경로나 궤도를 가진다는 고전적 그림을 추방하려는 욕구에 의해서 영감을 받았다. 그리고 1927년 그는 이 싸움에서 승리를 보장하는 논문을 출간했다. 어떤 공식을 사용하든지 문제가 되는 것은 과학적 원리—오늘날 불확정성 원리(不確定性 原理, uncertainty principle)라고 알고 있는—이며 운동을 뉴턴식으로 형상화하는 것은 헛된 일이라는 점을 그는 결정적으로 보여주었다. 실재에 대한 뉴턴의 개념은 거시세계에서는 맞는 것처럼 보일지는 몰라도, 거시세계의 물체를 구성하는 원자와 분자라는 좀

더 근본적인 수준에서 보면 우주는 이와 크게 다른 법칙의 지배를 받고 있다.

불확정성 원리는 위치와 운동량 같은 특정 관측량의 쌍에 대해서, 주어진 시각에 우리가 알 수 있는 것을 제한한다.* 이는 측정 기술이나 인간의 창의력에 따르는 제약이 아니라 자연 자체가 부과하는 것이다. 양자론은 물질이 위치와 속도 같은 **정확한 속성을 가지지 않는다**고 본다. 게다가 이를 측정하려고 드는 경우 한쪽 양을 정확하게 측정하면 할수록 다른 쪽 양은 더욱 부정확하게 측정하게 된다고 말한다.

일상생활에서 우리는 원하는 만큼 정밀하게 위치와 속도를 측정할 수 있는 것이 확실하다고 느낀다. 이는 불확정성 원리와 상충하는 것처럼 보이지만, 양자론의 수학을 잠깐 살펴보면 당신은 알게 될 것이다. 일상 물체의 질량은 너무 크기 때문에 일상생활에서 일어나는 현상에 대해서 불확정성 원리를 적용하는 것은 부적절하다는 것을 말이다. 뉴턴 물리학이 그렇게 오랫동안 잘 작동한 이유가 여기에 있다. 물리학자들이 현상을 원자 수준에서 다루기 시작하면서 비로소 뉴턴의 약속이 가진 한계가 명백해진 것이다.

예를 들면, 전자의 무게가 축구공만 하다고 가정해보자. 그렇다면 전자의 위치를 오차 1밀리미터 이내의 정확성으로 여전히 그 속도를 시속 10억 분의 1 × 10억 분의 1 × 10억 분의 1킬로미터 보다 작은 오차로 측정할 수 있다. 이런 정밀도는 일상생활에서 우리가 사용하는 어떤 목적에나 충분한 것임에 틀림없다. 그러나 진짜 전자는 축구공보다 훨씬 작기 때문에 이야기가 달라진다. 진짜 전자의 위치를 대충 원자 크기에 상응하는 정밀도로 측정한다면 어떻게 될까. 불확정성 원리에 따르면 전자의속도가 지니는 오차범위는 ± 시속 1,000킬로미터가 될 것이다.

---

* 전문적으로 말하면 불확정성 원리는 위치와 **운동량**(=질량×속도)에 대한 우리의 지식을 제한하지만, 우리의 목적상 이런 구분은 중요하지 않다.

이는 전자가 제자리에 가만히 있거나 제트 여객기보다 더 빨리 움직이는 것과의 차이에 해당한다. 그러므로 여기서 하이젠베르크는 전자의 정확한 경로를 지정하는 원자의 궤도는 측정 불가능한데 이런 궤도 자체가 결국에는 자연에 의해서 금지되어 있다는 것을 입증했다.

양자론을 더욱 잘 이해하게 되면서 분명해진 사실은 양자세계에 확실성은 없고 확률만 존재한다는 점이다. "그렇다, 이것이 일어날 것이다"와 같은 것은 없고 "분명히, 이중 어떤 일이라도 일어날 수 있다"만이 존재한다는 의미이다. 뉴턴식 세계관에 따르면 주어진 과거나 미래의 시간의 우주의 상태는 현재의 우주에 각인되어 있으며, 충분한 지능을 가진 사람이라면 누구나 뉴턴의 법칙을 이용하면 이를 읽어낼 수 있다. 만일 지구 내부에 대한 정보를 충분히 가지고 있다면 우리는 지진을 예측할 수 있을 것이다. 만일 날씨와 관련한 물리적 세부사항을 모두 안다면 원리적으로 우리는 내일 혹은 100년 후의 날씨가 어떨지를 정확하게 말할 수 있을 것이다.

이런 뉴턴식 "결정론"은 뉴턴식 과학의 중심에 자리잡고 있다. 하나의 사건이 다음 사건을 일으키고 그 사건이……하는 식으로 계속되며, 이 모든 것은 수학을 사용하면 예측이 가능해진다. 경제학자에서 사회과학자에 이르는 모든 사람들이 "물리학이 가지고 있는 것을 원하도록" 고취시킨 것은, 뉴턴의 계시의 일부인 이와 같은 아찔한 확실성이었다. 그러나 양자론은 세계가 근본적으로—만물을 구성하는 원자와 입자라는 근본 수준에서는—결정론적이 아니라고 말한다. 우주의 현재 상태가 미래의(혹은 과거의) 사건을 결정하는 것이 아니라고 하면서, 가능성 있는 많은 미래 중 하나가 일어날 (혹은 과거가 어떠했었을) 확률에 대해서만 이야기한다. 우주는 거대한 빙고 게임과 같다고 양자론은 말한다. 아인슈타인이 그의 유명한 선언을 한 것은 이런 생각들에 대한 반동에서였다. 그는 보른에게 보낸 편지에서 말했다. "[양자]이론은 많은 것을 생산하지만 우리를 신(Old One)의 비밀에 다가서게 만들어준다고는 도저히 말할 수 없다. 나는 어떤 경우에도 신이 주사위 놀이를 하지 않는다고 확신한다."[27]

아인슈타인이 이 선언에서 신의 개념을 환기시킨 것은 흥미롭다. 아인슈타인은 예를 들면 기독교 성경에 나오는 것 같은 전통적이고 개인적인 신을 믿지 않았다. 그에게 "신"이란 우리 삶에 밀접한 세부사항에 관여하는 행위자가 아니라 우주법칙의 아름다움과 논리적 단순성을 의미했다. 그리고 하느님은 주사위 놀이를 하지 않는다고 아인슈타인이 말했던 것은 자연의 거대한 기획에서 무작위성이 역할한다는 것을 받아들일 수 없다는 의미였다.

나의 아버지는 물리학자도 주사위 놀이를 하는 사람도 아니었다. 아버지가 폴란드에 살던 시절, 그곳에서 불과 몇백 킬로미터 떨어진 곳에서 일어나고 있는 물리학의 거대한 발전을 아버지는 전혀 모르고 있었다. 그러나 내가 양자 불확정성에 대해서 설명하자 아인슈타인보다 훨씬 쉽게 이를 받아들였다. 아버지에게 우주를 이해하기 위한 여정은 망원경이나 현미경으로 하는 관찰이 아니라 인간의 조건에 초점을 맞춘 것이었다. 그러므로 그는 아리스토텔레스의 자연스러운 변화와 급격한 변화 사이의 구분을 자신의 삶의 경험으로부터 이해했던 것과 마찬가지로 양자론에 고유한 무작위성 역시 자신의 과거 경험으로부터 쉽게 받아들일 수 있었다. 아버지는 나치가 수천 명의 유대인을 이동시켰던 시내 장터의 긴 줄에 서 있었던 때에 대해서 이야기해주었다. 유대인 검거가 시작되자 아버지는 자신이 보호를 맡은 지하운동 지도자인 도망자와 함께 변소에 숨었다. 그런데 아버지도 그 사람도 악취를 참을 수 없어서 결국 밖으로 나왔다. 도망자는 달아났고, 아무도 그를 다시 보지 못했다. 아버지는 장터로 이송된 뒤 이미 있던 줄의 거의 끝에 합류했다.

줄은 천천히 앞으로 나아갔고 아버지는 모두가 트럭에 실리는 것을 보았다. 그가 맨 앞에 가까워졌을 때, 책임자인 나치 친위대 장교가 마지막 네 명을 남기고 전진을 중단시켰다. 아버지는 이 네 명에 속해 있었다. 그 장교는 유대인 3,000명이 필요하다고 말했는데, 그 줄에는 3,004명이 있었던 것이 분명했다. 이 3,000명이 어디를 가든지 아버지는 남겨놓게 되는 것이다. 나중에 그는 이들의 행선지가 지역 공동묘지였다는 사실을 알게 되었다. 모든 사람이 하나의 커다란 무덤을 판 뒤 총에 맞아서 그곳에 묻혔다는 것이다. 아버지는 죽음의 복권에서 3,004번을 뽑았고, 독일인의 정확성은 나치의 야만성을 능가했다. 아버지에게 이것은 스스로 완전히 이해하기 힘들었던 무작위성의 사례였다. 양자론의 무작위성은 이와 대조적으로 이해가 쉬웠다.

우리의 삶과 마찬가지로 하나의 과학적 이론은 반석 위에 세워질 수도 있고 모래 위에 건설될 수도 있다. 물리세계에 대해서 아인슈타인이 품었던 한없이 커다란 희망은 양자론이 후자로 확인되는 것이었다. 기반이 빈약해서 결국에는 붕괴에 이르는 이론으로 말이다. 불확정성 원리가 나오자 그는 이것이 자연의 근본 원리가 아니라 양자역학의 한계─이 이론이 굳건한 토대 위에 세워지지 않았다는 암시─라고 말했다.

물체의 위치나 속도 같은 양은 확정된 값을 정말로 가지지만 양자론은 이를 다룰 수 없을 것이라고 그는 믿었다. 양자역학이 성공을 거두고 있는 사실은 부인할 수 없지만, 좀더 깊은 이론이 불완전하게 형상화한 것임이 틀림없다고 그는 믿었다. 깊은 이론에서는 객관적 실재가 다시 복원될 것이라고 말이다. 아인슈타인과 같은 믿음을 가지는 사람은 드물었지만 이것은 오랫동안 아무도 배제할 수 없는 가능성이었고, 아인슈타인은 언젠가 자신이 명예를 회복할 것이라고 생각하며 무덤으로 향했다. 하지만 최근 몇십 년간 아일랜드의 이론물리학자 존 벨(1928-1990)의 매우 재치 있는 연구에 기반을 둔 복잡한 실험들 덕분에 이 같은 가능성은 배제되었다. 양자 불확실성은 우리 생활의 일부이다.

보른은 "아인슈타인이 내린 평결은 강력한 타격이었다"[28]고 털어놓았다. 하이젠베르크와 함께 양자론의 확률적 해석에 중요한 기여를 했던 보른은 좀더 긍정적인 반응을 기대했었다. 그는 아인슈타인을 흠모했으므로 마치 존경하던 지도자에게서 버림받은 것 같은 상실감을 느꼈다. 다른 사람들도 이와 비슷한 느낌을 받았다. 아인슈타인의 생각을 반대해야 한다는 사실에 가슴이 아파 눈물을 흘린 사람들까지 있었다. 그러나 곧 아인슈타인은 양자론을 반대하는 사람이 사실상 자기 혼자라는 사실을 알게 된다. 자신의 표현에 의하면 "나의 작고 외로운 노래"[29]를 부르며 "외부에서 보면 매우 기이하게" 보이는 처지가 된 것이다. 1949년 그는 보른에게 다시 편지를 썼다. 보른의 연구를 거부하는 첫 편지를 보낸 뒤 약 20년 뒤, 그리고 자신이 사망하기 6년 전의 일이었다. "대체로 나는 일종의 석화된 물체 취급을 받고 있소. 나이가 들어서 눈이 멀고 귀가 먹었다는 식이지. 나는 이 역할이 지나치게 싫지는 않아요. 나의 기질과 매우 잘 부합한다는 말이지요."[30]

* * *

양자론은 중부 유럽의 과학적 지능이 한곳으로 모여서 만들어졌다. 그것은 역사를 통틀어 우리가 지금까지 마주쳤던, 지적으로 찬란한 어떤 집단에 못지않거나 이를 능가하는 지성의 집합체였다. 혁신은 물리적 사회적 환경이 알맞을 때 시작된다. 그러므로 멀리 떨어진 곳에 있는 사람들이 기여한 바가 거의 없는 것은 우연이 아니다. 기술적 진보 덕분에 원자와 관련된 새로운 현상이 쏟아져나왔고, 그때 그곳 공동체의 일원이 될 수 있을 정도로 운이 좋았던 이론물리학자들은 여기에 자극을 받아 인류 역사상 최초로 드러나고 있던 중인 우주의 특징에 대한 통찰과 관측을 주고받을 수 있었다. 유럽에서 있었던 마술과 같은 시간이었다. 연이어 분출되는 상상력의 번개가 계속해서 하늘을 밝히고 마침내 자연의 새 영역의 윤곽이 드러나기 시작했다.

양자역학은 몇 개 국가의 작은 그룹에서 연구하던 많은 과학자들의 땀과 천재성으로부터 생겨났다. 그들은 아이디어를 교환하고 논쟁을 벌였지만, 모두가 동일한 목표를 향한 열정과 헌신으로 하나로 뭉쳐 있었다. 이 위대한 인물들의 동맹과 분쟁은 자신들의 대륙에 엄습하려는 혼란과 야만에 곧 잠식당하게 된다. 양자물리학의 스타들은 카드가 잘못 섞이면서 공중으로 날아간 카드처럼 사방으로 흩어지게 된다.

종말이 시작된 것은 1933년 1월이었다. 독일 대통령이던 육군원수 폴 폰 힌덴부르크가 아돌프 히틀러를 수상으로 임명했다. 바로 그 다음날, 위대한 대학도시 괴팅겐에서—하이젠베르크가 태어났고, 하이젠베르크의 역학에 요르단이 협력한 도시에서—제복을 입은 나치들이 횃불과 나치의 갈고리 십자가를 흔들며 거리를 행진하고 애국적인 노래를 부르며 유대인들을 조롱했다. 그로부터 몇 개월 지나지 않아서 나치는 독일 전역에서 책을 태우는 의식을 벌였고, 대학으로부터 아리아인이 아닌 학자들을 제거하겠다고 발표했다. 독일에서 가장 존경받는 지식인 중 많은 사람들이 갑자기 고향을 등지거나, 아니면 남아서 나치의 점점 커져가는 위협과 마주할 수밖에 없는 분위기로 내몰렸다. 폴란드의 재단사였던 아버지는 고향을 등지는 것을 선택할 수조차 없었다. 그로부터 5년 내에 2,000명에 가까운 정상급 과학자들이 자신의 혈통이나 정치적 신념 때문에 탈출한 것으로 추정된다.

그러나 히틀러의 부상에 대해서 하이젠베르크는 크게 기뻐하며 다음과 같이 말한 것으로 전해진다. "이제 우리는 최소한 질서는 되찾았다. 소요는 끝났다. 이제 독일은 강력한 손이 통치하고 있고 이는 유럽에 이익이 된다."[31] 하이젠베르크는 10대 시절 이래 죽 독일 사회의 방향에 대해서 불만이었다. 심지어 민족주의적 청소년 그룹에서 열성적으로 활동하기도 했다. 그 그룹은 장거리 하이킹으로 황무지에 도착해서 캠프파이어를 하면서 독일이 도덕적으로 타락하고 공통의 목적과 전통을 상실한 것을 비판하는 토론을 벌이는 집단이었다. 과학자로서 그는 정치와는 거리를 두려고 했지만 히틀러에게서 제1차 세계대전 이전의 독일의 위대함을 회복할 수 있는 강한 추진력을 보았던 것 같다.

그런데 하이젠베르크가 선도하고 그 생성에 크게 기여한 새로운 물리학은 히틀러를 괴롭힐 운명이었다. 19세기 독일 물리학은 주로 데이터의 수집과 분석을 통해서 선도적인 위치를 확립하고 명성을 얻었다. 수학적 가설을 수립하고 분석했던 것은 분명히 사실이지만, 이는 일반적으로 물리학자들의 주된 관심사가 아니었다. 그러나 20세기 초반의 수십 년 동안 이론물리학이 하나의 분야로 꽃피었고, 우리가 본 바와 같이 놀라운 성공을 거두었다. 그러나 나치는 이를 지나치게 사변적이고 수학적으로 난해하다며 묵살했다. 그들이 혐오해 마지않던 "퇴폐적" 예술처럼 역겨울 정도로 초현실적이며 추상적이라고 본 것이다. 무엇보다도 나쁜 점은 이 일이 유대 계통에 속하는 과학자들의 업적이라는 점이었다(아인슈타인, 보른, 보어, 파울리).

나치는 상대론과 양자론이라는 새 이론들을 "유대인 물리학"이라고 불렀다. 그 결과 이 이론들은 단지 오류일 뿐만 아니라 퇴폐적인 것이었다. 나치는 대학에서 이를 가르치는 것을 금지했다. 심지어 하이젠베르크조차도 고뇌에 빠졌다. 자신이 유대인 물리학자들과 함께 "유대인 물리학"을 연구했었기 때문이다. 이런 공격은 하이젠베르크를 분노하게 만들었다. 그는 사실 해외에서 좋은 자리로 오라는 제안을 수없이 받았지만 독일에 남아 있으면서 정부에 충성하고 제3제국이 요청하는 일은 모두 해왔던 인물인데도 말이다.

하이젠베르크는 하인리히 힘러에게 직접 호소함으로써 자신의 문제를 잠재우려고 했다. 힘러는 나치 친위대의 수장이자 강제수용소 건설의 책임을 맡고 있었다. 하이젠베르크의 어머니는 힘러와 오랜 세월 알고 지낸 사이여서 그는 이 관계를 이용해서 힘러에게 편지를 전달했다. 힘러는 8개월에 걸친 철저한 조사로 응답했고 이 탓에 하이젠베르크는 그 후 여러 해 동안 악몽 같은 일을 겪었다. 하지만 결국 힘러는 다음과 같이 선언했다. "하이젠베르크는 품위 있는 사람이라고 나는 믿는다. 그리고 상대적으로 젊으며 새로운 세대를 교육할 수 있는 이 남자를 잃을 여유는 우리에게 없으며, (그렇다고) 침묵시킬 형편도 되지 않는다."[32] 그 대가로 하이젠베르크는 유대인 물리학을 만든 유대인 과학자들과의 관계를 부인하고, 그들의 이름을 공개적으로 언급하지 않기로 합의했다.

양자론의 또다른 선구자 중에서 러더퍼드는 당시 케임브리지에 있었다. 거기서 그는 학문적 피난민들 돕는 기구의 창설을 돕고, 그 기구의 회장을 맡았다. 그는 1937년 66세로 사망했는데 탈장 수술이 늦어진 탓이었다. 케임브리지에서 루카스 석좌교수(뉴턴과 배비지가 맡았고 나중에 호킹이 맡게 된다)가 된 디랙은 한동안 영국의 원자폭탄 개발 계획과 관련된 연구를 하다가 미국의 맨해튼 프로젝트에 합류해달라는 초대를 받았으나 윤리적인 이유로 거절했다. 그는 말년을 미국 탤러해시에 있는 플로리다 주립대학교에서 보냈으며 그곳에서 1984년 82세로 사망했다. 파울리는 당시 취리히 대학교 교수였는데 러더퍼드처럼 국제 난민 프로젝트의 대표였지만 전쟁이 발발하자 스위스 시민권을 박탈당하고 미국으로 피신했다. 전쟁이 끝난 직후 그는 미국에 거주하다 노벨상을 받았다. 말년에 그는 신비주의와 심리학, 그 중에서도 꿈에 관심을 점점 많이 가지게 되었으며 취리히의 C. G. 융 연구소의 창설 멤버가 되었다. 그는 1958년에 취리히 병원에서 췌장암으로 사망했다. 당시 58세였다.

슈뢰딩거는 파울리처럼 오스트리아 국적이었지만 히틀러가 권력을 잡을 당시 베를린에 살고 있었다. 히틀러에 대해서 슈뢰딩거는 매우 많은 점에서 하이젠베르크의 대척점에 서 있었다. 공개적인 반나치였던 그는 곧 독일을 떠나 옥스퍼드 대학교에서 자리를 얻었다. 그로부터 얼마 후 그는 디랙과 함께 노벨상을 받았다. 독일 물리학을 함께 유지하려고 시도하고 있었던 하이젠베르크는 슈뢰딩거가 떠난 것을 불쾌하게 생각했다. "그는 유대인도 아니고 위험에 처하지도 않았기 때문"이라고 말했다.[33]

나중에 밝혀진 것처럼 슈뢰딩거는 옥스퍼드에서 오래 재직하지 못했다. 문제는 그가 부인과 정부와 함께 살았다는 점이다. 슈뢰딩거는 정부를 자신의 제2의 부인으로 여겼다. 그의 전기작가인 월터 무어는 이에 대해서 옥스퍼드에서 "아내는 불운한 여성 하인 취급을 받았다. 옥스퍼드에서 부인이 있는 것은 개탄스러운 일이었다―부인이 두 명 있는 것은 입에 담을 수 없이 불쾌한 일이었다."[34]

슈뢰딩거는 결국 더블린에 정착한다. 그는 1961년 73세 때 결핵으로 사망했다. 그가 이 병에 처음 걸린 것은 1918년 제1차 세계대전에 참전했을 때였다. 그 이후로 계속 호흡기에 문제가 있었다. 그가 자기 버전의 양자론을 개발한 알프스의 휴양지 아로자를 좋아한 것도 이 때문이었다.

아인슈타인과 보른은 히틀러가 권력을 잡았을 때 독일에 있었다. 그들은 유대계였기 때문에 적당한 시기에 해외 이민을 가는 것이 생존의 문제였다. 당시 베를린 대학교 교수였던 아인슈타인은 히틀러가 수상에 임명되던 그날 우연히 미국의 칼텍을 방문하고 있었다. 그는 독일로 돌아가지 않기로 결정했고, 다시는 그곳에 발을 들이지 않았다. 나치는 그의 사유 재산을 몰수했고 상대론에 대한 연구결과를 불태웠으며, 그의 목에 5,000달러의 상금을 걸었다. 하지만 그는 예상하지 못한 일을 당하지는 않았다. 아인슈타인은 부인과 함께 캘리포니아로 출발하면서 자신들의 집을 잘 보아두라고 그녀에게 말했다. "다시는 보지 못할거요."[35] 그녀는 남편이 바보 같다고 생각했다.

아인슈타인은 1940년에 미국 시민이 되었지만 스위스 시민권도 유지했다. 그는 1955년에 사망했고 화장터로 옮겨졌다. 그곳에는 가까운 친구 12명이 조용히 모였다. 그의 사체는 화장된 뒤에 공개되지 않은 장소에 재가 뿌려졌다. 하지만 프린스턴 병원의 어느 병리학자가 그의 뇌를 적출했고, 그로부터 수십 년간 이 뇌는 때때로 연구 대상이 되었다. 남은 뇌 조직은 미국 메릴랜드 주의 실버스프링에 위치한 국립의료박물관에 소장되어 있다.[36]

보른은 강의를 금지당한 데다가 자녀들이 계속해서 괴롭힘을 당하게 되면서 긴급히 독일을 떠나려고 했다. 하이젠베르크는 비아리아인의 취업금지 규정으로부터 보른을 면제시키려고 열심히 노력했다. 하지만 보른은 파울리의 피난민 기구의 도움을 받아 케임브리지에 임용이 되기 위해서 1933년 7월에 떠났다. 나중에 그는 에든버러로 이주했다. 자신과 공동으로 연구했던 하이젠베르크가 1932년 노벨상을 받을 때 제외되었던 그는 1954년에 자신의 노벨상을 받았다. 그는 1970년에 사망했다. 그의 묘비에는 양자론의 가장 유명한 방정식의 하나인 "$pq - qp = h/2\pi$" 가 새겨져 있다. 이것은 하이젠베르크의 불확정성 원리의 기초를 이루게 되는 수학적 표현으로서 그와 디랙이 각기 독자적으로 발견한 것이다.*

보어는 덴마크에 살면서 오늘날의 닐스 보어 연구소를 운영 중이었다. 한동안은 히틀러의 조치의 영향권에서 상당히 벗어나 있었다. 그리고 그는 유대인 난민 과학자들이 미국, 영국, 스웨덴에 자리를 알아보는 것을 도왔다. 그러나 1940년 히틀러가 덴마크를 침공했고 1943년 가을에 보어는 코펜하겐 주재 스웨덴 대사로부터 덴마크에 있는 모든 유대인을 강제 이송하는 계획의 일환으로 자신이 곧 체포될 예정이라는 귀띔을 받았다. 공교롭게도 그는 원래 전 달에 체포될 예정이었지만 대량검거가 한풀 꺾인 뒤에 체포하면 사람들의 분노가 덜할 것이라고 나치가 판단해서 지연된 것이었다. 그 덕분에 보어는 부인과 함께 스웨덴으로 피신했

---

* 나의 박사학위가 막스 보른에게 이어지는 계보를 가진 것을 자랑스럽게 생각한다. 그 순서는 보른 / 로버트 오펜하이머(맨해튼 프로젝트의 책임자가 되었다) / 윌리스 램(노벨상 수상자이자 레이저를 만든 멤버) / 노먼 크롤(빛과 원자이론에 중요한 기여) / 에이빈드 비크만(나의 박사학위 지도교수이자 수리물리학의 중요 인물)이다.

1927년 브뤼셀에서 열린 전자와 광자에 대한 제5회 솔베이 국제학술회의에 모인 양자론의 선구자들. 뒷줄 : 슈뢰딩거(왼쪽에서 6번째), 파울리(8번째), 하이젠베르크(9번째). 가운데 줄 : 디랙(5번째), 보른(8번째), 보어(9번째). 앞줄 : 플랑크(2번째), 아인슈타인(5번째)

다. 다음날 보어는 구스타프 5세 왕을 만났고 그를 설득해서 유대인 난민에게 피난처를 공개적으로 제공하게 했다.

그런데 보어 자신이 납치될 위험이 있었다. 스웨덴에는 독일 요원들이 암약하고 있었기 때문이다. 그는 비밀 장소의 안가에 있었지만 그가 스톡홀름에 있다는 것을 그들은 알고 있었다. 곧이어 그는 영국 정부가 자신을 피난시켜줄 것이란 윈스턴 처칠의 말을 전해 들었다. 그리고 그는 매트리스에 둘둘 말려 모스키토 경폭격기의 폭탄적재함에 실렸다. 독일 전투기를 피할 수 있는 고속 고고도(高高度) 폭격기에 폭탄 대신 들어간 것이다. 이 과정에서 그는 산소부족으로 실신했지만 그래도 덴마크를 떠날 때 입었던 옷을 계속 걸친 채로 살아남았다. 그의 가족도 뒤를 따랐다. 영국에 도착한 그는 다시 미국으로 피신해서 맨해튼 프로젝트의 고문이 되었다. 전쟁이 끝난 뒤 코펜하겐으로 돌아온 그는 1962년 77세로 사망했다.

위대한 양자론 학자들 중에서 독일에 남아 있는 사람은 플랑크, 하이젠베르크, 요르단뿐이었다. 요르단은 위대한 실험과학자 가이거와 마찬가지로 열렬한 나치였다. 그는 독일군 돌격대원 300만 명의 일원이 되었고, 가죽장화를 신고 갈색 제복에 자랑스럽게 나치 문양의 완장을 찼다.[37] 그는 다양한 신형 무기 개발계획을 내놓아서 나치당의 관심을 끌려고 노력했지만, 아이러니하게도 "유대인 물리학"에 관여했다는 이유로 무시당했다. 전쟁이 끝난 후 그는 정치에 입문해서 독일 의회의 하원의원이 되었다가 1980년 77세로 사망했다. 양자론의 초기 선구자 중 노벨상을 받지 못한 유일한 인물이다.

플랑크는 나치에 공감하지 않았지만 설사 조용하게라도 여기에 저항하기 위해서 한 일은 별로 없다. 그 대신 그는 하이젠베르크와 마찬가지로 나치의 모든 법규에 순응하면서 독일 과학을 가능하면 많이 보존하는데에 우선순위를 둔 것 같다.[38] 그는 1933년 5월 히틀러를 만나 유대인을 학문세계에서 추방하는 정책을 포기하도록 설득하려 했으나, 이 만남으로 바뀐 것은 없었다. 여러 해 뒤 플랑크의 막내아들은 좀더 대담한 방식으로 나치당을 변화시키고자 했는데, 1944년 7월 20일에 히틀러를 암살하려던 계획에 가담한 것이다. 동료들과 함께 체포된 그는 비밀경찰의 고문을 받은 뒤 처형당했다. 플랑크에게 이것은 비극으로 점철된 삶의 비극적 절정이었다. 플랑크의 5명의 자녀 중 3명이 요절했다. 장남은 제1차 세계대전에 참여해서 작전 중에 사망했고, 두 딸은 어린 시절에 사망했다. 그의 생존 의지는 아들이 처형된 이후에 고갈되었다고 전해진다. 그는 2년 뒤 89세로 사망했다.

하이젠베르크는 초기에 열광했던 나치에 흥미를 잃었다. 그럼에도 불구하고 그는 제3제국 내내 과학계의 높은 지위를 맡았으며 불평하지 않고 자신의 의무를 수행했다. 유대인들이 대학에서 쫓겨날 때 그는 가능한 최선의 후임자를 끌어들여서 독일물리학을 지키기 위해서 최선을 다했다. 그는 나치당에 가입하지는 않았지만 자리를 지켰으며 정권과 결코 불화하지 않았다.

하이젠베르크는 1939년 독일의 원자폭탄 계획이 시작되자 여기에 뛰어들어 막대한 노력을 쏟았다.[39] 그는 핵분열 연쇄반응이 가능할지도 모르며 희귀 동위원소인 우라늄 235가 훌륭한 폭발물이 될 수 있다는 것을 보여주는 계산을 금세 완료했다. 독일이 전쟁 초기에 승기를 잡고 있었던 탓에 결국 패배를 맞이했을지 모른다는 점은 역사의 많은 아이러니 중의 하나이다. 정권은 원자폭탄 프로젝트에 처음에는 많은 자원을 투입하지 않았는데 그 이유는 전쟁에서 이기고 있었기 때문이다. 전황(戰況)이 바뀌었을 때는 이미 너무 늦었다. 나치는 원자폭탄을 제조하기 전에 패배했다.

전쟁이 끝난 뒤 하이젠베르크는 9명의 다른 주요 과학자들과 함께 연합국에 의해서 잠시 억류되었다. 석방된 뒤 그는 물리학의 주요 질문들을 연구하고 독일 과학을 재건하며 외국의 과학자들 사이에서 자신의 명성을 회복하는 일에 전념했다. 그는 과거 자신이 누렸던 지위를 결코 회복하지 못한 채로 1976년 2월 1일 고향인 뮌헨에서 사망했다.

전후 물리학계가 하이젠베르크에게 보인 엇갈리는 반응은 아마도 내 자신의 행태에도 반영되어 있을 것이다. 1973년 그가 하버드에서 양자론의 발달에 대해서 강연했을 때 나는 참석할 기회가 있었지만 도저히 갈 수가 없었다. 그러나 여러 해 뒤 그가 책임자로 있던 기관에서 나는 알렉산더 폰 훔볼트 선임연구원이 되었다. 그때 나는 자주 그가 있는 사무실의 밖에 서서 양자역학의 발명에 기여한 정신에 대해서 곰곰이 생각해보곤 했다.

* * *

위대한 선구자들이 발전시킨 양자론은 거시세계의 물리현상에 대한 우리의 설명을 바꾸지는 않았지만, 우리의 사는 방식에 혁명을 일으키고 인류사회에 산업혁명 못지않은 커다란 변화를 가져왔다. 양자론의 법칙들은 현대 사회를 구성하는 컴퓨터, 인터넷, 인공위성, 휴대전화를 비롯한 모든 전자기기들과 같은 모든 정보통신 기술의 저변을 이루고 있다. 그러나 실용적 응용에 못지않게 중요한 것이 자연과 과학에 대해서 양자론이 우리에게 말해주는 내용이다.

뉴턴식 세계관의 승리는 수학적 계산만 올바르게 할 수 있다면, 인류는 모든 자연 현상을 설명하고 예측할 수 있다고 우리에게 약속했었다. 그래서 모든 영역의 과학자들로 하여금 자신들의 분야를 "뉴턴화"하고 싶도록 고취시켰다. 20세기 전반의 양자물리학자들은 이런 포부를 포기하게 만들고 하나의 진리를 알아냈는데, 이는 궁극적으로 우리에게 힘을 주면서도 동시에 우리를 깊은 곳으로부터 겸손하게 만드는 내용이었다. 힘을 주는 것은 우리가 스스로의 경험을 벗어나는 보이지 않는 세계를 이해하고 조작할 수 있다는 것을 양자역학이 가르쳐주었기 때문이다. 겸손하게 만드는 것은 이제 자연이 양자물리학자들의 위대한 발견들을 통해서 우리에게 말해주고 있기 때문이다. 우리가 알고 통제할 수 있는 것에는 제한이 있다. 지난 수천 년에 걸쳐 과학자와 철학자가 이룩한 진보 덕분에 우리가 스스로의 이해 능력이 무한하다고 생각했던 것은 오류였다. 게다가 보이지 않는 또다른 세계들이 존재할지도 모른다는 것을 양자론은 우리에게 일깨워준다. 우주는 극히 신비한 장소이며 지평선 바로 너머에는 사고와 이론의 혁명을 새롭게 요구하는, 더더욱 설명할 수 없는 현상들이 날갯짓을 하고 있을지도 모른다고 말이다.

이 책에서 우리는 우리와는 신체적 정신적으로 크게 달랐던 최초의 인간 종들에서부터 시작해서 수백만 년에 걸친 여행을 해왔다. 400만 년에 걸친 이 여정에서 현대에 진입한 것은 최후의 눈 깜짝하는 순간이었을 뿐이다. 현대에서 우리는 자연을 지배하는 법칙이 존재하지만 이 법칙에는 우리가 일상생활에서 경험하는 것 이상이 포함되어 있다는 것을 배웠다. 햄릿이 호라시오에게 말했듯이, 우리가 철학적으로 꿈꾸었던 것보다 훨씬 더 많은 것이 하늘과 땅에 있는 것이다.

우리가 예견할 수 있는 범위에서 보면 미래에도 우리의 지식은 계속 늘어날 것이다. 그리고 과학을 하는 사람들의 숫자가 폭발적으로 늘어나는 것을 감안하면 다음 수백 년 동안 일어날 진보는 과거 수천 년 동안 이룩된 것에 못지않을 만큼 막대할 것이다. 그렇게 믿는 것이 합리적인 듯하다. 그러나 여러분이 이 책을 읽고 있다면 알고 있을 것이다. 사람들이 우리의 주위 환경에 대해서 제기하는 질문에는 기술적인 측면 이상의 것이 있고, 인간은 자연 속에서 아름다움을 보며 의미를 찾는다는 것을 말이다. 우리는 우주가 어떻게 작동하는지만 알고 싶어하는 것이 아니다. 우리가 그 속에서 어떤 위치를 차지하는지를 알고 싶어한다. 우리는 우리의 삶과 스스로의 유한한 존재에게 어떤 맥락을 부여하고 싶은 것이다. 또한 우리는 다른 사람들에게, 그들의 기쁨과 슬픔에, 그리고 이런 기쁨과 슬픔이 미미한 역할밖에 하지 않는 광대한 우주에 연결된 느낌을 가지고 싶어한다.

우주에서 우리가 차지하는 위치를 이해하고 받아들이기는 어려울 수 있다. 그러나 이것은 자연을 연구하던 고대 그리스 사람들, 과학을 형이상학, 윤리학, 미학과 함께 철학의 한 분과로 여겼던 그들의 원래의 목표였다. 또한 보일과 뉴턴처럼 신의 속성을 이해하기 위해서 자연을 연구하기 시작했던 사람들의 목표이기도 했다. 나에게는 물질세계에 대한 통찰과 인간 세상에 대한 통찰이 연결되어 있다는 사실을 분명하게 깨닫게 해준 계기가 있다. 이것은 내가 밴쿠버에 있던 어느 시절에 관여했던 「맥가이버(MacGyber)」라는 텔레비전 프로그램의 세트와 관련이 있다. 나는 이들이 촬영하던 에피소드의 대본을 썼었고 소품 담당 인력과 세트 디자이너들에게 저온물리학 실험실이 어떻게 보이는지에 대해서 가르쳐주고 있었다. 평범한 기술적 논의를 하던 와중에 갑자기 나는 처음으로 마주치게 되었다. 우리 인간들이 자연 위에 존재하는 것이 아니라 꽃이나 다윈의 핀치새처럼 태어나고 죽는 것뿐이라는 사실을 말이다.

모든 것은 프로덕션 사무실로부터 세트장에 있던 나에게로 연결된 한 통의 전화에서 시작되었다. 당시는 12살 된 아이들 모두가 휴대전화를 가지고 있기 전이라 세트장에 누가 전화를 거는 일은 드물었다. 그래서 나는 전화 메시지를 몇 시간 지난 후에 종잇조각에 휘갈겨 써서 전해준 내용으로 확인하는 것이 보통이었다. 대개 이런 내용이었다. 레오나르드: 〈판독 불가능〉이 당신에게 〈판독 불가능〉을 원해요. 긴급상황이라고 말했어요. 〈판독 불가능〉으로 전화해달래요. 이번에는 달랐다. 조감독이 나에게 전화를 가져온 것이다.

전화의 상대방은 시카고 대학교 병원의 의사였다. 아버지가 뇌졸중을 일으켜 혼수상태에 빠졌다고 알려줬다. 몇 개월 전 심장 대동맥에 문제가 있어 수술을 받은 후유증이 뒤늦게 나타난 것이다. 해질 무렵 나는 그 병원에서 아버지를 바라보고 있었다. 눈을 감고 침대에 누운 모습은 평화롭게 보였다. 나는 그 옆에 앉아 머리를 쓸어드렸다. 아버지는 살아 있었다. 마치 잠이 들어 있는 것처럼 체온이 따뜻하게 느껴졌다. 이제라도 깨어나 내가 온 것을 보고 미소를 지을 것만 같았다. 그리고 손을 뻗어 나를 만지고 아침으로 호밀빵과 청어절임을 먹을 생각이 있냐고 물어볼 것만 같았다.

나는 아버지에게 말을 걸었다. 사랑한다고 말했다. 오랜 세월이 흐른 뒤 잠자는 내 아이들에게 가끔 말하게 되듯이 그렇게 말이다. 그러나 의사는 아버지가 자고 있는 것이 아니라며 내 목소리를 들을 수 없다고 강조했다. 뇌파를 판독한 결과 이미 사망한 것이나 다름없다는 것이었다. 아버지의 따스한 몸은 맥가이버 프로그램의 물리학 실험실과 마찬가지였다. 외관은 곁에서 보면 멀쩡했지만, 의미 있는 기능은 전혀 할 수 없는 껍데기에 지나지 않았다. 의사는 나에게 아버지의 체온이 점차 떨어지고 호흡도 점점 느려져서 돌아가실 것이라고 말했다.

바로 그때 나는 과학이 싫었다. 틀린 것으로 드러나기를 바랐다. 과학자와 의사가 자신들이 무엇이라고 인간의 운명에 대해서 말을 하는가? 나는 아버지를 되살리기 위해서라면 아니, 하루라도 한 시간이라도, 일 분이라도 의식이 돌아오게 만들 수 있다면 무엇이라도, 전 재산이라도 내놓았을 것이다. 그래서 사랑한다고 말하고 이별 인사를 할 수 있다면 말이다. 그러나 마지막은 의사가 말한 그런 방식으로 왔다.

그해는 1988년이었고, 아버지는 76세였다. 아버지가 돌아가신 뒤 우리는 7일 동안 집을 떠나지 않으면서 하루 세 차례씩 기도하는 전통적인 유대식 애도기간을 지켰다. 평생토록 나는 거실에 앉아서 아버지와 대화를 해왔다. 지금 나는 그곳에 앉아 있지만 아버지는 단지 추억이 되었고, 이제 다시는 아버지에게 말을 걸 수 없다는 것을 알고 있었다. 지금껏 이야기했던 인류의 지적 여행 덕분에 나는 그의 원자들이 계속 존재하고 있으며, 언제까지나 그러리라는 것을 알고 있었다. 또한 나는 그의 원자들이 그와 함께 죽지 않았지만 이제는 흩어질 것이라는 점을 알고 있었다. 그들이 조직화해서 내가 아버지라고 알고 있던 존재가 되었던 시절은 지나갔으며 다시 돌아오지 않으리라는 것을, 오직 나의 마음속과 그를 사랑한 사람들의 마음속에 그림자로만 존재하리라는 것을 나는 알고 있었다. 그리고 수십 년 지나지 않아서 나에게도 똑같은 일이 일어나리라는 것을 나는 알았다.

놀랍게도 당시 나는 물질세계를 이해하기 위해서 노력했던 덕분에 알게 된 것들이 스스로를 냉담하게 만들지 않고 오히려 나에게 힘을 주었다는 사실을 느꼈고, 그것은 내가 슬픔을 딛고 일어서서 고독감을 덜 느끼도록 도움을 주었다. 나는 어떤 더 큰 것의 일부였기 때문이었다. 나는 우리 존재의 경이로운 아름다움에 눈을 떴다. 우리 각자에게 허용된 세월이 얼마이든지 말이다. 아버지는 심지어 고등학교를 다닐 기회도 없었던 분이지만, 물질세계의 속성에 대해서 커다란 감탄과 호기심을 가지고 있었다. 나는 어린 시절 거실에서 아버지와 대화할 때 그에 대한 책을 언젠가 쓰겠다고 말한 적이 있다. 마침내 수십 년이 지난 지금, 바로 그 책을 낸다.

나의 아버지가 어머니에게 청혼하던 날 저녁. 1951년 뉴욕.

에필로그

오래된 수수께끼를 하나 풀어보자. 어느 날 한 수도사가 동틀 무렵 수도 원을 떠나 높은 산꼭대기에 있는 사원으로 향한다.[1] 하나뿐인 등산길은 매우 좁고 구불구불하다. 급경사 구간도 몇 군데 있어서 거기서는 오르 는 속도가 늦어진다. 그러나 수도사는 해가 지기 직전에 도착한다. 다음 날아침 그는 역시 해가 뜰 무렵 산을 내려오기 시작해서 해가 질 때 수도 원에 도착한다. 문제는 이것이다. 그는 정확히 같은 시각에 산길의 동일 한 지점을 통과한 적이 있을까? 해당 지점을 확인해보라는 것이 아니다. 그런 지점이 있을까 없을까에 관한 물음이다.

이것은 요령에 의존하거나 위장된 정보가 있거나 일부 단어의 뜻을 새로 해석해야 하는 종류의 수수께끼가 아니다. 산길의 어느 지점에 수 도사가 이틀 연속 정오에 기도를 올리는 제단이 있는 것도 아니다. 이 문제를 풀기 위해서는 그가 산을 오르내리는 속도를 알아야 하는 것도, 당신이 짐작해야 하는 세부사항이 있는 것도 아니다. 그렇다고 단어의 중의적인 의미를 이용하는 식의 수수께끼도 아니다. 예를 들면 "서면 보 고를 하지 못한 이유는?"의 답이 "서지 않아서"라는 식도 아니라는 말이 다. 이 문제는 매우 간단하다. 당신은 답을 내기 위해서 필요한 모든 것 을 한 번에 곧바로 파악했을 가능성이 있다.

이 문제에 대해서 잠시 생각해보자. 이 문제 해결의 성공 여부는, 대대 로 과학자들이 답을 내려고 했던 많은 문제들의 경우와 마찬가지로, 당 신의 인내와 끈기에 달려 있을지도 모르기 때문이다. 그러나 이보다 더욱 중요한 것은, 훌륭한 과학자라면 누구나 알고 있듯이, 질문을 올바른 방식으로 제기하는 능력, 뒤로 한걸음 물러나서 문제를 약간 다른 각도에서 바라보는 능력이다. 일단 이렇게 하면 답은 쉽게 나온다. 이렇게 새로운 시각을 찾는 것은 힘들 수 있다. 뉴턴의 물리학과 멘델레예프의 주기율표와 아인슈타인의 상대론을 창조하는 데에 비범한 지능과 창의력을 가진 사람들이 필요했던 이유가 여기에 있다. 그럼에도 불구하고 이런 이론들은 적절한 설명이 제시되면, 오늘날 학부에서 물리학이나 화학을 전공하는 학생이라면 누구나 이해할 수 있다. 그리고 한 세대의 학자들을 주춤하게 만든 것이 다음 세대의 사람들에게는 보편적인 지식이 되며, 과학자들을 점점 더 높은 곳을 정복할 수 있게 하는 것도 이 때문이다.

수도사 문제의 해법을 생각해보자. 수도사가 어느 날 산을 올라가고 다음날 하산하는 광경을 다시 마음속에 그려볼 필요는 없다. 그보다는 사고실험을 통해서 이 문제를 다른 시각으로 바라보자. 수도사가 두 명 있어서 **같은 날** 한 사람은 산을 올라가고 다른 사람은 내려온다고 생각해보자. 도중에 두 사람은 마주칠 것이 분명하다. 마주치는 그곳이 바로 두 사람이 같은 시각에 존재하는 같은 지점이다. 그러므로 해답은 "그렇다"이다.

그 수도사가 같은 시각 같은 지점에 있게 될 가능성은 있을 법하지 않은 우연처럼 보인다. 그러나 당신이 상상력을 발휘해서 두 수도사가 같은 날 산을 오르고 내리는 장면을 상상하면 이것은 우연이 아니라 필연임을 알게 된다.

어떤 의미에서 인간 지식의 진보는, 세상을 아주 약간 다른 방식으로 볼 능력이 있던 사람들이 했던 공상이 계속 이어진 덕분에 가능했다. 갈릴레오는 공기저항이 없는 이론상의 세상에서 낙하하는 물체를 상상했다. 돌턴은 만일 물체가 눈에 보이지 않는 원자로 만들어져 있다면,

원소들이 어떤 식으로 반응해서 화합물을 만들어낼지를 상상했다. 하이젠베르크는 우리가 일상에서 경험하는 것과는 전혀 다른 기괴한 법칙이 지배하는 원자의 영역을 상상했다. 이런 공상적 사고방식의 한쪽 끝에는 "터무니없는"이란 꼬리표가, 다른 끝에는 "통찰력 있는"이란 꼬리표가 각각 붙어 있다. 우주에 대한 우리의 이해가 오늘날에 이른 것은 양 극단의 어느 지점에서 아이디어를 생각해낸 사색가들의 긴 행렬이 성실히 노력한 덕분이다.

지금까지의 읽어온 결과 독자들이 다음의 내용을 제대로 인식했다면 나의 목표는 달성된 것이다. 물질세계에 대한 인간의 생각은 어디에 뿌리를 두고 있는가, 물질세계를 연구하는 사람들은 어떤 종류의 문제를 고민하는가, 이론과 연구는 어떤 속성을 띠고 있는가, 문화와 신념 체계는 인간의 탐구에 어떤 방식으로 영향을 미치는가. 이것은 우리 시대의 사회와 전문직업과 도덕 분야에서 제기되는 수많은 문제를 이해하는 데에 중요하다. 그러나 이 책의 많은 부분은 과학자와 혁신가들이 생각하는 방식에 대해서도 탐구한다.

2,500년 전 소크라테스가 비유한 바에 따르면, 비판적이고 체계적인 생각 없이 살아가는 사람은 적절한 절차를 따르지 않고 솜씨를 발휘하는 도예가와 같은 장인이나 마찬가지라고 했다.[2] 도기를 만드는 일은 쉬울 것 같이 보이지만 그렇지 않다. 소크라테스의 시대에는, 이를 위해서 아테네 남부의 구덩이에서 진흙을 구해서, 진흙을 특별히 제작한 물레에 얹고, 제작하려는 부위의 지름에 꼭 알맞은 속도로 물레를 돌리고, 그다음에 닦고 깎고 솔질을 하고 유약을 칠하고 건조시키고 가마에서 두 차례 굽는데, 그때마다 매번 온도와 습도가 적절해야 한다. 이 절차 중 어느 하나라도 어기면 도자기는 기형이 되거나 금이 가거나 변색하거나 못생긴 형태가 된다. 효과적으로 생각하는 것 또한 하나의 기술이며 잘할 가치가 있는 기술이라고 소크라테스는 지적했다. 어쨌든 우리 모두는

생각하는 기술을 제대로 사용하지 못한 탓에 삶이 우그러지거나 큰 결함이 생긴 그런 사람들을 알고 있다.

우리 가운데 시공간의 성질이나 원자를 연구하는 사람을 드물지만 우리는 모두 우리가 사는 세상에 대한 이론을 만들고 일터에서나 놀이터에서 이 이론들을 지침으로 삼는다. 그리고 투자를 어떻게 할지, 무엇이 몸에 좋을지, 심지어 무엇이 우리를 행복하게 만들지를 결정하는 데에도 활용한다. 또한 과학자들과 마찬가지로 우리 모두는 삶에서 혁신을 이룩해야만 한다. 이것은 시간이나 에너지가 없을 때 저녁식사용으로 무엇을 만들어야 하나를 생각해내는 것을 의미할 수도 있고, 필기한 것은 사라지고 컴퓨터는 모두 멈추었을 때 발표 내용을 급조하는 것을 뜻할 수도 있다. 혹은 과거에서 비롯된 정신적 앙금을 언제 놓아버려야 하는지, 그리고 당신을 지탱해주는 전통을 언제 고수해야 하는지를 아는 것처럼 중대한 일일 경우도 있다.

삶 자체, 특히 현대의 삶은 과학자들이 마주하는 것과 유사한 지적 도전을 제기한다. 우리는 스스로를 과학자라고 생각하지 않는데도 불구하고 말이다. 그러므로 이 모험에서 우리가 얻었을 모든 교훈 가운데 가장 중요한 것은 다음의 내용을 담고 있을 것이다. 그것은 성공하는 과학자의 특성, 인습에 얽매이지 않는 유연한 사고, 참을성 있는 접근, 다른 사람들의 믿음에 충실하지 않는 것, 스스로의 관점을 바꾸는 것의 가치, 해답이 존재하며 우리가 그것을 찾을 수 있다는 신념이다.

* * *

우주에 대한 우리의 지식은 오늘날 어디쯤에 와 있을까? 20세기에 인류는 모든 방면에서 막대한 진보를 이룩했다. 일단 물리학자들이 원자의 수수께끼를 풀고 양자론을 발명하자, 이런 진보로 인하여 역으로 다른 것들이 가능해졌고 이에 따라서 과학적 발견의 속도는 더더욱 광적으로 빨라졌다.

전자현미경, 레이저, 컴퓨터와 같은 새로운 양자 기술에 힘입은 화학자들은 화학결합의 본질과 분자의 형태가 화학반응에서 미치는 영향을 이해하게 되었다. 한편 화학반응을 만들고 활용하는 기술 또한 폭발적으로 발전했다. 20세기 중반이 되자 세상은 완전히 달라졌다. 자연에서 나오는 물질에 더 이상 의존하지 않게 된 우리는 전에 없던 새로운 인공물질을 만들어내고 옛 재료를 변화시켜 새로운 용도로 사용하는 법을 알게 되었다. 플라스틱, 나일론, 폴리에스터, 경화강, 가황고무, 정제 석유, 화학 비료, 살충제, 소독약, 방부제, 염소 소독수 등, 이 목록들은 계속 이어진다. 그리고 그 결과 식량 생산이 늘고 사망률은 급락했으며 우리의 수명은 급격히 늘었다.

이와 동시에 생물학자들은 세포가 어떻게 문자 기계로 활동하는지를 상세히 기술하고, 유전정보가 어떻게 다음 세대로 전해지는지를 판독하고, 우리 종의 청사진을 기술하는 데에 커다란 진전을 이룩했다. 오늘날 우리는 체액에서 추출한 DNA 조각을 분석해서 수수께끼의 감염원을 식별해낼 수 있다. 우리는 이미 존재하는 생명체에 DNA 조각을 연결해서 새로운 생명체를 만들 수 있다. 들쥐의 뇌에 광섬유를 심어 마치 로봇처럼 조종할 수도 있다. 그리고 컴퓨터 앞에 앉아서 사람들의 뇌가 생각을 만들어내거나 감정을 느끼는 것을 볼 수도 있다. 심지어 어떤 경우에는 그들의 생각을 읽는 것조차 가능하다.

그러나 우리가 멀리까지 온 것은 사실이라고 할지라도 우리가 어느 분야에서든 최종적 해답의 근처에 왔다고 믿는다면, 그것은 오류임이 거의 확실하다. 그런 생각은 역사를 통틀어 계속되어왔던 실수이다. 고대 바빌론인들은 지구가 바다의 신 티아마트의 시체로부터 만들어졌다고 확신했다. 그로부터 수천 년이 지나고, 고대 그리스인들에 의해서 자연에 대한 우리의 이해가 믿을 수 없을 만큼 깊어진 후로, 대부분의 사람들은 지상계의 모든 물체는 흙, 공기, 불, 물의 조합으로 만들어졌다고 믿어 의심치 않았다. 그로부터 2,000년이 다시 흐른 뒤, 뉴턴주의자들은 원자의 운동에서 행성의 궤도에 이르기까지, 이제껏 일어났고 앞으로 일어날 모든 일을 뉴턴의 운동법칙으로 원리적으로 설명하고 예측할 수 있다고 믿었다. 이 모든 것이 열렬한 확신이었고, 모두가 오류였다.

시대를 불문하고 우리 인간들은 스스로가 지식의 정점에 서 있다고 믿는 경향이 있다. 우리의 이전 사람들의 믿음에는 흠이 있지만 우리 자신의 해답은 올바르며 과거 사람들의 것과 달리 폐기되지 않을 것이라고 믿는다. 과학자는 심지어 위대한 이를 포함하여 이런 종류의 교만으로부터 보통사람보다 조금도 더 자유롭지 못하다. 1980년대 스티븐 호킹이 선언했던 내용을 보라. 물리학자들이 자신들의 "만물의 이론(theory of everything)"을 세기말까지는 가지게 될 것이라고 하지 않았나.

오늘날의 우리는 호킹이 수십 년 전에 말한 대로 자연에 대한 근본적인 질문 모두에 해답을 내놓기 직전에 있는가? 혹은 19세기의 전환기 때처럼 우리가 옳다고 생각하는 이론들이 곧 완전히 다른 무엇으로 대체될, 그런 상황에 있는가?

과학의 지평선에는 우리가 후자의 시나리오에 속해 있을지도 모른다고 암시하는 구름이 적지 않다. 생물학자들은 지구의 첫 생명이 언제 어떻게 탄생했는지, 혹은 다른 지구 비슷한 행성에서 기원했을 가능성은 어느 정도 되는지 여전히 모르고 있다. 그들은 진화 과정에서 유성 생식이 발달한 것이 자연선택에서 어떤 이득이 있기 때문인지를 모른다. 아마도 가장 중요하게, 그들은 뇌가 어떻게 해서 마음이라는 경험을 만들어내는지 모른다는 것이다.

화학에도 역시 해결되지 않은 커다란 문제가 많다. 물 분자들이 어떻게 수소결합을 하여 그렇게 마술적인 특성을 만들어내는지부터 아미노산의 긴 사슬이 어떻게 접혀서 스파게티와 비슷한 단백질—생명체에 필수적인—을 정확히 만들어내는지에 이르는 문제들이 그런 종류이다. 가장 폭발적인 잠재력을 지닌 문제를 가진 분야는 물리학이다. 물리학의 미결 문제들은 자연의 근본적인 모습에 대해서 우리가 지금 알고 있는 모든 것을 뒤바꿀 잠재력을 가지고 있다.

예를 들면, 우리는 전자기력과 두 개의 핵력을 통일하는, 매우 성공적인 물질과 힘의 "표준 모형"을 수립했지만 이 모형이 최종판으로 받아들여질 만하다고 믿는 사람은 거의 없다. 하나의 중요한 단점은 여기에서 중력이 배제되어 있다는 점이다. 또 하나는, 실험 측정을 통해서만 확정되며 중요한 어떤 이론으로도 설명될 수 없는, 조절 가능한 파라미터—오차 요인—가 너무 많다는 사실이다. 그리고 이 문제들 모두를 해결해 줄 전망을 가진 것으로 한때 인식되었던 끈 이론 / M 이론의 발전은 멈춰져 있는 것 같다. 이로 인해서 많은 물리학자들이 가졌던 높은 기대가 의문시되고 있다.

이와 함께 오늘날 우리는, 우리의 도구 중 가장 강력한 것을 이용해서 보는 것일지라도, 우리의 우주가 실제로는 외계에 존재하는 것의 극히 일부에 지나지 않는 것이 아닐까 하는 의심을 하고 있다. 마치 우주의 대부분은 적어도 한동안은 미스터리로 남을 수밖에 없는 유령 같은 지하 세계이기라도 한 것처럼 말이다. 보다 정확히 말하자면 우리가 오감을 통해서, 그리고 실험실 안에서 탐지하는 보통의 물질과 빛 에너지는 우주의 물질과 에너지의 5퍼센트를 차지하는 데에 불과한 것 같다. 이에 반하여 감지된 적이 없는 "암흑물질(dark matter)"과 역시 보이지 않으며 감지된 일이 없는 "암흑 에너지(dark energy)"가 나머지를 차지하고 있는 것으로 생각된다.

암흑물질이 존재한다고 물리학자들이 가정하는 이유는 우리가 하늘에서 볼 수 있는 물질들이 알 수 없는 근원에서 나온 중력에 의해서 잡아당겨지고 있는 것으로 보이기 때문이다. 암흑 에너지도 신비롭기는 마찬가지이다. 이 개념이 인기를 얻게 된 것은 우주의 팽창속도가 점점 더 빨라지고 있다는 사실이 1998년에 발견되면서부터이다. 이 현상은 아인슈타인의 중력이론-일반상대론으로 설명될 수 있을지도 모른다. 이에 따르면, 우주 전체가 "반중력" 효과를 발휘하는 색다른 형태의 에너지로 가득 차 있을 가능성이 존재한다. 그러나 이 "암흑 에너지"의 기원과 속성은 아직 발견되지 않고 있다.

암흑물질과 암흑 에너지는 기존 이론—표준 모형과 아인슈타인의 중력이론—과 들어맞는 설명인 것으로 확인될 것인가? 혹은 플랑크 상수가 그랬던 것처럼 우주에 대한 완전히 새로운 견해로 결국 우리를 이끌 것인가? 끈 이론은 진실인 것으로 확인될 것인가, 만일 그렇지 않다면 우리는 자연의 모든 힘을 통합하는 "오차 인자"가 없는 통일이론을 앞으로 발견할 수는 있을 것인가? 아무도 모른다. 내가 영원히 살고 싶어하는 이유는 많지만 이 질문들에 대한 해답이 나올 때까지 살고 싶다는 것이 거의 첫 번째에 해당한다. 이것이 나를 과학자로 만드는 요인이라고 나는 추측한다.

감사의 말

이 책의 아이디어를 글로 출판하는 과정에서 나는 많은 사람들에게서 통찰력 있는 조언을 듣는 혜택을 입었다. 다양한 분야에서 과학 및 과학사를 전공하는 수많은 친구들이 이런 도움을 주었다. 또한 다양한 버전의 초고를 부분적으로 읽고 건설적인 비판을 해준 이들에게도 똑같이 감사한다. 특히 고마움을 표명하고 싶은 사람은 랠프 아돌프스, 토드 브룬, 제드 부크발트, 피터 그레이엄, 신시아 해링턴, 스티븐 호킹, 마르 힐러리, 미셸 자페, 톰 리온, 스탠리 오로피사, 알렉세이 믈로디노프, 니콜라이 믈로디노프, 올리비아 믈로디노프, 샌디 펄리스, 아르쿠스 포셀, 베스 라쉬바움, 랜디 로젤, 프레드 로우즈, 필라 라이언, 에르하르트 자일러, 마이클 셔머, 신시아 테일러 등이다. 또한 친구이자 내 에이전트인 수전 긴스버그에게도 깊은 고마움을 표한다. 그녀는 책의 내용을 포함해서 출판의 모든 측면에 대해서 나에게 지침을 제시해주었고, 포도주를 곁들인 멋진 저녁 식사를 함께 해주었다. 나에게 커다란 도움을 준 사람으로는 인내심 깊은 편집자 에드워드 카스텐마이어도 빼놓을 수 없다. 그는 이 책을 펴내는 전 과정에서 귀중한 비판과 제언을 해주었다. 또한 펭귄 랜덤하우스 출판사의 댄 프랭크, 에밀리 지글리에라노, 애니 니콜, 그리고 라이터스 하우스 에이전시의 스테이시 테스타가 준 도움과 조언에도 감사한다. 마지막으로 나의 또다른 편집자 역할을 하며 매일 24시간 대기해준 아내 도나 스콧에게도 커다란 고마움을 전한다. 그녀는 수없이 고치는 내 원고를 지치지 않고 읽어주었으며 문단 하나 하나를 검토해서 가끔은 포도주를 마시며 깊이 있고 귀중한 조언과 아이디어와 격려를 주었다. 그녀 역시 이 과정에서 짜증스러워 한 적은 (거의) 결코 없다. 이 책은 어린 시절 아버지에게 과학에 대한 이야기를 해드리기 시작했을 때부터 계속 마음속에서 숙성되어왔다. 그 분은 언제나 나의 이야기를 흥미롭게 듣고 세상 물정에 밝은 사람의 지혜를 나에게 들려주었다. 만일 아버지가 살아 계셔서 이 책을 보았다면 매우 귀중하게 여겼으리라고 생각하면 마음이 기쁘다.

주

1. 우리의 알고 싶어하는 욕구

1. Alvin Toffler, Future Shock (New York: Random House, 1970), 26.
2. "Chronology: Reuters, from Pigeons to Multimedia Merger," Reuters, February 19, 2008. 2014년 10월 27일 접속, http://www.reuters.com/article/2008/02/19/us-reuters-thomson-chronology-idUS L1849100620080219.
3. Toffler, *Future Shock*, 13.
4. Albert Einstein, *Einstein's Essays in Science* (New York: Wisdom Library, 1934), 112.

2. 호기심

1. Maureen A. O'Leary et al., "The Placental Mammal Ancestor and the Post-K-Pg Radiation of Placentals," *Science* 339 (February 8, 2013): 662–67.
2. Julian Jaynes, *The Origin of Consciousness in the Breakdown of the Bicameral Mind* (Boston: Houghton Mifflin, 1976), 9.
3. Donald C. Johanson, *Lucy's Legacy* (New York: Three Rivers Press, 2009). 또한 다음을 보라. Douglas S. Massey, "A Brief History of Human Society: The Origin and Role of Emotion in Social Life," *American Sociological Review* 67 (2002): 1–29.
4. B. A. Wood, "Evolution of Australopithecines," in *The Cambridge Encyclopedia of Human Evolution*, ed. Stephen Jones, Robert D. Martin, and David R. Pilbeam (Cambridge, U.K.: Cambridge University Press, 1994), 239.
5. Carol. V. Ward et al., "Complete Fourth Metatarsal and Arches in the Foot of Australopithecus afarensis," *Science* 331 (February 11, 2011): 750–53.
6. 4×10^6년 전 = 2×10^5 세대; 2×10^5 가구 × 가구당 100피트의 폭 ÷ 마일당 5,000피트 = 4,000마일.
7. James E. McClellan III and Harold Dorn, *Science and Technology in World History*, 2nd ed. (Baltimore: Johns Hopkins University Press, 2006), 6–7.
8. Javier DeFelipe, "The Evolution of the Brain, the Human Nature of Cortical

Circuits, and Intellectual Creativity," *Frontiers in Neuroanatomy* 5 (May 2011): 1-17.

9. Stanley H. Ambrose, "Paleolothic Technology and Human Evolution," *Science* 291 (March 2, 2001): 1748-53.

10. "What Does It Mean to Be Human?" Smithsonian Museum of Natural History, 2014년 10월 27일 접속, www.humanorigins.si.edu.

11. Johann De Smedt et al., "Why the Human Brain Is Not an Enlarged Chimpanzee Brain," in *Human Characteristics: Evolutionary Perspectives on Human Mind and Kind*, ed. H. Høgh-Olesen, J. Tøn-nesvang, and P. Bertelsen (Newcastle upon Tyne: Cambridge Scholars, 2009), 168-81.

12. Ambrose, "Paleolothic Technology and Human Evolution," 1748-53.

13. R. Peeters et al., "The Representation of Tool Use in Humans and Monkeys: Common and Uniquely Human Features," *Journal of Neuroscience* 29 (September 16, 2009): 11523-39; Scott H. Johnson-Frey, "The Neural Bases of Complex Tool Use in Humans," *TRENDS in Cognitive Sciences* 8 (February 2004): 71-78.

14. Richard P. Cooper, "Tool Use and Related Errors in Ideational Apraxia: The Quantitative Simulation of Patient Error Profiles," *Cortex* 43 (2007): 319; Johnson-Frey, "The Neural Bases," 71-78.

15. Johanson, *Lucy's Legacy*, 192-93.

16. Ibid., 267.

17. András Takács-Sánta, "The Major Transitions in the History of Human Transformation of the Biosphere," *Human Ecology Review* 11 (2004): 51-77. 인간의 근대적 행태가 더욱 이른 시기 아프리카에서 처음 출현했으며 그 후에 "제2차 탈 아프리카" 이주를 통해서 이런 행태가 유럽에 도입되었다고 믿는 연구자들이 일부 있다. 예컨대 다음을 보라. David Lewis-Williams and David Pearce, *Inside the Neolithic Mind* (London: Thames and Hudson, 2005), 18; Johanson, *Lucy's Legacy*, 257-62.

18. Robin I. M. Dunbar and Suzanne Shultz, "Evolution in the Social Brain," *Science* 317 (September 7, 2007): 1344-47.

19. Christopher Boesch and Michael Tomasello, "Chimpanzee and Human Cultures," *Current Anthropology* 39 (1998): 591-614.

20. Lewis Wolpert, "Causal Belief and the Origins of Technology," *Philosophical Transactions of the Royal Society* A 361 (2003): 1709-19.

21. Daniel J. Povinelli and Sarah Dunphy-Lelii, "Do Chimpanzees Seek Explanations? Preliminary Comparative Investigations," *Canadian Journal of Experimental Psychology* 55 (2001): 185-93.

22. Frank Lorimer, *The Growth of Reason* (London: K. Paul, 1929); Arthur Koestler, *The Act of Creation* (London: Penguin, 1964), 616에서 인용.

23. Dwight L. Bolinger, ed., *Intonation: Selected Readings*, (Harmondsworth, U.K.: Penguin, 1972), 314; Alan Cruttenden, *Intonation* (Cambridge, U.K.: Cambridge University Press, 1986), 169-17.

24. Laura Kotovsky and Renee Baillargeon, "The Development of Calibration-Based Reasoning About Collision Events in Young Infants," *Cognition* 67 (1998): 313-51.

3. 문화

1. James E. McClellan III and Harold Dorn, *Science and Technology in World History*, 2nd ed. (Baltimore: Johns Hopkins University Press, 2006), 9-12.

2. 이같은 발전 중 많은 것들의 선구자가 그 이전의 유랑 집단에 존재했었지만 관련 기술이 융성하지는 못했다. 만들어낸 물건이 떠돌아다니는 생활과 맞지 않았기 때문이다. 다음을 보라. McClellan and Dorn, *Science and Technology*, 20-21.

3. Jacob L. Weisdorf, "From Foraging to Farming: Explaining the Neolithic Revolution," *Journal of Economic Surveys* 19 (2005): 562-86; Elif Batuman, "The Sanctuary," *New Yorker*, December 19, 2011, 72-83.

4. Marshall Sahlins, *Stone Age Economics* (New York: Aldine Atherton, 1972), 1-39.

5. Ibid., 21-22.

6. Andrew Curry, "Seeking the Roots of Ritual," Science 319 (January 18, 2008): 278-80; Andrew Curry, "Gobekli Tepe: The World's First Temple?," *Smithsonian Magazine*, November 2008. 2014년 11월 7일 접속, http://www.smithsonian mag.com/history-archaeology/ gobekli-tepe.html; Charles C. Mann, "The Birth of Religion," *National Geographic*, June 2011, 34-59; Batuman, "The Sanctuary."

7. Batuman, "The Sanctuary."

8. Michael Balter, "Why Settle Down? The Mystery of Communities," *Science* 20 (November 1998): 1442-46.

9. Curry, "Gobekli Tepe."

10. McClellan and Dorn, *Science and Technology*, 17-22.

11. Balter, "Why Settle Down?," 1442-46.

12. Marc Van De Mieroop, *A History of the Ancient Near East* (Malden, Mass.: Blackwell, 2007), 21. 또한 다음을 보라. Balter, "Why Settle Down?," 1442-46.

13. Balter, "Why Settle Down?," 1442-46; David Lewis-Williams and David Pearce, *Inside the Neolithic Mind* (London: Thames and Hudson, 2005), 77-78.

14. Ian Hodder, "Women and Men at Çatalhöyük," *Scientific American*, January

2004, 81.

15. Ian Hodder, "Çatalhöyük in the Context of the Middle Eastern Neolithic," *Annual Review of Anthropology* 36 (2007): 105-20.

16. Anil K. Gupta, "Origin of Agriculture and Domestication of Plants and Animals Linked to Early Holocene Climate Amelioration," *Current Science* 87 (July 10, 2004); Van De Mieroop, *History of the Ancient Near East*, 11.

17. L. D. Mlodinow and N. Papanicolaou, "SO (2, 1) Algebra and the Large N Expansion in Quantum Mechanics," *Annals of Physics* 128 (1980): 314-34; L. D. Mlodinow and N. Papanicolaou, "Pseudo-Spin Structure and Large N Expansion for a Class of Generalized Helium Hamiltonians," *Annals of Physics* 131 (1981): 1-35; Carl Bender, L. D. Mlodinow, and N. Papanicolaou, "Semiclassical Perturbation Theory for the Hydrogen Atom in a Uniform Magnetic Field," *Physical Review* A 25 (1982): 1305-14.

18. Jean Durup, "On the 1986 Nobel Prize in Chemistry," *Laser Chemistry* 7 (1987): 239-59. 또한 다음을 보라. D. J. Doren and D. R. Herschbach, "Accurate Semiclassical Electronic Structure from Dimensional Singularities," *Chemical Physics Letters* 118 (1985): 115-19; J. G. Loeser and D. R. Herschbach, "Dimensional Interpolation of Correlation Energy for Two-Electron Atoms," *Journal of Physical Chemistry* 89 (1985): 3444-47.

19. Andrew Carnegie, James Watt (New York: Doubleday, 1933), 45-64.

20. T. S. Eliot, *The Sacred Wood and Major Early Essays* (New York: Dover Publications, 1997), 72. 1920년에 초판이 발행되었다.

21. Gergely Csibra and György Gergely, "Social Learning and Cognition: The Case for Pedagogy," in *Processes in Brain and Cognitive Development*, ed. Y. Munakata and M. H. Johnson (Oxford: Oxford University Press, 2006): 249-74.

22. Christophe Boesch, "From Material to Symbolic Cultures: Culture in Primates," in The *Oxford Handbook of Culture and Psychology*, ed. Juan Valsiner (Oxford: Oxford University Press, 2012), 677-92. 또한 다음을 보라. Sharon Begley, "Culture Club," *Newsweek*, March 26, 2001, 48-50.

23. Boesch, "From Material to Symbolic Cultures." 또한 다음을 보라. Begley, "Culture Club"; Bennett G. Galef Jr., "Tradition in Animals: Field Observations and Laboratory Analyses," in *Interpretation and Explanation in the Study of Animal Behavior*, ed. Marc Bekoff and Dale Jamieson (Oxford: Westview Press, 1990).

24. Boesch, "From Material to Symbolic Cultures." 또한 다음을 보라. Begley, "Culture Club."

25. Heather Pringle, "The Origins of Creativity," *Scientific American*, March 2013, 37-43.

26. Michael Tomasello, *The Cultural Origins of Human Cognition* (Cambridge,

Mass.: Harvard University Press, 2001), 5-6, 36-41.

27. Fiona Coward and Matt Grove, "Beyond the Tools: Social Innovation and Hominin Evolution," *PaleoAnthropology* (special issue, 2011): 111-29.

28. Jon Gertner, *The Idea Factory: Bell Labs and the Great Age of American Knowledge* (New York: Penguin, 2012), 41-42.

29. Pringle, "Origins of Creativity," 37-43.

4. 문명

1. Robert Burton, in *The Anatomy of Melancholy* (1621); George Herbert, in *Jacula Prudentum* (1651); William Hicks, in Revelation Revealed (1659); Shnayer Z. Leiman, "Dwarfs on the Shoulders of Giants," *Tradition*, Spring 1993. 이 경구가 사용된 시기는 실제로 12세기까지로 거슬러올라가는 것 같다.

2. Marc Van De Mieroop, *A History of the Ancient Near East* (Malden, Mass.: Blackwell, 2007), 21-23.

3. Ibid., 12-13, 23.

4. 일부 학자는 인구수를 더 높게 추산하여 20만 명으로 본다. James E. McClellan III and Harold Dorn, *Science and Technology in World History*, 2nd ed. (Baltimore: Johns Hopkins University Press, 2006), 33.

5. Van De Mieroop, *History of the Ancient Near East*, 24-29.

6. McClellan and Dorn, *Science and Technology in World History*, 41-42.

7. David W. Anthony, *The Horse, the Wheel, and Language: How Bronze-Age Riders from the Eurasian Steppes Shaped the Modern World* (Princeton, N.J.: Princeton University Press, 2010), 61.

8. Van De Mieroop, *History of the Ancient Near East*, 26.

9. Marc Van De Mieroop, *The Ancient Mesopotamian City* (Oxford: Oxford University Press, 1997), 46-48.

10. Van De Mieroop, *History of the Ancient Near East*, 24, 27.

11. Elizabeth Hess, *Nim Chimpsky* (New York: Bantam Books, 2008), 240-41.

12. Susana Duncan, "Nim Chimpsky and How He Grew," New York, December 3, 1979, 84. 또한 다음을 보라. Hess, *Nim Chimpsky*, 22.

13. T. K. Derry and Trevor I. Williams, *A Short History of Technology* (Oxford: Oxford University Press: 1961), 214-15.

14. Steven Pinker, *The Language Instinct: How the Mind Creates Language* (New York: Harper Perennial, 1995), 26.

15. Georges Jean, *Writing: The Story of Alphabets and Scripts* (New York: Henry N. Abrams, 1992), 69.

16. Jared Diamond, *Guns, Germs and Steel* (New York: W. W. Norton, 1997), 60, 218. 신세계와 관련해서는 다음을 보라. María del Carmen Rodríguez

Martinez et al., "Oldest Writing in the New World," *Science* 313 (September 15, 2006): 1610-14; John Noble Wilford, "Writing May Be Oldest in Western Hemisphere," *New York Times*, September 15, 2006. 이 자료들이 다루고 있는 것은 지금까지 알려지지 않은 문자 체계가 적혀 있는 벽돌이다. 근래에 멕시코 베라크루스 주의 올멕 문화 중심부에서 발견된 것이다. 벽돌의 양식을 비롯한 여러 특징으로 보아 제작 연대가 기원전 첫 천년의 초기로 추정되며, 신세계에서 가장 오래된 문자이며 그 특징으로 판단컨대 중미의 올멕 문명에서 극히 중요한 진보였다.

17. Patrick Feaster, "Speech Acoustics and the Keyboard Telephone: Rethinking Edison's Discovery of the Phonograph Principle," *ARSC Journal* 38, no. 1 (Spring 2007): 10-43; *Diamond, Guns, Germs and Steel*, 243.

18. Jean, *Writing: The Story of Alphabets*, 12-13.

19. Van De Mieroop, *History of the Ancient Near East*, 30-31.

20. Ibid., 30; McClellan and Dorn, *Science and Technology in World History*, 49.

21. Jean, *Writing: The Story of Alphabets*, 14.

22. Derry and Williams, *A Short History of Technology*, 215.

23. Stephen Bertman, *Handbook to Life in Ancient Mesopotamia* (New York: Facts on File, 2003), 148, 301.

24. McClellan and Dorn, *Science and Technology in World History*, 47; Albertine Gaur, *A History of Writing* (New York: Charles Scribner's Sons, 1984), 150.

25. Sebnem Arsu, "The Oldest Line in the World," *New York Times*, February 14, 2006, 1.

26. Andrew Robinson, *The Story of Writing* (London: Thames and Hudson, 1995), 162-67.

27. Derry and Williams, *A Short History of Technology*, 216.

28. Saint Augustine, *De Genesi ad Litteram*, 415년 완성.

29. Morris Kline, *Mathematics in Western Culture* (Oxford: Oxford University Press, 1952), 11.

30. Ann Wakeley et al., "Can Young Infants Add and Subtract?," *Child Development* 71 (November-December 2000): 1525-34.

31. Morris Kline, *Mathematical Thought from the Ancient to Modern Times*, vol. 1 (Oxford: Oxford University Press, 1972), 184-86, 259-60.

32. Kline, *Mathematical Thought*, 19-21.

33. Roger Newton, *From Clockwork to Crapshoot* (Cambridge, Mass.: Belknap Press of the Harvard University Press, 2007), 6.

34. Edgar Zilsel, "The Genesis of the Concept of Physical Law," *The Philosophical Review* 3, no. 51 (May 1942): 247.

35. Robert Wright, *The Evolution of God* (New York: Little, Brown, 2009), 71-89.

36. Joseph Needham, "Human Laws and the Laws of Nature in China and the West, Part I," *Journal of the History of Ideas 12* (January 1951): 18.

37. Wright, *Evolution of God*, 87-88.

38. "Code of Hammurabi, c. 1780 BCE," *Internet Ancient History Sourcebook*, Fordham University, March 1998. 2014년 10월 27일 접속, http://www.fordham.edu/halsall/ancient/ hamcode. asp; "Law Code of Hammurabi, King of Babylon," Department of Near Eastern Antiquities: Mesopotamia, the Louvre, 2014년 10월 27일 접속, http://www.louvre.fr/en/oeuvre-notices/law-code-hammurabi-king-babylon; Mary Warner Marien and William Fleming, *Fleming's Arts and Ideas* (Belmont, Calif.: Thomson Wadsworth, 2005), 8.

39. Needham, "Human Laws and the Laws of Nature," 3-30.

40. Zilsel, "The Genesis of the Concept of Physical Law," 249.

41. Ibid.

42. Ibid., 265-67.

43. Ibid., 279.

44. Albert Einstein, *Autobiographical Notes* (Chicago: Open Court Publishing, 1979), 3-5.

5. 이성

1. Daniel C. Snell, *Life in the Ancient Near East* (New Haven, Conn.: Yale University Press, 1997), 140-41.

2. A. A. Long, "The Scope of Early Greek Philosophy," in *The Cambridge Companion to Early Greek Philosophy*, ed. A. A. Long (Cambridge, U.K.: Cambridge University Press, 1999).

3. 1952년 3월 30일 알베르트 아인슈타인이 모리스 졸로비네에게 쓴 편지, *Letters to Solovine* (New York: Philosophical Library, 1987), 117.

4. Albert Einstein, "Physics and Reality" in *Ideas and Opinions*, trans. Sonja Bargmann (New York: Bonanza, 1954), 292.

5. Will Durant, *The Life of Greece* (New York: Simon and Schuster, 1939), 134-40; James E. McClellan III and Harold Dorn, *Science and Technology in World History*, 2nd ed. (Baltimore: Johns Hopkins University Press, 2006), 56-59.

6. Adelaide Glynn Dunham, *The History of Miletus: Down to the Anabasis of Alexander* (London: University of London Press, 1915).

7. Durant, *The Life of Greece*, 136-37.

8. Rainer Maria Rilke, *Letters to a Young Poet* (1929; New York: Dover, 2002), 21.

9. Durant, *The Life of Greece*, 161-66; Peter Gorman, *Pythagoras: A Life* (London: Routledge and Kegan Paul, 1979).

10. Carl Huffman, "Pythagoras," *Stanford Encyclopedia of Philosophy*, Fall 2011, 2014년 10월 28일 접속, http://plato.stanford.edu/entries/pythagoras.

11. McClellan and Dorn, *Science and Technology*, 73-76.

12. Daniel Boorstin, *The Seekers* (New York: Vintage, 1998), 54.

13. Ibid., 316.

14. Ibid., 55.

15. Ibid.

16. Ibid., 48.

17. 다음을 참고하라. George J. Romanes, "Aristotle as a Naturalist," *Science* 17 (March 6, 1891): 128-33.

18. Boorstin, *The Seekers*, 47.

19. "Aristotle," The Internet Encyclopedia of Philosophy, 2014년 11월 7일 접속, http://www.iep.utm.edu.

6. 이성에 이르는 새로운 길

1. Morris Kline, *Mathematical Thought from Ancient to Modern Times*, vol. 1 (Oxford: Oxford University Press, 1972), 179.

2. Kline, *Mathematical Thought*, 204; J. D. Bernal, *Science in History*, vol. 1 (Cambridge, Mass.: MIT Press, 1971), 254.

3. Kline, *Mathematical Thought*, 211.

4. David C. Lindberg, *The Beginnings of Western Science: The European Scientific Tradition in Philosophical, Religious, and Institutional Context, 600 B.C. to A.D. 1450* (Chicago: University of Chicago Press, 1992), 180-81.

5. Toby E. Huff, *The Rise of Early Modern Science: Islam, China, and the West* (Cambridge, U.K.: Cambridge University Press, 1993), 74.

6. Ibid., 77, 89. 허프와 조지 샐리버는 이슬람 과학의 기원와 성격에 대해서, 특히 천문학의 역할에 대해서 의견이 달랐다. 이같은 이견은 생산적이고 자극적인 토론으로 이어졌다. 샐리버의 주장을 좀더 알아보려면 그의 다음 저작을 보라. George Saliba, *Islamic Science and the Making of the European Renaissance* (Cambridge, Mass.: MIT Press, 2007).

7. 당시 상황에 대한 좀더 상세한 내용은 허프의 다음 저작을 보라. Toby E. Huff, *Rise of Early Modern Science*, 276-78.

8. Bernal, *Science in History*, 334.

9. Lindberg, *Beginnings of Western Science*, 203-5.

10. J. H. Parry, *Age of Reconnaissance: Discovery, Exploration, and Settlement, 1450-1650* (Berkeley: University of California Press, 1982). 특히 제1부를 보라.

11. Huff, *Rise of Early Modern Science*, 187.

12. Lindberg, *Beginnings of Western Science*, 206-8.

13. Huff, *Rise of Early Modern Science*, 92.

14. John Searle, *Mind, Language, and Society: Philosophy in the Real World* (New York: Basic Books, 1999), 35.

15. 14세기의 상황에 대한 좀더 상세한 내용은 다음을 보라. Robert S. Gottfried, *The Black Death* (New York: Free Press, 1985), 29.

16. 시간 개념의 역사를 포괄적이면서도 읽기 쉽게 검토한 이 책을 보라. David Landes, *Revolution in Time: Clocks and the Making of the Modern World* (Cambridge, Mass.: Belknap Press of the Harvard University Press, 1983).

17. Lindberg, *Beginnings of Western Science*, 303-4.

18. Clifford Truesdell, *Essays in the History of Mechanics* (New York: Springer-Verlag, 1968).

19. 1943년 1월 7일 편지에서 알베르트 아인슈타인이 한 말. Helen Dukas and Banesh Hoffman,*Albert Einstein: The Human Side; New Glimpses from His Archives* (Princeton, N.J.: Princeton University Press, 1979), 8에서 인용했다.

20. Galileo Galilei, *Discoveries and Opinions of Galileo* (New York: Doubleday, 1957), 237-38.

21. Henry Petroski, *The Evolution of Useful Things* (New York: Knopf, 1992), 84-86.

22. James E. McClellan III and Harold Dorn, *Science and Technology in World History*, 2nd ed. (Baltimore: Johns Hopkins University Press, 2006), 180-82.

23. Elizabeth Eisenstein, *The Printing Press as an Agent of Change* (Cambridge, U.K.: Cambridge University Press, 1980), 46.

24. Louis Karpinski, *The History of Arithmetic* (New York: Russell and Russell, 1965), 68-71; Philip Gaskell, *A New Introduction to Bibliography* (Oxford, U.K.: Clarendon Press, 1972), 251-65.

25. Bernal, *Science in History*, 334-35.

26. 갈릴레오의 삶에 대한 나의 논의는 주로 다음에서 가져왔다. J. L. Heilbron, *Galileo* (Oxford: Oxford University Press, 2010), 그리고 Stillman Drake, *Galileo at Work* (Chicago: University of Chicago Press, 1978).

27. Heilbron, *Galileo*, 61.

28. 갈릴레오는 다양한 환멸감으로 고통을 받고 있었을지 모른다. William A.는 그의 책 *Galileo, the Jesuits, and the Medieval Aristotle* (Burlington, Vt.: Variorum, 1991)에서 다음과 같이 주장한다. 갈릴레오는 피사 대학교의 교수 자리를 얻기 위해서 실제로 준비 자료의 많은 부분을 1588-1590년 로마노 기숙학교(Colegio Romano)에서 예수회 수도사들이 했던 강연에서 도용했다는 것이다. 월레스는 또한 "갈릴레오와 예수회의 연관성 및 예수회가 그의 과학에 미친 영향"이라는 제목으로 한 장(章)을 쓰기도 했다. Mordechai Feingold's collection *Jesuit Science and the Republic of Letters* (Cambridge, Mass.: MIT Press, 2002)에 등장한다.

29. Bernal, *Science in History*, 429.

30. G. B. Riccioli, *Almagestum novum astronomiam* (1652), vol. 2, 384; Christopher Graney, "Anatomy of a Fall: Giovanni Battista Riccioli and the Story of G," *Physics Today* (September 2012): 36.

31. Laura Fermi and Gilberto Bernardini, *Galileo and the Scientific Revolution* (New York: Basic Books, 1961), 125.

32. Richard Westfall, *Force in Newton's Physics* (New York: MacDonald, 1971), 1-4. 실제로 파리에서 오렘의 선생이었던 장 뷔리당은 이와 유사한 법칙을 머튼 학자들의 틀 내에서 서술했었지만 갈릴레오처럼 분명하게 했던 것은 전혀 아니었다. 다음을 보라. John Freely, *Before Galileo: The Birth of Modern Science in Medieval Europe* (New York: Overlook Duckworth, 2012), 162-63.

33. Westfall, *Force in Newton's Physics*, 41-42.

34. Bernal, *Science in History*, 406-10; McClellan and Dorn, Science and Technology, 208-14.

35. Bernal, *Science in History*, 408.

36. Daniel Boorstin, *The Discoverers* (New York: Vintage, 1983), 314.

37. Freely, *Before Galileo*, 272.

38. Heilbron, *Galileo*, 217-20; Drake, *Galileo at Work*, 252-56.

39. Heilbron, *Galileo*, 311.

40 William A. Wallace, "Gallieo's Jesuit Connections and Their Influence on His Science," in Mordechai Feingold, ed., *Jesuit Science and the Republic of Letters* (Cambridge, Mass.: MIT Press, 2002), 99-112.

41. Károly Simonyi, *A Cultural History of Physics* (Boca Raton, Fla.: CRC Press, 2012), 198-99.

42. Heilbron, *Galileo*, 356.

43. Ibid.

44. Drake, *Galileo at Work*, 436.

7. 기계적 우주

1. Pierre Simon Laplace, *Théorie Analytique des Probabilities* (Paris: Ve. Courcier, 1812).

2. 아이작 뉴턴 경을 17세기 영국의 대격변이라는 맥락에서 이해하려면 다음을 보라. Christopher Hill, *The World Turned Upside Down: Radical Ideas During the English Revolution* (New York: Penguin History, 1984), 290-97.

3. Richard S. Westfall, *Never at Rest* (Cambridge, U.K.: Cambridge University Press, 1980), 863. 뉴턴의 삶에 대한 권위 있는 평전이다. 따라서 나는 여기에 의존했다.

4. Ming-Te Wang et al., "Not Lack of Ability but More Choice: Individual and

Gender Differences in Choice of Careers in Science, Technology, Engineering, and Mathematics," *Psychological Science* 24 (May 2013): 770–75.

5. Albert Einstein, "Principles of Research," Physical Society에서 한 연설, 다음 책에 들어 있다. Physical Society, Berlin, in Albert Einstein, *Essays in Science* (New York: Philosophical Library, 1934), 2.

6. Westfall, *Never at Rest*, ix.

7. W. H. Newton-Smith, "Science, Rationality, and Newton," in *Marcia Sweet Stayer*, ed., Newton's Dream (Montreal: McGill University Press, 1988), 31.

8. Westfall, *Never at Rest*, 53.

9. Ibid., 65.

10. Ibid., 155.

11. William H. Cropper, *Great Physicists: The Life and Times of Leading Physicists from Galileo to Hawking* (New York: Oxford University Press, 2004), 252.

12. Westfall, *Never at Rest*, 70–71, 176–79.

13. Richard Westfall, *The Life of Isaac Newton* (Cambridge, U.K.: Cambridge University Press, 1993), 71, 77–81.

14. 다음 장을 보라. "A Private Scholar & Public Servant," in "Footprints of the Lion: Isaac Newton at Work," Cambridge University Library—Newton Exhibition, 2014년 10월 28일 접속, www.lib.cam.ac.uk/exhibitions/Footprints_of_the_Lion/ private_ scholar.html.

15. W. H. Newton-Smith, "Science, Rationality, and Newton," in *Newton's Dream*, ed. Marcia Sweet Stayer (Montreal: McGill University Press, 1988), 31–33.

16. Richard S. Westfall, *Never at Rest*, 321–24, 816–17.

17. Paul Strathern, *Mendeleev's Dream* (New York: Berkley Books, 2000), 32.

18. Westfall, Never at Rest, 368.

19. 이 시기의 내 삶에 대해서 내가 쓴 비망록이 있다. 다음을 보라. Leonard Mlodinow, *Feynman's Rainbow: A Search for Beauty in Physics and in Life* (New York: Vintage, 2011).

20. Newton-Smith, "Science, Rationality, and Newton," 32–33.

21. Westfall, *Never at Rest*, 407.

22. Ibid., 405.

23. Richard Westfall, *Force in Newton's Physics* (New York: MacDonald, 1971), 463.

24. "파리 피트(Parisian feet)"로 측정한 것이다. 이것은 통상적인 피트 단위의 1.0568배이다.

25. Robert S. Westfall, "Newton and the Fudge Factor," *Science* 179 (February 23, 1973): 751–58.

26. Murray Allen et al., "The Accelerations of Daily Living," *Spine* (November

1994): 1285–90.

27. Francis Bacon, *The New Organon: The First Book*, in *The Works of Francis Bacon*, ed. James Spedding and Robert Leslie Ellis (London: Longman, 1857–70), 2014년 11월 7일 접속, http://www.bartleby.com/242/.

28. R. J. Boscovich, *Theiria Philosophiae Naturalis* (Venice, 1763), 재출간된 책은 다음과 같다. *A Theory of Natural Philosophy* (Chicago: Open Court Publishing, 1922), 281.

29. Westfall, *Life of Isaac Newton*, 193.

30. Michael White, *Rivals: Conflict as the Fuel of Science* (London: Vintage, 2002), 40–45.

31. Ibid.

32. Westfall, *Never at Rest*, 645.

33. Daniel Boorstin, *The Discoverers* (New York: Vintage, 1983), 411.

34. Westfall, *Never at Rest*, 870.

35. John Emsley, *The Elements of Murder: A History of Poison* (Oxford: Oxford University Press, 2006), 14.

36. J. L. Heilbron, *Galileo* (Oxford: Oxford University Press, 2010), 360.

37. "Sir Isaac Newton," Westminster Abbey, 2014년 10월 28일 접속, www.westminster-abbey.org/our-history/people/sir-isaac-newton.

8. 사물은 무엇으로 구성되어 있나

1. Joseph Tenenbaum, *The Story of a People* (New York: Philosophical Library, 1952), 195.

2. Paul Strathern, *Mendeleev's Dream* (New York: Berkley Books, 2000), 195–98.

3. 1980년 경 아버지와의 인터뷰 녹음에서 발췌한 것이다. 나는 이런 인터뷰 녹음을 많이 해놓았으며 이를 여기 등장하는 이야기의 출처로 사용했다.

4. J. R. Partington, *A Short History of Chemistry*, 3rd. ed. (London: Macmillan, 1957), 14.

5. Rick Curkeet, "Wood Combustion Basics," EPA Workshop, March 2, 2011, 2014년 10월 28일 접속, www.epa.gov/burnwise/workshop2011/WoodCombustion-Curkeet.pdf.

6. Robert Barnes, "Cloistered Bookworms in the Chicken-Coop of the Muses: The Ancient Library of Alexandria," in Roy MacLeod, ed., *The Library at Alexandria: Centre of Learning in the Ancient World* (New York: I. B. Tauris, 2005), 73.

7. Henry M. Pachter, *Magic into Science: The Story of Paracelsus* (New York: Henry Schuman, 1951), 167.

8. 보일 평전의 결정판은 다음과 같다. Louis Trenchard More, *The Life and Works of the Honorable Robert Boyle* (London: Oxford University Press, 1944). 또한

다음을 보라. William H. Brock, *The Norton History of Chemistry* (New York: W. W. Norton, 1992), 54–74.

9. More, *Life and Works*, 45, 48.

10. Brock, *Norton History of Chemistry*, 56–58.

11. J. D. Bernal, *Science in History*, vol. 2 (Cambridge, Mass.: MIT Press, 1971), 462.

12. T. V. Venkateswaran, "Discovery of Oxygen: Birth of Modern Chemistry," *Science Reporter* 48 (April 2011): 34–39.

13. Isabel Rivers and David L. Wykes, eds., *Joseph Priestley, Scientist, Philosopher, and Theologian* (Oxford: Oxford University Press, 2008), 33.

14. Charles W. J. Withers, *Placing the Enlightenment: Thinking Geographically About the Age of Reason* (Chicago: University of Chicago Press, 2007), 2–6.

15. J. Priestley, "Observations on Different Kinds of Air," *Philosophical Transactions of the Royal Society* 62 (1772): 147–264.

16. 라부아지에의 삶에 대해서는 다음을 보라. Arthur Donovan, *Antoine Lavoisier* (Oxford: Blackwell, 1993).

17. Isaac Newton, *Opticks*, ed. Bernard Cohen (London, 1730; New York: Dover, 1952), 394. 뉴턴이 *Opticks*을 처음 출간한 것은 1704년이다. 하지만 이 문제에 대한 그의 최종적인 생각은 뉴턴 자신이 개정한 마지막 판인 제4판에 나타나 있다. 이 책은 1730년 출간되었다.

18. Donovan, *Antoine Lavoisier*, 47–49.

19. Ibid., 139. 또한 다음을 보라. Strathern, *Mendeleev's Dream*, 225–41.

20. Douglas McKie, *Antoine Lavoisier* (Philadelphia: J. J. Lippincott, 1935), 297–98.

21. J. E. Gilpin, "Lavoisier Statue in Paris," *American Chemical Journal* 25 (1901): 435.

22. William D. Williams, "Gustavus Hinrichs and the Lavoisier Monument," *Bulletin of the History of Chemistry* 23 (1999): 47–49; R. Oesper, "Once the Reputed Statue of Lavoisier," *Journal of Chemistry Education* 22 (1945): October frontispiece; Brock, *Norton History of Chemistry*, 123–24.

23. Joe Jackson, *A World on Fire* (New York: Viking, 2007), 335; "Lavoisier Statue in Paris," *Nature* 153 (March 1944): 311.

24. "Error in Famous Bust Undiscovered for 100 Years," *Bulletin of Photography* 13 (1913): 759; and Marco Beretta, *Imaging a Career in Science: The Iconography of Antoine Laurent Lavoisier* (Sagamore Beach, Mass.: Science Histories Publications, 2001), 18–24.

25. Frank Greenaway, *John Dalton and the Atom* (Ithaca, N.Y.: Cornell University Press, 1966); Brock, *Norton History of Chemistry*, 128–60.

26. A. L. Duckworth et al., "Grit: Perseverance and Passion for Long-Term Goals,"

Journal of Personality and Social Psychology 92 (2007): 1087–101; Lauren Eskreis-Winkler et al., "The Grit Effect: Predicting Retention in the Military, the Workplace, School and Marriage," *Frontiers in Psychology* 5 (February 2014): 1–12.

27. 다음을 참고하라. Strathern, *Mendeleev's Dream*; Brock, *Norton History of Chemistry*, 311–54.

28. Kenneth N. Gilpin, "Luther Simjian Is Dead; Held More Than 92 Patents," *New York Times*, November 2, 1997; "Machine Accepts Bank Deposits," *New York Times*, April 12, 1961, 57.

29. Dmitri Mendeleev, "Ueber die beziehungen der eigenschaften zu den atom gewichten der elemente," *Zeitschrift für Chemie* 12 (1869): 405–6.

9. 살아 있는 세계

1. Anthony Serafini, *The Epic History of Biology* (Cambridge, Mass.: Perseus, 1993), 126.

2. E. Bianconi et al., "An Estimation of the Number of Cells in the Human Body," *Annals of Human Biology* 40 (November–December 2013): 463–71.

3. Lee Sweetlove, "Number of Species on Earth Tagged at 8.7 Million," *Nature*, August 23, 2011

4. "The Food Defect Action Levels," Defect Levels Handbook, U.S. Food and Drug Administration, 2014년 10월 28일 접속, http://www.fda.gov/food/guidance regulation/guidancedocuments regulatoryinformation/ucm056174.htm.

5. Ibid.

6. "Microbiome: Your Body Houses 10x More Bacteria Than Cells," *Discover*, n.d., 2014년 10월 28일 접속, http://discovermagazine.com/galleries/zen-photo/m/microbiome.

7. 생물학에 대한 아리스토텔레스의 저작은 다음을 보라. Joseph Singer, *A History of Biology to About the Year 1900* (New York: Abelard-Schuman, 1959); Lois Magner, *A History of the Life Sciences*, 3rd. ed. (New York: Marcel Dekker, 2002).

8. Paulin J. Hountondji, *African Philosophy*, 2nd ed. (Bloomington: Indiana University Press, 1996), 16.

9. Daniel Boorstin, *The Discoverers* (New York: Vintage, 1983), 327.

10. Magner, *History of the Life Sciences*, 144.

11. Ruth Moore, *The Coil of Life* (New York: Knopf, 1961), 77.

12. Tita Chico, "Gimcrack's Legacy: Sex, Wealth, and the Theater of Experimental Philosophy," *Comparative Drama* 42 (Spring 2008): 29–49.

13. 현미경에 대한 레이우엔훅의 작업은 다음을 보라. Moore, *Coil of Life*.

14. Boorstin, *The Discoverers*, 329-30.

15. Moore, *Coil of Life*, 79.

16. Boorstin, *The Discoverers*, 330-31.

17. Moore, *Coil of Life*, 81.

18. Adriana Stuijt, "World's First Microscope Auctioned Off for 312,000 Pounds," *Digital Journal*, April 8, 2009, 2014년 11월 7일 접속, http://www.digital journal.com/article/ 270683; Gary J. Laughlin, "Editorial: Rare Leeuwenhoek Bids for History," The Microscope 57 (2009): ii.

19. Moore, Coil of Life, 87.

20. "Antony van Leeuwenhoek (1632-1723)," University of California Museum of Paleontology, 2014년 10월 28일 접속, http://www.ucmp.berkeley.edu/history/ leeuwenhoek.html.

21. 다윈의 삶에 대한 기록은 주로 다음 저작에 의존했다. Ronald W. Clark, *The Survival of Charles Darwin: A Biography of a Man and an Idea* (New York: Random House, 1984); Adrian Desmond, James Moore, and Janet Browne, *Charles Darwin* (Oxford: Oxford University Press, 2007); and Peter J. Bowler, *Charles Darwin: The Man and His Influence* (Cambridge, U.K.: Cambridge University Press, 1990).

22. "Charles Darwin," Westminster Abbey, 2014년 10월 28일 접속, http://www. westminster-abbey.org/our-history /people/charles-darwin.

23. Clark, *Survival of Charles Darwin*, 115.

24. Ibid., 119.

25. Ibid., 15.

26. Ibid., 8.

27. Charles Darwin to W. D. Fox, October 1852, Darwin Correspondence Project, letter 1489, 2014년 10월 28일 접속, http://www .darwinproject.ac.uk/letter/ entry-1489.

28. Clark, *Survival of Charles Darwin*, 10.

29. Ibid., 15.

30. Ibid., 27.

31. Bowler, *Charles Darwin: The Man*, 50, 53-55.

32. 1835년 8월 9-12일. 찰스 다윈이 W. D. 폭스에게 쓴 편지. Darwin Correspondence Project, letter 282, 2014년 10월 28일 접속, http://www.darwinproject.ac. uk/letter/entry-282.

33. Desmond, Moore, and Browne, *Charles Darwin*, 25, 32-34.

34. Ibid., 42.

35. Bowler, *Charles Darwin*, 73.

36. Adrian J. Desmond, Darwin (New York: W. W. Norton, 1994), 375-85.

37. 앤 앨리자베스 다윈에 대한 찰스 다윈의 추도 글. "The Death of Anne Elizabeth Darwin," 2014년 10월 28일 접속, http://www.darwinproject.ac.uk/death-of-anne-darwin.

38. Desmond, Moore, and Browne, *Charles Darwin*, 44.

39. Ibid., 47.

40. Ibid., 48.

41. Ibid., 49.

42. Anonymous [David Brewster], "Review of Vestiges of the Natural History of Creation," *North British Review* 3 (May–August 1845): 471.

43. Evelleen Richards, "'Metaphorical Mystifications': The Romantic Gestation of Nature in British Biology," in *Romanticism and the Sciences*, eds. Andrew Cunningham and Nicholas Ardine (Cambridge, U.K.: Cambridge University Press, 1990), 137.

44. "Darwin to Lyell, June 18, 1858," in *The Life and Letters of Charles Darwin, Including an Autobiographical Chapter*, ed. Francis Darwin (London: John Murray, 1887), http://darwin-online.org.uk/converted/published/1887_Letters_ F1452/1887_ Letters_ F1452.2.html에서 볼 수 있다. 2014년 10월 28일 접속

45. Desmond, *Darwin*, 470.

46. Desmond, Moore, and Browne, *Charles Darwin*, 65.

47. Bowler, *Charles Darwin*, 124–25.

48. Clark, *Survival of Charles Darwin*, 138–39.

49. Desmond, Moore, and Browne, *Charles Darwin*, 107.

50. 다음을 참고하라. Magner, *History of the Life Sciences*, 376–95.

51. 다윈이 알프레드 러셀 월리스에게 1881년 7월 쓴 편지. 다음에서 인용, *Charles Darwin*, 207.

10. 인간 경험의 한계

1. 2013년 과학자들은 마침내 한 발짝 더 나아가서 개별 분자들이 반응하는 것을 "볼" 수 있었다. 다음을 보라. Dimas G. de Oteyza et al., "Direct Imaging of Covalent Bond Structure in Single-Molecule Chemical Reactions," *Science* 340 (June 21, 2013): 1434–37.

2. Niels Blaedel, *Harmony and Unity: The Life of Niels Bohr* (New York: Springer Verlag, 1988), 37.

3. John Dewey, "What Is Thought?," in *How We Think* (Lexington, Mass.: Heath, 1910), 13.

4. Barbara Lovett Cline, *The Men Who Made a New Physics* (Chicago: University of Chicago Press, 1965), 34. 또한 다음을 보라. J. L. Heilbron, *The Dilemmas of an Upright Man* (Cambridge, Mass.: Harvard University Press, 1996), 10.

5. 플랑크에 대한 내용 중 많은 부분은 다음 책에서 가져왔다. Heilbron, *Dilemmas of an Upright Man*. 또한 다음을 보라. Cline, *The Men Who Made a New Physics*, 31–64.

6. Heilbron, *Dilemmas of an Upright Man*, 3.

7. Ibid., 10.

8. Ibid., 5.

9. Leonard Mlodinow and Todd A. Brun, "Relation Between the Psychological and Thermodynamic Arrows of Time," *Physical Review* E 89 (2014): 052102–10.

10. Heilbron, *Dilemmas of an Upright Man*, 14.

11. Ibid., 12; Cline, *The Men Who Made a New Physics*, 36.

12. Richard S. Westfall, *Never at Rest* (Cambridge, U.K.: Cambridge University Press, 1980), 462.

13. Ibid.

14. 흔히 잘못 인용되는 원래의 인용문은 다음과 같다. "Eine neue wissenschaftliche Wahrheit pflegt sich nicht in der Weise durchzusetzen, daß ihre Gegner überzeugt werden und sich als belehrt erklären, sondern vielmehr dadurch, daß ihre Gegner allmählich aussterben und daß die heranwachsende Generation von vornherein mit der Wahrheit vertraut gemacht ist." 출전은 다음과 같다. *Wissenschaftliche Selbstbiographie: Mit einem Bildnis und der von Max von Laue gehaltenen Traueransprache* (Leipzig: Johann Ambrosius Barth Verlag, 1948), 22. 영어 번역은 다음에서 가져왔다. Max Planck, *Scientific Autobiography and Other Papers*, trans. F. Gaynor (New York: Philosophical Library, 1949), 33–34.

15. John D. McGervey, *Introduction to Modern Physics* (New York: Academic Press, 1971), 70.

16. Robert Frost, "The Black Cottage," in *North of Boston* (New York: Henry Holt, 1914), 54.

17. Albert Einstein, *Autobiographical Notes* (1949; New York: Open Court, 1999), 43.

18. Carl Sagan, *Broca's Brain* (New York: Random House, 1974), 25.

19. Abraham Pais, *Subtle Is the Lord: The Science and Life of Albert Einstein* (Oxford: Oxford University Press, 1982), 45.

20. Ibid., 17–18.

21. Ibid., 31.

22. Ibid., 30–31.

23. Ronald Clark, *Einstein: The Life and Times* (New York: World Publishing, 1971), 52.

24. Pais, *Subtle Is the Lord*, 382–86.

25. Ibid., 386.

26. Ibid.

27. Jeremy Bernstein, *Albert Einstein and the Frontiers of Physics* (Oxford: Oxford University Press, 1996), 83.

11. 눈에 보이지 않는 영역

1. Leonard Mlodinow, *Feynman's Rainbow: A Search for Beauty in Physics and in Life* (New York: Vintage, 2011), 94-95.

2. Abraham Pais, *Subtle Is the Lord: The Science and Life of Albert Einstein* (Oxford: Oxford University Press, 1982), 383.

3. 보어의 삶, 과학, 그리고 어니스트 러더퍼드와의 관계에 대해서 좀더 깊은 내용은 다음을 보라. Niels Blaedel, *Harmony and Unity: The Life of Niels Bohr* (New York: Springer Verlag, 1988), and Barbara Lovett Cline, *The Men Who Made a New Physics* (Chicago: University of Chicago Press, 1965), 1-30, 88-126.

4. "Corpuscles to Electrons," *American Institute of Physics*, 2014년 10월 28일 접속, http://www.aip.org/history/electron/jjelectr.htm.

5. R. Sherr, K. T. Bainbridge, and H. H. Anderson, "Transmutation of Mercury by Fast Neutrons," *Physical Review* 60 (1941): 473-79.

6. John L. Heilbron and Thomas A. Kuhn, "The Genesis of the Bohr Atom," in *Historical Studies in the Physical Sciences*, vol. 1, ed. Russell McCormmach (Philadelphia: University of Pennsylvania Press, 1969), 226.

7. William H. Cropper, *Great Physicists: The Life and Times of Leading Physicists from Galileo to Hawking* (Oxford: Oxford University Press, 2001), 317.

8. 가이거에 대해서 더 알고 싶으면 다음을 보라. Jeremy Bernstein, *Nuclear Weapons: What You Need to Know* (Cambridge, U.K.: Cambridge University Press, 2008), 19-20; and Diana Preston, *Before the Fallout: From Marie Curie to Hiroshima* (New York: Bloomsbury, 2009), 157-58.

9. 실제로는 1,000억 톤이 될 것이다. 에베레스트 산이 약 10억 톤이기 때문이다. 다음을 보라. "Neutron Stars," NASA Mission News, August 23, 2007, 2014년 10월 27일 접속, http://www.nasa.gov/mission_pages/GLAST/science/neutron_stars_prt.htm.

10. John D. McGervey, *Introduction to Modern Physics* (New York: Academic Press, 1971), 76.

11. Stanley Jaki, *The Relevance of Physics* (Chicago: University of Chicago Press, 1966), 95.

12. Blaedel, *Harmony and Unity*, 60.

13. Jaki, *Relevance of Physics*, 95.

14. Ibid.

15. Ibid., 96.

16. Blaedel, *Harmony and Unity*, 78–80; Jagdish Mehra and Helmut Rechenberg, *The Historical Development of Quantum Theory*, vol. 1 (New York: Springer Verlag, 1982), 196, 355.

17. Blaedel, *Harmony and Unity*, 79–80.

12. 양자혁명

1. William H. Cropper, *Great Physicists: The Life and Times of Leading Physicists from Galileo to Hawking* (Oxford: Oxford University Press, 2001), 252.

2. Ibid.

3. 하이젠베르크 평전의 결정판은 다음과 같다. David C. Cassidy, *Uncertainty: The Life and Times of Werner Heisenberg* (New York: W. H. Freeman, 1992).

4. Ibid., 99–100.

5. Ibid., 100.

6. Olivier Darrigol, *From c-Numbers to q-Numbers: The Classical Analogy in the History of Quantum Theory* (Berkeley: University of California Press, 1992), 218–24, 257, 259; Cassidy, Uncertainty, 184–90.

7. "Failure," television commercial, 1997, 2014년 10월 27일 접속, https://www.youtube.com/watch?v=45m MioJ5szc.

8. 링컨과 더글러스가 1858년 9월 18일 미국 일리노이 주 찰스턴에서 벌인 토론. 2014년 11월 7일 접속, http://www.nps.gov/liho/historyculture/debate4.htm.

9. 에이브러햄 링컨이 1854년 10월 16일 일리노이 주 피오리아에서 행한 연설. 다음을 참고하라. Roy P. Basler, ed., *The Collected Works of Abraham Lincoln*, vol. 2 (New Brunswick, N.J.: Rutgers University Press, 1953–55), 256, 266.

10. William A. Fedak and Jeffrey J. Prentis, "The 1925 Born and Jordan Paper 'On Quantum Mechanics,'" *American Journal of Physics* 77 (February 2009): 128–39.

11. Niels Blaedel, *Harmony and Unity: The Life of Niels Bohr* (New York: Springer Verlag, 1988), 111.

12. Max Born, *My Life and Views* (New York: Charles Scribner's Sons, 1968), 48.

13. Mara Beller, *Quantum Dialogue: The Making of a Revolution* (Chicago: University of Chicago Press, 1999), 22.

14. Cassidy, *Uncertainty*, 198.

15. Abraham Pais, *Subtle Is the Lord: The Science and Life of Albert Einstein* (Oxford: Oxford University Press, 1982), 463.

16. Cassidy, *Uncertainty*, 203.

17. Charles P. Enz, *No Time to Be Brief* (Oxford: Oxford University Press, 2010),

134.

18. Blaedel, *Harmony and Unity*, 111-12.

19. Walter Moore, *A Life of Erwin Schrödinger* (Cambridge, U.K.: Cambridge University Press, 1994), 138.

20. Ibid., 149.

21. Ibid.

22. Wallace Stevens, "Thirteen Ways of Looking at a Blackbird," *Collected Poems* (1954; New York: Vintage, 1982), 92.

23. Pais, *Subtle Is the Lord*, 442.

24. Cassidy, *Uncertainty*, 215.

25. Ibid.

26. Moore, *Life of Erwin Schrödinger*, 145.

27. 1926년 12월 4일 알베르트 아인슈타인이 막스 보른에게 쓴 편지. *The Born-Einstein Letters*, ed. M. Born (New York: Walker, 1971), 90.

28. Pais, *Subtle Is the Lord*, 443.

29. Ibid., 31.

30. Ibid., 462.

31. Graham Farmelo, *The Strangest Man: The Hidden Life of Paul Dirac, Mystic of the Atom* (New York: Basic Books, 2009), 219-20.

32. Cassidy, *Uncertainty,*, 393.

33. Ibid., 310.

34. Moore, *Life of Erwin Schrödinger*, 213-14.

35. Philipp Frank, *Einstein: His Life and Times* (Cambridge, Mass.: Da Capo Press, 2002), 226.

36. Michael Balter, "Einstein's Brain Was Unusual in Several Respects, Rarely Seen Photos Show," *Washington Post*, November 26, 2012.

37. Farmelo, *The Strangest Man*, 219.

38. Cassidy, *Uncertainty*, 306.

39. Cassidy, *Uncertainty*, 421-29.

에필로그

1. Martin Gardner, "Mathematical Games," *Scientific American*, June 1961, 168-70.

2. Alain de Botton, *The Consolations of Philosophy* (New York: Vintage, 2000), 20-23.

역자 후기

14만 년 전만 해도 호모 사피엔스는 아프리카의 들판에서 돌도끼를 가지고 근근이 살아가던 멸종 위기종이었다. 현생인류의 조상 전체가 몇백 명으로 줄어든 시기가 있었던 것이다. 하지만 우리는 살아남고 번성하여 지금의 위치에 도달할 수 있었다. 미세한 원자에서부터 우주의 거대한 구조에 이르는 자연에 대한 지식을 갖춘 존재가 된 것이다. 그 과정을 추적하기 위해서 저자는 독자들을 데리고 매혹적인 여행을 떠난다. 사바나 시절에서 문자 언어의 발명을 거쳐 현대의 양자물리학에 이르는 인간 지식의 발전 과정을 보여주는 여행이다. 이를 통해서 과학적 발견이 일어날 수 있었던 문화적 조건은 무엇이고, 여기에서 우연이라는 요인이 얼마나 큰 역할을 했는지를 추적한다. 우리가 무엇을 아는지, 어떻게 그것을 알게 되었는지에 대한 이야기를 들려주는 것이다.

이 책은 3부로 구성된다. 제1부는 수백만 년에 걸친 인간 두뇌의 진화와 인간의 "왜?"라고 묻는 성향을 추적하는 데에서 시작한다. 제2부에서는 자연과학의 탄생과 발전 과정을 살펴본다. 세상을 다른 시각으로 보는 재능을 가졌던 혁명가들의 이야기이다. 갈릴레오, 뉴턴, 라부아지에, 다윈 같은 인물들이 인내와 투지, 걸출함과 용기를 가지고 몇 년, 몇십 년에 걸쳐 분투를 계속해온 드라마가 펼쳐진다. 제3부는 물리학의 양자혁명 이야기이다. 자연의 모든 법칙을 해독했다고 인류가 믿게 된 그 순간 아인슈타인, 보어, 하이젠베르크 같은 사상가가 나타난 것이다. 이들은 존재의 새로운 영역, 보이지 않는 극미의 세계를 발견했다. 이곳에서는 자연법칙을 다시 써야 했고 인식을 완전히 전환해야 했다. 예컨대 물리학자들이 힉스 입자를 "보았다"는 말은 무슨 의미일까? 예를 들면, 형광 스크린이 전자가 부딪치면 빛을 냄으로써 전자를 "보이게" 만드는 식의 간접적 관찰조차 없는데 말이다. 그 증거는 수학적인 것으로서, 전자 데이터의 해석에서 추론된 것이다. 300조 회 이상의 양성자-양성자 충돌의 결과로 나타난 잔해의 데이터를 36개국에 있는 200개에 가까운 컴퓨터를 이용해서 통계적으로 분석한 결과이다.

역자가 보기에 이 책의 주요한 미덕은 과학 발전과 관련한 개인적, 문화적, 사회적, 역사적 상황을 입체적으로 검토했다는 데에 있다. 저자는 말한다. 과학은 인간의 사고 패턴이 형성되는 데에 핵심적 역할을 한다. 하지만 인간의 사고 패턴도 역으로 과학이론의 형성에 핵심적 역할을 해왔다. 과학은 아인슈타인이 말했듯이 "인간이 활동하는 다른 모든 분야와 마찬가지로 주관적이고 심리적인 영향을 크게 받기" 때문이다. 바로 이런 정신으로 과학의 발전 과정을 서술하려는 노력의 산물이 이 책이다. 과학이란 지적인 사업일 뿐만 아니라 문화적으로 결정되는 사업이기도 하다. 또한 과학의 아이디어를 제대로 이해하려면 그것을 만들어낸 개인적, 심리적, 역사적, 사회적 상황을 검토해야 한다. 이런 시각으로 바라보면 과학 자체를 더 잘 이해할 수 있게 될 뿐만 아니라 창의성과 혁신, 그리고 보다 넓게는 인간 조건의 본질에 대해서도 더 잘 알게 된다.

예컨대 완성된 과학이론은 일단 정식화된 이후에는 거의 자명한 것처럼 보일 수 있다. 그러나 이를 창조하기 위한 투쟁에서 승리하려면 엄청난 끈기가 필요한 것이 보통이다. 심리학자들은 "불굴의 투지(grit)"라는 속성을 이야기한다. 그 정의는 "장기적 목표를 달성하기 위해서 지속적인 관심을 가지고 오랜 시간 노력하는 성향"이다. 이것은 이 책에 등장하는 위대한 인물들의 성격적 특성이다.

역자가 좋아하는 통찰은 다음과 같은 것이다. "혁신을 장려하는 확실한 방법은 많지 않지만 이것을 없앨 분명한 방법이 하나 있다. 통념을 공격하는 일을 위험한 것으로 만드는 것이다." "역사에는 오류로 판명된 미친 기획이 수없이 많았다. 그러나 영웅적 행위라는 것은 위험을 무릅쓰는 것이 핵심이다. 과학자, 혁신가는 치열하게 지적으로 분투하면서 수개월, 수년, 심지어 수십 년을 보낸다. 쓸모 있는 결론이나 제품이 나올 수 있을지 그렇지 않을지 모르는 상태에서 말이다." 정부 기관에서 선정한 연구 과제가 목표를 달성하지 못하면 가혹한 감사를 통해서 처벌하는 우리 현실에서 특히 새겨두어야 할 주장이다.

인명 색인

가모프 Gamow, George 328
가이거 Geiger, Hans 349-352, 396
갈레노스 Galenos 219
갈릴레오 Galileo Galilei 16-17, 96,
 123, 129, 134, 137, 140-161, 171-
 172, 176, 192-193, 195, 199, 206-
 207, 219, 223-225, 228, 263-264,
 268, 270, 282, 330-331, 368, 404
그로스만 Grossmann, Marcel 53, 325-
 326

뉴턴 Newton, Isaac 16-17, 33, 36, 53,
 60, 82, 87-88, 98, 105, 109, 112-
 114, 123, 129, 148-149, 159, 161-
 187, 189-208, 210, 213, 219, 221,
 223-227, 233-234, 242, 245, 249,
 270, 275, 277, 279-280, 282, 289-
 290, 293, 295, 300, 306, 313-314,
 323, 331-334, 339, 343-345, 356,
 368, 370-372, 377, 384- 386, 392,
 399
뉴턴-스미스 Newton-Smite, W. H 186

다빈치 da Vinci, Leonardo 140
다윈 Darwin, Charles 150, 260, 263,
 270-285, 287-296
다이슨 Dyson, Freeman 328
데모크리토스 Democritos 109
데카르트 Descartes, Rene 60, 172
돌턴 Dalton, John 241-244, 249, 301,
 333, 404

듀이 Dewey, John 305
디랙 Dirac, Paul 367, 384, 392, 394
디키 Dicke, Robert 328

라부아지에 Lavoisier, Antoine 233-
 241, 244, 249, 270
라이엘 Lyell, Charles 289-291
라이프니츠 Leibniz, Gottfried Wilhelm
 202-203, 221
러더퍼드 Rutherford, Ernest 345-357,
 360, 370, 373, 378, 392
러셀 Russell, Bertrand 109
레디 Redi, Francesco 261-263
레이우엔훅 Leeuwenhoek, Anton van
 265-270
레일리 Rayleigh, Lord 360
레코드 Recorde, Robert 80
렌 Wren, Christopher 189-190
로리머 Lorimer, Frank 35
로크 Locke, John 202
뢴트겐 Roentgen, Wilhelm 345
루벤스 Rubens, Heinrich 316
리치올리 Riccioli, Giovanni 145
리키 Leakey, Louis 30
리퍼쉬 Lippershey, Hans 151
린네 Linnaeus, Carl 248
린데만 Lindemann, Ferdinand von
 365-366
릴케 Rilke, Rainer Maria 98
링컨 Lincoln, Abraham 369

마스든 Marsden, Ernest 350-352
마이트너 Meitner, Lise 328-329
맥스웰 Maxwell, James Clerk 313-314, 330, 334, 338, 344, 355
맬서스 Malthus, T. R. 280, 290
머리 Murray, John 270-271
멘델 Mendel, Gregor 333
멘델레예프 Mendeleev, Dmitri 245-255, 361-362

바르베리니 Barberini, Card. Maffeo 155-156, 160
바리아스 Barrias, Ernest 240
바오로 5세 Paulus V, Pope 155-156
반 드 미에룹Van De Mieroop, Marc 67
배로 Barrow, Isaac 179
배비지 Babbage, Charles 279, 392
버턴 Burton, Robert 60
번스타인 Bernstein, Jeremy 178
베르셀리우스 Berzelius, Jons Jakob 248
베소 Besso, Michele 340
베이컨 Bacon, Francis 200
(존)벨 Bell, John 388
(토머스)벨 Bell, Thomas 292
보른 Born, Max 363-364, 367, 371, 374-377, 384, 386, 389, 391, 393-394
보스코비치 Boscovich, Roger 200
보어 Bohr, Niels 17, 178, 332, 343-345, 347-348, 355-364, 366-370, 372-373, 375, 377-378, 384, 391, 394-395
보일 Boyle, Robert 180, 224-225, 227-228, 229-231, 249, 399
볼딩 Boulding, Kenneth 15

(멘데스의)볼로스 Bolos of Mendes 184
볼츠만 Boltzmann, Ludwig 317-319, 333
부시 Bush, George W. 326
부아보드란 Boisbaudran, Paul-Emile Lecoq de 253
부어스틴 Boorstin, Daniel 109
브라운 Brown, Robert 291, 332
브라헤 Brahe, Tycho 188
브루노 Bruno, Giordano 158

사르피 Sarpi, Paolo 152
설 Searle, John 129
세즈윅 Sedgwick, Adam 287, 293
셰익스피어 Shakespeare, William 140
셸레 Scheele, Carl 212
소크라테스 Socrates 116, 405
슈뢰딩거 Schrödinger, Erwin 379-384, 392-393
슈미트 Schmidt, Klaus 44-45
슈베페 Schweppe, Johann Jacob 231
스토크스 Stokes, Pringle 275
스티븐스 Stevens, Wallace 382
심지안 Simjian, Luther 247-248

아낙시만드로스 Anaximandros 85
아리스타르코스 Aristarchos 150
아리스토텔레스 Aristoteles 76, 90, 93, 96, 98, 103, 105-117, 123, 131-132, 140-141, 143-145, 147-149, 153-156, 161, 171, 172, 193, 202, 206, 208, 210, 213-215, 217-219, 223-224, 226, 228, 259, 261, 263-264, 282, 300, 302, 323, 331, 387
아우구스티누스 Augustinus, St. 77
아인슈타인 Einstein, Albert 17, 19, 27-28, 33, 53, 88, 92-93, 100, 134, 166,

181, 185, 202-203, 247, 301, 308, 317, 322-327, 329-340, 342-344, 347, 356-357, 359, 366-367, 369, 375-377, 381, 383, 386-389, 391, 393

알렉산드로스 Alexander the Great 90, 103, 108, 116, 217, 371

에디슨 Edison, Thomas 72, 185, 309

에딩턴 Eddington, Arthur 360

엘리엇 Eliot, T. S. 54

오렘 Oresme, Nicole 134-136, 174

오스트발트 Ostwald, Friedrich Wilhelm 301, 327, 333,

올덴버그 Oldenburg, Henry 266-268

와트 Watt, James 53

요르단 Jordan, Pascual 377, 390, 396

우르바노 8세 Urbanus VIII, Pope 156-157, 159

월레스 Wallace, Alfred Russel 289-292, 296

웨스트폴 Westfall, Richard 167, 170, 187

유스터스 Eustace, Alan 200

유클리드 Euclid 81, 97, 141

잡스 Jobs, Steve 247

제인스 Jaynes, Julian 23

제임스 2세 James II, King of England 203

조던 Jordan, Michael 368

조머펠트 Sommerfeld, Arnold 328, 359, 366-367

조핸슨 Johanson, Donald 24-25

진스 Jeans, James 321-322

질셀 Zilsel, Edgar 86

초프라 Chopra, Deepak 121-122

촘스키 Chomsky, Noam 68

칸트 Kant, Immanuel 230

케인스 Keynes, John Maynard 167

케플러 Kepler, Johannes 86, 172, 188, 192-193

코시모 2세 Medici, Cosimo II de' 154

코페르니쿠스 Copernicus, Nicolaus 150, 153-155, 157, 206, 223

콩도르세 Condorcet, Marquis de (Nicholas de Caritat) 239

쾰러 Köhler, Wolfgang 34-35

퀴리 Curie, Pierre 28

클라우지우스 Clausius, Rudolf 309

클라크 Clark, William 169

클레멘트 Clement, William 175

키르히호프 Kirchhoff, Gustave, 309, 312

탈레스 Thales 96-98, 100-103, 123, 213

토머스 Thomas, Mark 57

톰슨 Thomson, J. J. 337, 345-350, 356

트라쉬불로스 Thrasybulus 96

파라셀수스 Paracelsus 182, 219-223, 225-226

파스퇴르 Pasteur, Louis 262

파울리 Pauli, Wolfgang 178, 363-364, 375, 383, 391-392, 394

파이스 Pais, Abraham 332, 339

페티 Petty, Sir William 232

폴리크라테스 Polykrates 101

프라이 Fry, Art 135-136

프랑스 Frace, Anatol 27

프로스트 Frost, Robert 321

프리스틀리 Priestley, Joseph 229-233,

236-237
프톨레마이오스 Ptolemaios 149, 206
프톨레마이오스 2세 Ptolemaeos II 217
플라톤 Platon 102-103, 183
플랑크 Planck, Max 305-312, 314-
  322, 328, 334-335, 338, 344, 357,
  377, 396
피츠로이 Fitzroy, Robert 274-276
피타고라스 Pythagoras 100-103, 113,
  123, 161, 183, 213
피프스 Pepys, Samuel 265
필리포스 2세 Philippos II of Macedon,
  King 103
핑커 Pinker, Steven 69

하이젠베르크 Heisenberg, Werner 17,
  332, 365-367, 370-384, 386, 389-
  394, 396-397
한 Hahn, Otto 329
핼리 Halley, Edmond 53, 187-190,
  193, 201, 226, 275
허버트 Herbert, George 60
허슈바크 Herschbach, Dudley 52

허프만 Huffman, Carl 102
헉슬리 Huxley, T. H. 289
헤라클레이토스 Heraclitus 85
헤로도토스 Herodotos 93-94
헤르츠 Hertz, Heinrich 336-337
헤시오도스 Hesiodos 91
헤일브론 Heilbron, J. L., 152, 156-
  157
헨실우드 Henshilwood, Christopher 55
헬름홀츠 Helmholtz, Hermann von 309
헬몬트 Helmont, Jan Baptist van 261
호더 Hodder, Ian 45-46
호메로스 Homeros 91
호킹 Hawking, Stephen 121, 165, 179,
  245-246, 392, 408
후커 Hooker, Joseph Dalton 291
후크 Hooke, Robert 60, 180-181, 189,
  191-192, 202-204, 226-228, 256,
  264-267, 269
히틀러 Hitler, Adolf 390-394, 396
힉스 Hicks, William 60
힌덴부르크 Hindenburg, Paul von 390
힘러 Himmler, Heinrich 391-392